Cálculo Para Leigos

Folha de Cola

O Cálculo requer o conhecimento de outras disciplinas da Matemática. Para facilitar o estudo e a solução de problemas em Cálculo, conheça as fórmulas básicas da Geometria, Trigonometria, Cálculo Integral e Cálculo Diferencial.

Derivadas Úteis do Cálculo

Estas derivadas são úteis para descobrir coisas como velocidade, aceleração e a inclinação de uma curva — e para descobrir os valores máximo e mínimo (otimização) ao lidar com o Cálculo Diferencial.

Regra do produto:

$$\frac{d}{dx}(uv) = u'v + uv'$$

Regra do quociente:

$$\frac{d}{dx}\left(\frac{u}{v}\right) = \frac{u'v - uv'}{v^2}$$

Um exemplo de derivada útil:

$$\frac{d}{dx}c = 0$$

Nota: Onde c é uma constante.

$$\frac{d}{dx}x = 1$$

$$\frac{d}{dx}cx = c$$

Integrais Úteis do Cálculo

Se você estiver estudando Cálculo Integral, as seguintes integrais ajudarão a desenvolver cálculos complexos envolvendo área, volume, comprimento do arco, centro da massa, trabalho e pressão.

$$\int dx = x + C$$

$$\int x^n dx = \frac{x^{n+1}}{n+1} + C \; (n \neq -1)$$

$$\int a^x dx = \frac{1}{\ln a} a^x + C$$

$$\int \frac{dx}{x} = \ln|x| + C$$

$$\int e^x dx = e^x + C$$

Nota: Onde a é uma constante.

$$\int \ln x dx = x(\ln x - 1) + C$$

$$\int \operatorname{sen} x dx = -\cos x + C$$

$$\int \cos x dx = \operatorname{sen} x + C$$

$$\int \tan x dx = -\ln|\cos x| + C$$

$$\int \cot x dx = \ln|\operatorname{sen} x| + C$$

$$\int \sec x dx = \ln|\sec x + \tan x| + C$$

$$\int \csc x dx = -\ln|\csc x + \cot x| + C$$

$$\int \sec^2 x dx = \tan x + C$$

$$\int \csc^2 x dx = -\cot x + C$$

$$\int \sec x \tan x dx = \sec x + C$$

$$\int \csc x \cot x dx = -\csc x + C$$

$$\int \frac{dx}{\sqrt{a^2 - x^2}} = \operatorname{arcsen}\frac{x}{a} + C$$

Para Leigos: A série de livros para iniciantes que mais vende no mundo.

Cálculo Para Leigos

Folha de Cola

Nota: Onde a é uma constante.

$$\int \frac{dx}{a^2 + x^2} = \frac{1}{a} \arctan \frac{x}{a} + C \qquad \int \frac{dx}{x\sqrt{x^2 - a^2}} = \frac{1}{a} \operatorname{arcsec} \frac{|x|}{a} + C$$

Trigonometria Útil: Triângulos Retângulos, Graus e Radianos, Identidades e Fórmulas

Estas informações de Trigonometria ajudarão a lidar com os triângulos, descobrir suas relações entre os lados e os ângulos dos triângulos retângulos, e fazer cálculos com base nessas relações.

Trigonometria do triângulo retângulo

SohCahToa:

$$\text{sen}\theta = \frac{O}{H} \qquad \csc\theta = \frac{H}{O}$$

$$\cos\theta = \frac{A}{H} \qquad \sec\theta = \frac{H}{A}$$

$$\tan\theta = \frac{O}{A} \qquad \cot\theta = \frac{H}{O}$$

Graus e radianos

$$2\pi \text{ radianos} = 360^\circ$$

$$\pi \text{ radianos} = 180^\circ$$

$$\frac{\pi}{2} \text{ radianos} = 90^\circ$$

$$\frac{\pi}{3} \text{ radianos} = 60^\circ$$

$$\frac{\pi}{4} \text{ radianos} = 45^\circ$$

$$\frac{\pi}{6} \text{ radianos} = 30^\circ$$

Para converter de radianos em graus, multiplique por $\frac{180^\circ}{\pi}$.

Para converter de graus em radianos, multiplique por $\frac{\pi}{180^\circ}$.

Para Leigos: A série de livros para iniciantes que mais vende no mundo.

Cálculo

PARA

LEIGOS®

Tradução da 2ª Edição

Cálculo

PARA
LEIGOS®

Tradução da 2ª Edição

por Mark Ryan

ALTA BOOKS
E D I T O R A
Rio de Janeiro, 2016

Cálculo Para Leigos®
Copyright © 2016 da Starlin Alta Editora e Consultoria Eireli. ISBN: 978-85-7608-997-1

Impresso no Brasil — 1ª Edição, 2016 - Edição revisada conforme o Acordo Ortográfico da Língua Portuguesa de 2009.

Obra disponível para venda corporativa e/ou personalizada. Para mais informações, fale com projetos@altabooks.com.br

Produção Editorial
Editora Alta Books

Produtor Editorial
Claudia Braga
Thiê Alves

Produtor Editorial (Design)
Aurélio Corrêa

Gerência Editorial
Anderson Vieira

Supervisão de Qualidade Editorial
Sergio de Souza

Assistente Editorial
Carolina Giannini

Marketing Editorial
Silas Amaro
marketing@altabooks.com.br

Gerência de Captação e Contratação de Obras
J. A. Rugeri
autoria@altabooks.com.br

Vendas Atacado e Varejo
Daniele Fonseca
Viviane Paiva
comercial@altabooks.com.br

Ouvidoria
ouvidoria@altabooks.com.br

Equipe Editorial
Bianca Teodoro
Christian Danniel
Izabelli Carvalho
Jessica Carvalho
Juliana de Oliveira
Renan Castro

Tradução e Copidesque
Eveline Machado

Revisão Gramatical
Thamiris Leiroza
Samantha Batista

Revisão Técnica
Christina Tiziano
Bacharel em Estatística - UFRJ

Diagramação
Joyce Matos

Erratas e arquivos de apoio: No site da editora relatamos, com a devida correção, qualquer erro encontrado em nossos livros, bem como disponibilizamos arquivos de apoio se aplicáveis à obra em questão.
Acesse o site www.altabooks.com.br e procure pelo título do livro desejado para ter acesso às erratas, aos arquivos de apoio e/ou a outros conteúdos aplicáveis à obra.
Suporte Técnico: A obra é comercializada na forma em que está, sem direito a suporte técnico ou orientação pessoal/exclusiva ao leitor.

Dados Internacionais de Catalogação na Publicação (CIP)
Vagner Rodolfo CRB-8/9410

R989c Ryan, Mark, 1955-

Cálculo para leigos / Mark Ryan ; traduzido por Eveline Machado. - Rio de Janeiro : Alta Books, 2016.
384 p. : il. ; 17cm x 24cm.

Tradução de: Calculus For Dummies 2ND Edition
Inclui índice.
ISBN: 978-85-7608-997-1

1. Matemática. 2. Cálculo. 3. Cálculo diferencial. 4. Cálculo integral. I. Machado, Eveline. II. Título.

CDD 515
CDU 517.2/.3

ALTA BOOKS
EDITORA

Rua Viúva Cláudio, 291 — Bairro Industrial do Jacaré
CEP: 20.970-031 — Rio de Janeiro (RJ)
Tels.: (21) 3278-8069 / 3278-8419
www.altabooks.com.br — altabooks@altabooks.com.br
www.facebook.com/altabooks — www.instagram.com/altabooks

Sobre o Autor

Pós-graduado pela Universidade de Brown e pela Universidade de Direito de Wisconsin, **Mark Ryan**, vem ensinando Matemática desde 1989. Ele dirige o Centro de Matemática em Winnetka, Illinois (`www.themathcenter.com` — em inglês), onde ensina nos cursos de Matemática dos ensinos médio e fundamental, incluindo uma introdução ao Cálculo. Ele também ensina individualmente em todos os níveis de Matemática para a preparação padronizada de provas. No ensino médio, ele conseguiu obter, duas vezes, uma pontuação de 800 na prova de matemática do SAT. E ele não sabe apenas Matemática, ele também tem uma facilidade de explicar tudo com um inglês claro. Ele exerceu a profissão de advogado por quatro anos antes de decidir que deveria fazer algo que gostasse e usar seu talento natural para a Matemática. Ryan é membro da Associação de Professores e do Conselho Nacional de Professores de Matemática.

Cálculo Para Leigos, tradução da 2ª edição, é o oitavo livro de Mark Ryan. Seu primeiro livro, *Everyday Math for Everyday Life* foi publicado pela Grand Central Publishing em 2002. A Alta Books publicou *Cálculo Para Leigos* 1ª Edição em 2008. Também foi autor de *Geometry Workbook For Dummies* em 2007, *Geometry For Dummies*, que teve sua 2ª edição em 2008, *Calculus Essentials For Dummies* em 2010 e *Geometry Essentials For Dummies* em 2011. Os livros de Matemática de Ryan venderam mais de meio milhão de cópias.

Dedicatória

Para meus alunos de hoje e para meus ex-alunos. Ao ensiná-los, também aprendi bastante.

Agradecimentos do Autor

Eu estou muito agradecido à minha agente, Sheree Bykofsky, e à sua equipe por todos os seus esforços que resultaram em minha escrita do *Cálculo Para Leigos* para a Wiley Publishing. Um agradecimento especial ao meu cunhado, Steve Mardiks, e aos meus amigos Abby Lombardi, Ted Lowitz e Barry Sullivan por seus conselhos, edição e apoio valiosos. Josh Dillon e Jason Molitierno fizeram um ótimo trabalho verificando o conteúdo sobre Cálculo do livro, bem como a objetividade do que foi exposto.

Todos na Wiley Publishing foram ótimos de se trabalhar. A editora de aquisições, Kathy Cox, tem um desejo revigorante sem fim de atender aos desejos do leitor. A editora de aquisições Linday LeFevere é ótima para trabalhar. Ela é profissional, inteligente, prática e tem um ótimo senso de humor. Ela sempre teve uma boa e rápida compreensão sobre minhas preocupações como autor. Os editores Tim Gallan, Laura Peterson e Corbin Collins têm a mistura certa de paciência e uma atitude de seguir dentro do prazo. Esses editores talentosos entendem a floresta, as árvores, quando editar e quando não editar. Um agradecimento especial a Corbin Collins que — considerando os desafios inevitáveis que surgem ao produzir um livro — tem o talento de tornar o processo divertido. Krista Fanning fez um ótimo trabalho com as milhares de equações e símbolos matemáticos do livro. E a equipe responsável pelo layout e ilustração que fez um ótimo trabalho com a matemática complexa do livro. Este livro é uma demonstração dos altos padrões da Wiley Publishing.

Sumário Resumido

Sumário

Introdução

O simples pensamento de ter que fazer um curso de Cálculo já é suficiente para fazer uma legião de estudantes suar frio. Outros que têm a intenção de nunca estudar essa matéria têm a noção de que Cálculo é difícil, a menos que você seja um descendente direto de Einstein.

Bem, eu estou aqui para dizer que você *pode* dominar o Cálculo. Não chega a ser tão difícil quanto o seu misticismo leva a crer. A maioria do Cálculo é apenas Álgebra, Geometria e Trigonometria avançadas. É baseado e é uma extensão lógica dessas matérias. Se você pode fazer Álgebra, Geometria e Trigonometria, pode fazer cálculo.

Mas por que você deve se incomodar — exceto pelo fato de ter que fazer um curso? Por que escalar o Monte Everest? Por que ouvir a 9ª sinfonia de Beethoven? Por que visitar o Louvre para ver a Mona Lisa? Por que ver *Os Simpsons*? Assim como esses esforços, fazer cálculo pode ser sua própria recompensa. Há muitos que dizem que o Cálculo é uma das maiores conquistas de toda a história intelectual. Como tal, vale o esforço. Leia este livro sem jargões, entenda o Cálculo e junte-se aos poucos que podem dizer com orgulho: "Cálculo? Ah, é claro, eu sei Cálculo. Não é grande coisa".

Sobre Este Livro

Cálculo Para Leigos, tradução da 2ª Edição, é destinado a três grupos de leitores: estudantes que estão no seu primeiro curso de Cálculo, estudantes que precisam rever Cálculo para se prepararem para outros estudos e adultos de todas as idades que gostariam de uma boa introdução ao assunto.

Se você está matriculado em um curso de Cálculo e acha que seu livro não é muito claro, este é o livro para você. Ele abrange os tópicos mais importantes do primeiro ano de Cálculo: diferenciação, integração e série infinita.

Se você teve Cálculo intermediário, mas faz alguns anos, e quer revisar os conceitos para se preparar para, digamos, algum programa de pós graduação, *Cálculo Para Leigos*, lhe dará um curso de reciclagem completo e direto.

Os leitores que não são estudantes acharão a exposição clara e acessível. *Cálculo Para Leigos*, tira o Cálculo de dentro da torre de marfim e o traz de volta à Terra.

Este é um livro de Matemática amigável. Sempre que possível, eu explico os conceitos de Cálculo mostrando as conexões entre as ideias do Cálculo e as ideias mais fáceis da Álgebra e da Geometria. Então, mostro como os conceitos de Cálculo funcionam em exemplos concretos e apenas depois é que mostro as fórmulas de Cálculo mais sofisticadas. Todas as explicações são em português claro, e não em linguagem matemática.

As convenções a seguir mantêm o texto consistente e muito fácil de seguir:

- As variáveis estão em *itálico*.
- Os termos do Cálculo estão escritos em itálico e definidos logo que aparecem no texto.
- Na resolução de problemas passo a passo, a ação geral que você precisa tomar está em **negrito**, seguida das partes específicas do problema em particular.

Pode ser uma grande ajuda para realmente entender Cálculo — ou, por sinal, qualquer tópico de Matemática — focar no *porquê* juntamente com *como fazer*. Com isso em mente, eu me esforcei muito para explicar a lógica básica de muitas das ideias deste livro. Se você quer dar ao seu estudo de Cálculo uma base sólida, deve ler essas explicações. Mas se você está realmente com pressa, pode chegar ao ponto e ler apenas as coisas introdutórias importantes, os exemplos, as soluções passo a passo, e todas as regras e definições perto dos ícones. Você pode, então, ler as explicações restantes somente se sentir necessidade.

Eu acho as informações adjacentes interessantes e divertidas (O que você esperava? Eu as escrevi!). Mas você pode pulá-las sem perder nenhum cálculo essencial. Não, você não será testado nessas coisas.

Nota menor: Neste livro, você pode observar que alguns endereços da web dividem-se em duas linhas de texto. Se você estiver lendo este livro impresso e quiser visitar uma dessas páginas web, simplesmente digite o endereço da Web exatamente como está escrito no texto, como se a quebra de linha não existisse. Se estiver lendo este livro como um e-book, será fácil — apenas clique no endereço da web para ir diretamente para a página.

Penso que...

Pode me chamar de doido, mas eu suponho que...

- Você sabe pelo menos o básico sobre Álgebra, Geometria e Trigonometria.

  Se você está enferrujado, a Parte II tem uma boa revisão desses tópicos de pré-cálculo. Realmente, se você não está fazendo nenhum curso de Cálculo no momento e está lendo este livro apenas para satisfazer a sua curiosidade geral sobre Cálculo, pode ter uma imagem conceitual do assunto sem os detalhes pequenos e importantes da Álgebra, Geometria e Trigonometria. Mas, neste caso, você não estará apto a acompanhar todas as soluções dos problemas. Em resumo, sem o material do pré-cálculo, você pode ver a *floresta* do cálculo, mas não as *árvores*. Se você está matriculado em um curso de Álgebra, não tem escolha — deverá conhecer as árvores e a floresta.

- Você está disposto a ter algum t_______.

  Sim, é t-r-a-b-a-l-h-o, trabalho. Eu tentei tornar este material o mais acessível possível, mas é Cálculo afinal de contas. Você não pode aprender Cálculo apenas ouvindo uma mídia no seu carro ou tomando uma pílula — pelo menos ainda não.

Isso é pedir muito?

Além Deste Livro

Você pode acessar a *Folha de Cola Online*, através do endereço: `www.altabooks.com.br`. Procure pelo título do livro/ISBN.

Este livro também contém capítulos bônus que podem ser encontrados em nosso site. Confira se você simplesmente não se cansa de Cálculo.

Ícones Usados Neste Livro

Mantenha seus olhos nestes ícones:

CONCEITO CRÍTICO DE CÁLCULO: Perto deste ícone estão as regras essenciais do Cálculo, definições e fórmulas que você deve definitivamente saber.

LEMBRE-SE: Estas são coisas que você precisa saber sobre Álgebra, Geometria ou Trigonometria, ou coisas que você deve lembrar-se de algum lugar do começo do livro.

DICA: O ícone do centro do alvo aparece perto de coisas que tornarão sua vida mais fácil. Anote.

CUIDADO!: Este ícone destaca os erros comuns de Cálculo. Preste atenção.

MÁGICA MATEMÁTICA: Em contraste com o conceito de Cálculo crítico, você geralmente não precisa memorizar as fórmulas sofisticadas perto deste ícone, a não ser que seu professor de Cálculo insista.

De Lá para Cá, Daqui para Lá

Para o Capítulo 1, é claro, se você quer começar pelo começo. Se você já tem alguma base em Cálculo ou precisa de apenas um curso de reciclagem em uma área ou outra, então, fique à vontade para pular algumas coisas. Use o sumário e o índice remissivo para achar o que está procurando. Se tudo estiver indo bem, em mais ou menos um ano, você estará apto a ticar o Cálculo em sua lista:

____ Correr uma maratona

____ Saltar sem paraquedas

____ Escrever um livro

✓ Aprender Cálculo

____ Nadar no Canal da Mancha

____ Curar o câncer

____ Escrever uma sinfonia

____ Dar um salto de 360° invertido no X-Games

Para o resto da sua lista, você terá que resolver tudo sozinho.

Parte I

Uma Visão Geral do Cálculo

começando com

Cálculo

Nesta parte...

- Uma explicação pequena e direta sobre o que é Cálculo. Sugestão: é necessário fazer muita coisa com curvas e com coisas que mudam constantemente.
- Exemplos de onde você pode ver o Cálculo em funcionamento no mundo real: cabos em curva, cúpulas curvas e caminho em curva de uma nave espacial.
- A primeira de duas grandes ideias em Cálculo: *diferenciação*, que significa encontrar uma derivada. Uma derivada é basicamente apenas a versão elegante do Cálculo de uma inclinação e é uma razão — isto por aquilo.
- A segunda grande ideia: a *integral*. É a versão elegante do Cálculo que consiste em somar pequenas partes de algo para obter o total.
- Uma explicação honesta e benevolente do motivo de o Cálculo funcionar: resumindo, é porque quando você amplia as curvas (infinitamente se distanciando), elas ficam retas.

Capítulo 1

O Que É Cálculo?

Neste Capítulo

- Você está apenas no Capítulo 1 e já tem uma prova de Cálculo
- Cálculo — é apenas a Matemática básica modificada
- Dar um *close* é a chave
- O mundo antes e depois do Cálculo

"Meu melhor dia na turma de Cálculo I na Universidade da Califórnia do Sul foi quando eu tive que faltar aula para tratar um canal."

— Mary Johnson

"Eu continuo a ter o mesmo sonho no qual meu professor de Cálculo me persegue com um machado."

— Tom Franklin, aluno do 2° ano da Faculdade do Colorado

"Cálculo é divertido e é muito fácil. Eu não entendo porque tanto auê."

— Sam Einstein, bisneto de Einstein

Neste capítulo, eu respondo a pergunta "O Que é Cálculo ?", em português claro, e mostro exemplos do mundo real de como o Cálculo é usado. Depois de ler isso e dois pequenos capítulos a seguir, você entenderá o que é Cálculo. Mas, iremos inverter: Por que você não começa pelo contrário, verificando o quê o Cálculo *não* é?

O Que o Cálculo Não É

Não faz sentido adiar o inevitável. Você está pronto para o seu primeiro teste de Cálculo? Responda verdadeiro ou falso.

V ou F: A não ser que você seja um nerd, não precisa se meter com Cálculo.

V ou F: Estudar Cálculo é prejudicial à saúde.

V ou F: Cálculo é totalmente irrelevante.

Falso, falso, falso! Há essa lenda sobre o Cálculo de que ele é extremamente difícil, uma matéria tão misteriosa que ninguém em sã consciência estudaria, a não ser que fosse um curso obrigatório.

Não se deixe convencer por esse mito. É claro que Cálculo é difícil — eu não vou mentir para você — mas é administrável, passível de ser feito. Você conseguiu sobreviver à Álgebra, Geometria e Trigonometria. Bem, o Cálculo apenas começa onde essas matérias terminam — é simplesmente o próximo passo em uma progressão lógica.

E o Cálculo não é uma língua morta como o latim, falada apenas por acadêmicos. É a linguagem dos engenheiros, cientistas e economistas — OK, então é uma língua um pouco fora da sua vida diária e pouco provável de surgir em um coquetel. Mas o trabalho desses engenheiros, cientistas e economistas tem um grande impacto no seu dia a dia — desde o seu micro-ondas, telefone celular, TV e carro até os remédios que você toma, os mecanismos da economia e sua segurança nacional. Neste exato momento, algo ao seu alcance ou à sua vista foi impactado pelo Cálculo.

Então, o Que É o Cálculo?

Cálculo é basicamente toda a Álgebra e a Geometria avançadas. Em certo sentido, não é nenhuma matéria nova — ele pega as regras corriqueiras da Álgebra e da Geometria, e ajusta-as para que possam ser usadas em problemas mais complicados. (O problema, claro, é aquele *outro* sentido no qual o Cálculo é uma matéria nova e mais difícil.)

Veja a Figura 1-1. À esquerda, há um homem empurrando uma caixa em uma rampa com inclinação em linha reta. À direita, o homem está empurrando a mesma caixa em uma rampa com inclinação curva. O problema, em ambos os casos, é determinar a quantidade de energia necessária para empurrar a caixa até o topo. Você pode resolver o problema da esquerda usando a Matemática básica. Para o da direita, você precisa do Cálculo (supondo que não saiba sobre os atalhos da Física).

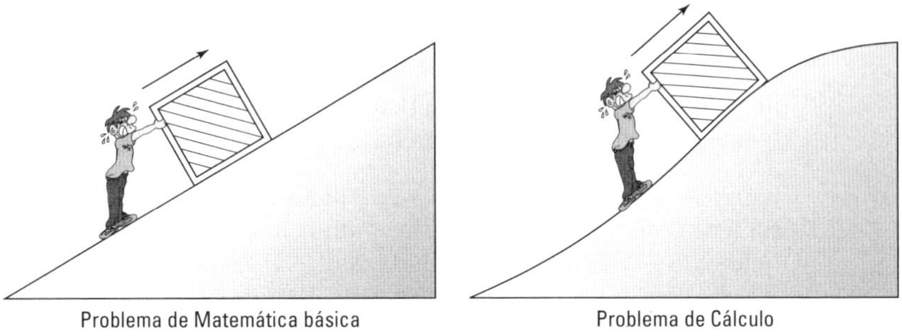

Figura 1-1: A diferença entre a Matemática básica e o Cálculo: em uma só palavra, é a *curva*.

Para a rampa com uma inclinação em linha reta, o homem empurra com uma força *constante* e a caixa sobe a rampa com uma velocidade *constante*. Com algumas fórmulas simples da Física e da Matemática básica (incluindo Álgebra e Trigonometria), você pode calcular quantas calorias de energia são necessárias para empurrar a caixa na rampa. Note que a quantidade de energia gasta em cada segundo continua a mesma.

Para a rampa com inclinação curva, por outro lado, as coisas estão mudando constantemente. A inclinação da rampa está *mudando* — e não apenas em incrementos como, por exemplo, é uma inclinação para os primeiros metros e depois uma inclinação diferente para os próximos metros — está *constantemente mudando*. E o homem empurra com uma força que está *constantemente mudando* — quanto mais inclinada é a rampa, mais difícil fica empurrar a caixa. Como resultado, a quantidade de energia gasta também está mudando, não a cada segundo ou a cada milésimo de segundo, mas *constantemente mudando* de um momento para o outro. É isso que o torna um problema de Cálculo. Por agora, não deve ser surpresa para você que o Cálculo seja descrito como "a Matemática da mudança". O Cálculo pega as regras básicas da Matemática e aplica em problemas flexíveis e desdobráveis.

Para o problema com inclinação curva, as fórmulas da Física continuam as mesmas, e a Álgebra e a Trigonometria que você usa continuam as mesmas. A diferença é que — ao contrário do problema da rampa com inclinação reta, que você, de certa forma, pode fazer num piscar de olhos — você terá que dividir o problema da inclinação curva em partes pequenas e resolver cada parte separadamente. A Figura 1-2 mostra uma pequena parte da inclinação curva ampliada em muitas vezes o seu tamanho.

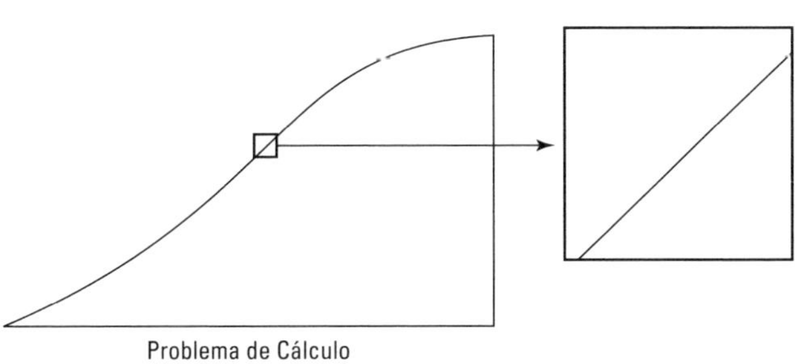

Figura 1-2: Ampliando a curva — voilà, está reta (quase).

Quando você amplia o suficiente, o pequeno comprimento da inclinação curva se torna praticamente reto. Depois, pelo fato de estar reto, você pode resolver essa pequena parte da mesma maneira que o problema com a inclinação em linha reta. Cada pequena parte pode ser resolvida da mesma maneira e, depois, você tem apenas que somar todos as partes.

Isso é Cálculo em poucas palavras. É preciso um problema que não possa ser feito com a Matemática básica porque as coisas estão constantemente mudando — as quantidades mudadas são vistas no gráfico como curvas —, elas são ampliadas na curva até que se tornem retas e, depois, deixe a Matemática básica terminar o problema.

O que torna o Cálculo uma fantástica realização é que ele faz o que parece impossível: ele amplia *infinitamente*. Na realidade, tudo que você faz em Cálculo envolve o infinito de uma maneira ou de outra, porque se algo está constantemente mudando, está frequentemente mudando de modo infinito de cada infinitesimal momento até o próximo.

Exemplos de Cálculo no Mundo Real

Assim, com a Matemática básica você pode fazer o problema com a inclinação em linha reta; com o Cálculo, pode fazer o problema com a inclinação curva. Aqui há mais alguns exemplos.

Com a Matemática básica, você pode determinar o comprimento de um cabo subterrâneo que corre diagonalmente do canto de um parque até o outro (lembra do Teorema de Pitágoras?). Com o Cálculo, você pode determinar o comprimento de um cabo subterrâneo entre duas torres que têm o formato de uma *catenária* (que, por sinal, é diferente de um arco circular simples ou uma parábola). Saber o comprimento certo é de extrema importância para uma empresa de energia elétrica planejando centenas de milhas de cabos elétricos novos. Veja a Figura 1-3.

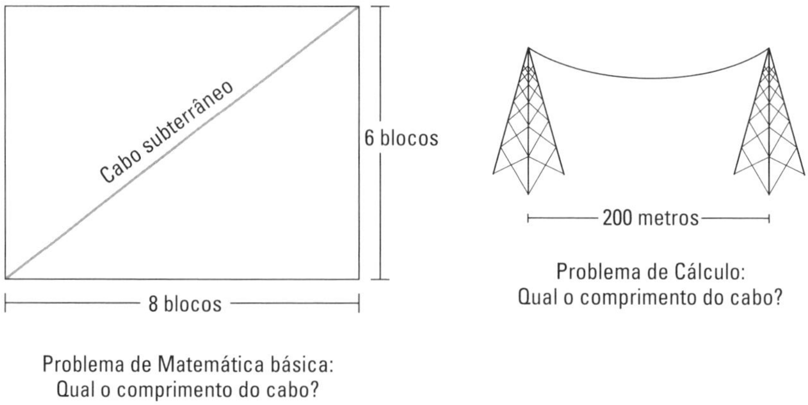

Figura 1-3: Sem Cálculo e com Cálculo.

Você pode calcular a área do telhado plano de uma casa usando a Geometria básica. Com o Cálculo, pode calcular a área de uma figura mais complicada e não esférica como a abóbada do Metrodome de Mineápolis. Os arquitetos que desenham tal construção precisam saber a área da abóbada para determinar o custo dos materiais e descobrir o peso da abóbada (com ou sem neve). O peso, claro, é necessário para planejar a resistência da estrutura de suporte. Dê uma olhada na Figura 1-4.

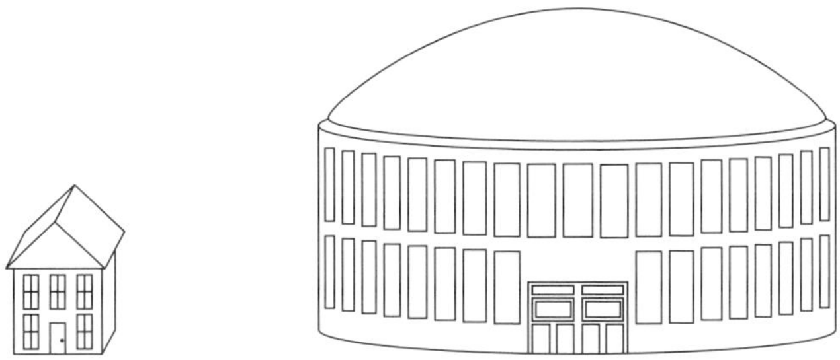

Problema de Matemática básica: Qual a área do telhado?

Problema de Cálculo: Qual a área da abóbada?

Figura 1-4: Sem Cálculo e Com Cálculo.

Com a Matemática e a Física básicas, você pode calcular a distância na qual um zagueiro deve lançar a bola para o atacante para completar o passe (Estou supondo que o atacante corre em uma linha *reta* e a uma velocidade constante). Mas quando a NASA, em 1975, calculou a "trajetória" necessária para o satélite Viking I chegar até Marte, ela precisou de Cálculo porque tanto a Terra como Marte giram em órbitas *elípticas* (de diferentes formas) e as velocidades de ambos estão *constantemente mudando* — sem mencionar o fato de que em seu caminho para Marte, a nave espacial é afetada pela diferente e *constante mudança* da atração gravitacional da Terra, da Lua, de Marte e do Sol. Veja a Figura 1-5.

Você verá muitas aplicações de Cálculo no mundo real ao longo deste livro. Todos os problemas de diferenciação na Parte IV envolvem a inclinação da curva — como a inclinação da rampa curva na Figura 1-1. Na Parte V, você fará problemas de integração, como o problema do comprimento do cabo mostrado na Figura 1-3. Esses problemas envolvem dividir algo em seções menores, calcular cada seção e, depois, somar as seções para obter o total. O Capítulo 2 tem mais sobre isso.

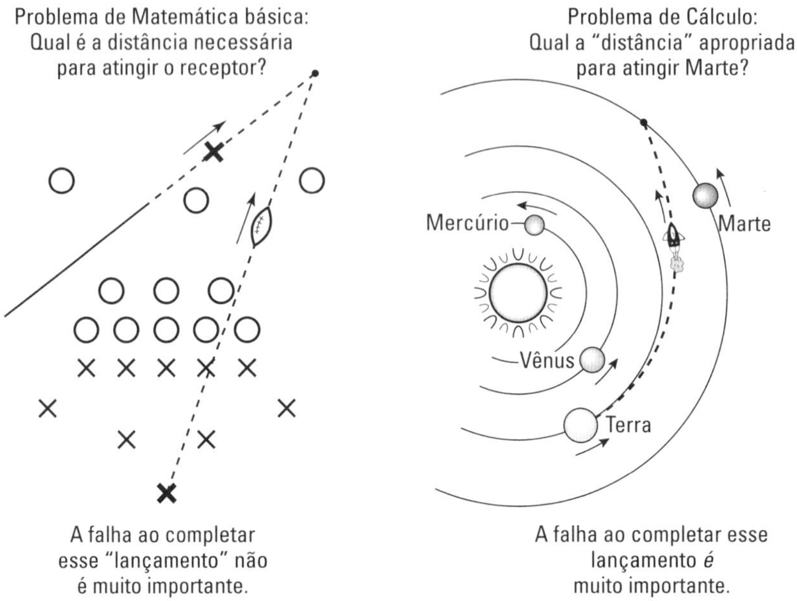

Figura 1-5: A.E.C. (antes da Era do Cálculo) e E.C. (Era do Cálculo).

Capítulo 2

As Duas Grandes Ideias do Cálculo: Diferenciação e Integração — Mais a Série Infinita

Neste Capítulo

- Investigando profundamente a derivada: é uma razão ou uma inclinação
- Investigando a integral — adição para especialistas
- Série infinita: Aquiles versus a tartaruga — façam suas apostas

Este livro abrange dois tópicos principais em Cálculo — diferenciação e integração —, assim como um terceiro tópico, série infinita. Todos os três tópicos tocam o céu e a Terra porque são montados com base nas regras da Álgebra e da Trigonometria comuns, e todos envolvem a ideia de infinito.

Definindo a Diferenciação

Diferenciação é o processo de achar a *derivada* de uma curva. E a palavra "derivada" é apenas um termo sofisticado do Cálculo para a inclinação da curva. E como a inclinação de uma curva é equivalente a uma simples razão (como *quilômetros por hora* ou *lucro por item*), a derivada é uma razão, assim como uma inclinação.

A derivada é uma inclinação

Em Álgebra, você aprendeu sobre a inclinação da reta — é igual à razão entre o *aumento* e a *distância*. Em outras palavras, $Inclinação = \frac{aumento}{distância}$. Veja a Figura 2-1. Deixe-me adivinhar: uma repentina saudade de Álgebra está tomando conta de você.

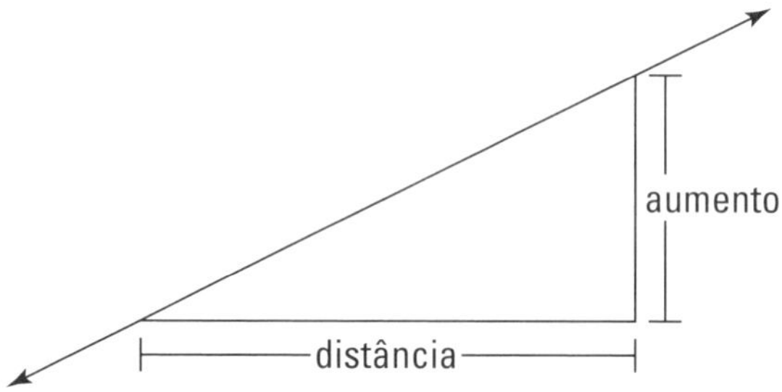

Figura 2-1: A inclinação de uma reta é igual ao aumento sobre a distância.

Na Figura 2-1, o *aumento* é a metade do tamanho da *distância*, assim, a reta tem uma inclinação de ½.

Em uma curva, a inclinação está *constantemente mudando*, então, você precisa do Cálculo para determinar sua inclinação. Veja a Figura 2-2.

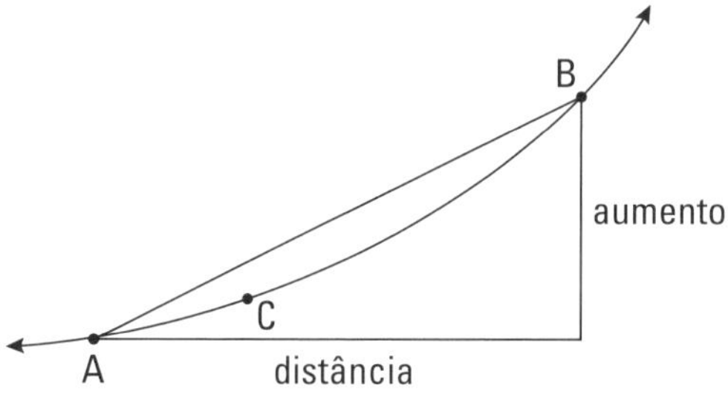

Figura 2-2: A inclinação de uma curva não é tão simples.

Assim como a reta na Figura 2-1, a linha reta entre A e B da Figura 2-2 tem uma inclinação de ½. E a inclinação dessa reta é a mesma em cada ponto entre A e B. Mas você pode ver que, ao contrário da reta, a inclinação da curva está mudando entre A e B. No ponto A, a curva é menos inclinada do que a reta e no ponto B, a curva é mais inclinada do que a reta. O que você faz quando quer a inclinação exata no, digamos, ponto C? Você pode adivinhar? Tempo esgotado. Resposta: você amplia. Veja a Figura 2-3.

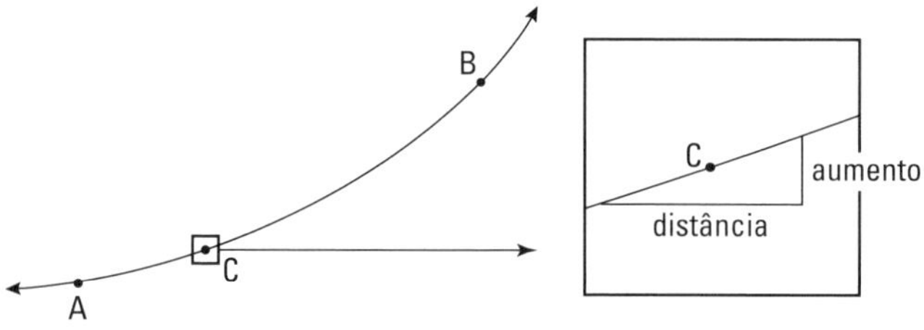

Figura 2-3: Ampliando a curva.

Quando você amplia bastante — muito, na verdade, ao *infinito* — a pequena parte da curva se torna reta, e você pode descobrir a inclinação da maneira antiga. É assim que a diferenciação funciona.

A derivada é uma razão

Visto que a derivada de uma curva é a inclinação — que é igual ao $\frac{aumento}{distância}$ ou a*umento por distância* — a derivada é também uma razão, como, por exemplo, *quilômetros por hora* ou *litros por minuto* (o nome de uma razão em particular depende simplesmente das unidades usadas nos eixos x e y). Os dois gráficos na Figura 2-4 mostram a relação entre distância e tempo — eles podem representar uma viagem em seu carro.

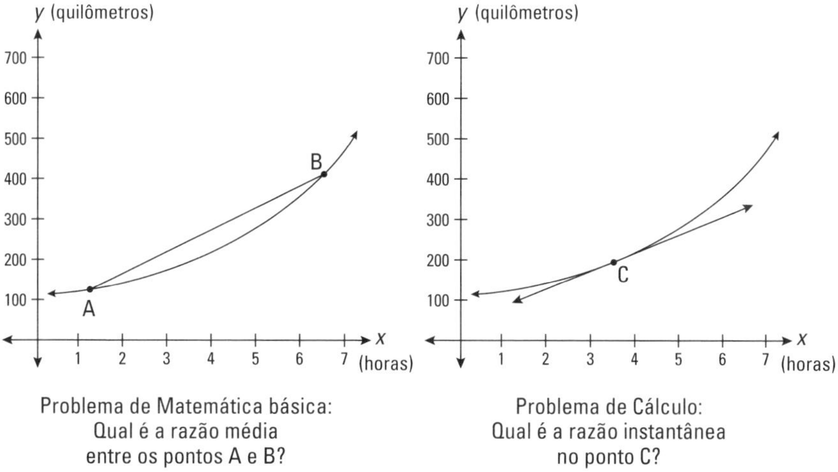

Figura 2-4: Razão média e razão instantânea.

Um problema de Álgebra básica é mostrado à esquerda na Figura 2-4. Se você sabe as coordenadas x e y dos pontos A e B, pode usar a fórmula $\left(Inclinação = \frac{aumento}{distância} = \frac{y_2 - y_1}{x_2 - x_1}\right)$ para determinar a inclinação entre A e B, e, nesse problema, essa inclinação lhe dá a razão média em *quilômetros por hora* para o intervalo de A até B.

Para o problema à direita, por outro lado, você precisa do Cálculo. (Você não pode usar a fórmula da inclinação porque tem apenas um ponto.) Usando a derivada da curva, você pode determinar a inclinação *exata* no ponto C. Logo à esquerda de C na curva, a inclinação é um pouco menor e à direita de C, a inclinação é um pouco maior. Mas exatamente no ponto C, por um único momento infinitesimal, você tem uma inclinação diferente das inclinações vizinhas. A inclinação para esse ponto infinitesimal único na curva dá a você a razão instantânea em *quilômetros por hora* no ponto C.

Investigando a Integração

Integração é a segunda grande ideia em Cálculo e é basicamente uma adição mais sofisticada. Integração é o processo de dividir uma área em pequenas seções, descobrir as áreas dessas seções menores e, depois, somar as pequenas partes da área para achar a área total. A Figura 2-5 mostra dois problemas de área — um que você pode fazer usando a Geometria e outro onde você precisa do Cálculo.

Figura 2-5: Se você não consegue determinar a área à esquerda, desligue sua calculadora.

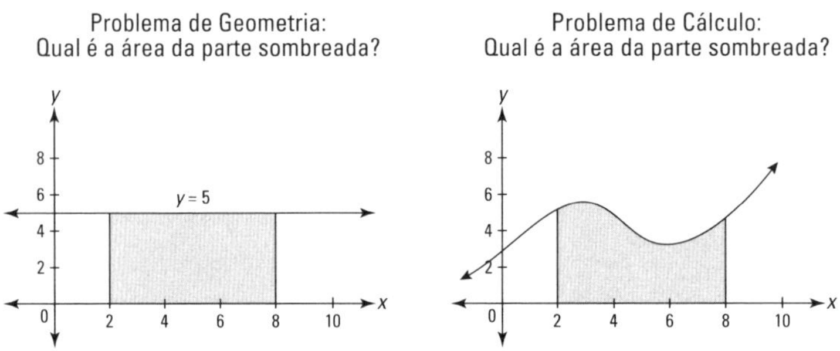

A área sombreada à esquerda é um retângulo simples, então, sua área, claro, é igual à base vezes a altura. Mas você não pode descobrir a área da direita com a Geometria básica porque não há uma fórmula para essa figura engraçada. Então, o que você faz? Você amplia, é claro. A Figura 2-6 mostra a parte de cima de uma faixa estreita da figura estranha ampliada em muitas vezes o seu tamanho.

Figura 2-6: Pela enésima vez, quando você amplia, a curva se torna uma reta.

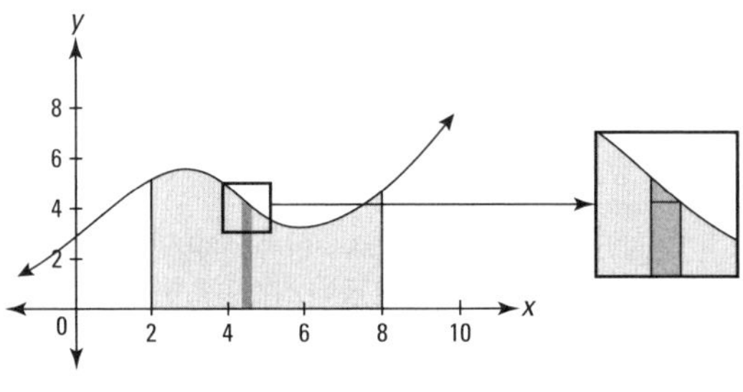

Quando você amplia, como mostrado na Figura 2-6, a curva se torna praticamente reta e quanto mais você amplia, mais reta ela fica. Depois de ampliar, você obtém a forma à direita na Figura 2-6, que é praticamente um simples trapézio (seu topo ainda é um pouco curvo). Bem, com a mágica da integração, você amplia a uma distância *infinita* (de certa forma — você realmente não pode ter uma ampliação infinita, certo?). Neste ponto, a forma é exatamente um simples trapézio — ou, se você quiser ser bem básico, é um triângulo no topo de um retângulo. Visto que você pode calcular as áreas dos retângulos, triângulos e trapézios com a Geometria básica, pode ter a área deste e de todas as outras faixas finas e, depois somar, todas essas áreas para obter a área total. Isso é integração.

A Figura 2-7 mostra dois gráficos do consumo de energia elétrica de duas cidades em um dia típico de verão. O eixo horizontal representa o número de horas depois da meia-noite e o eixo vertical, a quantidade de potência (em quilowatts) usada por uma cidade em diferentes horas durante o dia.

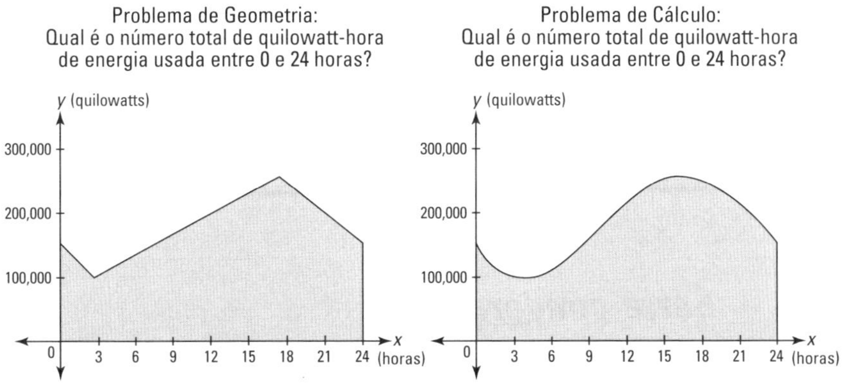

Figura 2-7: Total de quilowatt-hora de energia usada por uma cidade durante um único dia.

A linha deformada à esquerda e a linha curva à direita mostram como o número de quilowatts de potência depende da hora do dia. Em ambos os casos, a área sombreada dá o número de quilowatts-hora de energia consumida durante um período típico de 24 horas. A área sombreada no problema supersimplificado e irreal da esquerda pode ser calculada usando Geometria básica. Mas a verdadeira relação entre a quantidade de potência usada e a hora do dia é mais complicada do que uma linha reta deformada. Em um problema real de consumo de energia, você obteria algo como o gráfico à direita. Por causa da curva estranha, você precisa do Cálculo para determinar a área sombreada. No mundo real, a relação entre as diferentes variáveis é raramente tão simples quanto um gráfico de linha reta. É isso que torna o Cálculo tão útil.

Classificando as Séries Infinitas

A série infinita lida com a soma de uma quantidade infinita de números. Não tente isso em sua calculadora — a não ser que você tenha muito tempo livre. Aqui temos um exemplo simples. A sequência de números a seguir é gerada por um processo de duplicação simples — cada termo é duas vezes o seu antecessor:

1, 2, 4, 8, 16, 32, 64, 128,...

A série infinita associada a essa *sequência* de números é apenas a soma dos números:

$$1 + 2 + 4 + 8 + 16 + 32 + 64 + 128 + \ldots$$

Série divergente

A séria acima de números duplicados é *divergente* porque se você continuar a adição indefinidamente, a soma crescerá sem limite. E se você pudesse somar "todos" os números nessa série — isto é, os muitos deles *infinitamente* — a soma seria infinita. *Divergente* normalmente significa — há exceções — que a série tende ao infinito.

As séries divergentes são pouco interessantes porque elas fazem o que você espera. Você fica somando mais números, a soma continua aumentando e se você continuar com isso para sempre, a soma tenderá para o infinito. Grande surpresa.

Série convergente

Séries convergentes são muito mais interessantes. Com uma série convergente, você também continua somando uma grande quantidade de números, a soma continua crescendo, mas mesmo você somando os números continuamente e a soma crescendo eternamente, a soma de todos os muitos termos infinitamente é um número *finito*. Esse resultado surpreendente me recorda o famoso paradoxo Zeno, de Aquiles e a tartaruga. (Quer dizer Zeno de Elea, é claro, do século V a.C.)

Aquiles está participando de uma corrida com uma tartaruga — um guerreiro corajoso, hein? Nosso generoso herói dá para a tartaruga uma vantagem de 100 metros. Aquiles corre a uma velocidade de 36 quilômetros por hora; a tartaruga "corre" a uma velocidade de 3,6 km/h. Zeno usou o seguinte argumento para "provar" que Aquiles nunca irá alcançar ou passar a tartaruga. A propósito, se você se sentir persuadido por essa "prova", realmente precisa sair mais.

Imagine que você seja um jornalista cobrindo uma corrida para o *jornal Lance!* e está tirando uma série de fotos para seu artigo. A Figura 2-8 mostra a situação no começo da corrida e em suas duas primeiras fotos.

Você tira a sua primeira foto instantânea no momento em que Aquiles chega ao ponto que a tartaruga começou. Na hora que Aquiles chega nesse ponto, a tartaruga "correu" e está agora a 10 metros na frente de Aquiles. (A tartaruga se move a um décimo da velocidade de Aquiles, então, o tempo que Aquiles leva para percorrer 100 metros, a tartaruga cobre um décimo dessa distância, ou seja, 10 metros.) Se você fizer as contas, descobrirá que Aquiles levou 10 segundos para correr 100 metros. (Se você achou estranho os números 36 e 3,6km/h, agora eles fazem sentido!)

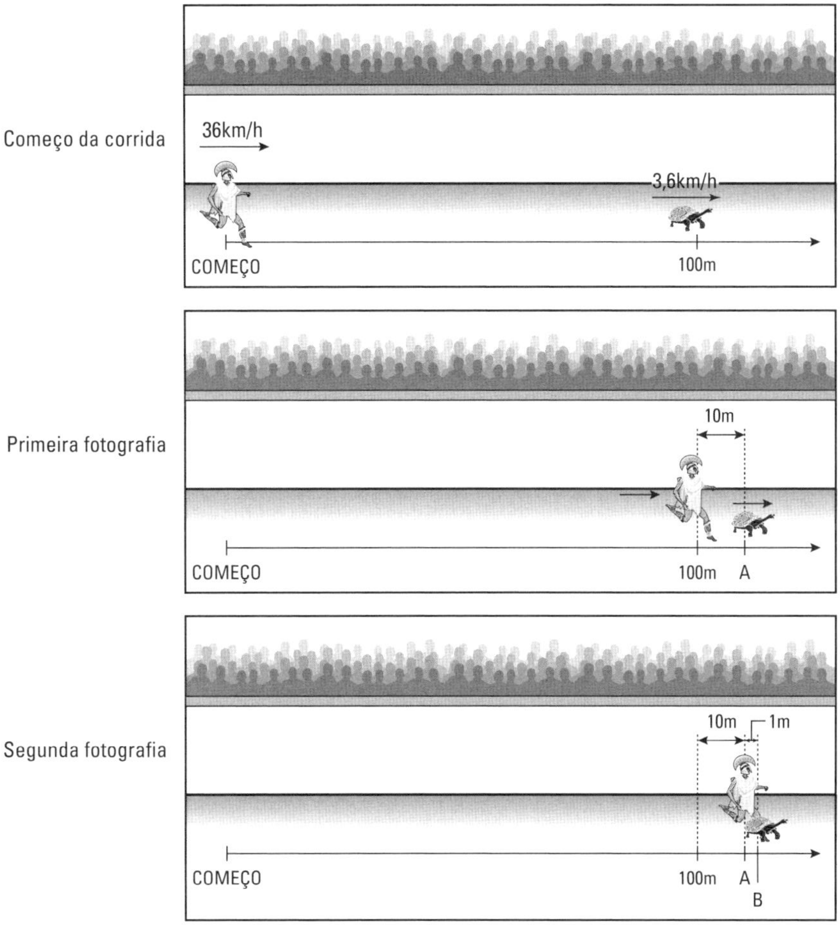

Figura 2-8: Aquiles versus a tartaruga — é a foto final.

Você tem uma Polaroid bem rápida, então, olhe para a sua primeira foto e anote precisamente onde a tartaruga está quando Aquiles cruza o ponto de partida da tartaruga. A posição da tartaruga é o ponto A na imagem do meio na Figura 2-8. Em seguida, você tira a sua segunda foto quando Aquiles chega ao ponto A, o que leva mais um segundo. Nesse segundo, a tartaruga se moveu para o ponto B. Você tira a terceira foto (não mostrada) quando Aquiles chega ao ponto B e a tartaruga se move para o ponto C.

Toda vez que Aquiles chega ao ponto onde a tartaruga estava, você tira outra foto. Essa série de fotografias não tem fim. Supondo que você e sua câmera possam trabalhar de modo infinitamente rápido, você irá tirar um número infinito de fotos. E *toda vez* que Aquiles chega ao ponto em que a tartaruga estava, a tartaruga terá andado mais um pedaço — mesmo que somente um milímetro ou um milésimo de um milímetro. O processo nunca termina, certo? Desse modo, o argumento vale porque você nunca poderá chegar ao fim da sua série infinita de fotos e Aquiles nunca poderá alcançar ou ultrapassar a tartaruga.

Bem, como todo mundo sabe, Aquiles, de fato, alcança e ultrapassa a tartaruga — aí está o paradoxo. A Matemática de uma série infinita explica como essa série infinita de intervalos de tempo tende para uma quantidade de tempo *finita* — o tempo exato de quando Aquiles ultrapassa a tartaruga. Aqui está a soma para os curiosos:

$$10\text{s} + 1\text{s} + 0{,}1\text{s} + 0{,}001\text{s} + \ldots$$
$$= 11{,}111\ldots \text{ s ou } 11\frac{1}{9} \text{ segundos}$$

Aquiles ultrapassa a tartaruga depois de $11\frac{1}{9}$ segundos na marca de $111\frac{1}{9}$ - metros.

Os problemas da série infinita são tópicos cheios de coisas bizarras e paradoxos absurdos. Você verá mais na Parte V.

Capítulo 3

Por Que o Cálculo Funciona?

Neste Capítulo

- Usando limites para ampliar curvas
- Inclinação é igual a aumento sobre distância
- A área de um triângulo é igual à base vezes a altura sobre dois
- O Teorema de Pitágoras: $a^2 + b^2 = c^2$

Nos Capítulos 1 e 2, você ouviu muito sobre o processo de ampliar uma curva até que ela pareça reta. A matemática do Cálculo funciona por causa dessa natureza básica das curvas — que elas são *localmente retas* — em outras palavras, curvas são retas quando vistas em um microscópio. A Terra é redonda, mas para nós, ela parece plana porque nós estamos como embaixo de um microscópio quando comparados ao tamanho da Terra. O Cálculo funciona porque uma vez que as curvas são retas, você pode usar a Álgebra e a Geometria básicas nelas. O processo de ampliação é alcançado através da Matemática dos limites.

O Conceito do Limite: Um Microscópio Matemático

A Matemática dos limites é o microscópio que amplia uma curva. É assim que um limite funciona. Digamos que você precise da inclinação exata de uma parábola $y = x^2$ no ponto (1, 1). Veja a Figura 3-1.

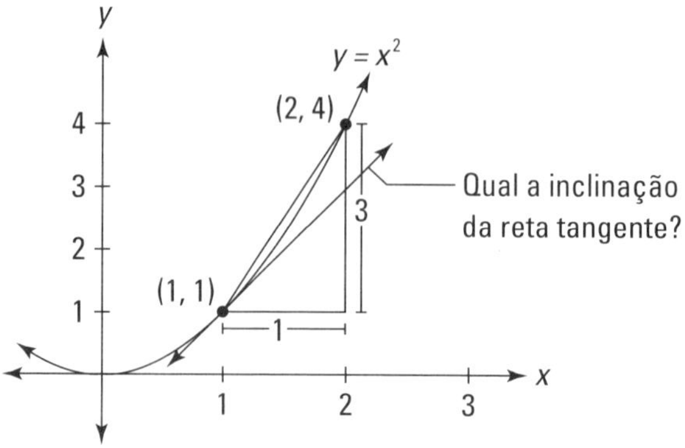

Figura 3-1: A parábola $y = x^2$ com uma reta tangente em (1, 1).

Com a fórmula da inclinação usada em Álgebra, você pode descobrir a inclinação de uma reta entre os pontos (1, 1) e (2, 4). De (1, 1) até (2, 4), você anda 1 casa e sobe 3, então a inclinação é $\frac{3}{1}$ ou apenas 3. Mas você pode ver na Figura 3-1 que essa linha é mais inclinada do que a linha tangente no ponto (1, 1) que mostra a inclinação da parábola nesse ponto específico. De certa forma, o processo do limite deixa você deslizar para baixo o ponto que começa em (2, 4) até o ponto (1, 1), até que esteja a um milésimo distante de um milímetro, depois um milionésimo, depois um bilionésimo, e assim sucessivamente até o nível de um microscópio. Se você fizer as contas, as inclinações entre o ponto (1, 1) e seu ponto móvel parecerão mais ou menos com 2,8, então, 2,6, 2,4 etc., assim que você chegar a um milésimo distante de um milímetro, 2,001; 2,000001; 2,000000001; e assim por diante. E com a quase mágica Matemática dos limites, você pode concluir que a inclinação em (1, 1) é exatamente 2, mesmo que o ponto móvel nunca chegue a (1, 1). (Se chegasse, você só teria um ponto sobrando e precisaria de dois pontos separados para poder usar a fórmula da inclinação.) A Matemática dos limites é toda baseada nesse processo de ampliação e funciona, novamente, porque quanto mais você amplia, mas reta a curva fica.

O Que Acontece Quando Você Amplia

A Figura 3-2 mostra três diagramas de uma curva e três coisas que você talvez goste de saber sobre a curva: 1) a inclinação exata no ponto C; 2) a área abaixo da curva entre os pontos A e B; e 3) o comprimento exato da curva entre os pontos A e B. Você não pode responder essas perguntas com a Matemática básica porque as fórmulas da Matemática básica para a *inclinação*, *área* e *comprimento* funcionam para as linhas retas (e curvas simples como círculos), mas não para as curvas estranhas como essa aqui.

A primeira fileira da Figura 3-3 mostra um detalhe ampliado dos três diagramas da curva na Figura 3-2. A segunda fileira mostra uma ampliação maior e a terceira fileira outra ampliação. Para cada pequena janela que é aberta (como da primeira para a segunda fileira na Figura 3-3), desenhei uma nova linha diagonal tracejada para ajudar você a ver como, com cada ampliação, as partes das curvas aumentadas ficam cada vez mais retas. Este processo continua indefinidamente.

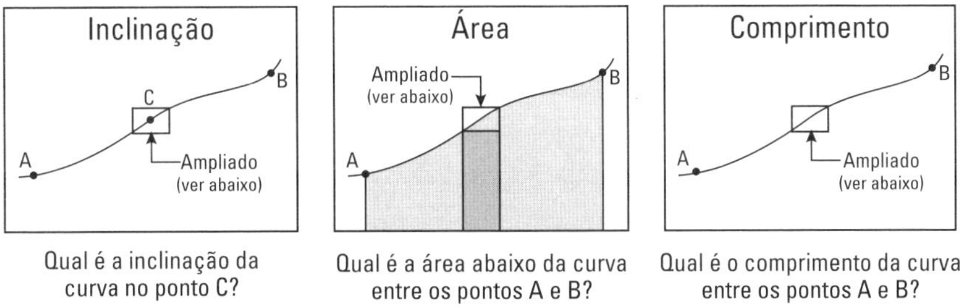

Figura 3-2: Uma curva — três perguntas.

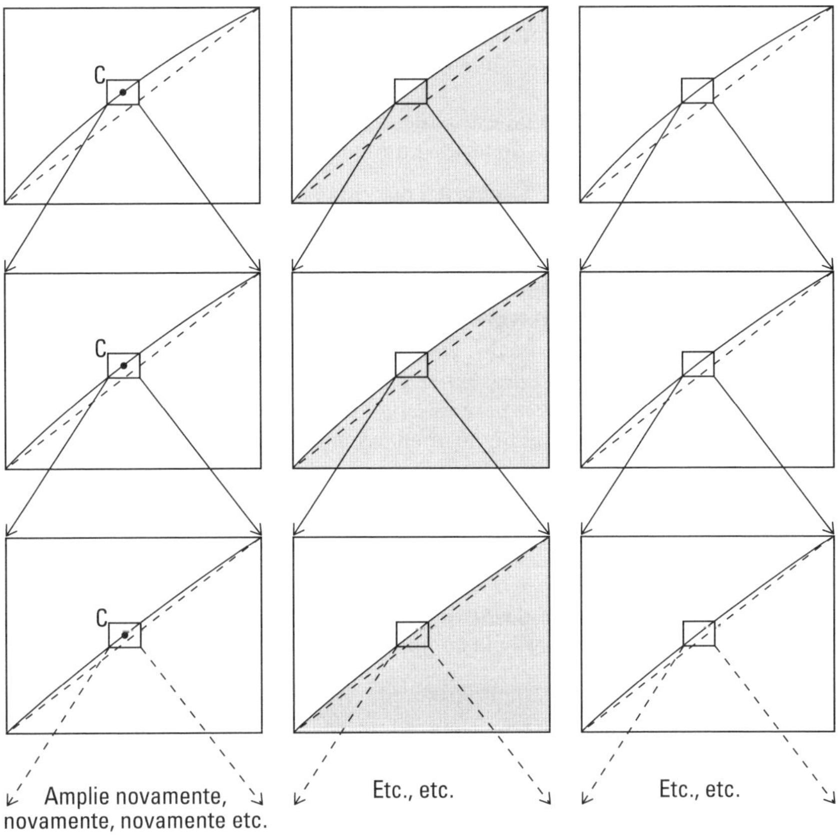

Figura 3-3: Amplie até o nível de um microscópio.

Finalmente, a Figura 3-4 mostra o resultado depois de um número "infinito" de ampliações — mais ou menos. Depois de ampliar eternamente, uma parte infinitamente pequena da curva original e a linha diagonal reta agora são a mesma coisa. Você pode pensar sobre os comprimentos 3 e 4 na Figura 3-4 (sem trocadilhos) como 3 e 4 milionésimos de um milímetro, não, 3 e 4 bilionésimos de um milímetro, não, trilionésimos, não, zilionésimos...

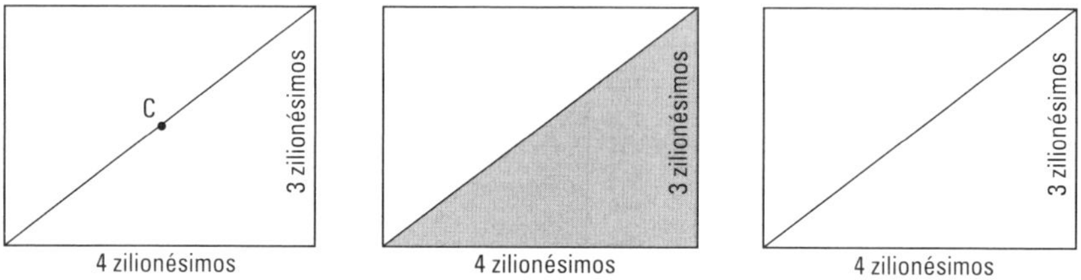

Figura 3-4: Seu destino final — o nível sub, sub, sub... subatômico.

A inclinação é igual a $\frac{aumento}{distância}$ então a inclinação é $\frac{3}{4}$.

A área de um triângulo é igual a $\frac{1}{2}$ *base* × *altura*, então a área é 6 zilionésimos ao quadrado.

O Teorema de Pitágoras ($a^2 + b^2 = c^2$) lhe dá o comprimento da hipotenusa — é 5 zilionésimos.

Agora que você ampliou eternamente, a curva está perfeitamente reta e você pode usar as fórmulas de Álgebra e Geometria básicas para responder as três perguntas sobre a curva na Figura 3-2.

Para o diagrama da esquerda na Figura 3-4, você pode usar agora a *fórmula* básica da *inclinação* usada na Álgebra para encontrar a inclinação no ponto C. É exatamente $\frac{3}{4}$ — essa é a resposta para a primeira pergunta da Figura 3-2. É assim que a diferenciação funciona.

Para o diagrama do meio da Figura 3-4, a fórmula para um triângulo usado na Geometria lhe dá a área 6. Então, para achar o valor total da área sombreada mostrada na Figura 3-2, você terá que somar esse 6 à área do pequeno retângulo abaixo desse triângulo (o retângulo escuro sombreado na Figura 3-2). Então, você repete esse processo para todas as outras faixas estreitas (não mostradas) e finalmente apenas soma todas as pequenas áreas. É assim que a integração funciona.

E para o diagrama da direita da Figura 3-4, o Teorema de Pitágoras da Geometria lhe dá um comprimento 5. Então, para achar o comprimento total da curva entre os pontos A e B na Figura 3-2, você faz a mesma coisa para as outras pequenas seções da curva e, depois, soma todos os pequenos comprimentos. É assim que você calcula comprimento (outro problema da integração).

Bem, aí está. O Cálculo usa o processo do limite para ampliar uma curva até que ela fique reta. Depois que está reta, as regras das velhas e básicas Álgebra e Geometria funcionam. O Cálculo, dessa forma, dá à Álgebra e à Geometria básicas o poder de lidar com problemas complicados envolvendo quantidades em *constante modificação* (que nos gráficos aparecem como curvas). Isso explica o fato de o Cálculo ter tantos usos práticos, pois se existe algo com o qual você, com certeza, pode contar — além da morte e dos impostos — é que as coisas estão sempre mudando.

Dois Avisos — ou Precisão

Nem tudo neste capítulo (ou neste livro por sinal) irá satisfazer os altos padrões dos Grandes Mestres da Precisão em Matemática.

Eu posso perder minha licença de ensinar matemática

Com respeito aos diagramas do meio da Figura 3-2 até 3-4, eu tenho agido como um irresponsável com a Matemática. O processo de integração — encontrar a área embaixo de uma curva — não funciona exatamente da maneira como expliquei. Não está completamente errado, apenas meio enganoso. Mas — eu não ligo para o que dizem — essa é minha história e eu vou ficar com ela. Na verdade, não é uma maneira ruim de pensar como a integração funciona, e, de qualquer modo, esse é apenas um capítulo de apresentação.

Mas o que "infinito" realmente significa?

O segundo aviso é que toda vez que eu falo sobre infinito — como nas duas últimas seções onde eu analisei a ampliação em um número infinito de vezes — eu coloco a palavra "infinito" entre aspas ou digo algo do tipo "você *meio* que amplia eternamente". Faço isto para salvar minha pele. Toda vez que você fala sobre infinito, está sempre em um terreno duvidoso. O que significaria ampliar eternamente ou um número infinito de vezes? Você não pode fazer isso — você nunca chegará lá. Nós podemos imaginar — mais ou menos — o que é ampliar eternamente, mas há algo um pouco estranho sobre essa ideia — e com as qualificações.

Parte II

Começando com os Pré-requisitos do Cálculo

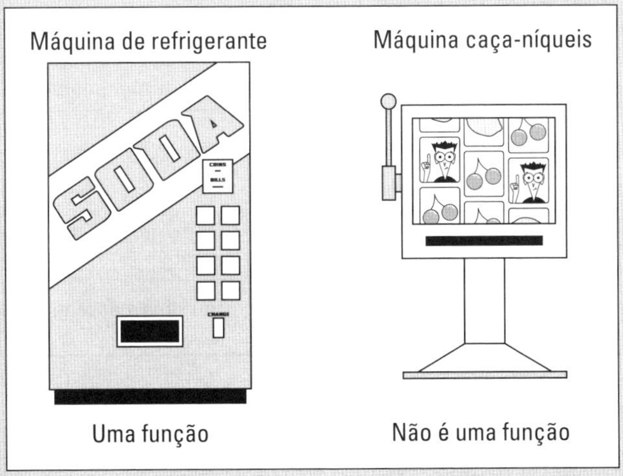

Nesta parte...

- Revisão de Álgebra: Richard Feynman, o grande físico do século XX, disse (com ironia) que o Cálculo era a língua que Deus falava. Bem, não sei se é verdade, mas sei que a Álgebra é a língua do Cálculo. Se você quiser aprender Cálculo, terá que saber Álgebra.
- Revisão de logaritmo: O que é log 10? e ln 1? Sugestão para a primeira pergunta: é o número mais solitário. Sugestão para a segunda: não há nada nele.
- Revisão de função: funções pares e ímpares, funções exponenciais, funções inversas, transformações de função.
- Alguma Trigonometria: O todo importante círculo unitário. E a Geometria relacionada dos triângulos de 30º 60º 90º e 45º 45º 90º.
- Mais Trigonometria: SohCahToa e os gráficos do seno, cosseno e tangente.

Capítulo 4

Revisão de Pré-álgebra e Álgebra

Neste Capítulo

- Vencendo a batalha das frações: dividir e conquistar
- Aumentando seus poderes e chegando à raiz das raízes
- Estabelecendo as leis dos logaritmos e se divertindo com a fatoração
- Passeando pela resolução de equações do segundo grau

A Álgebra é a linguagem do Cálculo. Você não pode fazer Cálculo sem Álgebra, como não pode escrever poesia chinesa sem saber chinês. Então, se sua Pré-álgebra e Álgebra estão um pouco enferrujadas — você sabe, todas aquelas regras para lidar com expressões algébricas, equações, frações, potências, raízes, logaritmos, fatoração, equações do segundo grau etc. — revise os conceitos básicos a seguir.

Ajustando Suas Frações

Abra um livro de Cálculo em qualquer página e você provavelmente verá uma fração — você não pode escapar delas. Lidar com elas requer que você saiba algumas regras.

Algumas regras rápidas

Primeiramente, existe uma regra que é simples, mas muito importante porque sempre aparece no estudo do Cálculo:

CUIDADO!

Você não pode dividir por zero! O denominador de uma fração *nunca* pode ser igual a zero.

$\frac{0}{5}$ é igual a zero, mas $\frac{5}{0}$ é indefinido.

É fácil ver que $\frac{5}{0}$ é indefinido quando se considera como a divisão funciona:

$$\frac{8}{2}=4$$

Isso diz a você, é claro, que 8 é 2 somado quatro vezes; em outras palavras, $2+2+2+2=8$. Bem, quantos zeros você precisaria somar para chegar a 5? Você não pode fazer isso e assim, não pode dividir 5 (ou qualquer outro número) por zero.

Aqui está outra regra rápida.

LEMBRE-SE

Definição de *recíproco:* O recíproco de um número ou expressão é seu inverso multiplicativo — o que é uma maneira sofisticada de dizer que o produto de algo por seu recíproco é igual a 1. Para achar o recíproco de uma fração, coloque-a invertida. Deste modo, o recíproco de $\frac{3}{4}$ é $\frac{4}{3}$, o recíproco de 6, que é igual a $\frac{6}{1}$, é $\frac{1}{6}$, e o recíproco de $x-2$ é $\frac{1}{x-2}$.

Multiplicando frações

Somar é geralmente mais fácil do que multiplicar, mas com frações, o inverso é verdade — então eu quero lidar com a multiplicação primeiro.

Multiplicar frações é como um estalar dos dedos — apenas multiplique as partes de cima e as partes de baixo:

$$\frac{2}{5}\cdot\frac{3}{4}=\frac{6}{20}=\frac{3}{10} \text{ e } \frac{a}{b}\cdot\frac{c}{d}=\frac{ac}{bd}$$

Dividindo frações

Dividir frações tem um passo adicional: você inverte a segunda fração e depois multiplica — desta forma:

$$\frac{3}{10}\div\frac{4}{5}$$

$$=\frac{3}{10}\cdot\frac{5}{4}=\frac{15}{40} \quad \text{(Agora, simplifique o 5 do numerador e do denominador.)}$$

$$=\frac{3}{8}$$

Note que você poderia ter simplificado antes de multiplicar. Devido ao fato de 5 ser somado uma vez para dar 5 e ser somado duas vezes para dar 10, você pode cancelar um 5:

$$\frac{3}{{}_2\cancel{10}}\cdot\frac{\cancel{5}^{1}}{4}=\frac{3}{8}$$

Note também que o problema original poderia ter sido escrito como $\dfrac{\frac{3}{10}}{\frac{4}{5}}$.

Somando frações

Você sabe que:

$$\frac{2}{7}+\frac{3}{7}=\frac{2+3}{7}=\frac{5}{7}$$

Você pode somar desse jeito porque já tem um denominador comum. Isso também funciona da mesma maneira com as variáveis:

$$\frac{a}{c}+\frac{b}{c}=\frac{a+b}{c}$$

Note que não importa que você tenha um 2 na equação de cima ou um *a* na equação de baixo; não importa se um 3 está na equação de cima, ou um *b* está na equação de baixo; e da mesma maneira um 7 e *c*. Isso ilustra um poderoso princípio:

DICA

As variáveis sempre se comportam exatamente como os números.

Então, se você está se perguntando o que fazer com a variável ou com as variáveis em um problema, pergunte-se como resolveria um problema com números, ao invés de variáveis. Depois, resolva o problema da mesma maneira com as variáveis, assim:

$$\frac{a}{b}+\frac{c}{d}$$

Você não pode somar essas frações como fez no exemplo anterior porque esse problema não tem um denominador comum. Agora, supondo que você esteja aturdido, resolva o problema com números, em vez de variáveis. Você se lembra como soma $\frac{2}{5}+\frac{3}{8}$? Eu não vou simplificar cada linha da solução. Você verá por que em um minuto.

1. **Encontre *o menor denominador comum* (na realidade, qualquer denominador comum funcionará ao somar frações) e converta as frações.**

O menor denominador comum é 5 vezes 8 ou 40, então, converta cada fração em 40:

$$\frac{2}{5}+\frac{3}{8}$$

$$=\frac{2}{5}\cdot\frac{8}{8}+\frac{3}{8}\cdot\frac{5}{5}$$

$$=\frac{2\cdot 8}{5\cdot 8}+\frac{3\cdot 5}{5\cdot 8}$$ (8 · 5 é igual a 5 · 8, então, você pode inverter a ordem. Essas frações são 40, mas eu quero deixar 5 · 8 no denominador por agora.)

2. **Some os numeradores e mantenha o denominador comum inalterado.**

$$=\frac{2\cdot 8+3\cdot 5}{5\cdot 8}\left(\text{Você pode ver que isso é igual a }\frac{16+15}{40}\text{, ou }\frac{31}{40}.\right)$$

Agora, você está pronto para resolver o problema original, $\frac{a}{b}+\frac{c}{d}$. Nesse problema, você tem um *a* em vez de 2, um *b* em vez de 5, um *c* em vez de 3 e um *d* em vez de 8. Apenas siga exatamente os mesmos passos que você segue quando está somando $\frac{2}{5}+\frac{3}{8}$. Você pode pensar em cada um dos números da solução acima como estampados em um lado de uma moeda com a variável correspondente do outro lado. Por exemplo, há uma moeda com 2 de um lado e um *a* no lado oposto; outra moeda tem um 8 de um lado e um *d* do outro lado, e assim por diante. Agora, faça cada passo da solução anterior, vire cada moeda, e voilà, você tem a solução para o problema original. Aqui está a resposta final:

$$\frac{ad+cb}{bd}$$

Subtraindo frações

Subtrair frações é igual a somar frações, com exceção de, em vez de somar, você subtrai. Percepções como essa são a razão pela qual me pagam muito dinheiro.

Simplificando frações

Terminar problemas de Cálculo — depois que você fez todos os passos do cálculo — algumas vezes requer um pouco de Álgebra complicada, incluindo a simplificação. Verifique se você sabe como simplificar e quando pode fazer isso ou não.

Na fração, $\frac{x^5y^2}{x^3z}$ três *xs* podem ser simplificados do numerador e do denominador, resultando na fração simplificada $\frac{x^2y^2}{z}$. Se você escrever os xs em vez de usar os expoentes, poderá ver mais claramente como isso funciona:

$$\frac{x^5y^2}{x^3z} = \frac{x \cdot x \cdot x \cdot x \cdot x \cdot y \cdot y}{x \cdot x \cdot x \cdot z}$$

Agora, simplifique os três xs do numerador e do denominador:

$$\frac{\not{x} \cdot \not{x} \cdot \not{x} \cdot x \cdot x \cdot y \cdot y}{\not{x} \cdot \not{x} \cdot \not{x} \cdot z}$$

Isso deixa você com $\frac{x \cdot x \cdot y \cdot y}{z}$, ou $\frac{x^2y^2}{z}$.

Expresse-se

Uma *expressão algébrica* ou simplesmente *expressão* é algo do tipo *xyz* ou $a^2p^3\sqrt{q}-6$, basicamente qualquer coisa sem um sinal de igual (se tiver um sinal de igual, é uma *equação).* A simplificação funciona da mesma maneira para as expressões e para as variáveis. Por sinal, essa é uma dica não apenas para a simplificação, mas para todos os tópicos da Álgebra.

As expressões sempre se comportam exatamente como as variáveis.

Assim, se cada x no problema acima for substituído por $(xyz-q)$, você terá

$$\frac{(xyz-q)^5y^2}{(xyz-q)^3z}$$

E três das expressões $(xyz-q)$ são simplificadas do numerador e do denominador, assim como os três *xs* foram simplificados. O resultado simplificado é

$$\frac{(xyz-q)^2y^2}{z}$$

A regra da multiplicação para simplificar

Agora, você *sabe* como simplificar. É igualmente importante saber *quando* pode simplificar.

Regra da multiplicação: Você pode simplificar uma fração somente quando ela tem uma *cadeia de multiplicação contínua* em todo o numerador e todo o denominador.

A simplificação é permitida em frações como esta:

$$\frac{a^2b^3(xy-pq)^4(c+d)}{ab^4z(xy-pq)^3}$$

Pense na multiplicação como algo que conduz eletricidade. Uma corrente elétrica pode passar de uma extremidade do denominador para a outra, do a^2 até o $(c+d)$, porque todas as variáveis e expressões estão conectadas através da multiplicação. (Note um sinal de adição e de subtração dentro dos parênteses — o "+" em $(c+d)$ por exemplo — não quebra a corrente.) Devido ao fato de o denominador também ter uma cadeia de multiplicação contínua, a simplificação é permitida. Você pode simplificar um a, três bs e três expressões $(xy-pq)$. Aqui está o resultado:

$$\frac{a(xy-pq)(c+d)}{bz}$$

CUIDADO!

Quando *não é* possível simplificar: Mas somar um inocente 1 ao numerador (ou ao denominador) na fração original muda tudo:

$$\frac{a^2b^3(xy-pq)^4(c+d)+1}{ab^4z(xy-pq)^3}$$

O sinal de adição na frente do 1 quebra a corrente elétrica, e não é permitida nenhuma simplificação em nenhum lugar da fração.

Valor Absoluto — Absolutamente Fácil

O valor absoluto apenas torna um número negativo um número positivo e não faz nada em um número positivo ou zero. Por exemplo,

$$|-6|=6, \quad |3|=3, \text{ e } |0|=0$$

É um pouco complicado quando lidamos com variáveis. Se x é zero ou positivo, então, as barras de valor absoluto não fazem nada e, assim,

$$|x|=x$$

Mas se x for negativo, o valor absoluto de x é positivo e você escreve

$$|x|=-x$$

Por exemplo, se $x = -5$, $|-5| = -(-5) = 5$.

$-x$ pode ser um número positivo. Quando x é um número negativo, $-x$ (lê-se como "x negativo" ou "o oposto de x") é um número *positivo*.

Fortalecendo Seus Poderes

Você será impotente no Cálculo se não souber as regras de potência:

- $x^0 = 1$

  Esta é a regra independente do valor de x — uma fração, um número negativo, qualquer coisa — exceto zero (zero elevado a zero é indefinido). Iremos chamar isso de regra da pia da cozinha:

  (tudo menos a pia da cozinha)$^0 = 1$

- $x^{-3} = \frac{1}{x^3}$ e $x^{-a} = \frac{1}{x^a}$

  Por exemplo, $4^{-2} = \frac{1}{4^2} = \frac{1}{16}$. Isso é muito importante! Não se esqueça!

  Note que a potência é negativa, mas a resposta $\frac{1}{16}$ *não* é negativa.

- $x^{2/3} = \left(\sqrt[3]{x}\right)^2 = \sqrt[3]{x^2}$ e $x^{a/b} = \left(\sqrt[b]{x}\right)^a = \sqrt[b]{x^a}$

  Você pode usar essa regra útil ao inverso para transformar um problema com raiz em um problema de potência mais fácil.

- $x^2 \cdot x^3 = x^5$ e $x^a \cdot x^b = x^{a+b}$

  Aqui, você *soma* as potências. (A propósito, você não pode fazer nada com x^2 *mais* x^3. Você não pode somar x^2 *a* x^3 porque não são *termos iguais*. Você só poderá somar ou subtrair os termos quando a parte da variável de cada termo for a mesma, por exemplo, $3xy^2z + 4xy^2z = 7xy^2z$. Isso funciona da mesma maneira — eu não estou brincando — que 3 cadeiras mais 4 cadeiras são iguais a 7 cadeiras; você não pode somar termos *diferentes*, assim como não pode somar 5 cadeiras e 2 carros.)

- $\frac{x^5}{x^3} = x^2$ e $\frac{x^2}{x^6} = x^{-4}$ e $\frac{x^a}{x^b} = x^{a-b}$

  Aqui você *subtrai* as potências.

- $(x^2)^3 = x^6$ e $(x^a)^b - x^{ab}$

  Aqui você *multiplica* as potências.

- $(xyz)^3 = x^3y^3z^3$ e $(xyz)^a = x^ay^az^a$

  Aqui você *distribui* a potência para cada variável.

- $\left(\frac{x}{y}\right)^4 = \frac{x^4}{y^4}$ e $\left(\frac{x}{y}\right)^a = \frac{x^a}{y^a}$

  Aqui você também distribui a potência para cada variável.

- $(x + y)^2 = x^2 + y^2$ **NÃO!**

  Não distribua a potência neste caso. Em vez disso, multiplique da maneira longa: $(x+y)^2 = (x+y)(x+y) = x^2 + xy + xy + y^2 = x^2 + 2xy + y^2$. Veja o que acontecerá se usar a "regra" acima com números: $(3 + 5)^2 = 8^2$ ou 64, *não* $3^2 + 5^2$, que é igual a 9 + 25 ou 34.

Fixando as Raízes

As raízes, especialmente as quadradas, sempre aparecem em Cálculo. Então, saber como elas funcionam e entender a conexão fundamental entre raízes e potências é essencial. E, é claro, isso é o que eu já vou te dizer.

Regra das raízes — ou melhor, regra da raiz

Qualquer raiz pode ser transformada em potência, por exemplo, $\sqrt[3]{x} = x^{1/3}$, $\sqrt{x} = x^{1/2}$ e $\sqrt[4]{x^3} = x^{3/4}$. Dessa forma, você, na verdade, não precisa das regras das raízes — pode apenas transformar cada raiz de um problema em uma potência e usar as regras das potências para resolver o problema (essa é uma técnica muito útil, por sinal). Como você tem esta opção, as seguintes regras das raízes são menos importantes que as regras das potências, mas você realmente deve saber essas regras:

- $\sqrt{0} = 0$ e $\sqrt{1} = 1$

  Mas você sabia disso, certo?

  Não há números negativos nas raízes pares. Você não pode ter um número negativo dentro de uma raiz quadrada ou qualquer outra raiz de número *par* — pelo menos não em Cálculo básico.

- $\sqrt{a} \cdot \sqrt{b} = \sqrt{a \cdot b}$, $\sqrt[3]{a} \cdot \sqrt[3]{b} = \sqrt[3]{ab}$, e $\sqrt[n]{a} \cdot \sqrt[n]{b} = \sqrt[n]{ab}$

- $\frac{\sqrt{a}}{\sqrt{b}} = \sqrt{\frac{a}{b}}$, $\frac{\sqrt[3]{a}}{\sqrt[3]{b}} = \sqrt[3]{\frac{a}{b}}$, e $\frac{\sqrt[n]{a}}{\sqrt[n]{b}} = \sqrt[n]{\frac{a}{b}}$

- $\sqrt[3]{\sqrt[4]{a}} = \sqrt[12]{a}$ e $\sqrt[m]{\sqrt[n]{a}} = \sqrt[mn]{a}$

  Você *multiplica* os índices do radical.

- $\sqrt{a^2} = |a|, \sqrt[4]{a^4} = |a|, \sqrt[6]{a^6} = |a|$**, e assim sucessivamente.**

  Se você tem uma raiz de número *par*, precisa das barras de valor absoluto na resposta, porque sendo *a* positivo ou negativo, a resposta é positiva. Se for uma raiz de número ímpar, você não precisará das barras de valor absoluto. Assim,

- $\sqrt[3]{a^3} = a, \sqrt[5]{a^5} = a$, e assim por diante.

- $\sqrt{a^2+b^2} = a+b$ **NÃO!**

  Cometa esse erro e vá direto para a cadeia. Tente resolver com números: $\sqrt{2^2+3^2} = \sqrt{13}$, que *não* é igual a 2 + 3.

Simplificando raízes

Aqui estão as duas últimas coisas sobre raízes. Primeiro, você precisa saber dois métodos para simplificar raízes como $\sqrt{300}$ ou $\sqrt{504}$.

O método rápido funciona para $\sqrt{300}$ porque é fácil perceber o quadrado perfeito, 100, que tem no número 300. Pelo fato de 300 ser igual a 100 vezes 3, o 100 sai como sua raiz quadrada, 10, deixando o 3 dentro do radical. Assim, a resposta é $10\sqrt{3}$.

Para $\sqrt{504}$, não é fácil achar um quadrado perfeito grande que esteja em 504, então, você terá que usar o método mais longo:

1. **Divida o número 504 em um produto de todos os seus números primos.**

   $$\sqrt{504} = \sqrt{2\cdot 2\cdot 2\cdot 3\cdot 3\cdot 7}$$

2. **Circule cada par de números.**

   $$\sqrt{(2\cdot 2)\cdot 2\cdot (3\cdot 3)\cdot 7}$$

3. **Para cada par circulado, tire um número para fora da raiz.**

   $$2\cdot 3\sqrt{2\cdot 7}$$

4. **Simplifique.**

   $$6\sqrt{14}$$

A última coisa sobre raízes é que, por convenção, você não deixa uma raiz no denominador de uma fração — é uma convenção boba e antiquada, mas ainda é ensinada, então, aqui está. Se sua resposta é, digamos, $\frac{2}{\sqrt{3}}$, você multiplica isso por $\frac{\sqrt{3}}{\sqrt{3}}$:

$$\frac{2}{\sqrt{3}} \cdot \frac{\sqrt{3}}{\sqrt{3}} = \frac{2\sqrt{3}}{3}$$

Logaritmos — Não É o Nome de uma Escola de Dança

Um *logaritmo* é apenas uma maneira diferente de expressar uma relação exponencial entre números. Por exemplo,

$2^3 = 8$, então,

$\log_2 8 = 3$ (lê-se como "log de 8 na base 2 é igual a 3)

Essas duas equações dizem exatamente a mesma coisa. Você pode pensar em $2^3 = 8$ como a maneira de escrevê-la em português claro, e $\log_2 8 = 3$ como a maneira como era escrito em latim. E como é mais fácil pensar e fazer o cálculo em português, verifique — quando vir algo como $\log_3 81 = x$ — se você pode "traduzir" instantaneamente em $3^x = 81$. A base de um logaritmo pode ser qualquer número, exceto o 1, maior que zero e por convenção, se a base for 10, você não irá escrevê-la. Por exemplo, $\log 1000 = 3$ significa $\log_{10} 1000 = 3$. E também, log de base e (e ≈ 2,72) é escrito como *ln* em vez de $\log_e$.

Você deve saber as seguintes propriedades dos logaritmos:

- $\log_c 1 = 0$
- $\log_c c = 1$
- $\log_c (ab) = \log_c a + \log_c b$
- $\log_c \left(\frac{a}{b}\right) = \log_c a - \log_c b$
- $\log_c a^b = b \log_c a$
- $\log_a b = \frac{\log_c b}{\log_c a}$

Com essa propriedade, você pode calcular algo do tipo $\log_3 20$ em uma calculadora que tem apenas botões log para a base 10 (botão "log") e base e (botão "ln") digitando $\frac{\log 20}{\log 3}$, usando a base 10 para c. E muitas calculadoras mais novas, você pode calcular $\log_3 20$ diretamente.

- $\log_a a^b = b$
- $a^{\log_a b} = b$

Fatorando — Quando É que Eu Vou Precisar Disso?

Quando é que você vai precisar disso? Para o Cálculo, é claro.

Fatorar significa "desfazer a multiplicação", como reescrever 12 como $2 \cdot 2 \cdot 3$. No entanto, você não encontrará problemas como esse em Cálculo. Para o Cálculo, você precisa saber fatorar expressões algébricas, como fatorar $5xy + 10yz$ como $5y(x + 2z)$. A fatoração algébrica sempre envolve reescrever a soma dos termos na forma de *produto*. O que se segue é um curso de revisão rápido.

Achando o MDC

O primeiro passo ao fatorar qualquer tipo de expressão é encontrar — em outras palavras, fatorar — a maior coisa que todos os termos têm em comum — esse é o *máximo divisor comum* ou MDC. Por exemplo, cada um dos três termos de $8x^3y^4 + 12x^2y^5 + 20x^4y^3z$ tem o fator $4x^2y^3$, então, ele pode ser retirado da seguinte forma: $4x^2y^3\ (2xy + 3y^2 + 5x^2z)$. Sempre procure um MDC para retirar antes de tentar outras técnicas de fatoração.

Procurando um padrão

Depois de retirar o MDC, se houver um, a próxima coisa a fazer é procurar um dos três padrões. O primeiro padrão é *importante*; os outros dois são menos importantes.

Diferença dos quadrados

Saber como fatorar a *diferença dos quadrados* é crítico:

$$a^2 - b^2 = (a - b)(a + b)$$

Se você puder reescrever algo do tipo $9x^4 - 25$ para que se pareça com $(\text{isso})^2 - (\text{aquilo})^2$, então, poderá usar o padrão de fatoração. Veja como:

$$9x^4 - 25 = (3x^2)^2 - (5)^2$$

Agora, desde que $(\text{isso})^2 - (\text{aquilo})^2 = (\text{isso} - \text{aquilo})(\text{isso} + \text{aquilo})$, você pode fatorar o problema:

$$(3x^2)^2 - (5)^2 = (3x^2 - 5)(3x^2 + 5)$$

A *diferença* de quadrados, $a^2 - b^2$, pode ser fatorada, mas a *soma* dos quadrados, $a^2 + b^2$, *não pode* ser fatorada. Em outras palavras, $a^2 + b^2$, como os números 7 e 13, é *primo* — você não pode dividi-lo.

Soma e diferença dos cubos

Você talvez também queira memorizar as regras de fatoração para a *soma* e a *diferença* dos *cubos*:

$$a^3 + b^3 = (a + b)(a^2 - ab + b^2)$$
$$a^3 - b^3 = (a - b)(a^2 + ab + b^2)$$

Tentando algumas fatorações trinomiais

Você se lembra da antiga fatoração básica de trinômios dos seus dias de Álgebra?

Várias definições: Um *trinômio* é um polinômio com três termos. Um *polinômio* é uma expressão do tipo $4x^5 - 6x^3 + x^2 - 5x + 2$ onde, com exceção da *constante* (o número 2 no exemplo), todos os termos têm uma variável elevada a uma potência de número *inteiro* positivo. Em outras palavras, nenhuma potência na forma de frações e com números negativos é permitida (Portanto, $\frac{1}{x}$ não é um polinômio porque é igual a x^{-1}). Nem radicais, logaritmos, senos ou cossenos, ou qualquer outra coisa — apenas termos com um *coeficiente*, como o 4 no termo $4x^5$, multiplicado por uma variável elevada a uma potência. O *grau* de um polinômio é a maior potência de x do polinômio. O polinômio acima, por exemplo, tem um grau 5.

Não seria uma má ideia voltar à boa forma com problemas do tipo

$$6x^2 + 13x - 5 = (2x + 5)(3x - 1)$$

em que você deve fatorar o trinômio à esquerda no produto dos dois binômios à direita. Umas poucas técnicas básicas para fatorar um trinômio como esse estão flutuando ao redor da matemática — você provavelmente aprendeu uma delas em sua aula de Álgebra. Se você se lembra, ótimo. Você não terá que fazer muita fatoração de trinômios em Cálculo, mas são úteis de vez em quando, portanto, se suas habilidades estão um pouco enferrujadas, veja *Álgebra II Para Leigos* de Mary Jane Sterling (publicado pela Alta Books).

Resolvendo Equações Quadráticas

Uma equação quadrática é qualquer equação polinomial de *segundo grau* — é quando a maior potência de x, ou de qualquer outra variável usada, é 2.

Você pode resolver as equações quadráticas usando um dos três métodos básicos.

Método 1: Fatorando

Resolva $2x^2 - 5x = 12$

1. **Traga todos os termos para um lado da equação, deixando o zero do outro lado.**

   $$2x^2 - 5x - 12 = 0$$

2. **Fatore.**

   $$(2x + 3)(x - 4) = 0$$

   Você pode verificar que esses fatores estão corretos ao multiplicá-los. “Soma e Produto” te diz alguma coisa?

3. **Coloque cada fator igual a zero e resolva (usando a *propriedade do produto nulo*).**

   $$2x + 3 = 0 \quad \text{ou} \quad x - 4 = 0$$
   $$2x = -3 \qquad\qquad x = 4$$
   $$x = -\frac{3}{2}$$

Então, essa equação tem duas soluções: $x = -\frac{3}{2}$ e $x = 4$.

DICA

O *discriminante* informa se o quadrado é fatorável. O Método 1 funcionará apenas se o quadrado for fatorável. O teste rápido para isso é moleza. Um quadrado é fatorável se o discriminante, $b^2 - 4ac$, é um número quadrado perfeito, como 0, 1, 4, 9, 16, 25 etc. (O discriminante é algo sob o símbolo da raiz quadrada na fórmula quadrática — veja o Método 2 abaixo.) Na equação quadrática do Passo 1 acima, $2x^2 - 5x - 12 = 0$ por exemplo, $a = 2$, $b = -5$ e $c = -12$. $b^2 - 4ac$ são iguais a, portanto, $(-5)^2 - 4(2)(-12)$, que é igual a 121. Como 121 é um quadrado perfeito (11^2), o quadrado é fatorável. Como a fatoração trinomial é geralmente rápida e fácil, você pode escolher apenas entrar no problema e tentar fatorar sem se preocupar em verificar o valor do discriminante. Mas se você não conseguir, não será uma má ideia verificar o discriminante para que não perca mais tempo tentando fatorar um trinômio quadrático não fatorável. (Mas se o quadrado é fatorável ou não, você sempre pode determiná-lo com a fórmula quadrática, analisada na próxima seção.)

Método 2: A fórmula quadrática

A solução ou soluções de uma equação quadrática, $ax^2 + bx + c$, são dadas através da fórmula quadrática:

$$x = \frac{-b \pm \sqrt{b^2 - 4ac}}{2a}$$

Agora resolva a mesma equação do Método 1 com a fórmula quadrática:

1. **Traga todos os termos para um lado da equação, deixando o zero do outro lado.**

   $$2x^2 - 5x - 12 = 0$$

2. **Coloque os coeficientes na fórmula.**

   Neste exemplo, a é igual a 2, b é –5 e c é –12, portanto,

   $$\begin{aligned} x &= \frac{-(-5) \pm \sqrt{(-5)^2 - 4(2)(-12)}}{2 \cdot 2} \\ &= \frac{5 \pm \sqrt{25 - (-96)}}{4} \\ &= \frac{5 \pm \sqrt{121}}{4} \\ &= \frac{5 \pm 11}{4} \\ &= \frac{16}{4} \text{ ou } -\frac{6}{4} \\ x &= 4 \text{ ou } -\frac{3}{2} \end{aligned}$$

   Isso está de acordo com as soluções obtidas previamente — é melhor que as soluções sejam iguais porque estamos resolvendo a mesma equação.

Método 3: Completando o quadrado

O terceiro método para resolver equações quadráticas é chamado de *completando o quadrado* porque envolve criar um trinômio quadrado perfeito que você pode, então, resolver tirando sua raiz quadrada.

Resolva $3x^2 = 24x + 27$

1. **Coloque x^2 e os termos de x de um lado e a constante do outro.**

   $$3x^2 - 24x = 27$$

2. **Divida ambos os lados pelo coeficiente de x^2 (a não ser, é claro, que seja 1).**

   $$x^2 - 8x = 9$$

3. **Pegue metade do coeficiente de x, eleve ao quadrado, depois, some isso em ambos os lados.**

   Metade de –8 é –4 e $(-4)^2$ é 16, então, some 16 em ambos os lados:

   $$x^2 - 8x + 16 = 9 + 16$$

4. **Fatore o lado esquerdo. Note que o fator sempre contém o mesmo número que você encontrou no Passo 3 (–4 neste exemplo).**

   $$(x-4)^2 = 25$$

5. **Tire a raiz quadrada de ambos os lados, lembrando de colocar um sinal de ± do lado direito.**

   $$\sqrt{(x-4)^2} = \sqrt{25}$$
   $$x - 4 = \pm 5$$

6. **Resolva.**

   $$x = 4 \pm 5$$
   $$x = 9 \text{ ou } -1$$

Capítulo 5

Funções Especiais e Seus Ótimos Gráficos

Neste Capítulo

- Entendendo funções e relações
- Aprendendo sobre linhas
- Focando nas parábolas
- Lutando com os gráficos
- Transformando funções e investigando funções inversas

Virtualmente, tudo o que você faz em Cálculo envolve funções e seus gráficos de uma forma ou de outra. O Cálculo diferencial envolve encontrar a inclinação de muitas funções e o Cálculo integral envolve calcular a área abaixo das funções. E não somente o conceito de uma função é crítico para o Cálculo, ele é uma das ideias fundamentais em toda a Matemática.

O Que É uma Função?

Basicamente, uma função é a relação entre duas coisas, na qual o valor numérico de uma coisa depende, de alguma forma, do valor da outra. Exemplos estão ao nosso redor: a temperatura diária média para sua cidade depende, e é uma função, da época do ano; a distância que um objeto caiu é uma função de quanto tempo passou desde que você o soltou; a área de um círculo é uma função do seu raio; e a pressão de um gás engarrafado é uma função da sua temperatura.

As características explicativas de uma função

LEMBRE-SE

Uma função tem apenas um valor de saída para cada entrada.

Considere a Figura 5-1.

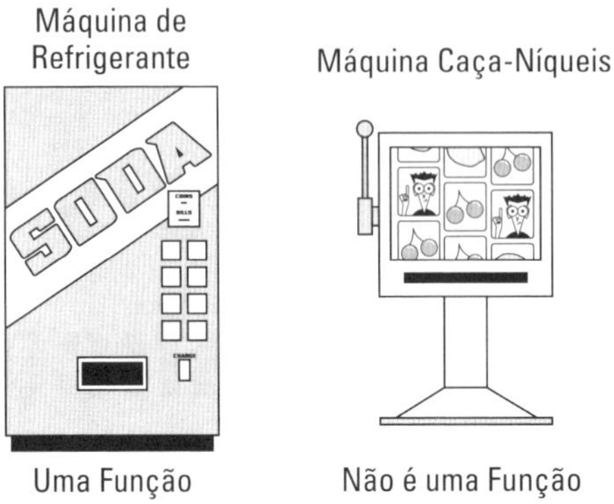

Figura 5-1: A máquina de refrigerante é uma função. Uma máquina caça-níqueis não é uma função.

A máquina de refrigerante é uma função porque depois de inserir os dados de entrada (sua escolha e seu dinheiro), você sabe exatamente qual é o retorno. Com a máquina caça-níqueis, por outro lado, a saída é um mistério, então, não é uma função. Veja a Figura 5-2.

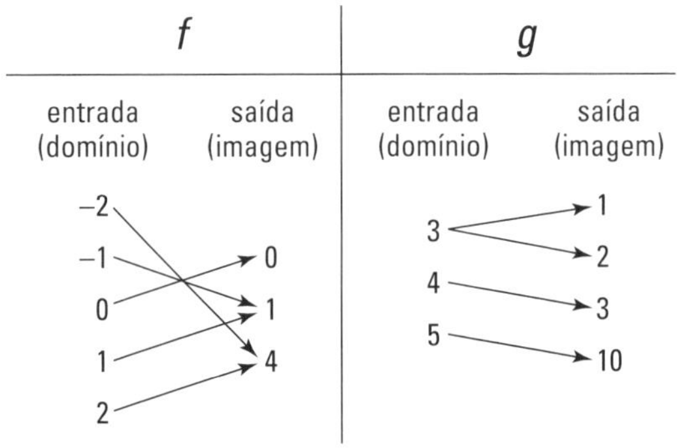

Figura 5-2: *f* é uma função. *g* não é.

A função quadrática, *f*, é uma função porque tem exatamente uma saída designada para cada entrada. Não importa que tanto 2 como -2 produzam a mesma saída 4 porque dado uma determinada entrada, digamos -2, não há mistério sobre a saída. Quando a entrada é 3 em *g*, no entanto, você não sabe se a saída será 1 ou 2. (No momento, não se preocupe com como a regra *g* transforma sua entrada na saída.) Devido ao fato de nenhum mistério sobre a entrada ser permitido em funções, *g* não é uma função.

As boas funções, ao contrário da boa literatura, têm finais previsíveis.

Definições de *domínio* e *contradomínio:* O conjunto de todas as entradas é chamado de domínio da função; o conjunto de todas as saídas é chamado de contradomínio da função.

Algumas pessoas gostam de pensar na função como uma máquina. Considere novamente a função ao quadrado, *f*, da Figura 5-2. A Figura 5-3 mostra duas entradas e suas respectivas saídas.

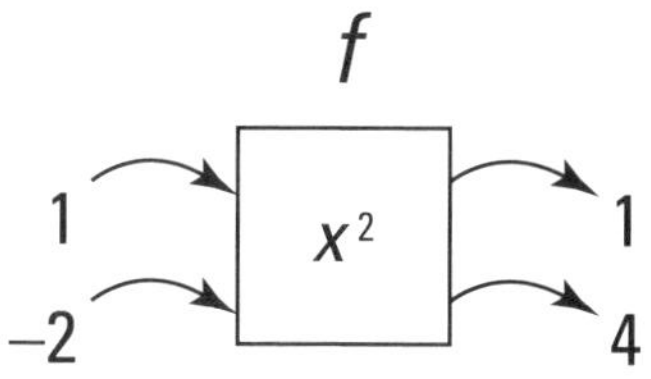

Figura 5-3: Uma função como uma máquina: a carne entra, a linguiça sai.

Você insere 1 na máquina de função e do lado de fora sai um 1; você coloca –2 e um 4 sai. Uma máquina de função recebe uma entrada, opera de alguma forma e cospe uma saída.

Variáveis independentes e dependentes

Definições de *variável dependente* e *variável independente*: Em uma função, a coisa que *depende* de outra coisa é chamada de *variável dependente*; a outra coisa é a *variável independente*. Visto que você coloca números na variável independente, ela também é chamada de *variável de entrada*. Depois de colocar um número, você calcula a saída ou a resposta para a variável dependente, assim a variável dependente é também chamada de *variável de saída*. Quando você desenha o gráfico de uma função, a variável independente fica no eixo *x* e a variável dependente fica no eixo *y*.

Algumas vezes, a dependência entre duas coisas é uma relação de causa e efeito — por exemplo, aumentar a temperatura do gás *causa* o aumento da pressão. Nesse caso, a temperatura é a *variável independente* e a pressão é a *variável dependente* porque ela depende da temperatura.

Muitas vezes, no entanto, a dependência não é uma relação de causa e efeito, mas somente algum tipo de associação entre duas coisas. Geralmente, a variável independente é o que já sabemos ou podemos facilmente verificar e a variável dependente é o que queremos descobrir. Por exemplo, você não diria que o tempo faz um objeto cair (a gravidade é a causa), mas se você sabe quanto tempo se passou, desde que um objeto caiu, pode descobrir a altura da queda. Então, o tempo é a variável independente e a altura, a variável dependente; e você diria que a altura é uma função do tempo.

Qualquer que seja o tipo de correspondência entre duas variáveis, a variável dependente (variável y) é a coisa na qual estamos geralmente mais interessados. Em geral, queremos saber o que acontece à variável dependente ou y quando a variável independente ou x vai para a direita: a variável y (a altura do gráfico) está subindo ou descendo e se está, com qual rapidez, ou o nível do gráfico não está subindo nem descendo?

Notação das funções

Uma maneira simples de escrever a função $y = 5x^3 - 2x^2 + 3$ é trocar o "y" por "$f(x)$" e escrever $f(x) = 5x^3 - 2x^2 + 3$. É apenas uma notação diferente para a mesma coisa. Essas duas equações são, em todos os aspectos, matematicamente idênticas. Os alunos ficam normalmente intrigados com a notação da função quando eles a veem pela primeira vez. Eles se perguntam o que "f" significa e se $f(x)$ significa f vezes x. Ele não significa isso. Se a notação da função incomoda você, meu conselho é pensar em $f(x)$ como simplesmente a maneira como y é escrito em algum outro idioma. Não considere f e x separadamente; apenas pense em $f(x)$ como um símbolo simples para y.

Pense em $f(x)$ (lê-se "f de x") como uma abreviação para "uma função de x". Você pode escrever $y = f(x) = 3x^2$ traduzido como "y é uma função de x e essa função é $3x^2$". Contudo, algumas vezes, outras letras são usadas em vez de f — como, por exemplo, $g(x)$ ou $p(x)$ — geralmente para diferenciar as funções. A letra da função não necessariamente representa alguma coisa, mas, às vezes, a letra inicial de uma palavra é usada (neste caso, você usa uma letra maiúscula). Por exemplo, você sabe que a área de um quadrado é determinada elevando a medida dos seus lados ao quadrado: *Área = lado*^{2} ou $A = s^2$. A área do quadrado depende, e é uma função, da medida do lado. Com a notação da função, você pode escrever $A(s) = s^2$. (Teste rápido: Como $f(x) = x^2$ difere da área de uma função quadrada. $A(s) = s^2$? Resposta: Para $f(x) = x^2$, x pode ser igual a qualquer número, mas com $A(s) = s^2$, s deve ser positivo porque o comprimento de um lado do quadrado não pode ser negativo nem zero. As duas funções têm *domínios* diferentes.)

Considere a função quadrática $y = x^2$ ou $f(x) = x^2$. Quando você coloca o número 3 no lugar de x, tem como resposta 9. A notação da função é conveniente porque você pode expressar abreviadamente a entrada e a saída escrevendo $f(3) = 9$ (lê-se "f de 3 é igual a 9"). Lembre-se que $f(3) = 9$ significa que quando x é 3, $f(x)$ é 9; de modo equivalente, informa que quando x é 3, y é 9.

Funções compostas

Uma função *composta* é a combinação de duas funções. Por exemplo, o custo familiar de energia elétrica depende de quanto você consome e o consumo depende da temperatura do lado de fora. Posto que o custo depende do consumo e o consumo depende da temperatura, o custo dependerá da temperatura. Na linguagem da função, o custo é uma função do consumo, o consumo é uma função da temperatura e, assim, o custo é uma função da temperatura. Essa última função, uma combinação das duas primeiras, é uma função composta.

Veja $f(x) = x^2$ e $g(x) = 5x - 8$. Coloque 3 em $g(x) = g(3) = 5.\ 3 - 8$, que é igual a 7. Agora, pegue esse resultado, 7, e coloque em $f(x) = f(7) = 7^2 = 49$. A metáfora da máquina mostra o que eu fiz aqui. Veja a Figura 5-4. A máquina g transforma 3 em 7 e, depois, a máquina f transforma 7 em 49.

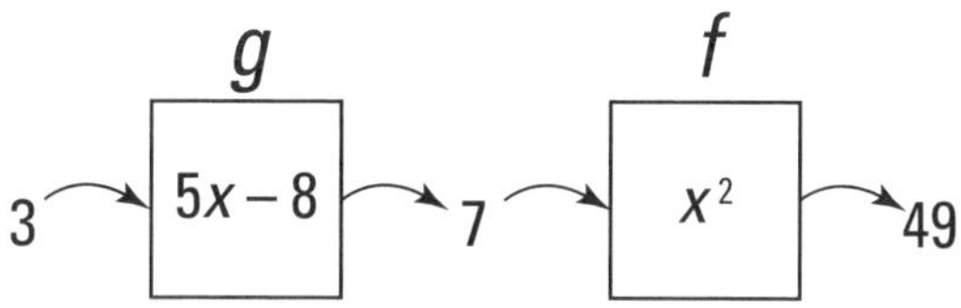

Figura 5-4: Duas máquinas de função.

Você pode expressar o resultado das duas funções em um passo com a seguinte função *composta*:

$$f(g(3)) = 49$$

Você sempre calcula primeiro a função de dentro de uma função composta: $g(3) = 7$. Depois, pega o resultado, 7, e calcula $f(7)$, que é igual a 49.

Para determinar a função composta geral, $f(g(x))$, coloque $g(x)$, que é igual a $5x - 8$, em $f(x)$. Em outras palavras, você quer determinar $f(5x - 8)$. A função f ou máquina f pega esse valor e eleva ao quadrado. Assim,

$$\begin{aligned} f(5x - 8) &= (5x - 8)^2 \\ &= (5x - 8)(5x - 8) \\ &= 25x^2 - 40x - 40x + 64 \\ &= 25x^2 - 80x + 64 \end{aligned}$$

Assim, $f(g(x)) = 25x^2 - 80x + 64$

CUIDADO!

Com as funções compostas, a ordem é importante. Como uma regra geral, $f(g(x)) \neq g(f(x))$.

Com o Que uma Função se Parece?

Eu não sou um historiador matemático, mas todos parecem concordar que René Descartes (1596–1650) propôs a ideia do sistema de coordenadas *x-y* mostrado na Figura 5-5.

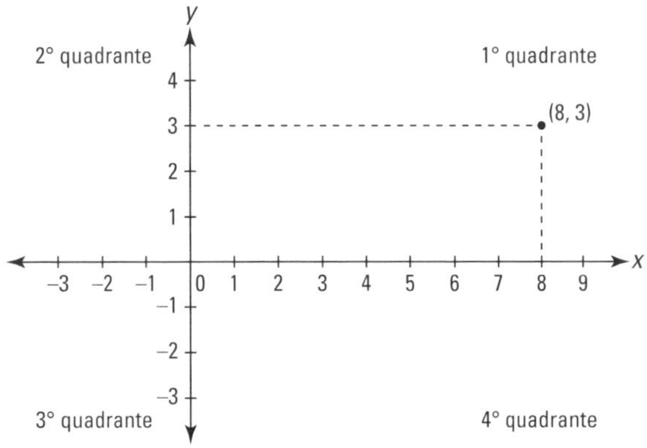

Figura 5-5: O plano cartesiano (para Descartes) ou sistema de coordenadas *x-y*.

Isaac Newton (1642–1727) e Gottfried Leibniz (1646–1716) foram os inventores do Cálculo, mas é difícil imaginar que eles possam ter feito isso sem a contribuição de Descartes, muitas décadas antes. Pense no sistema de coordenadas (ou a tela de sua calculadora gráfica) como sua janela para o mundo do Cálculo. Quase tudo em seu livro de Cálculo e neste livro envolve gráficos de linhas ou curvas — geralmente funções — no sistema de coordenadas *x-y*.

Considere os quatro gráficos na Figura 5-6.

Essas quatro curvas são funções porque satisfazem o teste da *linha vertical*. (***Nota:*** Eu estou usando aqui o termo *curva* para me referir a qualquer forma, curva ou reta.)

LEMBRE-SE

O teste da linha vertical: Uma curva será uma função se a linha vertical desenhada — sem levar em consideração onde é desenhada — tocar a curva apenas uma vez. Isso garante que cada entrada tenha exatamente uma saída.

Não importa onde você desenha a reta vertical em qualquer um dos quatro gráficos na Figura 5-6, a reta tocará a curva em apenas um ponto. Tente.

Se, no entanto, uma reta vertical desenhada puder tocar a curva duas ou mais vezes, então, a curva não será uma função. As duas curvas na Figura 5-7, por exemplo, não são funções.

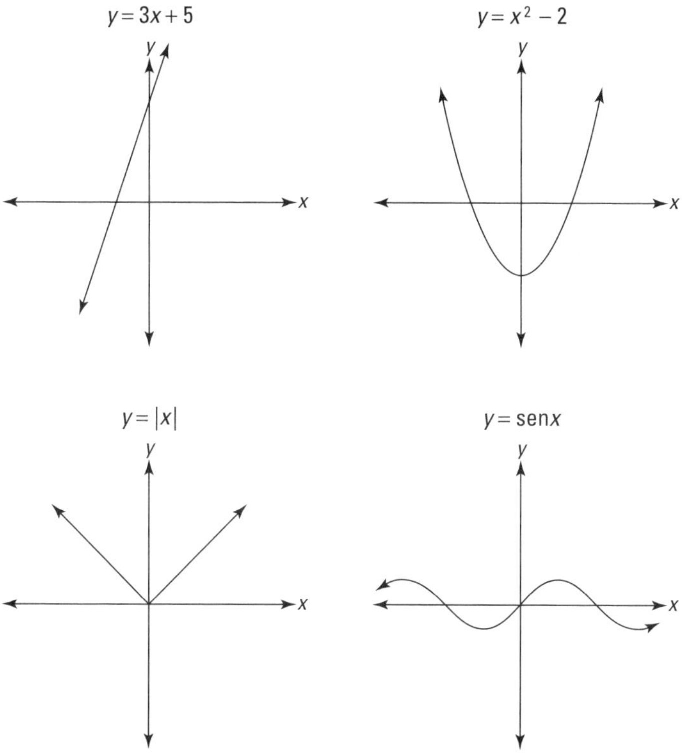

Figura 5-6: Quatro funções.

(Nota: Estes gráficos têm escalas diferentes.)

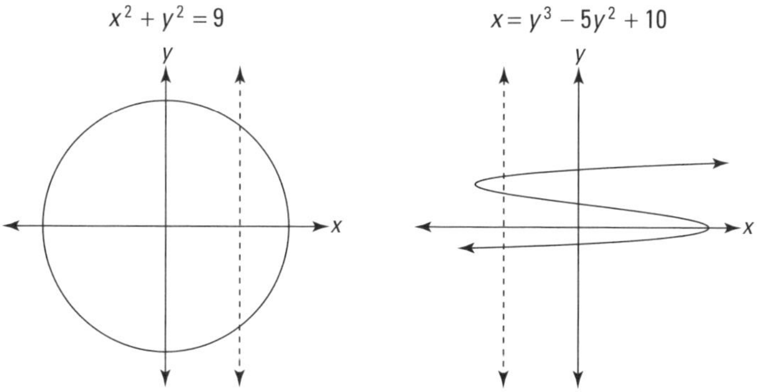

Figura 5-7: Estas duas curvas não são funções porque foram reprovadas no teste da linha vertical.

(Nota: Estes gráficos têm escalas diferentes.)

Então, as quatro curvas na Figura 5-6 são funções e as duas na Figura 5-7 não são, mas todas as seis curvas são *relações*.

LEMBRE-SE

Definição de *relação*: Uma relação é qualquer coleção de pontos no sistema de coordenadas *x-y*.

Você passa pouco tempo estudando algumas relações que não são funções no Cálculo — círculos, por exemplo — mas a grande maioria dos problemas de Cálculo envolve funções.

Funções Comuns e Seus Gráficos

Você verá centenas de funções em seu estudo de Cálculo, então, não seria uma má ideia familiarizar-se com as funções básicas nesta seção: a reta, parábola, função de valor absoluto, funções cúbicas e de raiz cúbicas, e funções exponenciais e logarítmicas.

Retas no plano, em português claro

Uma reta é a função mais simples que você pode desenhar num plano cartesiano. (As retas são importantes em Cálculo porque quando você amplia bem uma curva, ela parece e se comporta como uma reta.) A Figura 5-8 mostra um exemplo: $y = 3x + 5$.

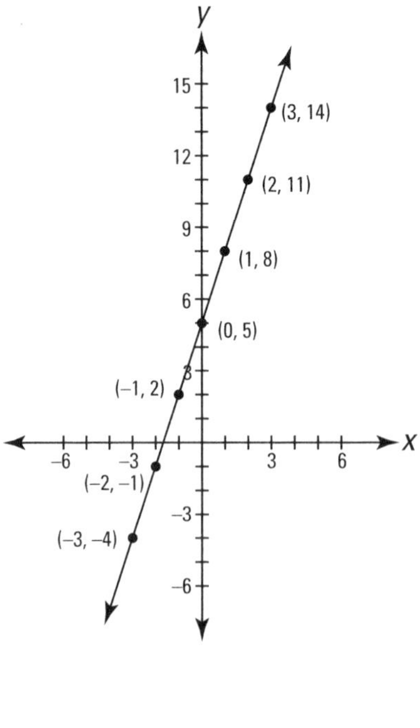

Figura 5-8: O gráfico da reta $y = 3x + 5$.

Acertando as inclinações

A coisa mais importante sobre a reta na Figura 5-8 — pelo menos para seu estudo de Cálculo — é a inclinação. Note que toda vez que x se desloca em 1 para a direita, y sobe em 3. Uma boa maneira de visualizar a inclinação é desenhar uma escada embaixo da reta (veja a Figura 5-9). A arte vertical do degrau é chamada de *aumento*, a parte horizontal é chamada de *distância* e a inclinação é definida como a razão entre o aumento e a distância:

$$Inclinação = \frac{aumento}{distância} = \frac{3}{1} = 3$$

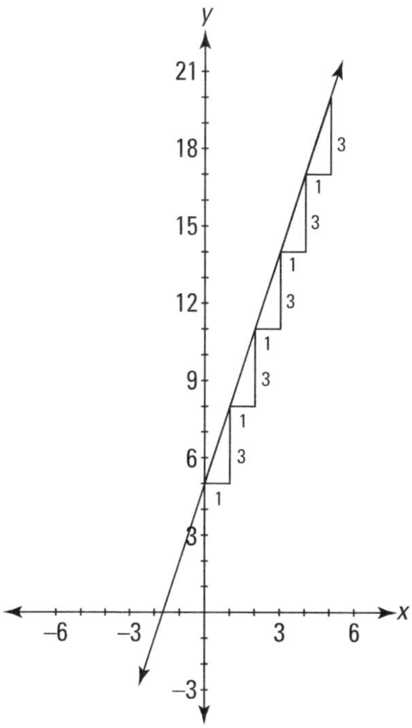

Figura 5-9: A reta $y = 3x + 5$ tem uma inclinação igual a 3.

Você não precisa fazer a distância ser igual a 1. A razão do aumento sobre a distância, e assim a inclinação, sempre é igual, não importando qual o tamanho dos degraus. Se você quer tornar a distância igual a 1, no entanto, a inclinação é igual ao aumento porque um número dividido por 1 é igual a ele mesmo. Essa é uma boa maneira de pensar sobre a inclinação — a inclinação é o valor que a reta sobe (ou desce) quando se desloca em 1 para a direita.

LEMBRE-SE

Definições de inclinações positiva, negativa, zero e indefinida: As retas que sobem à direita têm uma inclinação *positiva*; as retas que descem à direita têm uma inclinação *negativa*. As retas horizontais têm uma inclinação igual a zero e as retas verticais não têm inclinação — você diz que a inclinação de uma reta vertical é *indefinida*.

Aqui está a fórmula para a inclinação:

$$Inclinação = \frac{y_2 - y_1}{x_2 - x_1}$$

Escolha dois pontos na reta da Figura 5-9, digamos (1, 8) e (3, 14), e coloque-os na fórmula para calcular a inclinação:

$$Inclinação = \frac{14-8}{3-1} = \frac{6}{2} = 3$$

Esse cálculo envolve, em certo sentido, um degrau da escada que vai até 2 e sobe em 6. A resposta 3 corresponde à inclinação que você pode ver na Figura 5-9.

Qualquer linha paralela a essa tem a mesma inclinação e qualquer reta perpendicular a essa tem uma inclinação de $-\frac{1}{3}$ que é o *recíproco oposto* de 3.

LEMBRE-SE

As *retas paralelas* têm a mesma inclinação. As retas *perpendiculares* têm inclinações recíprocas opostas.

Desenhando linhas

Se você tem a equação da reta, $y = 3x + 5$, mas não o seu gráfico, pode desenhar a reta da maneira antiga ou com sua calculadora gráfica. A maneira antiga é criar uma tabela de valores substituindo *x* por números e calculando *y*. Se você colocar 0 no lugar de *x*, *y* será igual a 5; coloque 1 no lugar de *x* e *y* será igual a 8; coloque 2 no lugar de *x* e *y* será 11, e assim sucessivamente. A Tabela 5-1 mostra os resultados.

Tabela 5-1 Pontos na Reta $y = 3x + 5$

x	0	1	2	3	4	→
y	5	8	11	14	17	→

Desenhe e conecte os pontos, e coloque setas nas duas extremidades — aí está sua reta. Isso é muito fácil com uma calculadora gráfica. Apenas digite $y = 3x + 5$ e sua calculadora irá desenhar o gráfico da reta e produzir uma tabela como a Tabela 5-1.

Formas de inclinação-interseção e ponto-inclinação

Você pode ver que a reta na Figura 5-9 cruza o eixo *y* no ponto 5 — esse é o ponto onde a reta *intercepta o eixo y*. Visto que tanto a inclinação de 3 como a interseção no eixo *y* de 5 aparecem na equação $y = 3x + 5$, essa equação é dita estar na forma *inclinação-interseção*. Aqui está a forma escrita de maneira geral:

Forma de *inclinação-interseção*

$$y = mx + b$$

(Em que m é a inclinação e b é o ponto de interseção no eixo y.)

(Se isso não te faz lembrar de nada — nem mesmo uma lembrança distante — vá diretamente ao departamento de matrícula e abandone o Cálculo, mas de maneira alguma devolva este livro.)

Todas as retas, com exceção das *retas verticais*, podem ser escritas dessa forma. As retas verticais sempre são escrita como $x = 6$, por exemplo. O número diz a você onde a reta vertical cruza o eixo x.

A equação de uma *reta horizontal* também parece diferente, y = 10, por exemplo. Mas ela tecnicamente se encaixa na forma $y = mx + b$ — somente porque a inclinação da reta horizontal é igual a zero e porque zero multiplicado por x é zero, não há um termo x na equação. (Mas, se você achar que há, poderá escrever $y = 10$ como $y = 0x + 10$.)

Definição de uma *função constante*: Uma reta é o tipo mais simples de função e uma reta horizontal (chamada de função constante) é o tipo de reta mais simples. É, todavia, razoavelmente importante em Cálculo, então, saiba que a reta horizontal tem uma equação do tipo $y = 10$ e que sua inclinação é igual a zero.

Se $m = 1$ e $b = 0$, você tem a função $y = x$. Essa reta passa pela origem (0,0) e faz um ângulo de 45° com ambos os eixos. É chamada de *função identidade* porque as saídas são iguais às entradas.

Forma de *ponto-inclinação*: Além da forma inclinação-interseção para a equação da reta, você também deve saber a forma do ponto-inclinação:

$$y - y_1 = m(x - x_1)$$

Para usar essa forma, você precisa conhecer — adivinhou — um *ponto* na reta e a *inclinação* da reta. Você pode usar qualquer ponto da reta. Considere novamente a reta na Figura 5-9. Escolha qualquer ponto, digamos (2, 11), depois coloque as coordenadas x e y do ponto em x_1 e y_1, e coloque a inclinação, 3, em m:

$$y - 11 = 3(x - 2)$$

Com um pouquinho de álgebra, você pode transformar essa equação em uma que já conhecemos, $y = 3x + 5$. Tente.

Funções parabólica e de valor absoluto — estão quites

Você deve estar familiarizado com as duas funções mostradas na Figura 5-10: a função parabólica, $f(x) = x^2$, e a função de valor absoluto, $g(x) = |x|$.

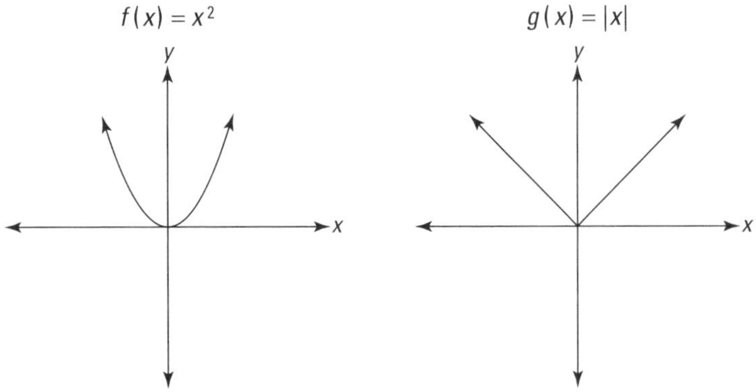

Figura 5-10: Os gráficos de $f(x) = x^2$ e $g(x) = |x|$.

Note que ambas as funções são simétricas em relação ao eixo *y*. Em outras palavras, os lados direito e esquerdo de cada gráfico são reflexos um do outro. Isso os torna funções *pares*. Uma função *polinomial* do tipo $y = 9x^4 - 4x^2 + 3$, onde todas as potências de *x* são pares, é um tipo de função par. (Tal função polinomial pode conter — mas não precisa — um termo contante como o 3 na função anterior. Isso faz sentido porque 3 é igual a $3x^0$ e zero é um número par.) Outro tipo de função par é $y = \cos(x)$. (Veja o Capítulo 6.)

Algumas funções ímpares

Faça o gráfico das funções $f(x) = x^3$ e $g(x) = \sqrt[3]{x}$ em sua calculadora gráfica. Essas duas funções ilustram uma simetria *ímpar*. As funções ímpares são simétricas com relação à origem, o que significa que se você as girar em 180° sobre a origem, elas irão aterrissar nelas mesmas. Uma função polinomial do tipo $y = 4x^5 - x^3 + 2x$, onde todas as potências de *x* são ímpares, é um tipo de função ímpar. (Diferentemente de uma função polinomial par, uma função polinomial ímpar *não pode* conter um termo constante.) Outra função ímpar é $y = \text{sen}(x)$. (Veja o Capítulo 6).

Muitas funções não são pares nem ímpares, por exemplo, $y = 3x^2 - 5x$. Minha professora do ensino médio disse que um parágrafo nunca deveria ter apenas uma sentença, então voilà, agora ele tem duas.

Funções exponenciais

Uma função exponencial contém uma variável no expoente, como $f(x) = 2^x$ ou $g(x) = 10^x$. A Figura 5-11 mostra os gráficos dessas duas funções no mesmo sistema de coordenadas *x-y*.

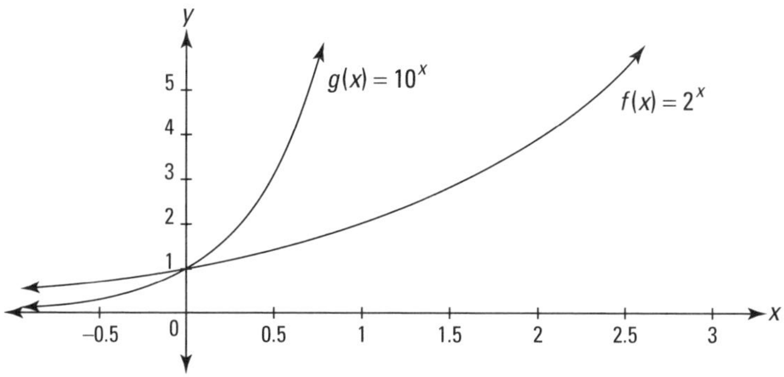

Figura 5-11: Os gráficos de $f(x) = 2^x$ e $g(x) = 10^x$.

Ambas as funções passam pelo ponto (0,1), assim como todas as funções exponenciais da forma $f(x) = b^x$. Quando *b* é maior que 1, você tem um *crescimento exponencial*. Todas as funções desse tipo aumentam sem limite, como se fossem para a direita em direção ao infinito positivo. Quando elas vão para a esquerda em direção ao infinito negativo, elas avançam ao longo do eixo *x*, sempre chegando perto, mas nunca tocando o eixo. Você usa essas funções e as funções relacionadas para descobrir coisas como investimentos, inflação e aumento populacional.

Quando *b* está entre 0 e 1, você tem uma função de *decaimento exponencial*. Os gráficos desse tipo de funções são como funções de crescimento exponencial ao inverso. As funções de decaimento exponencial também cruzam o eixo *y* no ponto (0,1), mas elas sobem para a *esquerda* para sempre, e avançam ao longo do eixo *x* para a *direita*. Essas funções exemplificam coisas que encolhem ao longo do tempo, como o decaimento radiativo do urânio.

Funções logarítmicas

Uma função logarítmica é simplesmente uma função exponencial com os eixos *x* e *y* trocados. Em outras palavras, a direção para cima e para baixo em um gráfico exponencial corresponde à direção direita e esquerda em um gráfico logarítmico, e a direção direita e esquerda em um gráfico exponencial corresponde à direção para cima e para baixo em um gráfico logarítmico. (Se você quiser uma revisão sobre logs, veja o Capítulo 4.) Você pode ver essa relação na Figura 5-12, na qual ambas as funções $f(x) = 2^x$ e $g(x) = \log_2 x$ são desenhadas no mesmo conjunto de eixos.

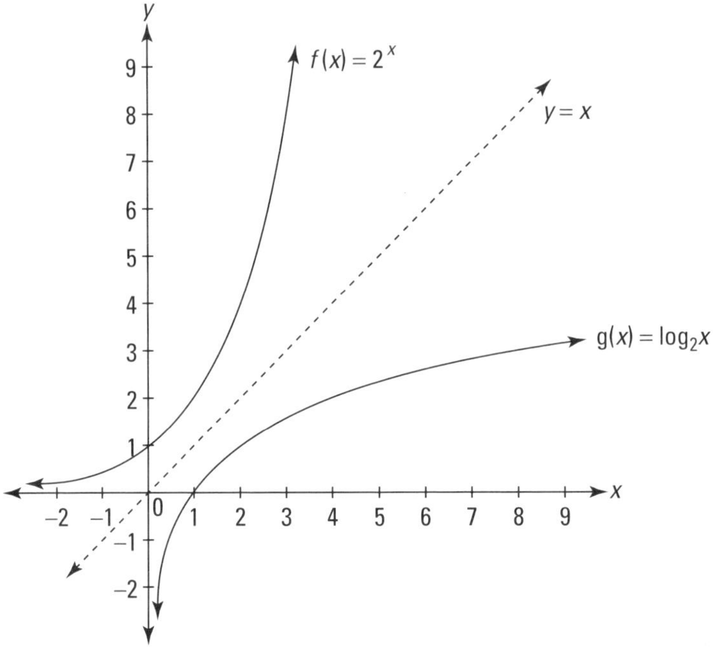

Figura 5-12: Os gráficos de $f(x) = 2^x$ e $g(x) = \log_2 x$.

Tanto a função exponencial como a função logarítmica são *monótonas*. Uma função monótona pode subir em todo o seu domínio (chamada de função *crescente*) ou descer em todo o seu domínio (uma função *decrescente*). (Estou supondo aqui — como é quase sempre o caso — que o movimento ao longo da função é da esquerda para a direita.)

Note a simetria das duas funções na Figura 5-12 na linha $y = x$. Isso as torna *inversas* uma da outra, o que nos leva ao próximo tópico.

Funções Inversas

A função $f(x) = x^2$ (para $x \geq 0$) e a função $f^{-1}(x) = \sqrt{x}$ (lê-se como "*f* inversa de *x* é igual à raiz de *x*") são funções inversas porque cada uma desfaz o que a outra fez. Em outras palavras, $f(x) = x^2$ recebe uma entrada, digamos, 3 e produz uma saída 9 (porque $3^2 = 9$); $f^{-1}(x) = \sqrt{x}$ recebe uma entrada 9 e transforma isso de volta no número 3 (porque $\sqrt{9} = 3$). Note que $f(3) = 9$ e $f^{-1}(9) = 3$. Você pode escrever tudo isso em um passo como $f^{-1}(f(3)) = 3$. Funcionará da mesma maneira se você começar com $f^{-1}(x)$. $f^{-1}(16) = 4$

(porque $\sqrt{16} = 4$) e $f(4) = 16$ (porque $4^2 = 16$). Se você escreve esse único passo, tem $f(f^{-1}(16)) = 16$ (Note que embora apenas $f^{-1}(x)$ seja lida como f inversa de x" ambas as funções são inversas uma da outra).

MÁGICA MATEMÁTICA

A regra da função inversa: A maneira sofisticada de resumir tudo isso é dizer que $f(x)$ e $f^{-1}(x)$ são funções inversas se, e somente se, $f^{-1}(f(x)) = x$ e $f(f^{-1}(x)) = x$.

CUIDADO!

Não confunda o sobrescrito –1 em $f^{-1}(x)$ com o expoente –1. O expoente –1 lhe dá o recíproco de algo, por exemplo, $x^{-1} = \frac{1}{x}$. Mas $f^{-1}(x)$ é a função inversa de $f(x)$. *Não* é igual a $\frac{1}{f(x)}$ que é o recíproco de $f(x)$. Então, por que o mesmo símbolo é usado para duas coisas diferentes? Não faço a menor ideia.

Quando você desenha o gráfico de funções inversas, cada uma é o reflexo da outra, refletida sobre a linha $y = x$. Veja a Figura 5-13, que tem os gráficos das funções inversas $f(x) = x^2$ (para $x \geq 0$) e $f^{-1}(x) = \sqrt{x}$.

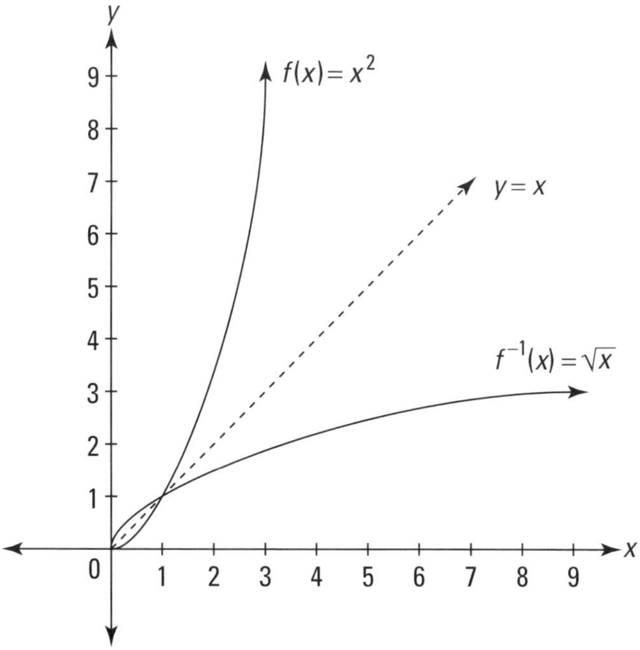

Figura 5-13: Os gráficos de $f(x) = x^2$, $(x \geq 0)$ e $f^{-1}(x) = \sqrt{x}$.

Se você rotacionar o gráfico na Figura 5-13 para a esquerda para que a linha $y = x$ fique vertical, poderá ver facilmente que $f(x)$ e $f^{-1}(x)$ são reflexos uma da outra. Uma consequência dessa simetria é que se um ponto como (2,4) estiver em uma das funções, o ponto (4,2) estará na outra. E também, o domínio de f é o contradomínio de f^{-1} e o contradomínio de f é o domínio de f^{-1}.

Deslocamentos, Reflexos, Expansões e Reduções

Qualquer função pode ser transformada em uma função correspondente, deslocando-a horizontal ou verticalmente, virando-a horizontal ou verticalmente, expandindo ou reduzindo horizontal ou verticalmente. Eu faço os deslocamentos horizontais primeiro. Considere a função exponencial $y = 2^x$. Veja a Figura 5-14.

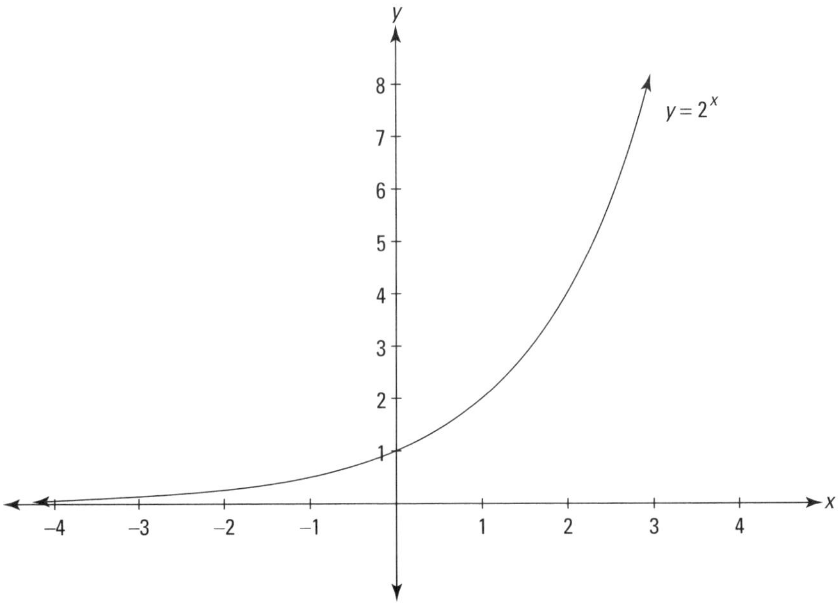

Figura 5-14: O gráfico de $y = 2^x$.

Transformações horizontais

As transformações horizontais são feitas somando um número ou diminuindo um número da variável de entrada x ou multiplicando x por qualquer número. Todas as transformações horizontais, exceto o reflexo, funcionam da maneira *oposta* que você espera: somar um valor a x faz a função se deslocar para a esquerda, subtrair um valor de x faz a função se deslocar para a direita, multiplicar x por um número maior que 1 reduz a função, e multiplicar x

por um número menor que 1 expande a função. Por exemplo, o gráfico de $y = 2^{x+3}$ tem a mesma forma e orientação do gráfico da Figura 5-14; é apenas deslocado em três unidades para a *esquerda*. Em vez de passar pelos pontos (0, 1) e (1, 2), a função deslocada passa por (–3, 1) e (–2, 2). E o gráfico de $y = 2^{x-3}$ está a três unidades à *direita* de $y = 2x$. A função original e as transformações são mostradas na Figura 5-15.

Se você multiplicar o x em $y = 2^x$ por 2, a função reduzirá horizontalmente em um fator de 2. Então, todo ponto na nova função é metade de sua distância original do eixo y. A coordenada y de cada ponto continua igual; a coordenada x é cortada pela metade. Por exemplo, $y = 2^x$ passa por (1, 2), então, $y = 2^{2x}$ passa por $(\frac{1}{2}, 2)$; $y = 2^x$ passa por $(-4, \frac{1}{16})$, então, $y = 2^{2x}$ passa por $(-2, \frac{1}{16})$. Multiplicar x por um número menor que 1 tem o efeito oposto. Quando $y = 2^x$ é transformado em $y = 2^{(1/4)x}$, cada ponto em $y = 2^x$ é afastado do eixo y em uma distância quatro vezes o que era. Para visualizar o gráfico de $y = 2^{(1/4)x}$, imagine que você tem o gráfico de $y = 2^x$ em um sistema de coordenadas elástico. Pegue o sistema de coordenadas à esquerda e à direita e estique por um fator 4, afastando tudo do eixo y, mas mantendo o eixo y no centro. Agora, você tem o gráfico de $y = 2^{(1/4)x}$. Verifique essas transformações em sua calculadora gráfica.

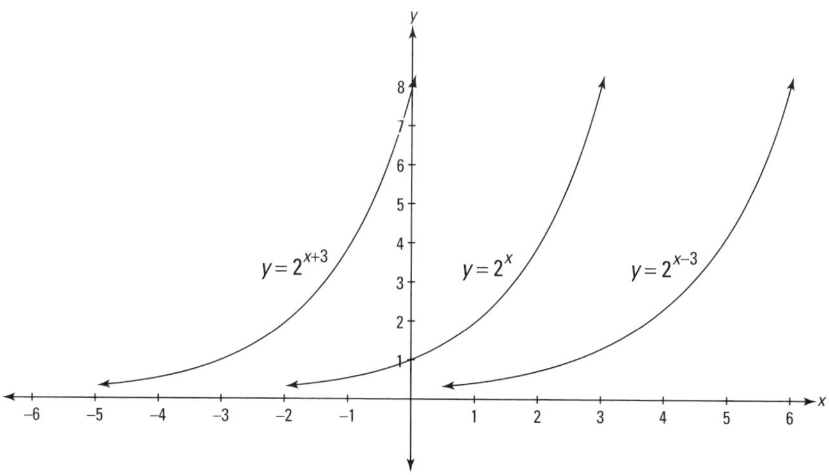

Figura 5-15: Os gráficos de $y = 2^x$, $y = 2^{x+3}$ e $y = 2^{2x+3}$.

O último deslocamento horizontal é um reflexo sobre o eixo y. Multiplicar o x em $y = 2^x$ por –1 irá refletir ou virar em torno do eixo y. Por exemplo, o ponto (1, 2) se torna (–1, 2) e $(-2, \frac{1}{4})$ se torna $(2, \frac{1}{4})$. Veja a Figura 5-16.

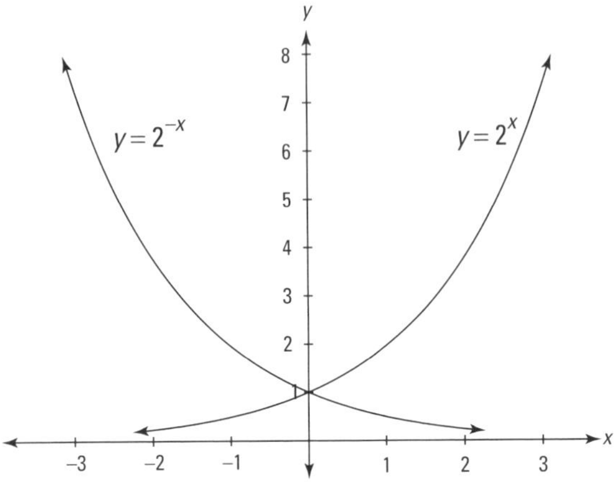

Figura 5-16: Os gráficos de $y = 2^x$ e $y = 2^{-x}$.

Transformações verticais

Para transformar uma função verticalmente, você soma um número ou subtrai um número de toda a função ou multiplica por um número. Para fazer algo em uma função inteira, digamos $y = 10^x$, imagine que todo o lado direito da equação está entre parênteses, como $y = (10^x)$. Agora, todas as transformações verticais são feitas colocando um número em algum lugar à direita da equação do lado de fora dos parênteses (Em geral, você realmente não precisa dos parênteses, mas algumas vezes sim). Ao contrário das transformações horizontais, as transformações verticais funcionam como você espera: somar faz a função ir para cima, subtrair faz a função ir para baixo, multiplicar por um número maior que 1 expande a função, e multiplicar por um número menor que 1 reduz a função.

Por exemplo, considere as seguintes transformações da função $y = 10^x$:

$y = 10^x + 6$ desloca a função original em 6 unidades para cima.

$y = 10^x - 2$ desloca a função original em 2 unidades para baixo.

$y = 5 \cdot 10^x$ expande a função original verticalmente por um fator igual a 5.

$y = \frac{1}{3} \cdot 10^x$ reduz a função original horizontalmente por um fator igual a 3.

Ao multiplicar a função por −1, ela irá refletir sobre o eixo x, ou, em outras palavras, irá virar de cabeça para baixo. Veja essas transformações em sua calculadora gráfica.

Como você viu na seção anterior, as transformações horizontais mudam apenas as coordenadas x dos pontos, deixando as coordenadas y inalteradas. De modo inverso, as transformações verticais mudam apenas as coordenadas y dos pontos, deixando as coordenadas x inalteradas.

Capítulo 6

A Dança da Trigonometria

Neste Capítulo

- Arremessando para eles com SohCahToa
- Todo mundo tem um ângulo: 30°, 45°, 60°
- Circunavegando um círculo unitário
- Fazendo o gráfico de funções trigonométricas
- Investigando funções trigonométricas inversas

Muitos problemas de Cálculo envolvem Trigonometria e o cálculo por si só será um desafio suficiente se tivermos que reaprender a Trigonometria ao mesmo tempo. Então, se sua Trigonometria estiver enferrujada — eu estou chocado — revise essas noções básicas ou faça outra coisa!

Estudando Trigonometria no Acampamento SohCahToa

O estudo da Trigonometria começa com o triângulo retângulo. As três funções mais importantes da Trigonometria (seno, cosseno e tangente) e seus recíprocos (cossecante, secante e cotangente) dizem a você algo sobre as medidas dos lados de um triângulo que contém um ângulo agudo dado — como o ângulo x na Figura 6-1. O maior lado desse triângulo retângulo (ou de qualquer triângulo retângulo), o lado diagonal, é chamado de *hipotenusa*. O lado que mede 3 unidades é chamado de lado *oposto* porque está no lado oposto ao ângulo x, e o lado que mede 4 é chamado de lado *adjacente* porque é adjacente, ou toca, o ângulo x.

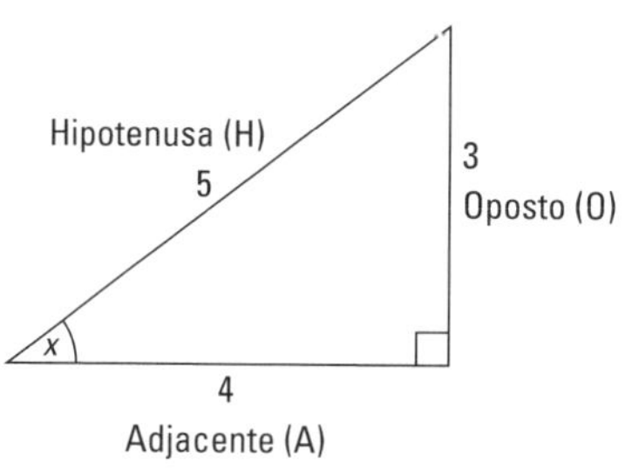

Figura 6-1: Sentado ao redor da fogueira, estudando um triângulo retângulo.

SohCahToa é um mnemônico sem sentido que ajuda você a se lembrar das definições das funções seno, cosseno e tangente. *SohCahToa* usa as letras iniciais de *seno*, *cosseno* e *tangente*, e as letras iniciais de *hipotenusa*, *oposto* e *adjacente* para ajudar você a se lembrar das definições a seguir. (Para lembrar como se soletra *SohCahToa*, note a sua pronúncia e o fato de que contém três grupos de letras em cada sílaba.)

Soh	**Cah**	**Toa**
$\text{sen}\theta = \frac{\mathbf{O}}{\mathbf{H}}$	$\cos\theta = \frac{\mathbf{A}}{\mathbf{H}}$	$\tan\theta = \frac{\mathbf{O}}{\mathbf{A}}$

Para o triângulo na Figura 6-1,

$$\text{sen}\,x = \frac{O}{H} = \frac{3}{5} \qquad \cos x = \frac{A}{H} = \frac{4}{5} \qquad \tan x = \frac{O}{A} = \frac{3}{4}$$

As outras três funções trigonométricas são recíprocas dessas: cossecante (csc) é o recíproco do seno, secante (sec) é o recíproco do cosseno e cotangente (cot) é o recíproco da tangente.

$$\csc\theta = \frac{1}{\sin\theta} = \frac{1}{\frac{O}{H}} = \frac{H}{O} \quad \sec\theta = \frac{1}{\cos\theta} = \frac{1}{\frac{A}{H}} = \frac{H}{A} \quad \cot\theta = \frac{1}{\tan\theta} = \frac{1}{\frac{O}{A}} = \frac{A}{O}$$

Então, para o triângulo na Figura 6-1,

$$\csc x = \frac{H}{O} = \frac{5}{3} \qquad \sec x = \frac{H}{A} = \frac{5}{4} \qquad \cot x = \frac{A}{O} = \frac{4}{3}$$

Dois Triângulos Retângulos Especiais

Visto que muitos problemas básicos de Cálculo envolvem ângulos de 30°, 45° e 60°, é uma boa ideia decorar os dois triângulos retângulos na Figura 6-2.

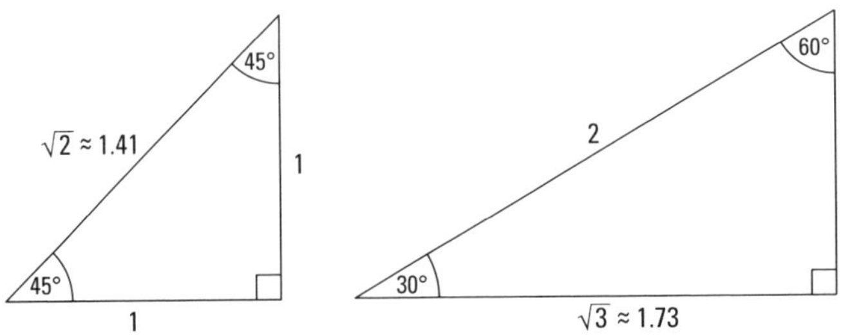

Figura 6-2: O triângulo de 45°, 45°, 90° e o triângulo de 30°, 60°, 90°.

O triângulo de 45°, 45°, 90°

Todo triângulo de 45°, 45°, 90° tem a forma de um quadrado cortado pela metade em sua diagonal. O triângulo de 45°, 45°, 90° na Figura 6-2 é metade de um quadrado de lados 1 por 1. O Teorema de Pitágoras lhe dá a medida da hipotenusa, $\sqrt{2}$, ou mais ou menos 1,41.

Teorema de Pitágoras: Para qualquer triângulo retângulo, $a^2 + b^2 = c^2$, onde a e b são as medidas dos catetos do triângulo (os lados que tocam o ângulo reto) e c é a medida da hipotenusa.

Quando você aplica as funções trigonométricas *SohCahToa* e seus recíprocos ao triângulo de 45°, 45°, 90°, tem os seguintes valores trigonométricos:

$$\text{sen}\,45^\circ = \frac{O}{H} = \frac{1}{\sqrt{2}} = \frac{\sqrt{2}}{2} \approx 0{,}71 \qquad \csc 45^\circ = \frac{H}{O} = \frac{\sqrt{2}}{1} = \sqrt{2} \approx 1{,}41$$

$$\cos 45^\circ = \frac{A}{H} = \frac{1}{\sqrt{2}} = \frac{\sqrt{2}}{2} \approx 0{,}71 \qquad \sec 45^\circ = \frac{H}{A} = \frac{\sqrt{2}}{1} = \sqrt{2} \approx 1{,}41$$

$$\tan 45^\circ = \frac{O}{A} = \frac{1}{1} = 1 \qquad \cot 45^\circ = \frac{A}{O} = \frac{1}{1} = 1$$

O triângulo de 30°, 60°, 90°

Todo triângulo de 30°, 60°, 90° é metade de um triângulo equilátero cortado ao meio em sua altitude.

O triângulo de 30°, 60°, 90° na Figura 6-2 é metade de um triângulo equilátero de 2 por 2 por 2. Ele tem catetos que medem 1 e $\sqrt{3}$ (mais ou menos 1,73) e uma hipotenusa de medida igual a 2.

Não cometa o erro comum de trocar o 2 pela $\sqrt{3}$ em um triângulo de 30°, 60°, 90°. Lembre-se de que 2 é maior que $\sqrt{3}$ ($\sqrt{4}$ é igual a 2, então, $\sqrt{3}$ deve se menor que 2) e que a hipotenusa é sempre o maior lado de um triângulo retângulo.

Quando você ampliar um triângulo de 30°, 60°, 90°, exagere o fato de que ele é mais largo do que alto (ou mais alto do que largo se você virá-lo). Isso torna óbvio que o menor lado (de medida igual a 1) é oposto ao menor ângulo (30°).

Aqui estão os valores trigonométricos para o ângulo de 30° no triângulo de 30°, 60°, 90°.

$$\text{sen}\,30^\circ = \frac{O}{H} = \frac{1}{2} \qquad \csc 30^\circ = \frac{H}{O} = \frac{2}{1} = 2$$

$$\cos 30^\circ = \frac{A}{H} = \frac{\sqrt{3}}{2} \approx 0{,}87 \qquad \sec 30^\circ = \frac{H}{A} = \frac{2}{\sqrt{3}} = \frac{2\sqrt{3}}{3} \approx 1{,}15$$

$$\tan 30^\circ = \frac{O}{A} = \frac{1}{\sqrt{3}} = \frac{\sqrt{3}}{3} \approx 0{,}58 \qquad \cot 30^\circ = \frac{A}{O} = \frac{\sqrt{3}}{1} = \sqrt{3} \approx 1{,}73$$

O triângulo de 30°, 60°, 90° mata dois coelhos com uma cajadada só porque também lhe dá os valores trigonométricos para um ângulo de 60°. Dê novamente uma olhada na Figura 6-2. Para o ângulo de 60°, o lado do triângulo que mede $\sqrt{3}$ é agora o lado *oposto* para o *SohCahToa* porque está no lado oposto do ângulo de 60°. O lado de medida igual a 1 se torna o lado *adjacente* para o ângulo de 60° e o lado de medida igual a 2 continua, é claro, sendo a hipotenusa. Agora use o *SohCahToa* de novo para achar os valores trigonométricos do ângulo de 60°.

$$\operatorname{sen} 60° = \frac{O}{H} = \frac{\sqrt{3}}{2} \approx 0{,}87 \qquad \csc 60° = \frac{H}{O} = \frac{2}{\sqrt{3}} = \frac{2\sqrt{3}}{3} \approx 1{,}15$$

$$\cos 60° = \frac{A}{H} = \frac{1}{2} \qquad \sec 60° = \frac{H}{A} = \frac{2}{1} = 2$$

$$\tan 60° = \frac{O}{A} = \frac{\sqrt{3}}{1} = \sqrt{3} \approx 1{,}73 \qquad \cot 60° = \frac{A}{O} = \frac{1}{\sqrt{3}} = \frac{\sqrt{3}}{3} \approx 0{,}58$$

O mnemônico *SohCahToa*, junto com os dois triângulos retângulos muito fáceis de serem lembrados na Figura 6-2, dão a resposta para 18 problemas trigonométricos!

Circulando o Inimigo com o Círculo Unitário

O *SohCahToa* somente funciona com triângulos retângulos e assim, só pode lidar com ângulos *agudos* — ângulos menores que 90°. (Os ângulos em um triângulo devem somar 180° porque um triângulo retângulo tem um ângulo de 90° e os outros dois ângulos devem ser menores que 90°.) Com o *círculo unitário*, no entanto, você pode achar valores trigonométricos para qualquer tamanho de ângulo. O círculo *unitário* tem um raio de *uma unidade* e é definido em um sistema de coordenadas *x-y* com seu centro na origem. Veja a Figura 6-3.

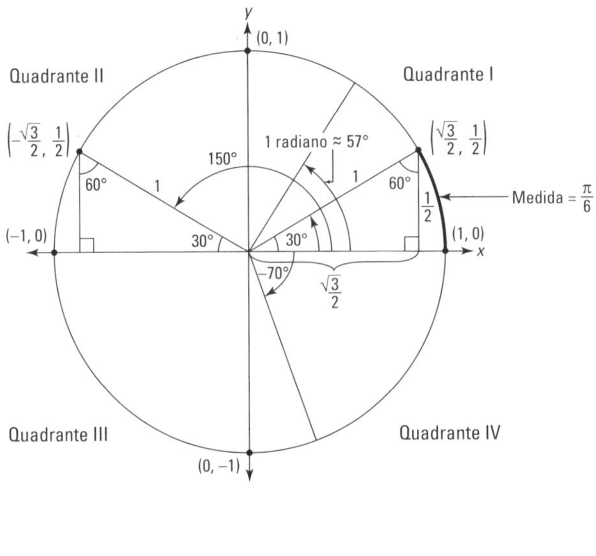

Figura 6-3: O tão falado círculo unitário.

A Figura 6-3 tem bastante informação, mas não entre em pânico; tudo fará sentido em um minuto.

Ângulos no círculo unitário

Medindo ângulos: Para medir um ângulo no círculo unitário, comece no lado positivo do eixo x e siga para o *sentido anti-horário* para o lado *terminal* do ângulo.

Por exemplo, o ângulo de 150° na Figura 6-3 começa no lado positivo do eixo x e termina no segmento que toca o círculo unitário no ponto $\left(-\frac{\sqrt{3}}{2}, \frac{1}{2}\right)$. Se, em vez disso, você seguir no sentido horário, poderá obter um ângulo com medida *negativa* (como o ângulo de –70º na figura).

Medindo ângulos com radianos

Você sabe tudo sobre *graus*. Você sabe como são os ângulos de 45° e 90°; sabe que *meia volta* significa uma volta de 180° e que voltando até onde você começou, é uma volta de 360°.

Mas graus não é a única maneira de medir os ângulos. Você também pode usar *radianos*. Graus e radianos são apenas duas maneiras diferentes de medir os ângulos, como polegadas e centímetros são duas maneiras de medir o comprimento.

Definição de *radiano*: A medida em radiano de um ângulo é o comprimento do arco ao longo da circunferência do círculo unitário cortado pelo ângulo.

Veja o ângulo de 30° no quadrante I na Figura 6-3. Você vê a seção em negrito da circunferência do círculo que é cortada por esse ângulo? Visto que o círculo todo tem 360°, o ângulo de 30° é um doze avos do círculo. Então, o comprimento do arco em negrito é um doze avos da circunferência do círculo. A circunferência é dada pela fórmula $C = 2\pi r$. Esse círculo tem um raio igual a 1, então, sua circunferência é igual a 2π. Posto que o arco em negrito é um doze avos disso, seu comprimento é $\frac{\pi}{6}$, que é a medida em radiano do ângulo de 30°.

360º igual a 2π radianos. A circunferência do círculo unitário de 2π torna mais fácil lembrar que 360° é igual a 2π radianos. Metade da circunferência tem uma medida igual a π, então a medida de 180° é igual a π radianos.

Se você focar no fato de que 180° é igual a π radianos, os outros ângulos serão fáceis:

- 90° é metade de 180°, então, 90° é igual a metade de π ou $\frac{\pi}{2}$ radianos.
- 60° é um terço de 180°, então, 60° é igual a um terço de π ou $\frac{\pi}{3}$ radianos.

- 45° é um quarto de 180°, então, 45° é igual a um quarto de π ou $\frac{\pi}{4}$ radianos.
- 30° é um sexto de 180°, então, 30° é igual a um sexto de π ou $\frac{\pi}{6}$ radianos.

LEMBRE-SE

Aqui estão as fórmulas para converter de graus para radianos e vice-versa:

- Para transformar de graus para radianos, multiplique a medida do ângulo por $\frac{\pi}{180°}$.
- Para transformar de radianos para graus, multiplique a medida do ângulo por $\frac{180°}{\pi}$.

Por sinal, a palavra *radiano* vem de *raio*. Veja a Figura 6-3 novamente. Um ângulo medindo 1 radiano (mais ou menos 57°) corta um arco ao longo da circunferência desse círculo de mesma medida do raio do círculo. Isso é verdade não apenas para os círculos unitários, mas para os círculos de qualquer tamanho. Em outras palavras, pegue o raio de qualquer círculo, coloque-o ao longo da circunferência do círculo e esse arco cria um ângulo de 1 radiano.

DICA

Radianos são preferíveis a graus. Neste ou em qualquer outro livro de Cálculo, alguns problemas usam graus e outros usam radianos, mas radianos é a unidade preferível. Se um problema não especificar a unidade, faça o problema em radianos.

Querida, eu encolhi a hipotenusa

Veja novamente o círculo unitário na Figura 6-3. Viu o triângulo de 30°, 60°, 90° no quadrante I? É a mesma figura, porém metade do tamanho do triângulo da Figura 6-2. Cada um dos seus lados é igual à metade do da Figura 6-2. Visto que a hipotenusa tem agora uma medida 1 e quando H é 1, $\frac{O}{H}$ é igual a O, o seno do ângulo de 30°, que é igual a $\frac{O}{H}$, termina se igualando à medida do lado oposto. O lado oposto é igual a $\frac{1}{2}$, então, isso é o seno de 30°. Note que a medida do lado oposto é a mesma da coordenada *y* do ponto $\left(\frac{\sqrt{3}}{2}, \frac{1}{2}\right)$. Se você descobre o cosseno de 30° nesse triângulo, ele acaba se igualando à medida do lado adjacente, que é o mesmo que a coordenada *x* do ponto $\left(\frac{\sqrt{3}}{2}, \frac{1}{2}\right)$. Note que esses valores para o sen 30° e o cos 30° são iguais para o triângulo de 30°, 60°, 90° na Figura 6-2. Isso mostra, a propósito, que encolher um triângulo retângulo (ou aumentar) não tem efeito nos valores trigonométricos para os ângulos no triângulo.

Agora veja o triângulo de 30°, 60°, 90° no quadrante II na Figura 6-3. Visto que tem o mesmo tamanho do triângulo de 30°, 60°, 90° no quadrante I, que toca o círculo no ponto $\left(\frac{\sqrt{3}}{2}, \frac{1}{2}\right)$, o triângulo no quadrante II toca o círculo no ponto que está do outro lado e é simétrico ao ponto $\left(\frac{\sqrt{3}}{2}, \frac{1}{2}\right)$. As coordenadas do ponto no quadrante II são $\left(-\frac{\sqrt{3}}{2}, \frac{1}{2}\right)$. Mas lembre-se que os ângulos no círculo unitário são todos medidos a partir do eixo *x*, assim, a hipotenusa desse triângulo indica um ângulo de 150° e esse é o ângulo, e não 30°, associado ao ponto $\left(-\frac{\sqrt{3}}{2}, \frac{1}{2}\right)$. O cosseno de 150° é dado pela coordenada *x* desse ponto, $-\frac{\sqrt{3}}{2}$, e o seno de 150° é igual à coordenada *y*, $\frac{1}{2}$.

LEMBRE-SE

As coordenadas no círculo unitário informam o cosseno e o seno de um ângulo. O lado terminal de um ângulo no círculo unitário toca o círculo em um ponto cuja coordenada *x* é o cosseno do ângulo e cuja coordenada *y* é o seno do ângulo. Aqui está um mnemônico: *x* e *y* estão em ordem alfabética assim como estão o *cosseno* e o *seno*.

Colocando tudo junto

Veja a Figura 6-4. Agora que você sabe tudo sobre o triângulo de 45°, 45°, 90°, pode facilmente resolver — ou acreditar no que eu digo — que um triângulo de 45°, 45°, 90° no quadrante I toca o círculo unitário no ponto $\left(\frac{\sqrt{2}}{2}, \frac{\sqrt{2}}{2}\right)$. E se você pega o triângulo de 30°, 60°, 90° no quadrante I, que toca o círculo unitário em $\left(\frac{\sqrt{3}}{2}, \frac{1}{2}\right)$ e vira-o, tem um ângulo de 60° que toca o círculo no ponto $\left(\frac{1}{2}, \frac{\sqrt{3}}{2}\right)$. Esse ponto tem as mesmas coordenadas das do ângulo de 30°, mas invertidas.

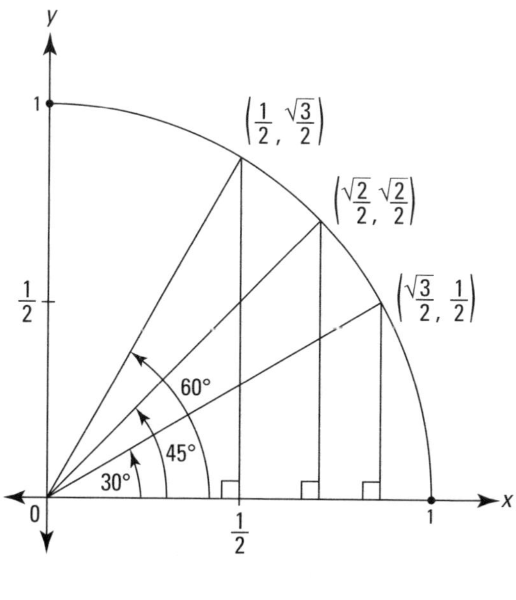

Figura 6-4: Quadrante I do círculo unitário com três ângulos e suas coordenadas.

LEMBRE-SE

Como desenhar um triângulo retângulo no círculo unitário: Toda vez que você desenhar um triângulo retângulo no círculo unitário, coloque o ângulo agudo na origem — ou seja, (0,0) — e, depois, coloque o ângulo reto no eixo *x* — nunca no eixo *y*.

DICA

$\frac{\sqrt{3}}{2}$ **é maior que** $\frac{1}{2}$**.** Para evitar misturar os números $\frac{1}{2}$ e $\frac{\sqrt{3}}{2}$ ao lidar com um ângulo de 30° ou um ângulo de 60°, note que porque $\sqrt{3}$ é maior que 1, $\frac{\sqrt{3}}{2}$ deve ser maior que $\frac{1}{2}\left(\frac{1}{2}=0{,}5;\ \frac{\sqrt{3}}{2}\approx 0{,}87\right)$. Então, devido ao fato de um ângulo de 30° tocar o círculo mais para a direita do que para cima, a coordenada *x* deve ser maior que a coordenada *y*. Assim, o ponto deve ser $\left(\frac{\sqrt{3}}{2}, \frac{1}{2}\right)$, e não o contrário.

Agora, todo o processo. Por causa da simetria nos quatro quadrantes, os três pontos no quadrante I na Figura 6-4 têm equivalentes nos outros três quadrantes, dando a você 12 pontos conhecidos. Some a esses os quatro pontos nos eixos, (1, 0), (0, 1), (–1, 0) e (0, –1), e você terá um total de 16 pontos, cada um com um ângulo correspondente, como mostrado na Figura 6-5.

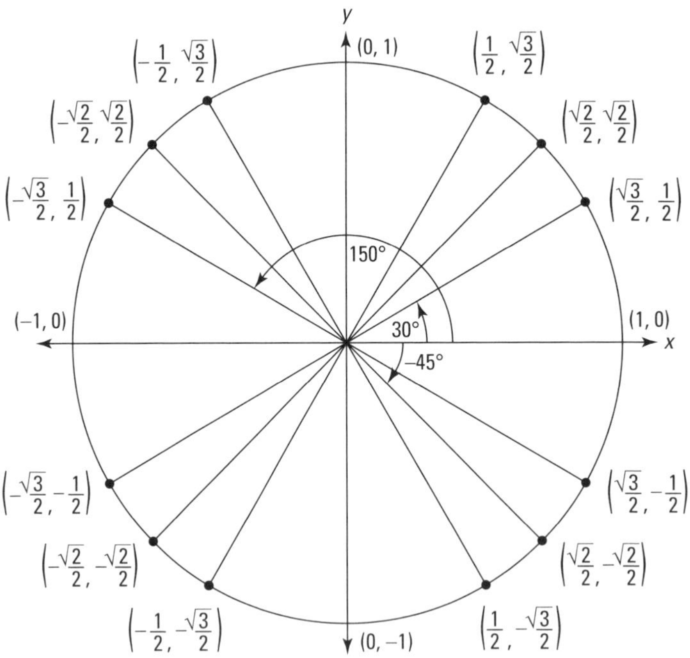

Figura 6-5: O círculo unitário com 16 ângulos e suas coordenadas.

Esses 16 pares de coordenadas dão automaticamente o cosseno e o seno dos 16 ângulos. E devido ao fato de $\tan\theta = \dfrac{\text{sen}\,\theta}{\cos\theta}$, você pode obter a tangente desses 16 ângulos dividindo a coordenada *y* do ângulo pela coordenada *x* do mesmo. (Note que quando o cosseno de um ângulo for igual a zero, a tangente será indefinida porque você não pode dividir por zero.) Finalmente, você pode encontrar a cossecante, secante e cotangente dos 16 ângulos porque essas funções trigonométricas são apenas os recíprocos do seno, cosseno e tangente. (O mesmo cuidado: sempre que o seno, cosseno ou tangente for igual a zero, a função recíproca será indefinida.) Agora, você tem, na ponta dos seus dedos — tudo bem, talvez eu esteja exagerando — as respostas para 96 questões trigonométricas.

DICA

Aprenda o círculo unitário. Saber os valores trigonométricos para o círculo unitário é muito importante em Cálculo. Então, faça um teste com você mesmo. Comece memorizando os triângulos de 45°, 45°, 90° e 30°, 60°, 90°. Depois, imagine como esses triângulos cabem nos quatro quadrantes do círculo unitário. Use a simetria dos quadrantes como ajuda. Com alguma prática, você pode descobrir os valores para as seis funções trigonométricas dos 16 ângulos. (Tente fazer isso sem ver algo como a Figura 6-5.) E faça isso com radianos e também com graus. Isso aumentaria seu total para 192 fatos trigonométricos! Rápido — qual é a secante de 210° e qual é o cosseno de $\frac{2\pi}{3}$? Aqui estão as respostas (não pode olhar): $-\frac{2\sqrt{3}}{3}$ e $-\frac{1}{2}$.

DICA

Todos os Alunos Têm Cálculo. Eis uma dica final para ajudar no círculo unitário e nos valores de todas as funções trigonométricas. Pegue qualquer círculo unitário visto (como o da Figura 6-5) e escreva algumas letras de *Todos os Alunos Têm Cálculo* (se referindo à frase em inglês All Students Take Calculus) quatro quadrantes: Coloque **T** no quadrante 1, **S** no quadrante II, **T** no quadrante III e **C** no quadrante IV. Essas letras informam se as várias funções trigonométricas têm valores positivos ou negativos nos diferentes quadrantes. O **T** no quadrante I informa que **T**odas as seis funções trigonométricas têm valores positivos no quadrante I, o **S** no quadrante II informa que o **S**eno (e sua recíproca, cossecante) é positivo no quadrante II e que todas as outras funções trigonométricas são negativas. O **T** no quadrante III informa que a **T**angente (e sua recíproca, cotangente) é positiva no quadrante III e que as outras funções são negativas. Finalmente, o **C** no quadrante IV informa que o **C**osseno (e sua recíproca, secante) é positivo e que as outras funções são negativas. É isso.

Desenhando o Gráfico do Seno, Cosseno e Tangente

A Figura 6-6 mostra os gráficos do seno, cosseno e da tangente, os quais você pode, naturalmente, produzir em uma calculadora gráfica.

LEMBRE-SE

Definições de *periódico* e *período*: O seno, cosseno e a tangente — e suas recíprocas, cossecante, secante e cotangente — são funções *periódicas*, o que significa que seus gráficos contêm uma forma básica que se repete indefinidamente para a esquerda e para a direita. O *período* desse tipo de função é o comprimento de um de seus ciclos.

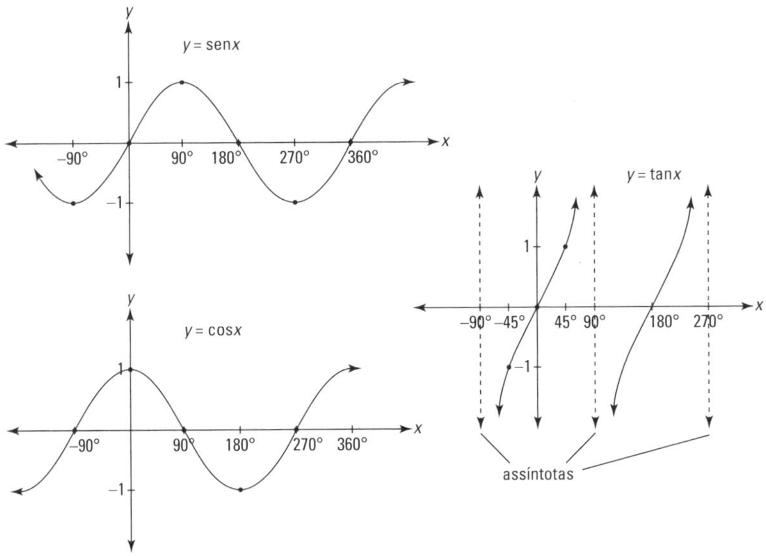

Figura 6-6: Os gráficos das funções seno, cosseno e tangente.

Se você conhece o círculo unitário, pode facilmente reproduzir esses três gráficos manualmente. Primeiro, note que os gráficos do seno e do cosseno têm a mesma forma — cosseno é o mesmo que seno, apenas desloque em 90° para a esquerda. Também, note que sua forma de onda simples vai até 1 a –1 e segue para esquerda e para direita eternamente, repetindo-se a cada 360°. Esse é o *período* de ambas as funções, 360° (Não é coincidência, por sinal, que 360° é também uma volta ao redor do círculo). O círculo unitário diz a você que sen 0° = 0, sen 90° = 1, sen 180° = 0, sen 270° = –1, e que o sen 360° = 0. Se você começa com esses cinco pontos, pode esboçar um círculo. O ciclo então se repete para a esquerda e para a direita. Você pode usar o círculo unitário da mesma maneira para esboçar a função cosseno.

Note na Figura 6-6 que o período da função tangente é 180°. Se você se lembrar disso e do padrão básico de repetir o formato em *S* para trás, esboçar não será tão difícil. Devido ao fato de a $\tan\theta = \frac{y}{x}$ você pode usar o círculo unitário para determinar que a tg (–45°) = –1, tg 0° = 0 e tg 45° = 1. Isso dá a você os pontos (–45°, –1), (0, 0) e (45°, 1). Visto que a tg (–90°) e a tg 90° são indefinidas ($\frac{y}{x}$ nesses pontos te dão um zero no denominador), você desenha as *assíntotas verticais* em –90° e 90°.

LEMBRE-SE

Definição de *assíntota vertical*: Uma assíntota vertical é uma linha imaginária da qual a curva vai aproximando-se cada vez mais (mas nunca toca), pois a curva sobe infinitamente ou desce em direção ao negativo infinitamente. (Nos Capítulos 7 e 8, você verá mais assíntotas verticais e também algumas assíntotas horizontais.)

As duas assíntotas em $-90°$ e $90°$, e os três pontos em $(-45°, -1)$, $(0, 0)$, e $(45°, 1)$ mostram a você onde esboçar um *S* para trás. Os formatos em *S* se repetem a cada 180° para a esquerda e para a direita.

Funções Trigonométricas Inversas

Uma função trigonométrica inversa, assim como qualquer função inversa, inverte o que a função original faz. Por exemplo, $\frac{1}{2} = \text{sen } 30°$, então, a função inversa do seno — escrita como sen^{-1} — inverte a entrada e a saída. Assim, $\text{sen}^{-1}\frac{1}{2} = 30°$. Isso funciona da mesma maneira para as funções trigonométricas.

CUIDADO!

O número 1 negativo sobrescrito na função inversa do seno *não* é uma potência negativa, apesar de o fato se parecer com isso. Elevar algo a potência -1 lhe dá o recíproco, então, você talvez pense que $\text{sen}^{-1}x$ seja o recíproco do sen x, mas o recíproco do seno é a cossecante, e *não* o inverso do seno. É muito estranho que o mesmo símbolo seja usado para indicar duas coisas diferentes. Vá entender.

O único truque com as funções trigonométricas inversas é memorizar seus *intervalos* — ou seja, o intervalo das suas saídas. Considere o seno inverso, por exemplo. Devido ao fato de $\text{sen } 30° = \frac{1}{2}$ e $\text{sen } 150° = \frac{1}{2}$, não há como saber se $\text{sen}^{-1}\frac{1}{2}$ é igual a 30° ou a 150°, a não ser que você saiba como o intervalo das saídas inversas do seno é definido. E lembre-se, para que algo seja uma função, não pode haver nenhum mistério sobre a saída de uma dada entrada. Se você reflete a função seno sobre a linha $y = x$ para criar seu inverso, tem uma onda vertical que não é uma função porque não passa no teste da linha vertical. (Veja a definição do teste da linha vertical no Capítulo 5.) Para tornar o inverso do seno uma função, você tem que pegar uma pequena parte da onda vertical que passa pelo teste da linha vertical. O mesmo ocorre para as outras funções trigonométricas inversas. Aqui estão os intervalos:

O intervalo de $\text{sen}^{-1}x$ é $\left[-\frac{\pi}{2}, \frac{\pi}{2}\right]$ ou $[-90°, 90°]$

O intervalo de $\cos^{-1}x$ é $[0, \pi]$ ou $[0°, 180°]$

O intervalo de $\text{tg}^{-1}x$ é $\left[-\frac{\pi}{2}, \frac{\pi}{2}\right]$ ou $[-90°, 90°]$

O intervalo de $\text{cotg}^{-1}x$ é $[0, \pi]$ ou $[0°, 180°]$

Observe o padrão: o intervalo de $\text{sen}^{-1}x$ é o mesmo de $\text{tg}^{-1}x$, e o intervalo de $\cos^{-1}x$ é o mesmo da $\text{cotg}^{-1}x$.

Acredite se quiser, mas os autores de Cálculo não concordam com o intervalo para as funções do inverso da secante e da cossecante. Você pensou que eles concordavam sobre isso assim como concordam com quase todo o resto em

Matemática. Tolice. Use os intervalos dados no seu livro em particular. Se você não tem um livro, use o intervalo de $\text{sen}^{-1}x$ para seu primo $\text{cosec}^{-1}x$ e use o intervalo de $\cos^{-1}x$ para $\sec^{-1}x$ (Por sinal, eu não me refiro a $\text{cosec}^{-1}x$ como o recíproco de $\text{sen}^{-1}x$ porque *não* é seu recíproco — mesmo que o cosec x seja o recíproco de sen x. O mesmo para $\cos^{-1}x$ e $\sec^{-1}x$).

Identificando com Identidades Trigonométricas

Você se lembra das identidades trigonométricas $\text{sen}^2x + \cos^2x = 1$ e $\text{sen}\ 2x = 2\ \text{sen}x\ \cos x$? Diga a verdade agora — a maioria das pessoas se lembra das identidades trigonométricas assim como se lembra dos vice-presidentes do Século XIX. Elas são úteis em Cálculo, então, uma lista de outras identidades úteis está na Folha de Cola.

Parte III

Limites

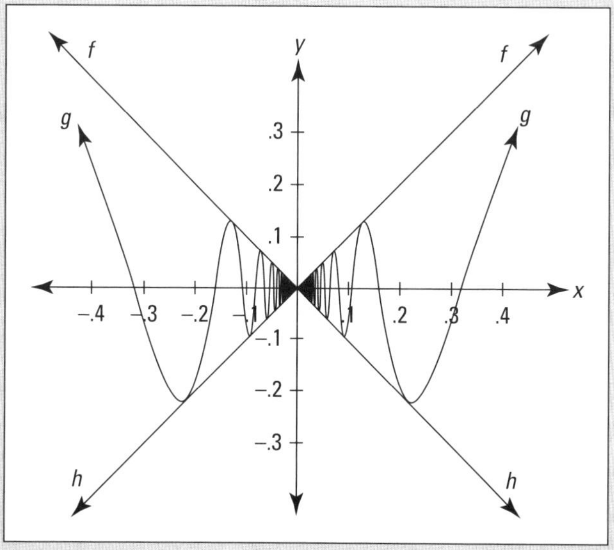

Nesta parte...

- Limites: O microscópio matemático que permite certa ampliação em uma curva em um nível sub, sub, subatômico, onde ela fica reta.
- *Limites*, *assíntotas* e *infinito*: que legal, cara.
- Regras matemáticas sobre *continuidade*, mais o significado em português claro: sem tirar o lápis do papel.
- Calculando limites com a Álgebra.
- Calculando limites com sua calculadora.

Capítulo 7

Limites e Continuidade

Neste Capítulo

- Dando uma olhada em limites
- Avaliando funções com intervalos abertos — quebrando as bolas de naftalina
- Explorando a continuidade e a descontinuidade

Os limites são fundamentais para o cálculo diferencial e integral. A definição formal de uma derivada envolve limite, assim como a definição de uma integral definida. (Se você é realmente uma pessoa empreendedora e não pode esperar para ler as definições reais, dê uma olhada nos Capítulos 9 e 13.) Agora, constata-se que depois de você aprender os atalhos para calcular derivadas e integrais, não precisará usar mais os métodos longos usando limites. Mas entender a matemática dos limites é, todavia, importante porque forma a base sobre a qual a vasta arquitetura do Cálculo está construída (tudo bem, eu exagerei um pouco). Neste capítulo, eu mostro a base para a diferenciação e a integração ao explorar limites e o tópico intimamente relacionado, a continuidade.

Leve ao Limite — NÃO

Os limites podem ser complicados. Mas não se preocupe se você não compreender o conceito de uma vez.

CONCEITO CRÍTICO DE CÁLCULO

Definição intuitiva de *limite* (a definição formal será dada em breve): O limite de uma função (se ele existir) para algum valor c de x é a altura a qual a função vai ficando cada vez mais próxima à medida que se fica mais próxima de c pela esquerda e pela direita. (***Nota:*** Essa definição não se aplica aos limites onde x cresce infinitamente ou é infinitamente negativo. Mais sobre os limites posteriormente neste capítulo e no Capítulo 8.)

Entendeu? Você está brincando! Deixe-me dizer de outra maneira. Uma função tem um limite para um dado valor c de x se a função converge a algum ponto à medida que x se aproxima do dado valor de c pela esquerda e pela direita. Isso ajudou? Eu achei que não. É muito mais fácil entender os limites através de exemplos do que através dessa regra, então, dê uma olhada em alguns.

Usando três funções para ilustrar o mesmo limite

Considere a função $f(x) = 3x + 1$ na Figura 7-1. Quando dizemos que o limite de $f(x)$ quando x se aproxima de 2 é 7, escrito como $\lim_{x \to 2} f(x) = 7$, queremos dizer que à medida que x se aproxima de 2 pela esquerda ou pela direita, $f(x)$ se aproxima de uma altura igual a 7. Por sinal, até onde eu sei, o número 2 neste exemplo não tem um nome formal, mas eu o chamo de *número com seta*. O número com seta fornece o local horizontal na direção x. Não confunda-o com a *resposta* para o problema de limite ou simplesmente *limite*, ambos se referem a um valor y ou à *altura* da função (7, neste exemplo). Agora, veja a Tabela 7-1.

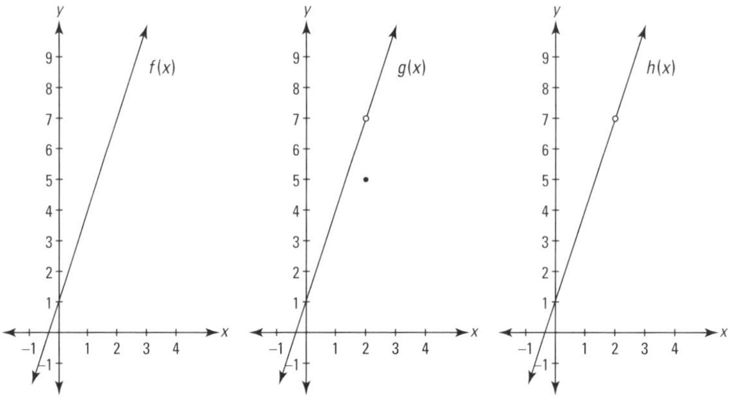

Figura 7-1: Os gráficos das funções de *f*, *g* e *h*.

Tabela 7-1 Os Valores de Entrada e Saída de $f(x) = 3x + 1$ à Medida que x se Aproxima de 2

x aproxima-se de 2 a partir da esquerda → ← *x* aproxima-se de 2 a partir da direita

x	1	1,5	1,9	1,99	1,999		2,001	2,01	2,1	2,5	3
f(*x*)	4	5,5	6,7	6,97	6,997		7,003	7,03	7,3	8,5	10

y aproxima-se de 7 → ← *y* aproxima-se de 7

A Tabela 7-1 mostra que y está cada vez mais perto de 7 quando x aproxima-se de 2 a partir da esquerda e da direita, assim o limite é 7. Se você estiver pensando sobre o motivo de todo o alvoroço — por que não colocar o número 2 no lugar de x em $f(x) = 3x + 1$ e obter uma resposta igual a 7 — eu tenho certeza que você tem muita companhia. Aliás, se todas as funções fossem *contínuas* (sem "quebras"), você *poderia* apenas colocar o número com seta para ter a resposta, e não haveria necessidade desse tipo de problema no limite. Nós precisamos dos limites em Cálculo por causa das funções *descontínuas* como g e h que têm intervalos.

A função no meio da Figura 7-1 é idêntica a f, exceto pelo buraco no ponto (2, 7) e o ponto em (2, 5). Na verdade, essa função, $g(x)$, nunca apareceria em um problema de Cálculo simples — Eu apenas uso para ilustrar como os limites funcionam. (Continue lendo, eu tenho mais coisas essenciais para mostrar antes de você ver porque eu as coloquei aqui.)

As funções importantes para o Cálculo são as funções como h à direita na Figura 7-1, que aparecem com frequência no estudo das derivadas. A terceira função é idêntica a $f(x)$, exceto pelo fato de o ponto (2, 7) ter sido retirado, deixando um buraco em (2, 7) e não existir nenhum outro ponto onde x seja igual a 2.

Imagine que a tabela de valores de entrada e saída seja parecida para $g(x)$ e $h(x)$. Você pode ver que os valores seriam idênticos aos valores na Tabela 7-1 para $f(x)$? Tanto para $g(x)$ como para $h(x)$, à medida que x se aproxima de 2 pela esquerda e pela direita, y se aproxima cada vez mais de uma altura igual a 7. Para todas as três funções, o limite à medida que x se aproxima de 2 é 7.

Isso nos leva a um ponto crítico: quando determinamos o limite de uma função à medida que x se aproxima, digamos de 2, o valor de $f(2)$ — ou mesmo se $f(2)$ realmente existe — é totalmente irrelevante. Dê uma olhada nas três funções novamente onde $x = 2$: $f(2)$ é igual a 7, $g(2)$ é 5 e $h(2)$ não existe (ou, como os matemáticos dizem, é *indefinido*). Mas, novamente, esses três resultados são irrelevantes e não afetam a resposta para o problema de limite.

Você não chega ao limite. Em um problema sobre limite, x se aproxima cada vez mais do número com seta c, mas tecnicamente *nunca chega lá* e o que acontece com a função quando x é igual ao número com seta c não tem *efeito* na resposta do problema sobre limite (embora para as funções contínuas como $f(x)$, o valor da função seja igual à resposta do limite e possa ser usado para calcular a resposta do limite).

Andando de lado com limites laterais

Os limites laterais funcionam como limites bilaterais normais, com exceção de x se aproximar do número com seta c apenas pela esquerda ou pela direita. O objetivo mais importante para esses limites é que eles são usados na definição formal de um limite regular. (Veja o próximo tópico sobre a definição formal de um limite.)

Para indicar um limite lateral, você coloca um pequeno sinal de subtração sobrescrito no número com seta quando x se aproxima do número com seta pela esquerda ou um sinal de adição sobrescrito quando o x se aproxima do número com seta pela direita. Dessa maneira:

$$\lim_{x \to 5^-} f(x) \text{ ou } \lim_{x \to 0^+} g(x)$$

Veja a Figura 7-2. A resposta para um problema sobre limite normal, $\lim_{x \to 3} p(x)$ é que o limite não existe porque como x se aproxima de 3 pela esquerda *e* pela direita, $p(x)$ não está convergindo a nenhum ponto.

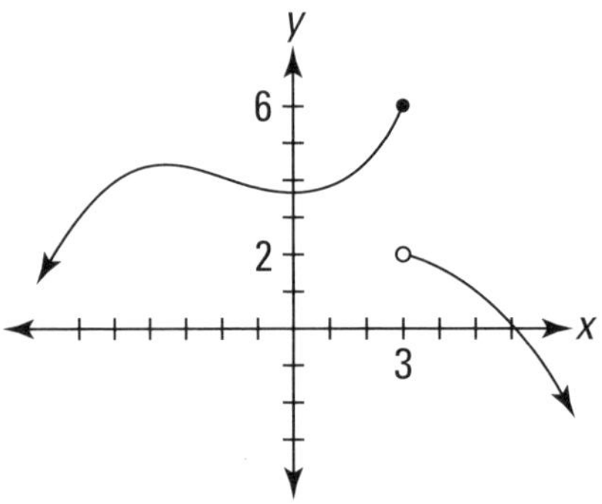

Figura 7-2: $p(x)$: Uma ilustração de dois limites laterais.

No entanto, ambos os limites laterais existem. À medida que x se aproxima de 3 pela esquerda, $p(x)$ se aproxima de uma altura igual a 6 e quando x se aproxima de 3 pela direita, $p(x)$ se aproxima de uma altura igual a 2. Assim como os limites normais, o valor de p(3) não tem efeito na resposta de nenhum desses problemas de limites laterais. Assim,

$$\lim_{x \to 3^-} p(x) = 6 \text{ e } \lim_{x \to 3^+} p(x) = 2$$

Uma função do tipo $p(x)$ na Figura 7-2 é chamada de função *definida por partes* porque tem pedaços separados. Cada pedaço de uma função definida por partes tem sua própria equação — como, por exemplo, a função de três partes a seguir:

$$y = \begin{cases} x^2 & \text{para } x \le 1 \\ 3x - 2 & \text{para } 1 < x \le 10 \\ x + 5 & \text{para } x > 10 \end{cases}$$

Algumas vezes, um pedaço de uma função definida por partes conecta-se ao pedaço vizinho, e neste, caso a função é contínua nesse pedaço. E outras vezes, assim como $p(x)$, um pedaço não se conecta ao pedaço adjacente — isso resulta em uma descontinuidade.

A definição formal de limite — o que você estava esperando

Agora que você sabe sobre os limites laterais, posso dar a definição matemática de um limite. Aqui vai:

Definição formal de limite: Seja f uma função e c um número real.

$\lim_{x \to c} f(x)$ existe se e somente se:

1. $\lim_{x \to c^-} f(x)$ existe,
2. $\lim_{x \to c^+} f(x)$ existe e
3. $\lim_{x \to c^-} f(x) = \lim_{x \to c^+} f(x)$.

Os livros de Cálculo sempre apresentam isso como um teste de três partes para a existência de um limite, mas a condição 3 é a única com a qual você precisa preocupar-se porque 1 e 2 estão inseridas em 3. Apenas lembre que você não poderá satisfazer a condição 3 se o lado esquerdo e o direito da equação forem indefinidos ou inexistentes; em outras palavras, *não* é verdade que *indefinido = indefinido* ou que *inexistente = inexistente.* Desde que você tenha entendido isso, a condição 3 será tudo o que você precisa verificar.

Quando nós dizemos que um limite existe, significa que o limite é igual a um número *finito*. Alguns limites são iguais ao infinito ou ao infinito negativo, mas você, no entanto, diz que eles *não existem*. Isso pode parecer estranho, mas leve o que eu digo em consideração. (Mais sobre limites infinitos na próxima seção.)

Limites e assíntotas verticais

Uma função *racional* como $f(x) = \dfrac{(x+2)(x-5)}{(x-3)(x+1)}$ tem assíntotas verticais nos pontos $x = 3$ e $x = -1$. Você se lembra das assíntotas? Elas são linhas imaginárias das quais uma função se aproxima cada vez mais à medida que sobe, desce, vai para a esquerda ou para a direita em direção ao infinito ou ao Infinito negativo. $f(x)$ é mostrado na Figura 7-3.

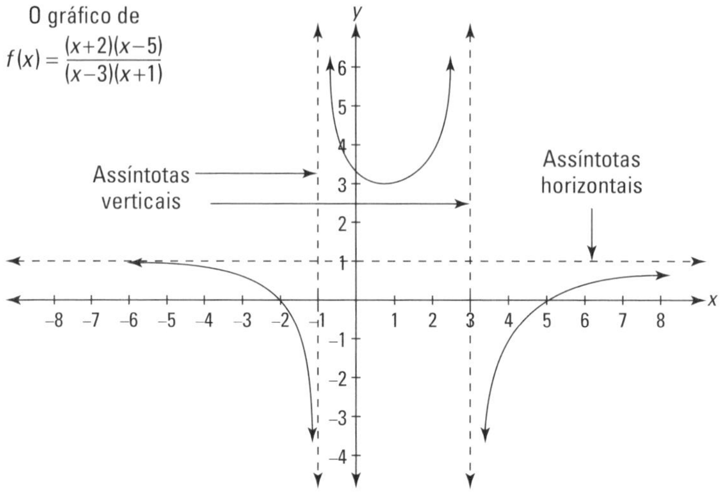

Figura 7-3: Uma função racional típica.

Considere o limite da função na Figura 7-3 à medida que x se aproxima de 3. À medida que x se aproxima de 3 pela esquerda, $f(x)$ sobe para o infinito e à medida que x se aproxima de 3 pela direita, $f(x)$ desce para o infinito negativo. Algumas vezes, é informativo indicar isso escrevendo,

$$\lim_{x\to 3^-} f(x) = \infty \text{ e } \lim_{x\to 3^+} f(x) = -\infty$$

Mas também é correto dizer que ambos os limites acima *não existem* porque o infinito não é um número real. Se pedirem para determinar um limite bilateral normal, $\lim_{x\to 3} f(x)$, você não terá escolha, a não ser dizer que ele não existe porque os limites da esquerda e da direita são diferentes.

Limites e assíntotas horizontais

Até agora, vi os limites onde o x se aproxima de um número finito. Mas, x também pode aproximar-se do infinito ou do infinito negativo. Os limites no infinito existem quando a função tem uma assíntota horizontal. Por exemplo, a função na Figura 7-3 tem uma assíntota horizontal em $y = 1$, na qual a função se move à medida que segue na direção do infinito para a direita e do infinito negativo para a esquerda (Indo para a esquerda, a função cruza a assíntota horizontal em $x = -7$ e depois vai gradualmente descendo em direção à assíntota. Indo para a direita, a função fica abaixo da assíntota e sobe gradualmente em direção a ela.). Os limites são iguais à altura da assíntota horizontal e escritos como:

$$\lim_{x \to \infty} f(x) = 1 \text{ e } \lim_{x \to -\infty} f(x) = 1$$

Você verá mais sobre limites no infinito no Capítulo 8.

Calculando a velocidade instantânea usando limites

Se você estava cochilando até agora, ACORDE! O problema a seguir, que eventualmente se torna um exemplo de problema sobre limite, traz você para o ponto inicial do Cálculo propriamente dito. Digamos que você e seu gato, que adora Cálculo, estejam passeando um dia e você decide soltar uma bola da sua janela do segundo andar. Aqui está a fórmula que informa a altura da bola depois de passados alguns segundos (ignorando a resistência do ar):

$$h(t) = 16t^2$$

(onde h é a altura que a bola caiu, em metros, e t é o valor do tempo desde que a bola foi jogada, em segundos)

Se você colocar 1 no lugar de t, h será 16; então, a bola cai 16 metros durante o primeiro segundo. Durante os 2 primeiros segundos, ela cai um total de $16 \cdot 2^2$, ou 64 metros, e assim sucessivamente. Agora, e se você quisesse determinar a velocidade da bola a exatamente 1 segundo depois que a jogou? Você pode começar usando essa velha e confiável fórmula:

LEMBRE-SE

Distância = velocidade · tempo, então, Velocidade = $\dfrac{\textbf{distância}}{\textbf{tempo}}$

Usando a fórmula da *velocidade*, você pode descobrir facilmente a velocidade média da bola no 2° segundo da sua queda. Devido ao fato de a bola ter caído 16 metros depois de 1 segundo e um total de 64 metros depois de 2 segundos, ela caiu 64 – 16 ou 48 metros de $t = 1$ segundo até $t = 2$ segundos. A fórmula a seguir lhe dá a velocidade média:

$$\begin{aligned} \textit{Velocidade média} &= \frac{\textit{distância total}}{\textit{tempo total}} \\ &= \frac{64 - 16}{2 - 1} \\ &= 48\text{m por segundo} \end{aligned}$$

Mas essa não é a resposta que você quer porque a bola cai cada vez mais rapidamente à medida que cai e você quer saber sua velocidade a exatamente 1 segundo depois que a joga. A bola acelera entre 1 e 2 segundos, então, a velocidade *média* de 48 metros por segundo durante o 2º segundo é certamente mais rápida do que a velocidade *instantânea* no final do 1° segundo. Para uma melhor aproximação, calcule a velocidade média entre $t = 1$ e $t = 1{,}5$ segundos. Depois de 1,5 segundos, a bola caiu $5 \cdot 1{,}5^2$ ou 36 metros, então, de $t = 1$ até $t = 1{,}5$, ela cai 36 – 16 ou 20 metros. Sua velocidade média é assim:

$$\begin{aligned} \textit{Velocidade média} &= \frac{36 - 16}{1{,}5 - 1} \\ &= 40\text{m por segundo} \end{aligned}$$

Se você continuar esse processo em tempos de um quarto de segundo, um décimo de segundo, depois um centésimo, milésimo e dez milionésimos de um segundo, chegará a uma lista de velocidade média mostrada na Tabela 7-2.

Tabela 7-2 Velocidades Médias a Partir de 1s Até *t* Segundos

t segundos	2	$1\frac{1}{2}$	$1\frac{1}{4}$	$1\frac{1}{10}$	$1\frac{1}{100}$	$1\frac{1}{1.000}$	$1\frac{1}{10.000}$
Veloc. média de 1s até *t* s	48	40	36	33,6	32,16	32,016	32,0016

À medida que *t* se aproxima cada vez mais de 1 segundo, as velocidades médias parecem aproximar-se cada vez mais de 32 metros por segundo.

Aqui está a fórmula que usamos para gerar os números na Tabela 7-2. Ela dá a velocidade média entre 1 segundo e *t* segundos.

$$\begin{aligned} \textit{Velocidade média} &= \frac{16t^2 - 16 \cdot 1^2}{t - 1} \\ &= \frac{16\,(t^2 - 1)}{t - 1} \\ &= \frac{16\,(t - 1)(t + 1)}{t - 1} \\ &= 16t + 16 \quad (\text{em que } t \neq 1) \end{aligned}$$

(Na linha imediatamente acima, lembre-se que *t* não pode ser igual a 1 porque resulta em um zero no denominador da equação original. Essa restrição permanece em vigor mesmo depois de você cancelar *t – 1.)*

A Figura 7-4 mostra o gráfico dessa função.

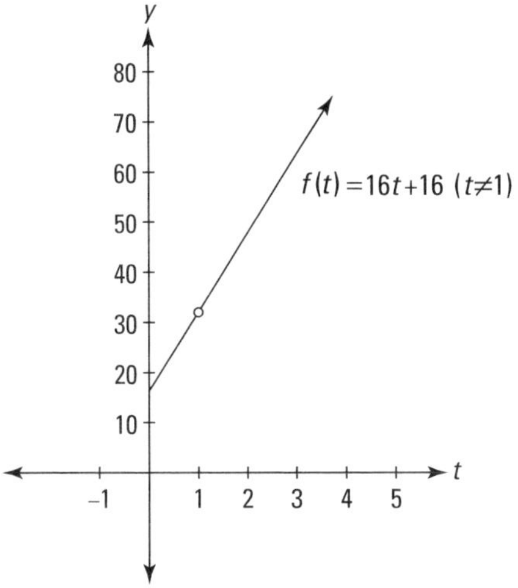

Figura 7-4: $f(t)$ é a velocidade média entre 1 segundo e t segundos.

Esse gráfico é idêntico ao gráfico da reta $y = 16t + 16$, exceto pelo buraco em (1, 10). Há um buraco lá porque se você colocar 1 no lugar de t na função da velocidade média, terá

$$\textit{Velocidade média} = \frac{16(1^2 - 1)}{1 - 1} = \frac{0}{0}$$

que é indefinido. E por que você obteve $\frac{0}{0}$? Porque estava tentando determinar a velocidade média — que é igual à *distância total* dividida pelo *tempo transcorrido* — de $t = 1$ a $t = 1$. Mas de $t = 1$ até $t = 1$ *não* há, é claro, tempo, e "durante" esse tempo, a bola não percorre nenhuma distância, então, você tem $\frac{\text{zero metro}}{\text{zero segundo}}$ como a velocidade média entre $t = 1$ e $t = 1$.

Obviamente, há um problema aqui. Segure seu chapéu, você chegou a um dos grandes momentos "A-ha!" no desenvolvimento do Cálculo diferencial.

CONCEITO CRÍTICO DE CÁLCULO

Definição de *velocidade instantânea*: Velocidade instantânea é definida como o limite da velocidade média quando o tempo transcorrido se aproxima do zero.

Para o problema da bola que cai, você teria

$$\underset{\text{com } t = 1 \text{ segundo}}{\textit{Velocidade instantanea}} = \lim_{t \to 1} \frac{16(t^2 - 1)}{t - 1}$$

$$= \lim_{t \to 1} \frac{16(t-1)(t+1)}{t - 1}$$

$$= \lim_{t \to 1} (16t + 16)$$

$$= 32 \text{ metros por segundo}$$

O fato de que o tempo transcorrido nunca chega a zero não afeta a precisão da resposta para esse problema sobre limite — a resposta é exatamente 32 metros por segundo, a altura do intervalo na Figura 7-4. O que é incrível sobre limites é que eles permitem que você calcule a velocidade instantânea exata em *um* determinado ponto no tempo achando o limite de uma função que está baseado no tempo *transcorrido*, um período entre *dois* pontos no tempo.

Unindo Limites e Continuidade

Antes que eu amplie o material incrivelmente maravilhoso sobre limites que apresentei nas seções anteriores deste capítulo, eu quero introduzir uma ideia correlata — a *continuidade*. Esse é um conceito super simples: uma função *contínua* é simplesmente uma função sem buracos — uma função que você pode desenhar sem tirar o lápis do papel. Considere as quatro funções na Figura 7-5.

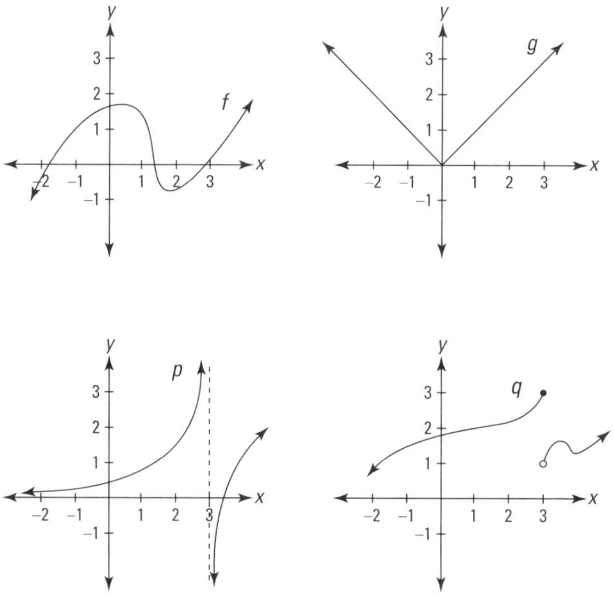

Figura 7-5: Os gráficos das funções *f*, *g*, *p* e *q*.

Se uma função é ou não contínua, é quase sempre óbvio. As duas primeiras funções na Figura 7-5 — $f(x)$ e $g(x)$ — não têm interrupções, então, elas são contínuas. As próximas duas — $p(x)$ e $q(x)$ — têm interrupções em $x = 3$, então, elas não são contínuas. Pronto, resolvido. Bem, não realmente. As duas funções com interrupções não são contínuas em todos os lugares, mas devido ao fato de você poder desenhar seções delas sem tirar o lápis do papel, pode dizer que partes dessas funções são contínuas. E, algumas vezes, uma função é contínua em qualquer lugar que seja definida. Esse tipo de função é descrita como sendo *contínua sobre todo o seu domínio* e significa que sua interrupção ou interrupções acontecem em valores de x, onde a função é indefinida. A função $p(x)$ é contínua sobre todo o seu domínio; $q(x)$, por outro lado, não é contínua porque não é contínua em $x = 3$, que está no domínio da função. Muitas vezes, o importante é se uma função é contínua em um dado valor de x. E ela é, a não ser que haja uma interrupção naquele x.

Continuidade das funções polinomiais: Todas as funções polinomiais são contínuas em todas as partes.

Continuidade das funções racionais: Todas as funções racionais — uma *função racional* é o quociente de duas funções polinomiais — são contínuas sobre todo o seu domínio. Elas são *descontínuas* nos valores x não em seus domínios, ou seja, os valores x onde o denominador é zero.

Continuidade e limites normalmente andam juntos

Veja $x = 3$ nas quatro funções na Figura 7-5. Considere se cada função é contínua nesse ponto e se existe um limite no valor de x. As duas primeiras, f e g, não têm interrupções em $x = 3$, então, são contínuas nesse ponto. Ambas as funções também têm limites em $x = 3$, e em ambos os casos, o limite é igual à altura da função em $x = 3$ porque quando x se aproxima cada vez mais de 3 pela esquerda e pela direita, y se aproxima cada vez mais de $f(3)$ e $g(3)$, respectivamente.

As funções p e q, por outro lado, não são contínuas em $x = 3$ (ou você pode dizer que são *descontínuas* nesse ponto) e nenhuma tem um limite bilateral em $x = 3$. Para ambas as funções, as interrupções em $x = 3$ não apenas quebram a continuidade, mas também fazem com que não tenham limites nesse ponto porque à medida que você se move em direção a $x = 3$ pela esquerda ou pela direita, não tende a um valor específico de y.

Então aqui está. Se uma função é contínua em um valor x, deve haver um limite bilateral para esse valor de x. E se há uma descontinuidade em um valor de x, significa que não há nenhum limite bilateral nesse lugar... bem, quase. Continue lendo para saber a exceção.

A exceção do intervalo aberto conta toda a história

A exceção do intervalo aberto é a única exceção para a regra que diz que a continuidade e o limite andam juntos, mas é uma *importante* exceção. E eu tenho que admitir, é um pouco estranho dizer que continuidade e limite *geralmente* andam juntos e falar sobre essa *exceção* porque a exceção, é o ponto crucial. Quando você chega aqui, a exceção é mais importante do que a regra. Considere as duas funções na Figura 7-6.

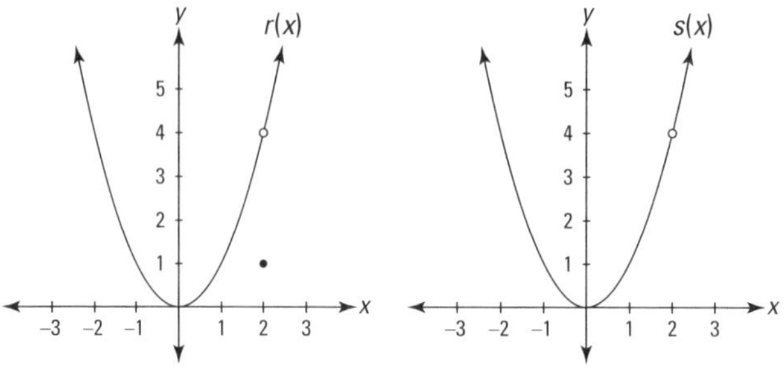

Figura 7-6: Os gráficos de *r* e *s*.

Essas funções têm interrupções em $x = 2$ e são obviamente não contínuas nesse ponto, mas *têm* limites à medida que *x* se aproxima de 2. Em cada caso, o limite é igual à altura do intervalo aberto.

A exceção do intervalo: O único modo de uma função poder ter um limite bilateral onde não é contínuo, é no ponto onde a descontinuidade é um intervalo infinitesimal na função.

Então, ambas as funções na Figura 7-6 têm o mesmo limite à medida que *x* se aproxima de 2; o limite é 4, e o fato de que $r(2) = 2$ e que s(2) é indefinido, é irrelevante. Para ambas as funções, à medida que *x* tende a 2 pela direita e pela esquerda, a altura da função converge para a altura do intervalo — esse é o limite. Isso tolera repetição — e até um ícone:

O limite de um intervalo: O limite de um intervalo é a altura do mesmo.

"Isso é ótimo", você deve estar pensando. "Mas, por que você deveria se preocupar?" Bem continue comigo por apenas um minuto. No exemplo da bola caindo no tópico "Calculando a velocidade instantânea usando limites" no começo do capítulo, tentei calcular a velocidade média durante o intervalo de tempo igual a zero. Isso me deu $\frac{\text{zero distância}}{\text{zero tempo}}$. Devido ao fato de $\frac{0}{0}$ ser indefinido, o resultado foi uma descontinuidade na função. As descontinuidades nas funções frequentemente vêm da impossibilidade de dividir zero por zero. É nessas funções que o processo do limite é crítico e esses tipos de funções são o principal significado de uma derivada, e as derivadas são o coração do Cálculo diferencial.

Conexão entre derivada e intervalo: Uma derivada sempre envolve a fração indefinida $\frac{0}{0}$ e sempre envolve o limite de uma função com um intervalo. (Se você está curioso, todos os limites do Capítulo 9 — onde a derivada é formalmente definida — são limites de funções com intervalos.)

Resolvendo a mágica matemática da continuidade

Tudo que você precisa saber para *entender* plenamente a ideia de continuidade é que a continuidade de uma função em um dado valor de x significa que não há buraco nesse valor. No entanto, visto que você pode ser testado na definição formal a seguir, suponho que você queira saber.

Definição de continuidade: Uma função $f(x)$ será *contínua* em um ponto $x = a$, se as três condições a seguir forem satisfeitas:

1. $f(a)$ está definido,
2. $\lim\limits_{x \to a} f(x)$ existe e
3. $f(a) = \lim\limits_{x \to a} f(x)$.

Assim como a definição formal de limite, a definição de continuidade está sempre presente como um teste com três partes, mas a condição 3 é a única com a qual você precisa preocupar-se porque as condições 1 e 2 estão inseridas em 3. Você deve lembrar, no entanto, que a condição 3 *não* será satisfeita quando tanto o lado esquerdo como o lado direito da equação forem indefinidos ou inexistentes.

O Mnemônico 33333 do Limite

Aqui está um ótimo dispositivo de memória que coloca muita informação junta em uma tacada de mestre. Isso talvez pareça forçado ou bobo, mas com os dispositivos mnemônicos, forçado e bobo funcionam. O mnemônico 33333 do limite ajuda você a lembrar cinco grupos de três coisas: dois grupos envolvendo limites, dois sobre continuidade e um sobre derivadas. (Compreendo que não chegamos nas derivadas ainda, mas este é o melhor lugar para apresentar esse mnemônico. Acredite no que eu digo — nada é perfeito.)

Primeiro, note que a palavra *limit* tem cinco letras e há cinco 3s nesse mnemônico. Depois, escreva *limit* com um l minúsculo e tire o traço do "t" para que ele se torne um "l" — assim:

l i m i l

Agora, os dois "l's" são para os limites, os dois "i's" são para a continuidade (note que a letra "i" tem um buraco nela, não sendo, dessa forma, contínua) e o "m" é para a inclinação (você se lembra de $y = mx + b$?), que são as derivadas (você verá isso daqui a algumas páginas no Capítulo 9).

Cada uma das cinco letras ajuda você a se lembrar de três coisas — dessa maneira:

l i m i l
3 3 3 3 3

- 3 partes para a definição de um limite:

  Veja a definição de limite na seção "Definição formal de limite — o que você estava esperando". Lembrando-se que tem três partes que ajudam você a lembrar das partes — confie em mim.

- 3 casos onde o limite não existe:
  - Em uma assíntota vertical — chamada de descontinuidade infinita — como em $x = 3$ na função p na Figura 7-5.
  - Pulos de descontinuidade, como em x = 3 na função q na Figura 7-5.
  - Com um limite no infinito de uma *função oscilante* como sen x, onde a função sobe e desce para sempre, nunca convergindo na altura.

- 3 partes para a definição de continuidade:

  Assim como a definição de limite, lembrar que a definição de continuidade tem 3 partes ajuda você a lembrar as 3 partes (veja a seção "Resolvendo a mágica matemática da continuidade" abordada anteriormente neste capítulo).

- 3 tipos de descontinuidade:
  - Uma descontinuidade removível — esse é um termo mais sofisticado para uma interrupção — como as interrupções na função r e s na Figura 7-6.
  - Uma descontinuidade infinita como em x = 3 na função p na Figura 7-5.
  - Saltos de descontinuidade, como em x = 3 na função q na Figura 7-5.

    Note que os três tipos de descontinuidade (interrupção, infinito e salto) começam com as primeiras letras em ordem alfabética. Como são letras em ordem, não há nenhum buraco entre elas, portanto, são letras contínuas. (Essa informação vale apenas para a ordem em inglês.) Ei, este livro valeu ou não o preço?

- 3 casos onde a derivada não existe:

  (Eu explico isso no Capítulo 9 — fique calmo.)
  - Em qualquer tipo de *descontinuidade*.
  - Em um ponto acentuado de uma função — chamado de *vértice*.
  - Em uma *tangente vertical* (porque a inclinação é indefinida nesse lugar).

Bem, aí está. Você provavelmente notou que a outra maneira que esse mnemônico funciona é que ele lhe dá 3 casos onde um limite não existe, 3 casos onde a continuidade não existe e 3 casos onde a derivada não existe. *Santo triplo trio de inexistência Batman, isto ainda é outro 3 — os 3 tópicos do mnemônico: limites, continuidade, e derivadas!*

Capítulo 8

Avaliando Limites

Neste Capítulo

- Calculando limites com uma calculadora
- Multiplicando conjugados
- Resolvendo limites com o princípio do sanduíche
- Encontrando limites no infinito

O Capítulo 7 introduziu o conceito de limite. Este capítulo fala sobre os elementos básicos e apresenta muitas técnicas para calcular as respostas para problemas sobre limites. E embora eu suspeite que você esteja extremamente extasiado e totalmente horrorizado com o material no Capítulo 7 — e não me entenda mal, isso é importante — são os métodos de resolução de problemas neste capítulo que realmente pagam as contas.

Limites Fáceis

Alguns problemas de limites são *muito* fáceis. Tão fáceis que eu não preciso tomar seu tempo com comentários introdutórios desnecessários e palavras dispensáveis que ocupam espaço e não fazem nada para aprofundar o seu conhecimento da matéria — em vez disso, eu posso apenas dizer o que é importante, dar apenas os fatos críticos, ir direto ao ponto e começar a trabalhar e... Tudo bem, você está pronto?

Limites para memorizar

Você deve memorizar os limites a seguir. Se você fracassar em decorar os três últimos, poderá perder *muito* tempo tentando descobri-los. Leve o que eu digo em consideração.

- $\lim_{x \to a} c = c$
  ($y = c$ é uma linha horizontal, portanto, o limite — que é a altura da função — deve ser igual a c, independentemente do número com seta.)
- $\lim_{x \to 0^+} \frac{1}{x} = \infty$

- $\lim_{x\to 0^-} \frac{1}{x} = -\infty$
- $\lim_{x\to \infty} \frac{1}{x} = 0$
- $\lim_{x\to -\infty} \frac{1}{x} = 0$
- $\lim_{x\to 0} \frac{\operatorname{sen} x}{x} = \lim_{x\to 0} \frac{x}{\operatorname{sen} x} = 1$
- $\lim_{x\to 0} \frac{\cos x - 1}{x} = 0$
- $\lim_{x\to \infty} \left(1+\frac{1}{x}\right)^x = e \approx 2{,}718$

Pegue e Leve

Os problemas do tipo pegue e leve fazem parte da segunda categoria de limites fáceis. Apenas coloque um número com seta na função limite e se o cálculo resultar em um número, essa será sua resposta. Por exemplo,

$$\lim_{x\to 3}(x^2 - 10) = -1$$

(Não se esqueça que para esse método funcionar, o resultado obtido depois de colocar o número deve ser um número, não um infinito, infinito negativo ou algo indefinido.)

Se você estiver lidando com uma função contínua em todo lugar (como aquela no exemplo acima) ou uma função contínua em todo o seu domínio, esse método sempre funcionará. São problemas de limite do tipo "não me diga" e para ser bem franco, realmente eles não têm nexo. O limite é simplesmente o valor da função. Se você estiver lidando com qualquer outro tipo de função, esse método funcionará apenas algumas vezes — leia...

CUIDADO!

Tenha cuidado com as descontinuidades. O método pegue e leve funciona para qualquer tipo de função, incluindo as funções definidas por partes, *a não ser que* haja uma descontinuidade no número com seta que você colocou. Neste caso, se você obtiver um número depois de colocar, esse número *não* será o limite; o limite pode ser igual a algum outro número ou pode não existir. (Veja o Capítulo 7 para ter uma descrição das funções definidas por partes.)

DICA

O que acontece quando, ao colocar o número, você encontra um número diferente de zero, sobre zero? Se você coloca o número *com seta* em um limite do tipo $\lim_{x\to 5} \frac{10}{x-5}$ e obtém qualquer número (exceto zero) dividido por zero — como $\frac{10}{0}$ — então, sabe que esse limite não existe, em outras palavras, o limite não é igual a um número finito. (As respostas podem ser o infinito ou o infinito negativo, ou apenas o bom e velho "não existe".)

Os "Verdadeiros" Problemas Sobre Limites

Nenhum dos métodos rápidos que eu apresentei no tópico anterior funciona para a maioria dos problemas sobre limites. Se você colocar o número com seta na expressão de limite e o resultado for indefinido (excluindo o caso coberto na dica anterior), terá um problema sobre limite "verdadeiro" — e um pouco de trabalho para fazer. Esse é o foco principal deste tópico. Esses são os problemas sobre limites interessantes, os que provavelmente têm intervalos infinitesimais e os que são importantes para o Cálculo diferencial — você verá mais sobre eles no Capítulo 9.

Quando você coloca um número com seta e o resultado é indefinido (geralmente porque obteve $\frac{0}{0}$), você pode tentar quatro coisas: sua calculadora, a Álgebra, fazer um sanduíche de limite e a regra de L'Hôpital (que será vista no Capítulo 18).

Descobrindo o limite com sua calculadora

Digamos que você queira avaliar o seguinte limite: $\lim_{x \to 5} \frac{x^2 - 25}{x - 5}$. O método pegue e leve não funciona porque colocar 5 no lugar de x produz o resultado indefinido $\frac{0}{0}$, mas assim como a maioria dos problemas sobre limites, você pode resolver esse problema em sua calculadora.

LEMBRE-SE

Nota sobre calculadoras e outra tecnologia. A cada ano que passa, há cada vez mais calculadoras potentes e cada vez mais recursos na internet que podem fazer cálculo para você. Essas tecnologias podem dar a resposta de, por exemplo, $5x^3 - 4x$, quando o problema requer uma resposta algébrica ou uma resposta de, por exemplo, $\sqrt{2}$ (não apenas uma aproximação de 1,414), quando o problema requer uma resposta numérica. Os modelos mais antigos de calculadora não podem dar respostas algébricas e embora possam oferecer respostas exatas para muitos problemas numéricos, não podem dar uma resposta numérica exata como $\sqrt{2}$ — e também não podem dar uma resposta exata para o problema sobre limites no parágrafo anterior.

Uma calculadora, como a TI-Nspire ou qualquer outra calculadora com o Sistema de Álgebra Computacional, CAS (do inglês, Computer Algebra System) pode realmente resolver o problema sobre limites (e todos os tipos de problemas de Cálculo mais difíceis) e dar a resposta exata. O mesmo ocorre para os sites, como o Wolfram Alpha.

Diferentes professores de Cálculo têm políticas diferentes sobre qual tecnologia eles permitem nas aulas. Muitos não permitem o uso de calculadores CAS e tecnologias comparáveis porque basicamente elas fazem o trabalho de Cálculo para você. Assim, a seguinte análise (e o resto deste livro) supõe que você esteja usando uma calculadora mais básica (como a TI-84) sem a capacidade CAS.

Método 1

O primeiro método da calculadora é testar a função de limite com dois números: um pouco menor que o número com seta e outro um pouco maior que ele. Portanto, eis o que você faz no problema acima, $\lim_{x\to 5} \frac{x^2-25}{x-5}$. Se você tiver uma calculadora como a Texas Instruments TI-84, digite o primeiro número, digamos 4,9999, na tela inicial, pressione o botão Sto (armazenar), depois, o botão x, e por fim o botão *Enter* (isso guarda o número em x). Então, introduza a função $\frac{x^2-25}{x-5}$ e pressione *Enter.* O resultado, 9,9999, é extremamente perto de um número inteiro, 10, então, essa é a sua resposta. Agora, pegue um número um pouco maior que o número com seta, como 5,0001, e repita o processo. Como o resultado, 10,0001, também é muito perto de 10, isso encerra o assunto. A resposta é 10 (quase isso). A propósito, se você estiver usando um modelo de calculadora diferente, é bem provável que encontre o mesmo resultado com a mesma técnica ou algo bem parecido.

Método 2

O segundo método é produzir uma tabela de valores. Digite $y=\frac{x^2-25}{x-5}$ no modo de desenhar gráficos em sua calculadora. Depois, vá para "configurar tabela" e digite o número com seta, 5, como o número "inicial da tabela", e digite um número pequeno, digamos 0,001, para ΔTbl — esse é o tamanho dos incrementos de x na tabela. Aperte o botão *Table* para produzir a tabela. Agora, suba a barra de rolagem para que você veja alguns números menores que 5 e deverá ver uma tabela de valores como os da Tabela 8-1.

Tabela 8-1 Tabela TI-84 para $\frac{x^2-25}{x-5}$ Depois de Subir a Barra de Rolagem até 4,998

x	*y*
4,998	9,998
4,999	9,999
5	erro
5,001	10,001
5,002	10,002
5,003	10,003

Devido ao fato de *y* chegar bem perto de 10 à medida que *x* se aproxima de 5 por cima e por baixo, 10 é o limite (quase isso... você não pode estar absolutamente certo sobre esses métodos de calculadora, mas eles funcionam quase sempre).

Essas técnicas de calculadora são úteis por várias de razões. Sua calculadora pode lhe dar as respostas para problemas sobre limites que são impossíveis de serem feitos algebricamente. E ela pode resolver problemas sobre limites que você poderia fazer com papel e lápis, a menos que esteja confuso. Também, para problemas que você faz no papel, você pode usar a calculadora para verificar suas respostas. E mesmo quando escolhe resolver um limite algebricamente — ou é obrigado a fazer dessa maneira — é uma boa ideia criar uma tabela como a Tabela 8-1 não apenas para confirmar sua resposta, mas para ver como a função se comporta perto do número com seta. Isso dá a você uma compreensão *numérica* sobre o problema, o que aumenta seu entendimento *algébrico*. Se você olhar o gráfico da função em sua calculadora, terá uma terceira maneira *gráfica* ou *visual* de pensar sobre o problema.

DICA

Muitos problemas de Cálculo podem ser feitos *algébrica*, *gráfica* e *numericamente*. Quando possível, use duas ou três dessas abordagens. Cada abordagem dá a você uma perspectiva diferente sobre um problema e aumenta seu entendimento dos conceitos relevantes.

Use os métodos da calculadora para complementar os métodos algébricos, mas não confie muito neles. Para começo de conversa, as técnicas da calculadora não CAS não lhe darão uma resposta exata, a não ser que os números que sua calculadora dê estejam aproximando-se de um número que você reconhece — como 9,999 está perto de 10 ou 0,333332 está perto de $\frac{1}{3}$; ou, talvez, você reconheça que 1,414211 está bem perto de $\sqrt{2}$. Mas, se a resposta para um problema sobre limites é algo do tipo $\frac{1}{2\sqrt{3}}$, você provavelmente não reconhecerá isso. O número $\frac{1}{2\sqrt{3}}$ é aproximadamente igual a 0,288675. Quando você vir números em sua tabela perto desse decimal, não reconhecerá $\frac{1}{2\sqrt{3}}$ como o limite — a não ser que você seja um Arquimedes, Gauss ou Ramanujan (membros da Galeria da Fama da Matemática). No entanto, mesmo quando você não reconhece a resposta *exata*, nesses casos, ainda pode descobrir uma resposta aproximada, na forma decimal, para a questão do limite.

CUIDADO!

Funções arriscadas podem confundir sua calculadora. A segunda limitação da calculadora é que ela não funcionará com algumas funções peculiares, tais como, $\lim_{x\to5} \sqrt[25]{x-5}\cdot \text{sen}\left(\frac{1}{x-5}\right)$. Esse limite é igual a zero, mas você não pode achar essa resposta com sua calculadora.

A propósito, mesmo quando os métodos da calculadora não CAS funcionam, elas podem fazer algumas coisas esquisitas de vez em quando. Por exemplo, se você está resolvendo um problema sobre limite onde *x* se aproxima de 3, e coloca números em sua calculadora que são muito perto de 3 (como 3,0000000001), pode chegar bem perto do alcance decimal máximo da calculadora. Isso pode resultar em respostas que se distanciam da resposta do limite, mesmo quando você coloca números cada vez mais perto do número com seta.

A moral da história é que você deve pensar em sua calculadora como uma das muitas ferramentas à sua disposição para resolver limites — e não como uma substituta para as técnicas algébricas.

Resolvendo problemas sobre limite com a Álgebra

Você usa duas técnicas algébricas importantes para os problemas "reais" sobre limite: fatoração e multiplicação conjugada. Eu agrego outras técnicas da Álgebra na seção "Álgebra diversa". Todos os métodos algébricos envolvem a mesma ideia básica. Quando a substituição não funciona na função original — geralmente por causa da descontinuidade na função — você pode usar a Álgebra para manipular a função até que a substituição funcione (ela funciona porque a manipulação resolve a descontinuidade ou acaba com ela).

Divertindo-se com a fatoração

Aqui está um exemplo. Avalie $\lim_{x \to 5} \frac{x^2 - 25}{x - 5}$, o mesmo problema que você fez com uma calculadora na seção anterior.

1. **Tente colocar 5 no lugar de x — você deve sempre tentar primeiro a substituição.**

   Você obtém $\frac{0}{0}$ — não é bom, vá para o plano B.

2. **x^2 – 25 pode ser fatorado, então, faça isso.**

   $$\lim_{x \to 5} \frac{x^2 - 25}{x - 5} = \lim_{x \to 5} \frac{(x-5)(x+5)}{x - 5}$$

3. **Simplifique o (x – 5) do numerador e do denominador.**

   $$= \lim_{x \to 5}(x+5)$$

4. **Agora, a substituição irá funcionar.**

   $$= 5 + 5 = 10$$

Então, $\lim_{x \to 5} \frac{x^2 - 25}{x - 5} = 10$, confirmando a resposta da calculadora.

A propósito, a função que você obteve depois de simplificar $(x-5)$, a saber, $y = (x+5)$, é idêntica à função original, $y = \frac{x^2 - 25}{x - 5}$, exceto pelo fato de a descontinuidade ou buraco na função original em (5, 10) ter sido colocado.

E note que o limite à medida que x se aproxima de 5 é 10, que é a altura do buraco em (5, 10).

Multiplicação conjugada — Não, isso não tem nada a ver com procriação

Tente esse método para as funções racionais que contêm raízes quadradas. A multiplicação conjugada *racionaliza* o numerador ou o denominador de uma fração, o que significa se livrar das raízes quadradas. Tente isso aqui: Avalie $\lim_{x \to 4} \frac{\sqrt{x}-2}{x-4}$.

1. **Tente a substituição.**

   Insira o número 4: isso lhe dá $\frac{0}{0}$ — vá para o plano B.

2. **Multiplique o numerador *e* o denominador pelo conjugado de $\sqrt{x}-2$, que é $\sqrt{x}+2$.**

   LEMBRE-SE

   Definição de *conjugado*. O conjugado de uma expressão de dois termos é a mesma expressão com a subtração trocada pela adição e vice-versa. O produto de conjugados é sempre igual ao primeiro termo ao quadrado menos o segundo termo ao quadrado.

   Agora faça a racionalização.

$$\lim_{x \to 4} \frac{\sqrt{x}-2}{x-4}$$
$$= \lim_{x \to 4} \frac{(\sqrt{x}-2)}{(x-4)} \cdot \frac{(\sqrt{x}+2)}{(\sqrt{x}+2)}$$
$$= \lim_{x \to 4} \frac{(\sqrt{x})^2 - 2^2}{(x-4)(\sqrt{x}+2)}$$
$$= \lim_{x \to 4} \frac{(x-4)}{(x-4)(\sqrt{x}+2)}$$

3. **Simplifique o $(x-4)$ do numerador e do denominador.**

$$= \lim_{x \to 4} \frac{1}{\sqrt{x}+2}$$

4. **Agora, a substituição funciona.**

$$= \frac{1}{\sqrt{4}+2} = \frac{1}{4}$$

Portanto, $\lim_{x \to 4} \frac{\sqrt{x}-2}{x-4} = \frac{1}{4}$.

Assim como o exemplo da fatoração, esse processo de racionalização incluiu a descontinuidade na função original. Neste exemplo, 4 é o número com seta, $\frac{1}{4}$ é a resposta do limite e a função $\frac{\sqrt{x}-2}{x-4}$ tem um intervalo em $(4, \frac{1}{4})$.

Álgebra diversa

Quando a fatoração e a multiplicação conjugada não funcionarem, tente outra Álgebra básica, como somar ou subtrair frações, multiplicar ou dividir frações ou outra forma de simplificação. Aqui está um exemplo:

Avalie $\lim_{x\to 0} \frac{\frac{1}{x+4}-\frac{1}{4}}{x}$.

1. **Tente a substituição.**

   Insira o número 0: isso lhe dá $\frac{0}{0}$ — não é bom.

2. **Simplifique a fração complexa (essa é uma fração grande que contém pequenas frações) multiplicando o numerador e o denominador pelo menor denominador comum das pequenas frações, a saber, 4(x + 4).**

   Nota: Você também pode simplificar uma fração complexa somando ou subtraindo as pequenas frações no numerador e/ou denominador, mas é mais demorado do que o método descrito aqui.

$$\lim_{x\to 0} \frac{\frac{1}{x+4}-\frac{1}{4}}{x}$$
$$=\lim_{x\to 0} \frac{\left(\frac{1}{x+4}-\frac{1}{4}\right)}{x}\cdot\frac{4(x+4)}{4(x+4)}$$
$$=\lim_{x\to 0} \frac{4-(x+4)}{4x(x+4)}$$
$$=\lim_{x\to 0} \frac{-x}{4x(x+4)}$$
$$=\lim_{x\to 0} \frac{-1}{4(x+4)}$$

3. **Agora, a substituição funciona.**

$$=\frac{-1}{4(0+4)}=-\frac{1}{16}$$

Esse é o limite.

Faça uma pausa e prepare um sanduíche de limite

Quando a Álgebra não funcionar, tente fazer um sanduíche de limite. A melhor maneira de entender o método do *sanduíche* ou da *compressão* é vendo um gráfico. Veja a Figura 8-1.

Veja as funções f, g e h na Figura 8-1: g é o sanduíche entre f e h. Como perto do número com seta 2, f é sempre maior ou tem a mesma altura que g, g é sempre maior ou tem a mesma altura que h e como $\lim_{x\to 2} f(x) = \lim_{x\to 2} h(x)$, então, $g(x)$ deve ter o mesmo limite quando x se aproxima de 2 porque está sendo espremido ou comprimido entre f e h. O limite de ambos à medida que x se aproxima 2 é 3.

Então, 3 também será o limite de g. Não há nenhum outro lugar para ir.

Figura 8-1: O método do sanduíche para resolver um limite. As funções f e h são o pão, e g é o salame.

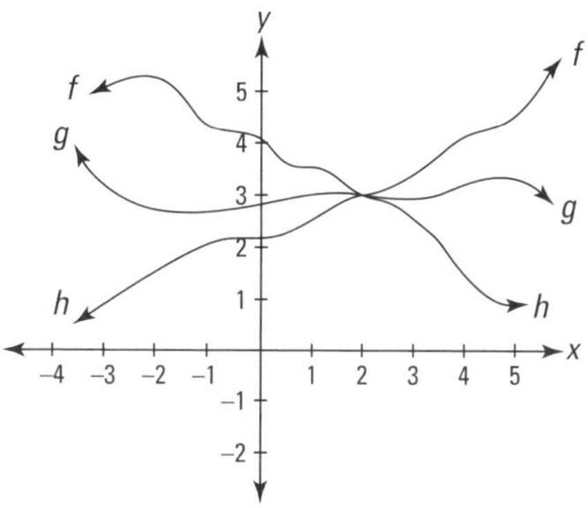

Aqui está outro exemplo: Avalie $\lim_{x\to 0}\left(x \operatorname{sen}\frac{1}{x}\right)$.

1. **Tente a substituição.**

   Coloque 0 em x. Isso lhe dá $0 \cdot \operatorname{sen}\frac{1}{0}$ — não é bom, não pode dividir por zero. Vamos para o plano B.

2. **Tente os métodos algébricos ou qualquer outro truque que você tenha na manga.**

   Vá nessa. Você não pode fazer isso. Plano C.

3. **Tente a calculadora.**

   É sempre uma boa ideia ver o que sua calculadora informa, mesmo que esse seja um problema para "mostrar seu trabalho". Para desenhar o gráfico dessa função, ajuste o modo da sua calculadora para *radiano* e a janela para:

   $x \min = -0{,}4$

   $x \max = 0{,}4$

   $y \min = -0{,}3$

   $y \max = 0{,}3$

   A Figura 8-2 mostra como fica o gráfico:

   Parece que, definitivamente, o limite de g é zero à medida que x se aproxima de zero pela esquerda e pela direita. Agora, verifique a tabela de valores em sua calculadora (ajuste o *TblStart* para 0 e Δ*Tbl* para 0,001). A Tabela 8-2 dá alguns dos valores a partir da tabela da calculadora.

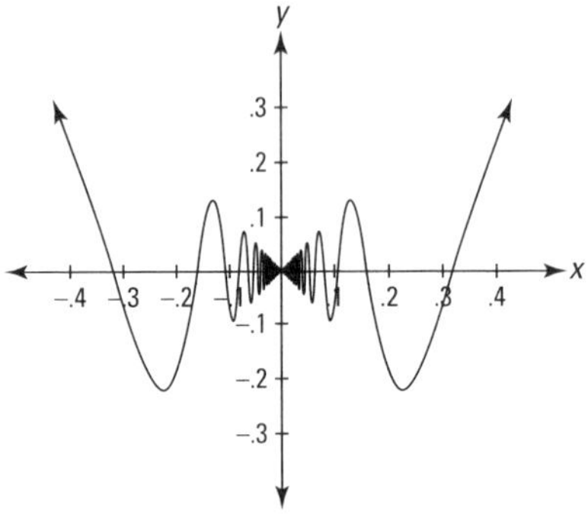

Figura 8-2: O gráfico de $g(x) = x \operatorname{sen}\frac{1}{x}$.

Tabela 8-2 Tabela de Valores para $g(x) = x\operatorname{sen}\frac{1}{x}$

x	$g(x)$
0	erro
0,001	0,0008269
0,002	–0,000936
0,003	0,0009565
0,004	–0,003882
0,005	–0,004366
0,006	–0,000969
0,007	–0,006975
0,008	–0,004928
0,009	–0,008234

Esses números parecem mais ou menos como se estivessem chegando cada vez mais perto de zero à medida que x se aproxima de zero, mas eles não são convincentes. Esse tipo de tabela não funciona tão bem para as funções oscilantes, como o seno e o cosseno. (Alguns valores da função na tabela, por exemplo — 0,000969 para $x = 0{,}006$, estão mais perto de zero do que os outros valores maiores na tabela onde x é menor. Isto é o oposto do que queremos ver.)

Uma melhor maneira de ver que o limite de g é zero quando x se aproxima de zero é usar o primeiro método da calculadora que eu mencionei no tópico "Descobrindo o limite com sua calculadora". Digite a função na tela inicial e insira sucessivamente os valores de x listados na Tabela 8-3 para obter os valores da função correspondentes. (***Nota:*** não fique confuso: a Tabela 8-3 é chamada de "tabela", mas não é uma tabela gerada pela função tabela de uma calculadora.)

Tabela 8-3 Tabela de Valores para $g(x) = x\text{sen}\frac{1}{x}$

x	$g(x)$
0,1	–0,054
0,01	–0,0051
0,001	0,00083
0,0001	–0,000031
0,00001	0,00000036

Agora, você pode definitivamente ver que g tende para zero.

4. **Agora, você precisa provar o limite matematicamente, mesmo que já tenha resolvido na calculadora. Para fazer isso, você precisa fazer um sanduíche de limite. (Enganei você — aposto que você pensava que o Passo 3 era o último.)**

   A parte difícil sobre usar o método do sanduíche é produzir as funções dos "pães". (As funções f e h são o pão e g é o salame.) Não há uma maneira automática de fazer isso. Você terá que pensar sobre o formato da função do salame e, depois, usar o seu conhecimento sobre funções e sua imaginação para produzir algumas boas possibilidades para as funções dos pães.

   Devido ao fato de a imagem da função seno ser do 1 negativo até o 1 positivo, toda vez que você multiplicar um número pelo seno de alguma coisa, o resultado ficará à mesma distância de zero ou se aproximará de zero. Assim, $x \text{ sen}\frac{1}{x}$ nunca chegará acima de $|x|$ ou abaixo de $-|x|$. Então, tente desenhar o gráfico das funções $f(x) = |x|$ e $h(x) = -|x|$ junto com $g(x)$ para ver se f e h são funções de pão adequadas para g. A Figura 8-3 mostra o que elas fazem.

   Nós mostramos — apesar de talvez não ser a satisfação de um matemático, por Deus! — que $f(x) \geq g(x) \geq h(x)$. E devido ao fato de $\lim_{x\to 0} f(x) = \lim_{x\to 0} h(x) = 0$, segue que $g(x)$ deve ter o mesmo limite: voilà — $\lim_{x\to 0} g(x) = 0$.

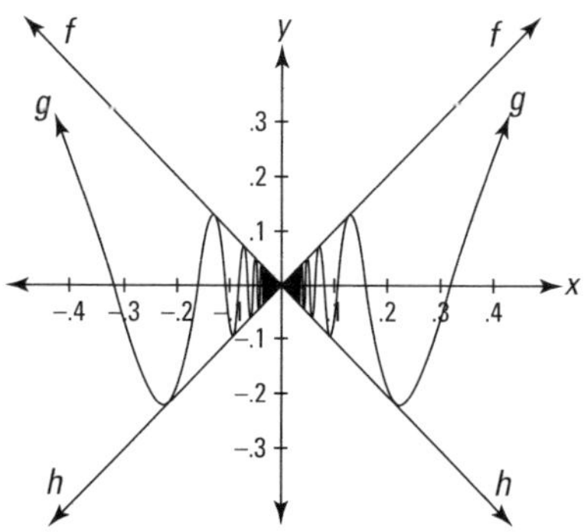

Figura 8-3: O gráfico de $f(x) = |x|$, $h(x) = -|x|$, e $g(x) = x \sin\frac{1}{x}$. É uma gravata borboleta!

A longa e tortuosa estrada

Considere a função $g(x) = x\text{sen}\frac{1}{x}$, mostrada nas Figuras 8-2 e 8-3, e analisada no tópico sobre fazer um sanduíche de limite. Ela é definida em todo lugar, exceto em zero. Se agora a alterarmos um pouco — renomeando $f(x)$ e definindo que $f(0)$ é 0 — criamos uma função com propriedades bizarras. A função é agora contínua em todo lugar; em outras palavras, ela não tem buracos. Mas em (0, 0), ela parece contradizer a ideia básica da continuidade, que diz que você pode traçar a função sem tirar o lápis do papel.

Imagine começar em qualquer lugar em $f(x)$ — que parece exatamente como $g(x)$ nas Figuras 8-2 e 8-3 — para a esquerda do eixo *y* e seguir ao longo da estrada tortuosa na origem, (0, 0). Veja isso: Você pode começar sua viagem o mais perto que quiser da origem — o que você acha da largura de um próton longe de (0, 0) — e o comprimento da estrada entre você e (0, 0) é *infinitamente* longo! Isso mesmo. Ela se enrosca para cima e para baixo com tal frequência crescente à medida que você se aproxima cada vez mais de (0, 0), que a duração do seu passeio é, na verdade, infinita, apesar de o fato de cada "reta" estar ficando cada vez menor. Nessa longa e tortuosa estrada, você nunca chegará à porta dela.

Essa função alterada é claramente contínua em todos os pontos — com a possível exceção do (0, 0) — porque é uma estrada tortuosa calma e conectada. E porque $\lim_{x \to 0} x\text{sen}\frac{1}{x} = 0$ (veja o tópico do sanduíche de limite para a prova) e porque $f(0)$ é definido como sendo 0, o teste da continuidade em 0 é satisfeito. A função é, então, contínua em todo lugar.

Mas me diga, como a curva pode tocar alguma vez (0, 0) ou conectar-se a (0, 0) pela esquerda (ou pela direita)? Supondo que você possa atravessar uma distância infinita dirigindo infinitamente rápido, quando você finalmente passa pela origem, está em um dos trechos acima da estrada ou em um dos trechos abaixo? Nenhum dos dois parece possível porque não importa a distância que você esteja da origem, você tem um número infinito de trechos e um número infinito de curvas à sua frente. Não há uma última curva antes de chegar a (0, 0). Então, parece que a função não pode conectar-se à origem e isso, consequentemente, não pode ser contínuo nesse lugar — apesar de a matemática nos dizer que ela é contínua.

Aqui está outra maneira de ver isso. Imagine uma linha vertical desenhada no topo da função em $x = -0{,}2$. Agora, mantendo a linha vertical, deslize vagarosamente a linha para a direita ao longo da função até que você passe por (0, 0). Não há intervalos na função, então, em cada instante, a linha vertical cruza a função em algum lugar. Pense no ponto onde a linha vertical intercepta a função. À medida que você arrasta a linha para a direita, esse ponto viaja ao longo da função, enroscando-se para cima e para baixo ao longo da estrada e à medida que você arrasta a linha sobre a origem, o ponto chega e depois passa (0, 0). Agora, me diga o seguinte: Quando o ponto atingiu (0, 0), ele estava subindo ou descendo? Como você pode comparar tudo isso? Eu gostaria de saber.

Coisas como essa realmente bagunçam a sua cabeça.

Avaliando Limites no Infinito

Nas seções anteriores, vi os limites à medida que x se aproximava de um número finito, mas você também pode ter limites onde x se aproxima do infinito ou do infinito negativo. Considere a função $f(x) = \frac{1}{x}$ e dê uma olhada no seu gráfico na Figura 8-4.

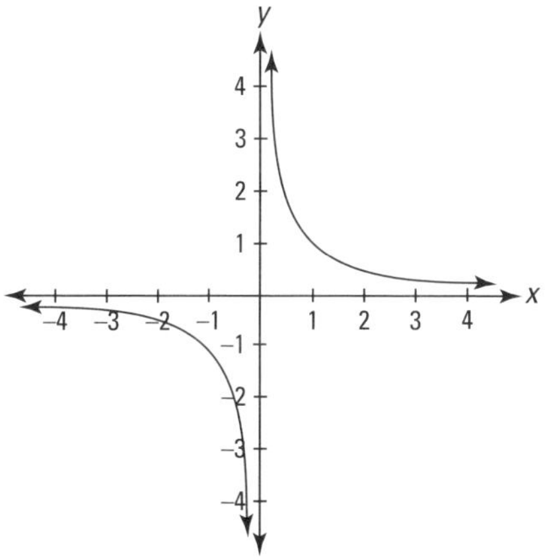

Figura 8-4: O gráfico de $f(x) = \frac{1}{x}$.

Você pode ver no gráfico (no primeiro quadrante) que à medida que x aumenta cada vez mais — em outras palavras, à medida que x se aproxima do infinito — a altura da função fica cada vez menor, mas nunca chega a zero. Isso é confirmado considerando o que acontece quando você insere números cada vez maiores em $\frac{1}{x}$: as saídas ficam cada vez menores e se aproximam de zero. Esse gráfico tem uma assíntota horizontal de $y = 0$ (o eixo x) e dizemos que $\lim_{x \to \infty} \frac{1}{x} = 0$. O fato de x nunca realmente tocar o infinito e de f nunca chegar a zero não tem relevância. Quando dizemos que $\lim_{x \to \infty} \frac{1}{x} = 0$, queremos dizer que à medida que x fica cada vez maior, f se aproxima cada vez mais de uma altura zero (ou f tende a uma altura zero). Se você vir o terceiro quadrante, poderá observar que a função f também se aproxima de zero à medida que x se aproxima do infinito negativo, o que é escrito como $\lim_{x \to -\infty} \frac{1}{x} = 0$.

Limites no infinito e assíntotas horizontais

As assíntotas horizontais e os limites no infinito sempre andam de mãos dadas. Determinar o limite de uma função à medida que x se aproxima do infinito ou do infinito negativo é o mesmo que encontrar a altura da assíntota horizontal.

Comecemos considerando as funções racionais. Aqui está como você encontra o limite no infinito e no infinito negativo (e a altura da assíntota horizontal) de uma função racional (algo como $f(x)=\frac{3x-7}{2x+8}$). Primeiro, preste atenção no grau do numerador (é a maior potência de x no numerador) e o grau do denominador. Há três casos:

- Se o grau do numerador for maior que o grau do denominador, por exemplo, $f(x)=\frac{6x^4+x^3-7}{2x^2+8}$, não haverá uma assíntota horizontal e o limite da função à medida que x se aproxima do infinito (ou do infinito negativo) não existirá (o limite será infinito ou o infinito negativo).
- Se o grau do denominador for maior que o grau do numerador, por exemplo, $g(x)=\frac{4x^2-9}{x^3+12}$, o eixo x (isto é, a linha $y=0$) será a assíntota horizontal e $\lim_{x\to\infty} g(x) = \lim_{x\to-\infty} g(x)=0$.
- Se os graus do numerador e do denominador forem iguais, pegue o coeficiente da maior potência de x no numerador e divida pelo coeficiente da maior potência de x no denominador. Esse quociente dará a resposta para o problema sobre limite e a altura da assíntota. Por exemplo, se $h(x)=\frac{4x^3-10x+1}{5x^3+2x^2-x}$, $\lim_{x\to\infty} h(x) = \lim_{x\to-\infty} h(x)=\frac{4}{5}$ e h tem uma assíntota horizontal em $y=\frac{4}{5}$.

DICA

Fale como um professor. Para impressionar seus amigos, aponte o dedo indicador para cima, levante uma sobrancelha e diga em tom profissional: "Em uma função racional onde o numerador e o denominador têm graus iguais, o limite da função à medida que x se aproxima do infinito ou do infinito negativo é igual ao quociente dos coeficientes dos termos principais. Uma assíntota horizontal ocorre nesse mesmo valor."

CUIDADO!

$\frac{\infty}{\infty}$ ***não* é igual a 1.** A substituição não funciona para os problemas nesta seção. Se você tentar inserir ∞ no lugar de x em qualquer uma das funções racionais nesta seção, obterá $\frac{\infty}{\infty}$, mas isso *não* é necessariamente igual a 1.

($\frac{\infty}{\infty}$ algumas vezes é igual a 1, mas geralmente não é). Um resultado $\frac{\infty}{\infty}$ não informa nada sobre a resposta para um problema sobre limite.

Resolvendo problemas no infinito com uma calculadora

Aqui está um problema que não pode ser resolvido pelo método da seção anterior porque não é uma função racional: $\lim_{x\to\infty}\left(\sqrt{x^2+x}-x\right)$. Mas, é muito fácil com uma calculadora. Digite a função no modo gráfico, depois vá para *table setup* e configure *TblStart* para 100.000 e Δ*Tbl* para 100.000. A Tabela 8-4 mostra os resultados.

Tabela 8-4 Tabela de Valores para $\sqrt{x^2+x}-x$

x	$g(x)$
100.000	0,4999988
200.000	0,4999994
300.000	0,4999996
400.000	0,4999997
500.000	0,4999998
600.000	0,4999998
700.000	0,4999998
800.000	0,4999998
900.000	0,4999999

Você pode ver que y está chegando bem perto de 0,5 à medida que x fica cada vez maior. Então, 0,5 é o limite da função à medida que x se aproxima do infinito e há uma assíntota horizontal em $y = 0,5$. Se você tem alguma dúvida sobre o limite ser igual a 0,5, volte para *table setup* e insira um número extremamente grande para *TblStart* e para ΔTbl, digamos, 1.000.000.000, e verifique os resultados da tabela de novo. Tudo que você vê é uma coluna de 0,5s. Esse é o limite. (A propósito, ao contrário das duas funções racionais nas seções anteriores, o limite dessa função à medida que x se aproxima do infinito negativo não é igual ao limite à medida que x se aproxima do infinito: $\lim\limits_{x\to-\infty}\left(\sqrt{x^2+x}-x\right)=\infty$, porque quando você coloca $-\infty$, tem $\infty+\infty$, que é igual a ∞.) Mais uma coisa: Assim como nos limites normais, usar uma calculadora não CAS (Sistema de Álgebra Computacional) para os limites infinitos não lhe dará uma resposta exata, a não ser que os números na tabela estejam aproximando-se de um número que você reconheça, por exemplo, 0,5.

CUIDADO!

$\infty-\infty$ ***não* é igual a zero.** A substituição não funciona no problema acima, $\lim\limits_{x\to\infty}\left(\sqrt{x^2+x}-x\right)$. Se você coloca ∞ no lugar de x, obterá $\infty-\infty$, que *não* é necessariamente igual a zero ($\infty-\infty$ algumas vezes é igual a zero, mas geralmente não é). Um resultado $\infty-\infty$ não informa nada sobre a resposta para um problema sobre limite.

Resolvendo problemas no infinito com a Álgebra

Agora, tente um pouco de Álgebra para o problema $\lim\limits_{x\to\infty}\left(\sqrt{x^2+x}-x\right)$. Você obteve a resposta com a calculadora, mas em igualdade de circunstâncias, é melhor resolver o problema algebricamente porque, assim, você tem uma resposta matemática incontestável. A resposta da calculadora neste caso é *bem* convincente, mas não é matematicamente rigorosa, então, se você parar aqui, a polícia da matemática pode pegá-lo.

1. **Tente a substituição — sempre uma boa ideia.**

   Nada bom. Você obtém $\infty - \infty$, que não informa nada — veja o ícone Atenção! na seção anterior. Vá para o plano B.

   Devido ao fato de $\left(\sqrt{x^2+x}-x\right)$ conter uma raiz quadrada, o método da multiplicação conjugada seria uma opção natural, exceto pelo fato desse método ser usado para as funções fracionárias. Bem, apenas coloque $\left(\sqrt{x^2+x}-x\right)$ sobre o número 1 e, voilà, você tem uma fração: $\frac{\sqrt{x^2+x}-x}{1}$. Agora, faça a multiplicação conjugada.

2. **Multiplique o numerador e o denominador pelo conjugado de $\left(\sqrt{x^2+x}-x\right)$ e simplifique.**

   $$\lim_{x\to\infty}\frac{\sqrt{x^2+x}-x}{1}$$

   $$=\lim_{x\to\infty}\frac{(\sqrt{x^2+x}-x)}{1}\cdot\frac{(\sqrt{x^2+x}+x)}{(\sqrt{x^2+x}+x)}$$

   $$=\lim_{x\to\infty}\frac{x^2+x-x^2}{\sqrt{x^2+x}+x}$$

   (Primeiro, cancele os x^2s no numerador. Então fatore x do denominador. Sim, você ouviu corretamente.)

   $$=\lim_{x\to\infty}\frac{x}{x\left(\sqrt{1+\frac{1}{x}}+1\right)}$$

   (Agora simplifique os xs.)

   $$=\lim_{x\to\infty}\frac{1}{\sqrt{1+\frac{1}{x}}+1}$$

3. **Agora a substituição funciona.**

   $$=\frac{1}{\sqrt{1+\frac{1}{\infty}}+1}$$

   $$=\frac{1}{\sqrt{1+0}+1}$$

   (Lembre-se de $\lim_{x\to\infty}\frac{1}{x}=0$ na seção "Limites para memorizar".)

   $$=\frac{1}{1+1}=\frac{1}{2}$$

   Assim, $\lim_{x\to\infty}\left(\sqrt{x^2+x}-x\right)=\frac{1}{2}$, que confirma a resposta da calculadora.

Parte IV

Diferenciação

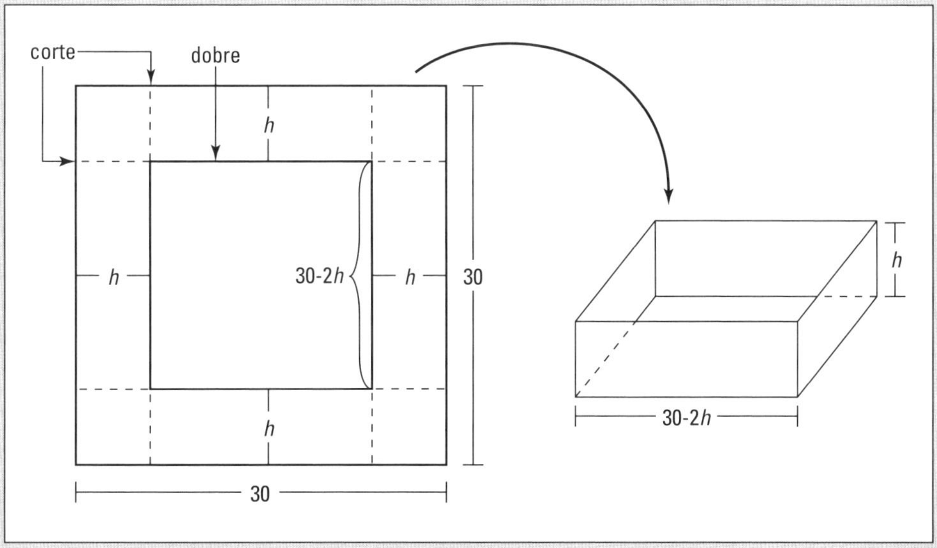

Nesta parte...

- O significado de derivada: é uma inclinação e uma razão — mais especificamente, uma derivada informa a rapidez com a qual *y* está mudando em comparação com *x*.
- Como calcular as derivadas com a regra do produto, regra do quociente e regra da cadeia.
- Diferenciação implícita, diferenciação logarítmica e diferenciação das funções inversas.
- O que uma derivada informa sobre a forma de uma curva: mínimos locais, máximos locais, inclinação, pontos de inflexão, concavidade, números críticos etc.
- Problemas da palavra diferenciação: posição, velocidade e aceleração, otimização, razões afins, aproximação linear, retas tangentes e normais.

Capítulo 9

Orientação da Diferenciação

Neste Capítulo

- Descobrindo a Álgebra básica por trás do Cálculo
- Entendendo os símbolos estranhos do Cálculo
- Fazendo a diferenciação com o Gordo e o Magro
- Encontrando as derivadas de retas e curvas
- Lidando com problemas sobre tangente e o quociente da diferença

Cálculo diferencial é a matemática da *mudança* e a matemática do *infinitesimal*. Você talvez diga que é a matemática das mudanças infinitesimais — mudanças que ocorrem a cada milésimo de segundo.

Sem o Cálculo diferencial — se você tem somente a Álgebra, a Geometria e a Trigonometria — você está limitado à matemática das coisas que mudam ou não, que mudam ou se movem a uma razão constante. Lembra daqueles problemas da Álgebra? Um trem sai da estação às 15h indo para o oeste a 128km/h. Duas horas depois, outro trem sai indo para o leste a 80km/h. Você pode lidar com esse tipo de problema com a Álgebra porque as velocidades ou razões são constantes. Nosso mundo, no entanto, não é das razões constantes — as razões estão em fluxo constante.

Pense sobre colocar um homem na Lua. A Apollo 11 decolou de uma plataforma de lançamento *móvel* (a Terra está tanto rodando em torno do seu eixo e girando ao redor do Sol). À medida que a Apollo subia cada vez mais alto, o atrito provocado pela atmosfera e o efeito da gravidade da Terra estavam mudando não apenas a todo segundo, não apenas a cada milionésimo de segundo, mas a cada fração *infinitesimal* de segundo. O peso da nave espacial também estava constantemente mudando à medida que queimava combustível. Todas essas coisas influenciaram a mudança de velocidade do foguete. E além disso, o foguete tinha que atingir um alvo *móvel*, a Lua. Todas essas coisas estavam mudando e suas taxas de variação estavam mudando. Digamos que o foguete estava a uma velocidade de 2,000km/h em um segundo e a 2,020km/h um segundo depois — durante esse segundo, a velocidade do foguete passou literalmente através do número *infinito* de velocidades diferentes entre 2,000 e 2,020km/h. Como fazer as contas para essas coisas efêmeras que mudam a cada parte *infinitesimal* de segundo? Você não pode fazer isso sem o Cálculo diferencial.

O Cálculo diferencial é também usado para todo tipo de coisa terrestre. Grande parte da teoria da Economia moderna, por exemplo, conta com a diferenciação. Em Economia, tudo está em um fluxo constante. Os preços sobem e descem, suprimentos e demanda flutuam, e a inflação está constantemente mudando. Essas coisas estão constantemente mudando e as maneiras que elas afetam cada um estão constantemente mudando. Você precisa do Cálculo para isso.

O Cálculo diferencial é uma das invenções mais práticas e poderosas na história da Matemática. Então, vamos começar logo.

Fazendo a Diferenciação: É Somente Encontrar a Inclinação

A diferenciação é a primeira das duas maiores ideias em Cálculo (a outra é a integração, que eu abordo na Parte V). A diferenciação é o processo de encontrar a derivada de uma função do tipo $y = x^2$. A *derivada* é apenas um termo sofisticado do Cálculo para uma simples ideia que você sabe da Álgebra — a inclinação. A *inclinação*, como você sabe, é o termo sofisticado da Álgebra para íngreme. E *íngreme* é a palavra sofisticada para... Não! Íngreme é a palavra *usual* que você conhece desde criança, como em "Ei, essa estrada é realmente íngreme". Tudo que você estuda em Cálculo diferencial é relacionado à simples ideia de inclinação.

No Cálculo *diferencial*, você estuda a *diferenciação*, que é o processo de *derivar* — isto é, encontrar — *derivadas*. Essas são grandes palavras para uma simples ideia: encontrar a *inclinação* de uma reta ou de uma curva. Use alguns desses termos para impressionar seus amigos. A propósito, a raiz das palavras *diferencial* e *diferenciação* é *diferença* — eu explico a conexão no final desse capítulo na seção sobre o *quociente da diferença*.

Considere a Figura 9-1. Uma inclinação de $\frac{1}{2}$ significa que à medida que o homem palito anda um metro para a direita, ele sobe $\frac{1}{2}$ metro; onde a inclinação é 3, ele sobe 3 metros à medida que anda 1 metro para a direita. Onde a inclinação é zero, ele está no topo, não subindo nem descendo; e onde a inclinação é negativa, ele está descendo. Uma inclinação -2, por exemplo, significa que ele *desce* 2m para cada metro à direita. Isso é mostrado com mais precisão na Figura 9-2.

Inclinação negativa: Para lembrar que descer para a direita (ou subir para a esquerda) é uma inclinação *negativa*, imagine um *N* maiúsculo como mostrado na Figura 9-3.

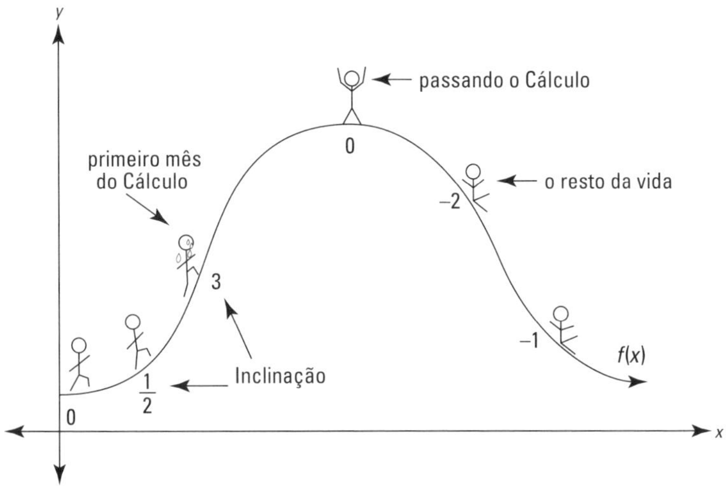

Figura 9-1: Fazer a diferenciação apenas significa encontrar a inclinação.

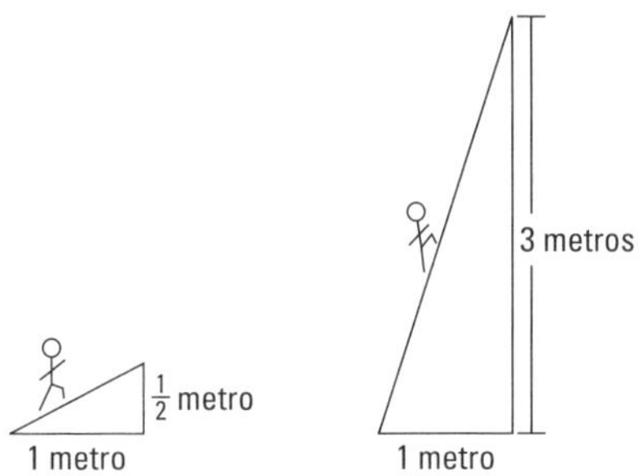

Português:	íngreme = $\frac{1}{2}$	íngreme = 3
Álgebra:	inclinação = $\frac{1}{2}$	inclinação = 3
Cálculo:	$\frac{dy}{dx} = \frac{1}{2}$	$\frac{dy}{dx} = 3$

($\frac{dy}{dx}$, pronunciado como d *y d x*, é um dos muitos símbolos da derivada — veja seção secundária.)

Figura 9-2: A derivada = inclinação = íngreme.

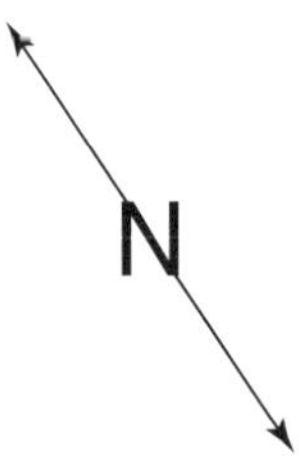

Figura 9-3: Esse *N* tem uma inclinação negativa.

CUIDADO!

Não fique no meio da legião de estudantes que confundem as inclinações das linhas verticais e horizontais. Qual a inclinação de uma estrada plana e horizontal? Nem um pouco inclinada, é claro. Inclinação zero. Então, uma linha horizontal tem uma inclinação igual a *zero*. (Onde o homem palito está no topo da montanha na Figura 9-1.) Como é dirigir em uma estrada vertical? Você não consegue fazer isso. E não pode obter a inclinação de uma linha vertical — ela não existe ou, como os matemáticos dizem, é *indefinida*.

Variedade é o que torna a vida mais excitante

Todo mundo sabe que $3^2=9$. Agora, não seria estranho se da próxima vez que você lesse esse fato matemático, ele fosse escrito como ${}^{2}3=9$ ou ${}_{2}3=9$? Como $\overset{2}{3}=9$ chama sua atenção? Ou $\underset{2}{3}=9$? Variedade *não* é o que torna a Matemática excitante. Quando os matemáticos decidem por uma maneira de expressar uma ideia, eles a mantêm — exceto, isto é, com o Cálculo. Você está pronto? Não perca as estribeiras. Tudo o que se segue são diferentes símbolos para a derivada — todos eles significam exatamente a mesma coisa: $\frac{dy}{dx}$ ou $\frac{df}{dx}$ ou $\frac{df(x)}{dx}$ ou $D_x y$ ou $\frac{d}{dx}f(x)$ ou $f'(x)$ ou y' ou $\dot{f}$ ou $\dot{y}$ ou $D_x f$ ou Df ou $D_x f(x)$. Existem mais. Agora, você tem duas alternativas: 1) Bater sua cabeça na parede tentando entender por que um autor usa um símbolo uma vez e um diferente outra vez, e o que exatamente *d* e *f* significam, e assim por diante etc., ou 2) Não tente entender isso; apenas trate esses diferentes símbolos como palavras em idiomas diferentes para a mesma ideia — em outras palavras, não se preocupe. Eu recomendo muito a última opção.

A inclinação de uma reta

Continuando com a ideia da inclinação — a esta altura você já deve saber que a inclinação é do que se trata a diferenciação. Dê uma olhada no gráfico da reta, $y=2x+3$, na Figura 9-4.

Você se lembra, em Álgebra, — eu estou totalmente *confiante* sobre isso — que você pode encontrar pontos nessa reta inserindo números no lugar de x e calculando y: coloque 1 no lugar de x e y é igual a 5, o que lhe dá um ponto localizado em (1, 5); coloque 4 no lugar de x e y será igual a 11, dando o ponto (4, 11), e assim por diante.

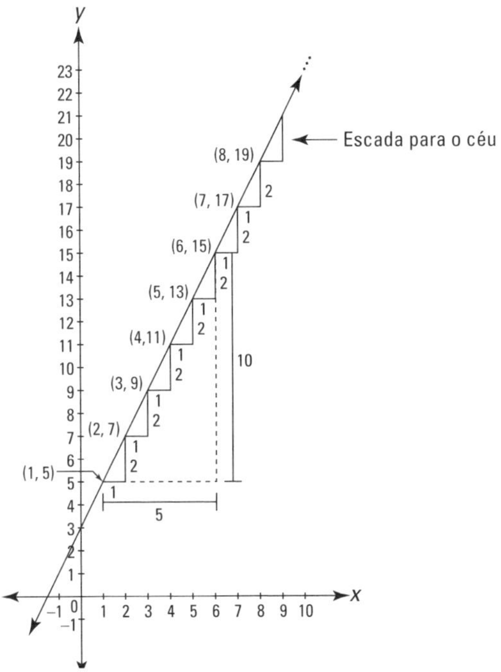

Figura 9-4: O gráfico de $y = 2x + 3$.

Eu tenho certeza que você também se lembra como calcular a inclinação dessa reta. Eu percebo que nenhum cálculo é necessário aqui — você sobe 2 à medida que passa por 1, então, a inclinação é automaticamente 2. Você também pode simplesmente notar que $y = 2x + 3$ está na forma inclinação interseção ($y = mx + b$) e que, desde que $m = 2$, a inclinação é 2. (Veja o Capítulo 5 se quiser revisar $y = mx + b$.) Mas tenha paciência, porque você precisa do que se segue. Primeiro, lembre-se que:

LEMBRE-SE

$$\textit{Inclinação} = \frac{\textbf{aumento}}{\textbf{distância}} = \frac{y_2 - y_1}{x_2 - x_1}$$

O *aumento* é a distância que você sobe (a parte vertical de um degrau da escada) e a *distância* é o espaço que você atravessa (a parte horizontal do degrau da escada). Agora, pegue quaisquer dois pontos na reta, digamos, (1, 5) e (6, 15), e descubra o aumento e a distância. Você *aumenta* em 10 de (1, 5) para (6, 15) porque 5 mais 10 é igual a 15 (ou você pode dizer que 15 menos 5 é igual a 10). E *percorre* 5 de (1, 5) até (6, 15) porque 1 mais 5 é igual a 6 (ou em outras palavras, 6 menos 1 é igual a 5). Depois, divide para ter a inclinação.

$$\textit{Inclinação} = \frac{\textit{aumento}}{\textit{distância}} = \frac{10}{5} = 2$$

Aqui está como você faz o mesmo problema usando a fórmula da inclinação:

$$Inclinação = \frac{y_2 - y_1}{x_2 - x_1}$$

Insira os pontos (1, 5) e (6, 15):

$$Inclinação = \frac{15-5}{6-1} = \frac{10}{5} = 2$$

Tudo bem, iremos resumir o que sabemos sobre essa reta. A Tabela 9-1 mostra seis pontos na reta e a inclinação inalterável 2.

Tabela 9-1 Pontos na Reta $y = 2x + 3$ e a Inclinação Nesses Pontos

x (posição horizontal)	1	2	3	4	5	6	etc.
y (altura)	5	7	9	11	13	15	etc.
inclinação	2	2	2	2	2	2	etc.

A derivada de uma reta

O tópico anterior mostrou a você a Álgebra da inclinação. Agora, aqui está o Cálculo. A derivada (a inclinação) da reta na Figura 9-4 é sempre 2, então, você escreve

$\frac{dy}{dx} = 2$ (Lê-se *d y d x é igual a 2.*)

Outra forma comum de escrever a mesma coisa é

$y' = 2$ (Lê-se *y linha é igual a 2.*)

E você diz,

A derivada da função, $y = 2x + 3$, é 2.

(Lê-se *A derivada da função, $y = 2x + 3$, é 2.* Isso é uma piada.)

A Derivada: É Apenas uma Razão

Aqui está outra maneira de entender a ideia de uma derivada, que é mais fundamental do que o conceito de inclinação: uma derivada é uma *razão*. Então, por que eu comecei o capítulo com a *inclinação*? Porque a inclinação é, em alguns aspectos, o mais fácil dos dois conceitos e a inclinação é a ideia para a qual você volta muitas vezes neste livro e em qualquer livro de Cálculo à medida que vê o gráfico de dúzias e dúzias de funções. Mas antes de você ter uma inclinação, tem uma razão. Uma inclinação é, de certa forma, uma imagem da razão; a razão vem primeiro, a imagem dela vem em segundo lugar. Assim como você pode ter uma função antes de ver o seu gráfico, pode ter uma razão antes de vê-la como uma inclinação.

Cálculo no parque infantil

Imagine o Gordo e o Magro em uma gangorra — dê uma olhada na Figura 9-5.

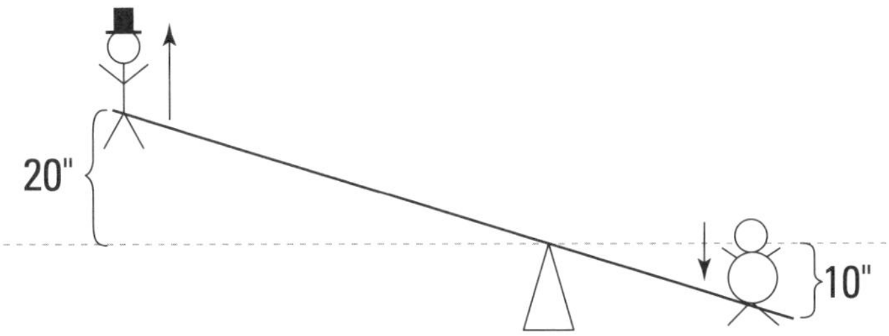

Figura 9-5: O Gordo e o Magro — alegremente alheios às implicações do Cálculo.

Supondo que o Gordo pese duas vezes mais que o Magro, o Gordo terá que sentar duas vezes mais perto do centro do que o Magro para que eles se equilibrem. E para cada centímetro que o Gordo desce, o Magro sobe dois centímetros. Então o Magro se move duas vezes mais do que o Gordo. Voilà, você tem uma derivada!

CONCEITO CRÍTICO DE CÁLCULO

Uma derivada é uma razão. Uma *derivada* é simplesmente a medida de quanto uma coisa muda comparada com outra — e isso é uma *razão*.

O Magro se move duas vezes mais do que o Gordo, então, com os símbolos do Cálculo, você escreve

$$dM = 2dG$$

Vagamente falando, *dM* pode ser pensado como sendo a mudança na posição do Magro e dG como sendo a mudança na posição do Gordo. Você pode ver que se o Gordo descer 10 centímetros, então, *dG* será 10, e devido ao fato de *dM* ser igual a 2 vezes *dG*, *dM* é igual a 20 — então, o Magro sobe 20 centímetros. Dividindo ambos os lados dessa equação por dG, você tem

$$\frac{dM}{dG} = 2$$

E essa é a derivada do Magro em relação ao Gordo (É lida como, "d M, d G", ou como, "a derivada de M em relação a G"). O fato de $\frac{dM}{dG} = 2$ simplesmente significa que o Magro está se movendo 2 vezes mais do que o Gordo. A razão de movimento do Magro é de 2 centímetros por centímetro do movimento do Gordo.

Agora, vejamos isso do ponto de vista do Gordo. O Gordo se move a metade do Magro, então, você também pode escrever

$$dG = \frac{1}{2} dM$$

Dividindo por *dM*, você tem

$$\frac{dG}{dM} = \frac{1}{2}$$

Essa é a derivada do Gordo em relação ao Magro e isso significa, é claro, que o Gordo move $\frac{1}{2}$ centímetro para cada centímetro que o Magro se move. Assim, a razão do Gordo é $\frac{1}{2}$ centímetro por centímetro de movimento do Magro. A propósito, você também pode obter essa derivada usando $\frac{dM}{dG} = 2$, que é o mesmo que $\frac{dM}{dG} = \frac{2}{1}$, e colocando de cabeça para baixo, você obtém $\frac{dG}{dM} = \frac{1}{2}$.

Essas razões de 2 *centímetros por centímetro* e $\frac{1}{2}$ *centímetro por centímetro* podem parecer um pouco estranhas porque normalmente pensamos em razões como se referindo a algo por unidade de tempo, como *quilômetros por hora*. Mas uma razão pode ser *qualquer coisa por qualquer coisa*. Então, toda vez que você tiver *isso por aquilo*, terá uma razão; e se tiver uma razão, terá uma derivada.

Velocidade — a razão mais familiar

Falando em *quilômetros por hora*, digamos que você esteja dirigindo a uma velocidade constante de 60 quilômetros por hora. Essa é a *razão* do seu carro e 60 quilômetros por hora é a derivada da posição do seu carro, *p*, em relação ao tempo, *t*. Com os símbolos do Cálculo, você escreve

$$\frac{dp}{dt} = 60 \frac{km}{hora}$$

Isso informa que a posição do seu carro muda 60 quilômetros para cada hora que o tempo muda. Ou você pode dizer que a posição do seu carro (em quilômetros) muda 60 vezes até que o tempo mude uma vez (em horas). Novamente, a derivada apenas informa quanto uma coisa muda comparada à outra.

E assim como o exemplo do Gordo e do Magro, essa derivada, como todas as derivadas, pode ser colocada de cabeça para baixo:

$$\frac{dt}{dp} = \frac{1}{60}\,\frac{horas}{km}$$

A razão *horas por quilômetro* é muito menos familiar do que a razão comum de *quilômetros por hora*, mas é uma razão perfeitamente válida mesmo assim. Ela informa que para cada quilômetro que você anda, o tempo muda em $\frac{1}{60}$ de hora. E informa que esse tempo (em horas) muda $\frac{1}{60}$ tanto quanto a posição do carro (em quilômetros).

Não há fim para as diferentes razões que você talvez veja. Vimos *quilômetros por hora* e *horas por quilômetro*. Então, há *quilômetros por litro* (para o consumo de combustível), *litros por minuto* (para a água drenada da piscina), *produção por funcionário* (para a produtividade de uma fábrica) etc. as razões podem ser constantes ou mutáveis. Em qualquer caso, toda razão é uma derivada e toda derivada é uma razão.

A correlação razão — inclinação

As razões e as inclinações têm uma correlação simples. Todos os exemplos anteriores sobre razão podem ser desenhados em um sistema de coordenadas *x-y*, onde cada razão aparece como uma inclinação. Considere novamente o exemplo do Gordo e do Magro. O Magro se move duas vezes mais do que o Gordo. Isso pode ser representado pela seguinte equação:

$$M = 2G$$

A Figura 9-6 mostra o gráfico dessa função.

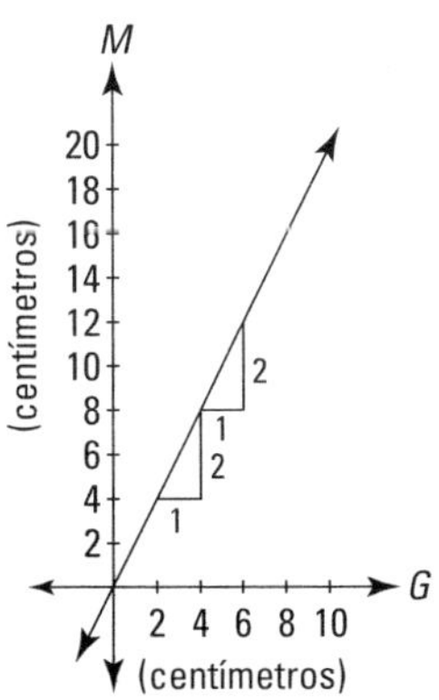

Figura 9-6: O gráfico de $M = 2G$.

Os centímetros no eixo G indicam a distância que o Gordo se moveu para cima ou para baixo a partir da posição inicial da gangorra; os centímetros no eixo M mostram a distância que o Magro se moveu para cima ou para baixo. A reta sobe 2 centímetros para cada centímetro que vai para a direita e, assim, sua inclinação é $\frac{2}{1}$ ou 2. Essa é a representação visual de $\frac{dM}{dG} = 2$, e mostra que a posição do Magro muda 2 vezes mais que a do Gordo.

Um último comentário. Você sabe que a *Inclinação* $= \frac{aumento}{distância}$. Bem, você pode pensar em dM como o *aumento* e dG como a *distância*. Isso amarra muito bem.

$$\textbf{Inclinação} = \frac{\textbf{aumento}}{\textbf{distância}} = \frac{\textbf{dM}}{\textbf{dG}} = \textbf{razão}$$

Lembre-se, uma derivada é apenas uma inclinação e a derivada é apenas uma razão.

A Derivada de uma Curva

O tópico anterior neste capítulo envolveu funções *lineares* — linhas retas com inclinações *constantes*. Mas, se todas as funções e gráficos fossem retas com inclinações *constantes*, não haveria necessidade para o Cálculo. A derivada da função do Gordo e do Magro desenhada no gráfico acima é 2, mas você não precisa do Cálculo para determinar a inclinação de uma reta. O Cálculo é a matemática da mudança, então, agora é uma boa hora para irmos para as *parábolas*, curvas com inclinações *variáveis*. A Figura 9-7 é o gráfico da parábola, $y = \frac{1}{4}x^2$.

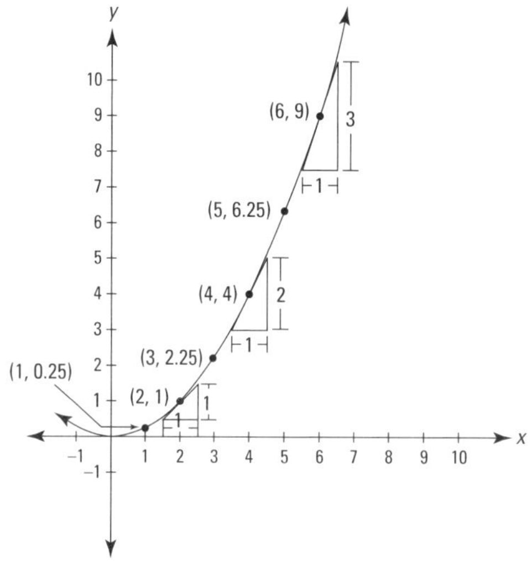

Figura 9-7: O gráfico de $y = \frac{1}{4}x^2$.

Repare como a parábola fica cada vez mais inclinada à medida que vai para a direita. Você pode ver a partir do gráfico que no ponto (2, 1), a inclinação é igual a 1; em (4, 4), a inclinação é igual a 2; em (6, 9), a inclinação é igual a 3, e assim por diante. Diferentemente da inclinação constante de uma reta, a inclinação de uma parábola depende de onde você está; depende da coordenada x de onde você está na parábola. Portanto, a derivada (ou a inclinação) da função $y = \frac{1}{4}x^2$ é, em si, uma função de x — a saber, $\frac{1}{2}x$ (eu mostro a você como cheguei a isso em um minuto). Para encontrar a inclinação da curva em qualquer ponto, você apenas insere a coordenada x do ponto na derivada, $\frac{1}{2}x$, e tem a inclinação. Por exemplo, se você quiser a inclinação no ponto (3, 2,25), coloque 3 no lugar de x e a inclinação será $\frac{1}{2}$ vezes 3 ou 1,5. A Tabela 9-2 mostra alguns pontos na parábola e a inclinação nesses pontos.

Tabela 9-2 Pontos na Parábola $y = \frac{1}{4}x^2$ e as Inclinações Nesses Pontos

x (posição horizontal)	1	2	3	4	5	6	etc.
y (altura)	0,25	1	2,25	4	6,25	9	etc.
$\frac{1}{2}x$ (inclinação)	0,5	1	1,5	2	2,5	3	etc.

Aqui está o cálculo. Você escreve

$$\frac{dy}{dx} = \frac{1}{2}x \text{ ou } y' = \frac{1}{2}x$$

E você diz,

A derivada da função $y = \frac{1}{4}x^2$ é $\frac{1}{2}x$

Ou você pode dizer,

A derivada de $\frac{1}{4}x^2$ é $\frac{1}{2}x$.

Eu prometo dizer a você como *fazer essa derivada* de $y = \frac{1}{4}x^2$, portanto, veja:

1. **Começando com a função original, $\frac{1}{4}x^2$, pegue a potência e coloque na frente do coeficiente.**

$$2 \cdot \frac{1}{4}x^{②}$$

2. **Multiplique.**

   2 vezes $\frac{1}{4}$ é $\frac{1}{2}$, então, isso lhe dá $\frac{1}{2}x^2$.

3. **Reduza a potência em 1.**

   Neste exemplo, o 2 se torna 1. Portanto, a derivada é $\frac{1}{2}x^1$ ou apenas $\frac{1}{2}x$.

Essa e muitas outras técnicas de diferenciação serão analisadas no Capítulo 10.

O Quociente da Diferença

Soem as trombetas! Você chega agora ao que talvez seja a pedra fundamental do Cálculo diferencial: o quociente da diferença, a ponte entre os limites e a derivada. Eu continuo repetindo — você notou? — O importante fato de a derivada ser apenas uma inclinação. (Mas precisará ter paciência aqui porque serão necessárias algumas páginas para explicar a lógica por trás do quociente da diferença antes de eu poder mostrar o que é.) Tudo bem, aqui vai. Continuo repetindo — você notou? — o importante fato de que uma derivada é apenas uma inclinação. Você aprendeu como encontrar a inclinação de uma reta em Álgebra. Na Figura 9-7, eu dei a inclinação da parábola em diversos pontos e, depois, mostrei o método de atalho para encontrar a derivada — porém, deixei de fora a matemática importante no meio. Essa matemática envolve limites e nos leva ao limiar do Cálculo. Não perca a calma.

A *inclinação* é definida como $\frac{aumento}{distância}$, e *Inclinação* = $\frac{y_2 - y_1}{x_2 - x_1}$.

Para calcular a inclinação, você precisa de dois pontos para inserir na fórmula. Para uma reta, isso é fácil. Você apenas escolhe quaisquer dois pontos na reta e insere-os. Mas não será tão simples se você quiser, digamos, a inclinação da parábola $f(x) = x^2$ no ponto (2, 4). Verifique a Figura 9-8.

Você pode ver a reta desenhada tangente à curva em (2, 4). Como a inclinação da reta tangente é igual à inclinação da parábola em (2, 4), tudo o que você precisa é a inclinação da reta tangente para ter a inclinação da parábola. Mas você não sabe a equação da reta tangente, então, não pode ter o segundo ponto — em adição a (2, 4) — do qual precisa para a fórmula da inclinação.

Aqui está como os inventores do Cálculo resolvem o problema. A Figura 9-9 mostra a reta tangente novamente e uma reta secante interceptando a parábola em (2, 4) e em (10, 100).

Definição de *reta secante*: Uma reta secante é uma linha que intercepta a curva em dois pontos. Isso é um pouco simplificado demais, mas servirá.

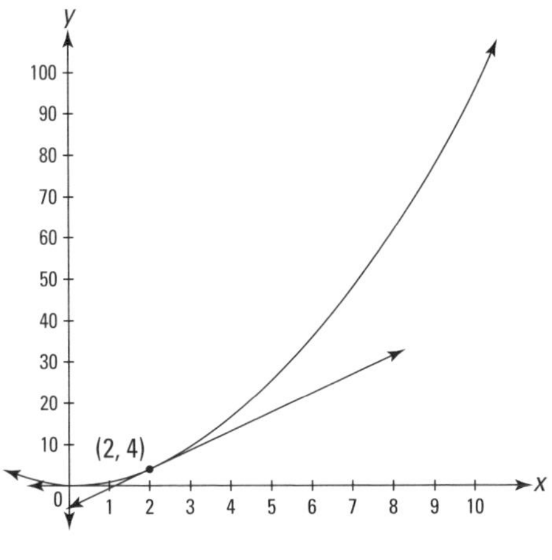

Figura 9-8: O gráfico de $f(x) = x^2$ ($y = x^2$) com uma reta tangente em (2, 4).

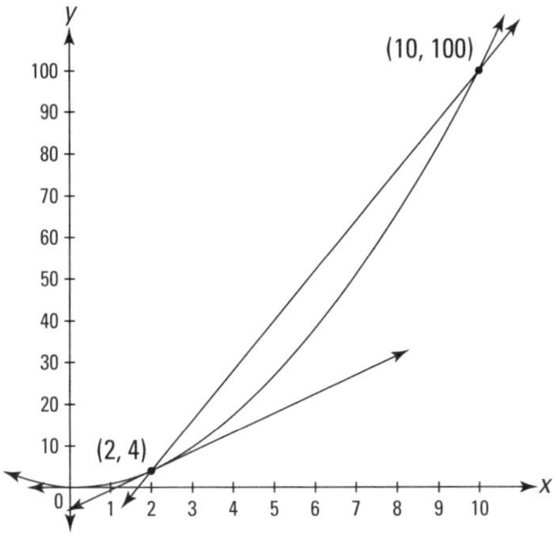

Figura 9-9: O gráfico de $f(x) = x^2$ com uma reta tangente e uma reta secante.

A inclinação dessa reta secante é dada pela fórmula da inclinação:

$$Inclinação = \frac{aumento}{distância} = \frac{y_2 - y_1}{x_2 - x_1} = \frac{100-4}{10-2} = \frac{96}{8} = 12$$

Você pode ver que essa reta secante é mais inclinada do que a reta tangente e, assim, a inclinação da secante, 12, é maior que a inclinação que você está procurando.

Agora adicione mais um ponto em (6, 36) e desenhe outra secante usando esse ponto e (2, 4) novamente. Veja a Figura 9-10.

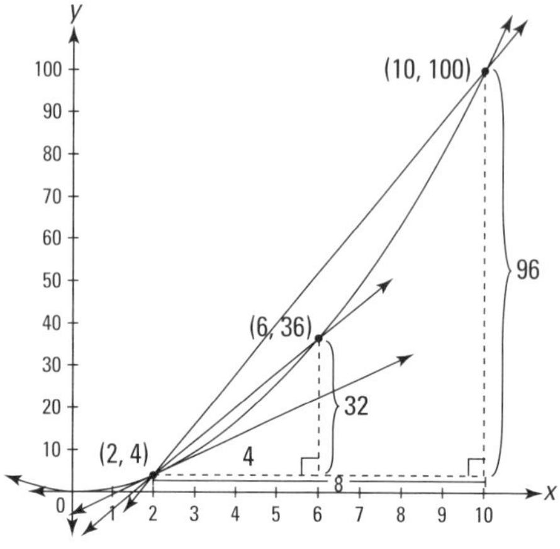

Figura 9-10: O gráfico de $f(x)=x^2$ com uma reta tangente e duas retas secantes.

Calcule a inclinação dessa segunda secante:

$$Inclinação = \frac{36-4}{6-2} = \frac{32}{4} = 8$$

Você pode ver que essa reta secante é uma melhor aproximação da reta tangente do que a primeira secante.

Agora, imagine o que aconteceria se você pegasse o ponto em (6, 36) e o deslizasse parábola abaixo em direção a (2, 4), arrastando a reta secante junto a ele. Você consegue ver que à medida que o ponto se aproxima cada vez mais de (2, 4), a reta secante se aproxima mais e mais da reta tangente e que a inclinação dessa secante se aproxima cada vez mais da inclinação da tangente?

Então, você poderá pegar a inclinação da tangente se você obtiver o *limite* das inclinações dessa secante móvel. Daremos aos pontos móveis as coordenadas (x_2, y_2). À medida que esse ponto (x_2, y_2) se aproxima cada vez mais de (x_1, y_1), a saber, (2, 4), a *distância* — isto é $x_2 - x_1$ — se aproxima cada vez mais de zero. Então, aqui está o limite que você precisa:

$$\begin{aligned} Inclinação_{da\ tangente} &= \lim_{\substack{quando\ o\ ponto\ desliza \\ em\ direção\ a\ (2,\ 4)}} \left(Inclinação_{da\ secante\ móvel}\right) \\ &= \lim_{run \to 0} \frac{aumento}{distância} \\ &= \lim_{x_2 \to x_1} \frac{y_2 - y_1}{x_2 - x_1} \\ &= \lim_{x_2 \to 2} \frac{y_2 - 4}{x_2 - 2} \end{aligned}$$

Veja o que acontece a esse limite quando você insere mais três pontos na parábola que estão cada vez mais perto de (2, 4):

Quando o ponto (x_2, y_2) desliga para (3, 9), a inclinação é $\frac{9-4}{3-2}$ ou 5.

Quando o ponto desliza para (2,1; 4,41), a inclinação é $\frac{4{,}41-4}{2{,}1-2}$ ou 4,1.

Quando o ponto desliza para (2,01; 4,0401), a inclinação é 4,01.

Quando o ponto desliza para (2,001; 4,004001), a inclinação é 4,001.

É claro que parece que a inclinação está caminhando em direção a 4. (A propósito, o fato de que a inclinação em (2, 4) — que você verá em um minuto que acaba sendo 4 — é igual à coordenada y do ponto é uma coincidência sem sentido, pois é o padrão que você pode ter notado nos números acima entre as coordenadas y e as inclinações.)

Assim como todos os problemas sobre limite, a variável nesse problema, x_2, *aproxima-se*, mas nunca realmente chega ao número com seta (2 neste caso). Se chegasse a 2 — o que aconteceria se você deslizasse o ponto que pegou ao longo da parábola até que ele realmente ficasse no topo de (2, 4) — teria uma inclinação $\frac{4-4}{2-2} = \frac{0}{0}$, que é indefinida. Mas, é claro, a inclinação em (2, 4) é precisamente a inclinação que você quer — a inclinação da reta quando o ponto *pousa* no topo de (2, 4). É nesse fato que está a beleza do processo do limite. Com esse limite, você obtém a inclinação *exata* da reta *tangente* em (2, 4), mesmo que a função limite $\frac{y_2-4}{x_2-2}$, gere inclinações de retas *secantes*.

Aqui está, de novo, a equação para a inclinação de uma reta tangente:

$$\mathit{Inclinação} = \lim_{x_2 \to 2} \frac{y_2-4}{x_2-2}$$

E a inclinação da reta tangente é — você adivinhou — a derivada.

Significado da *derivada*: A derivada de uma função $f(x)$ em algum número $x = c$, escrito como $f'(c)$, é a inclinação da reta tangente a f desenhada em c.

A fração da inclinação $\frac{y_2-4}{x_2-2}$ é expressa com a terminologia da Álgebra.

Agora, reescreveremos para dar aquele toque pomposo do Cálculo. Mas primeiro, finalmente a definição que você estava esperando.

Definição do *quociente da diferença*: Existe um termo sofisticado do Cálculo para a fração geral da inclinação, $\frac{\mathit{aumento}}{\mathit{distância}}$ ou $\frac{y_2-y_1}{x_2-x_1}$, quando você escreve do modo elegante do Cálculo. A fração é um *quociente*, certo? E tanto $y_2 - y_1$ como $x_2 - x_1$ são *diferenças*, certo? Então, voilà, é chamada de *quociente da diferença*. Assim:

$$\frac{f(x+h)-f(x)}{h}$$

(Esta é a maneira mais comum de escrever o quociente da diferença. Você pode encontrar outras maneiras equivalentes.) Nas duas páginas a seguir, mostro como $\frac{y_2 - y_1}{x_2 - x_1}$ se transforma no quociente da diferença.

Tudo bem, aqui está o processo de transformação. Primeiro, a *distância*, $x_2 - x_1$ (neste exemplo, $x_2 - 2$) é chamada — não me pergunte o porquê — de h. Depois, devido ao fato de $x_1 = 2$ e a distância ser igual a h, x_2 é igual a $2 + h$. Você, então, escreve y_1 como $f(2)$ e y_2 como $f(2+h)$. Fazendo todas as substituições, você tem a derivada de x^2 em $x = 2$:

$$\begin{aligned} f'(2) &= \lim_{run \to 0} \frac{aumento}{distância} \\ &= \lim_{x_2 \to 2} \frac{y_2 - 4}{x_2 - 2} \\ &= \lim_{h \to 0} \frac{f(2+h) - f(2)}{(2+h) - 2} \\ &= \lim_{h \to 0} \frac{f(2+h) - f(2)}{h} \end{aligned}$$

LEMBRE-SE

$\lim_{h \to 0} \frac{f(2+h) - f(2)}{h}$ está apenas contraindo o degrau da escala de $\frac{aumento}{distância}$ que você pode ver na Figura 9-10 à medida que o ponto desliza parábola abaixo em direção ao ponto (2, 4).

A Figura 9-11 é basicamente igual à Figura 9-10, exceto que, ao invés dos pontos exatos, como (6, 36) e (10, 100), o ponto deslizante tem as coordenadas gerais de $(2+h, f(2+h))$ e o *aumento* e a *distância* são expressos em termos de h. (A Figura 9-11 é a figura final para $f'(2) = \lim_{h \to 0} \frac{f(2+h) - f(2)}{h}$.)

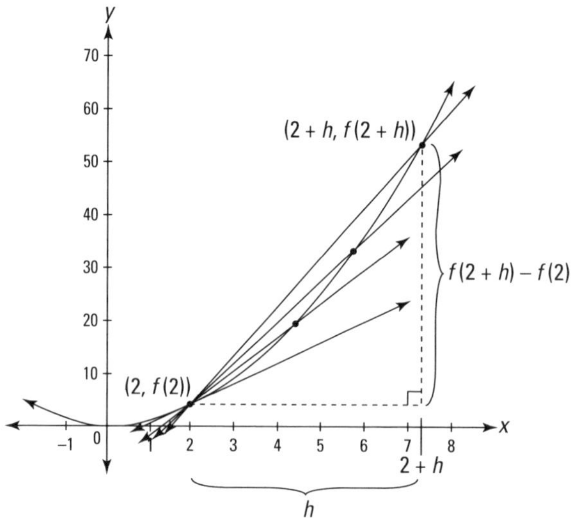

Figura 9-11: O gráfico de $f(x) = x^2$ mostrando como o limite produz a inclinação da reta tangente em (2, 4).

Confundi você com as duas figuras? Não se preocupe. Ambas mostram a mesma coisa. As duas figuras são representações visuais de $f'(2)=\lim\limits_{h\to 0}\frac{f(2+h)-f(2)}{h}$. Apenas achei que seria uma boa ideia mostrar uma figura com as coordenadas exatas antes de mostrar a Figura 9-11 com todo *f* e *h* estranho.

Fazer o cálculo fornece, finalmente, a inclinação da reta tangente em (2, 4):

$$
\begin{aligned}
f'(2) &= \lim_{h\to 0}\frac{f(2+h)-f(2)}{h}\\
&= \lim_{h\to 0}\frac{(2+h)^2-(2)^2}{h} \qquad \text{(A função é } f(x)=x^2\text{, portanto, } f(2+h)=(2+h)^2\text{, certo?)}\\
&= \lim_{h\to 0}\frac{(4+4h+h^2)-4}{h}\\
&= \lim_{h\to 0}\frac{4h+h^2}{h}\\
&= \lim_{h\to 0}\frac{h(4+h)}{h}\\
&= \lim_{h\to 0}(4+h)\\
&= 4+0=4
\end{aligned}
$$

Então, a inclinação no ponto (2, 4) é 4.

CONCEITO CRÍTICO DE CÁLCULO

Principal definição da *derivada*: Se você substitui o ponto $(2, f(2))$ na equação do limite acima pelo ponto geral $(x, f(x))$, tem uma definição geral da derivada como uma função de x:

$$f'(x)=\lim_{h\to 0}\frac{f(x+h)-f(x)}{h}$$

Portanto, finalmente, você vê que a derivada é definida como o limite do quociente da diferença.

A Figura 9-12 mostra graficamente essa definição geral. Note que a Figura 9-12 é realmente idêntica à Figura 9-11, exceto que os xs substituem os 2s na Figura 9-11 e que o ponto móvel na Figura 9-12 desliza para baixo em direção a qualquer ponto $(x, f(x))$, em vez de seguir em direção ao ponto específico $(2, f(2))$.

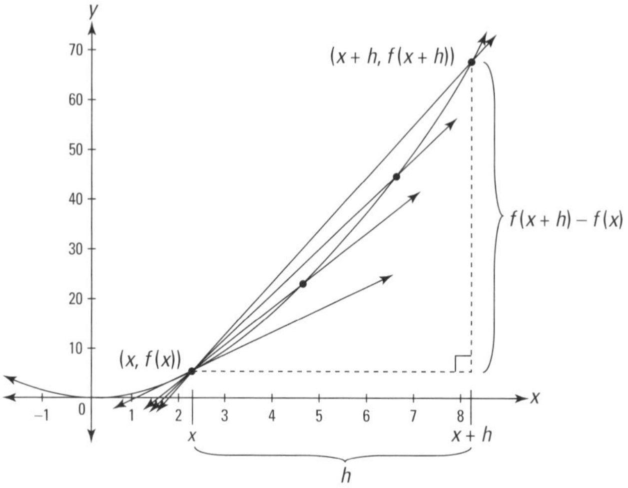

Figura 9-12: O gráfico de $f(x) = x^2$ mostrando como o limite produz uma inclinação da reta tangente no ponto geral $(x, f(x))$.

Agora, calcule esse limite e obtenha a derivada para a parábola $f(x) = x^2$.

$$\begin{aligned} f'(x) &= \lim_{h\to 0} \frac{f(x+h)-f(x)}{h} \\ &= \lim_{h\to 0} \frac{(x+h)^2 - x^2}{h} \qquad \text{(A função é } f(x) = x^2\text{, portanto, } f(x+h) = (x+h)^2.\text{)} \\ &= \lim_{h\to 0} \frac{(x^2+2xh+h^2)-x^2}{h} \\ &= \lim_{h\to 0} \frac{2xh+h^2}{h} \\ &= \lim_{h\to 0} \frac{h(2x+h)}{h} \\ &= \lim_{h\to 0} (2x+h) \\ &= 2x+0 = 2x \end{aligned}$$

Assim, para essa parábola, a derivada (que é a inclinação da reta tangente em cada valor de x), é igual a $2x$. Insira qualquer número no lugar de x e você obterá a inclinação da parábola naquele valor x. Tente.

Para fechar esta seção, vejamos uma figura final. A Figura 9-13 resume (de uma maneira simplificada) todas as ideias difíceis anteriores sobre o quociente da diferença. Como as Figuras 9-10, 9-11 e 9-12, a Figura 9-13 contém um degrau básico da escala de inclinação, uma reta secante e uma reta tangente. A inclinação na reta secante é $\frac{\textit{aumento}}{\textit{distância}}$ ou $\frac{\Delta y}{\Delta x}$. A inclinação da reta tangente $\frac{dy}{dx}$. Você pode considerar $\frac{dy}{dx}$ como $\frac{\textit{um pouco (basicamente infinitesimal) de } y}{\textit{um pouco (basicamente infinitesimal) de } x}$

e pode ver por que este é um dos símbolos usados para a derivada. Quando o degrau da escala da reta secante diminui até não ser nada ou, em outras palavras, no limite quando Δx e Δy ficam em zero,

$$\frac{dy}{dx} \text{ (a inclinação da reta tangente) } = \frac{\Delta y}{\Delta x} \text{ (a inclinação da reta secante).}$$

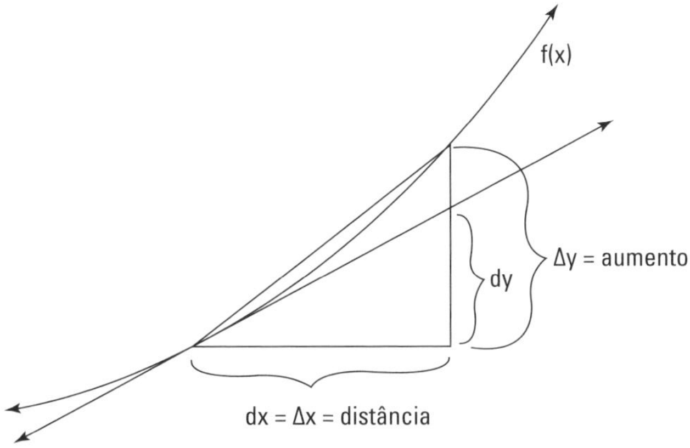

Figura 9-13: No limite, $\frac{dy}{dx} = \frac{\Delta y}{\Delta x}$.

Razões Média e Instantânea

Retornando mais uma vez para a correlação entre inclinações e razões, a inclinação é apenas a descrição visual da razão: a inclinação, $\frac{\textit{aumento}}{\textit{distância}}$, apenas informa a razão na qual y muda quando comparado com x. Se, por exemplo, a coordenada y informa a distância percorrida (em quilômetros) e a coordenada x informa o tempo transcorrido (em horas), você obterá uma razão familiar de *quilômetro por hora.*

Cada reta secante nas Figuras 9-9 e 9-10 tem uma inclinação dada pela fórmula $\frac{y_2 - y_1}{x_2 - x_1}$. Essa inclinação é a razão *média* no intervalo de x_1 até x_2. Se y estiver em quilômetros e x em horas, você obterá uma velocidade *média* em *quilômetros por hora* durante o intervalo de tempo de x_1 até x_2.

Quando você pega o limite e obtém a inclinação da reta tangente, obtém a razão *instantânea* no ponto (x_1, y_1). Novamente, se y está em quilômetros e x em horas, você tem uma velocidade *instantânea* no ponto no tempo, x_1. Devido ao fato de a inclinação da reta tangente ser a derivada, isto nos dá outra definição da derivada.

Outra definição de *derivada*: A derivada de uma função $f(x)$ em algum valor de x é a razão *instantânea* da mudança de f em relação a x nesse valor.

Ser ou Não Ser? Três Casos em Que a Derivada Não Existe

Eu quero analisar as três situações onde a derivada não existe (veja a seção "O Mnemônico 33333 do Limite" no Capítulo 7). A esta altura, você certamente sabe que a derivada da função em um dado ponto é a inclinação da reta tangente nesse ponto. Então, se você não pode desenhar a reta tangente, não há derivada — isso acontece nos dois primeiros casos baixo. No terceiro caso, há uma reta tangente, mas sua inclinação e a derivada são indefinidas.

- Não há uma reta tangente e, assim, não há derivada em nenhum tipo de *descontinuidade*: infinita, removível ou saltos. (Esses tipos de descontinuidade foram analisados e ilustrados no Capítulo 7.) A continuidade é, então, uma condição necessária para diferenciação. Não é, no entanto, uma condição *suficiente* como os dois casos a seguir mostram. Entenda essa linguagem dos logicistas.
- Não há uma reta tangente e, assim, não há derivada no *vértice* agudo em uma função (ou na *extremidade* aguda, uma mudança realmente aguda e pontuda). Veja a função f na Figura 9-14.
- Onde a função tem uma *reta tangente vertical* (que ocorre em um ponto de inflexão vertical), a inclinação é indefinida e, assim, a derivada não existe. Veja a função g na Figura 9-14. (Os pontos de inflexão serão explicados no Capítulo 11.)

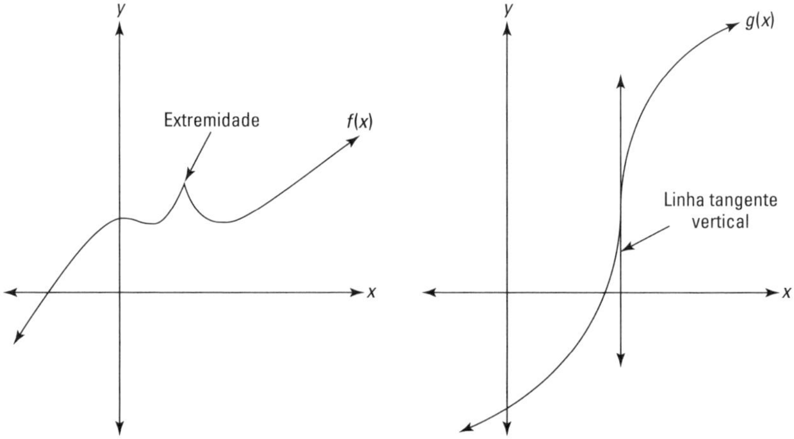

Figura 9-14: Os casos II e III em que não há derivada.

Capítulo 10

Regras da Diferenciação — Sim, Cara, Elas Detonam

Neste Capítulo

- Aprendendo as regras quer você goste ou não — desculpe amigo, mas essas são as regras
- Dominando as regras básicas da diferenciação e graduando-se em regras para especialistas
- Entendendo a diferenciação implícita
- Usando logaritmos na diferenciação
- Fazendo a diferenciação de funções inversas

O Capítulo 9 dá a você a ideia básica do que é uma derivada — é apenas uma razão como a velocidade e é simplesmente a inclinação de uma função. É importante que você tenha uma compreensão sólida e clara dessas ideias fundamentais.

Você também sabe agora a base matemática da derivada e sua definição técnica envolvendo o limite do quociente da diferença. Agora, eu serei banido para sempre da Ordem Real de Pitágoras por dizer isso, mas, para ser muito franco, você pode basicamente esquecer esse negócio sobre limite — exceto que você precisa saber disso para sua prova final — porque neste capítulo eu dou técnicas de atalho para encontrar as derivadas e evitar as dificuldades dos limites e do quociente da diferença.

Parte desse material é inevitavelmente insípida. Se você tiver problema em ficar acordado ao trabalhar arduamente nessas regras, dê uma olhada no último capítulo e veja os três próximos capítulos para saber por que você deve preocupar-se em dominar essas regras da diferenciação. Problemas incontáveis em Administração, Economia, Medicina, Engenharia e Física, assim como em outras matérias, lidam com a velocidade com a qual uma função aumenta ou diminui, e isso é o que a derivada informa. Muitas vezes, é importante saber onde a função está aumentando ou diminuindo mais rapidamente (a inclinação máxima ou mínima) e onde seus picos e vales estão (onde a inclinação é zero). Antes que você possa fazer esses problemas interessantes, terá que aprender como encontrar as derivadas. Se os Capítulos 11, 12 e 13 são como tocar piano, então, esse capítulo é como aprender suas escalas — é chato, mas você terá que fazer isso. Talvez queira pedir um café com leite e espuma extra.

Regras Básicas da Diferenciação

Cálculo pode ser difícil, mas você nunca saberia isso julgando por esta seção apenas. Aprender essa meia dúzia de regras é rápido, mas se você ficar cansado deste material fácil, prometo a você muitos desafios na seção a seguir.

A regra da constante

Isto é simples. $f(x)=5$ é uma reta horizontal com uma inclinação igual a zero e, assim, sua derivada é também igual a zero. Então, para qualquer número c, se $f(x)=c$, então, $f'(x)=0$. Ou você pode escrever $\frac{d}{dx}c=0$. Fim da história.

A regra da potência

Digamos que $f(x)=x^5$. Para encontrar sua derivada, pegue a potência, 5, traga para frente de x, então, reduza a potência em 1 (nesse exemplo, a potência se torna 4). Isso dá a você $f'(x)=5x^4$. Para repetir, leve a potência para frente, depois, reduza a potência em 1. Isso é tudo a fazer.

No Capítulo 9, fiz a diferenciação de $y=x^2$ com o quociente da diferença:

$$
\begin{aligned}
y &= x^2 \\
y' &= \lim_{h\to 0}\frac{(x+h)^2-x^2}{h} \\
&= \lim_{h\to 0}\frac{x^2+2xh+h^2-x^2}{h} \\
&= \lim_{h\to 0}\frac{2xh+h^2}{h} \\
&= \lim_{h\to 0}(2x+h) \\
&= 2x
\end{aligned}
$$

Isso exige certo trabalho. Em vez de tudo isso, apenas use a regra da potência: Traga o 2 para frente, reduza a potência em 1, o que deixa você com uma potência igual a 1, que você pode retirar (porque uma potência igual a 1 não faz nada). Assim,

$$y = x^2$$
$$y' = 2x$$

Como é muito simples, você talvez esteja imaginando por que não pulei o quociente da diferença complicado e não fui diretamente para o método do atalho. Bem, eu reconheço que teria economizado algum tempo, especialmente considerando o fato de que uma vez sabendo os métodos de atalho, você nunca usaria o quociente da diferença de novo — exceto, na sua prova final. Mas o quociente da diferença está incluído em todos os cursos e livros de Cálculo porque lhe dá um entendimento completo e mais rico sobre o Cálculo e seus fundamentos — pense nele como um formador de caráter matemático. *Ou* porque os professores de Matemática são sádicos. Você será o juiz.

A regra da potência funciona para qualquer potência: positiva, negativa ou fracionária.

Se $f(x) = x^{-2}$ então $f'(x) = -2x^{-3}$
Se $g(x) = x^{2/3}$ então $g'(x) = \frac{2}{3}x^{-1/3}$
Se $h(x) = x$ então $h'(x) = 1$

A derivada de x é 1. Certifique-se de que você se lembra como fazer a derivada da última função na lista acima. É a função mais simples, embora seja o problema mais fácil de esquecer.

A melhor maneira de entender essa derivada é perceber que $h(x) = x$ é uma reta que se encaixa na forma $y = mx + b$ porque $h(x) = x$ é o mesmo que $h(x) = 1x + 0$ (ou $y = 1x + 0$). Devido ao fato de a inclinação (m) dessa reta ser 1, a derivada é igual a 1. Ou você pode apenas memorizar que a derivada de x é 1. Mas se você esquecer essas duas ideias, sempre poderá usar a regra da potência. Reescreva $h(x) = x$ como $h(x) = x^1$ e aplique a regra: Traga o 1 para a frente e reduza a potência em 1 até zero, resultando em $h'(x) = 1x^0$. Visto que x^0 é igual a 1, você tem $h'(x) = 1$.

Reescreva as funções para fazer uso da regra da potência. Você pode achar a derivada de funções com radicais reescrevendo-as como funções exponenciais e, então, usar a regra da potência. Por exemplo, se $f(x) = \sqrt[3]{x^2}$, reescreva como $f(x) = x^{2/3}$ e use a regra da potência. Você também pode usar a regra da potência para derivar as funções do tipo $f(x) = \frac{1}{x^3}$. Reescreva a função como $f(x) = x^{-3}$ e use a regra da potência.

A regra do produto por uma constante

O que aconteceria se a função que você está tentando derivar começasse com um coeficiente? Não faz diferença. Um coeficiente não tem efeito no processo da diferenciação. Você apenas o ignora e acha a derivada de acordo com a regra apropriada. O coeficiente continua onde está até o passo final, quando você simplifica sua resposta multiplicando pelo coeficiente.

Encontre a derivada de $y = 4x^3$.

Solução: Você sabe, através da regra da potência, que a derivada de x^3 é $3x^2$, então, a derivada de $4(x^3)$ é $4(3x^2)$. O número 4 fica apenas aí sem fazer nada. Depois, como um passo final, você simplifica: $4(3x^2)$ é igual a $12x^2$. Então $y' = 12x^2$. (A propósito, a maioria das pessoas apenas traz o 3 para a frente, assim: $y' = 3 \cdot 4x^2$, que dá o mesmo resultado.)

Encontre a derivada de $y = 5x$.

Solução: Esta é uma reta na forma $y = mx + b$ com $m = 5$, então, a inclinação é 5 e, assim, a derivada é 5: $y' = 5$. (É importante pensar graficamente dessa maneira de tempos em tempos.) Mas, você também pode resolver o problema com a regra da potência. $\frac{d}{dx}x^1 = 1x^0 = 1$; então, $\frac{d}{dx}5(x^1) = 5(1) = 5$.

Um último exemplo: encontre a derivada de $y = \frac{5x^{1/3}}{4}$.

Solução: O coeficiente aqui é $\frac{5}{4}$. Então, devido ao fato de $\frac{d}{dx}x^{1/3} = \frac{1}{3}x^{-2/3}$ (pela regra da potência), $\frac{d}{dx}\frac{5}{4}(x^{1/3}) = \frac{5}{4}\left(\frac{1}{3}x^{-2/3}\right) = \frac{5}{12}x^{-2/3}$.

CUIDADO!

pi, *e*, *c*, *k* etc. *não* são variáveis! Não se esqueça que π (~3,14) e *e* (~2,72) são números, não variáveis, então, eles se comportam como números comuns. As constantes nos problemas, como *c* e *k* também se comportam como números comuns. (A propósito, o número *e*, em homenagem ao grande matemático Leonhard Euler, é talvez o número mais importante de toda a Matemática, mas eu não entrarei nisso aqui.)

Dessa forma, se $y = \pi x$, $y' = \pi$ — isso funciona exatamente como achar a derivada de $y = 5x$. E devido ao fato de π^3 ser apenas um número, se $y = \pi^3$, então, $y' = 0$ — isso funciona exatamente igual a achar a derivada de $y = 10$. Você também verá problemas contendo constantes como *c* e *k*. Trate-os como números comuns. Por exemplo, a derivada de $y = 5x + 2k^3$ (onde *k* é uma constante) é 5, não $5 + 6k^2$.

A regra da soma — Eh! Essa é uma regra e tanto que você tem aí

Quando você quiser a derivada da soma dos termos, ache a derivada de cada um dos termos separadamente.

Qual é $f'(x)$ se $f(x) = x^6 + x^3 + x^2 + x + 10$?

Solução: Apenas use a regra da potência para cada um dos primeiros quatro termos e a regra da constante para o último termo. Assim, $f'(x) = 6x^5 + 3x^2 + 2x + 1$.

A regra da diferença — não faz diferença

Se você tem uma diferença (isto é, uma subtração) em vez de uma soma, não faz diferença. Você ainda acha a derivada de cada termo separadamente. Assim, se $y = 3x^5 - x^4 - 2x^3 + 6x^2 + 5x$, então, $y' = 15x^4 - 4x^3 - 6x^2 + 12x + 5$. Os sinais de adição e subtração não são afetados pela diferenciação.

Encontrando a derivada das funções trigonométricas

Senhoras e senhores: eu tenho um grande prazer e um distinto privilégio de apresentar as derivadas de seis funções trigonométricas.

$$\frac{d}{dx}\operatorname{sen} x = \cos x \qquad \frac{d}{dx}\cos x = -\operatorname{sen} x$$

$$\frac{d}{dx}\tan x = \sec^2 x \qquad \frac{d}{dx}\cot x = -\csc^2 x$$

$$\frac{d}{dx}\sec x = \sec x \tan x \qquad \frac{d}{dx}\csc x = -\csc x \cot x$$

Memorize as derivadas do seno e do cosseno. Elas são muito fáceis e eu nunca conheci ninguém que as esquecesse. Se você for bom em decoreba, memorize as outras quatro também. Ou, se você não for louco por memorização ou tiver medo que esse conhecimento vá confundir a data da Guerra dos Farrapos (1835) — que é muito mais provável de aparecer em um jogo de tabuleiro do que as derivadas trigonométricas — você pode descobrir as quatro últimas derivadas usando a regra do quociente. (Veja a seção “A regra do quociente” mais adiante.) Uma terceira opção é usar o seguinte truque mnemônico.

DICA

Psst, qual é a derivada da cossecante? Imagine que você esteja fazendo uma prova e não consiga lembrar essas derivadas. Você se debruça sobre o aluno sentado próximo a você e sussurra, “psst, qual é a derivada de cosec x?”. Agora, as três últimas letras de psst (sst) são as letras iniciais de sec, sec, tg. Anote as três e abaixo, escreva suas cofunções: cosec, cosec, cotg. Coloque um sinal negativo no cosec do meio. Finalmente, adicione setas como no diagrama abaixo.

$$\begin{array}{ccccc} \sec & \rightarrow & \sec & \leftarrow & \mathrm{tg} \\ \csc & \rightarrow & -\csc & \leftarrow & \cot \end{array}$$

(Isto pode parecer complicado, mas acredite no que eu digo, você se lembrará da palavra *psst,* e depois disso, o diagrama será muito fácil de lembrar.)

Olhe para a linha de cima: A *sec* da esquerda tem uma seta apontando para *sec tg* — então, a derivada de *sec x* é sec *x* tg *x*. A *tg* da direita tem uma seta apontando para *sec sec*, então, a derivada de tg *x* é $\sec^2 x$. A linha abaixo funciona da mesma maneira, exceto que ambas as derivadas são negativas.

Encontrando a derivada das funções exponenciais e logarítmicas

Cuidado: decoreba à frente.

Funções exponenciais

Se você não conseguir decorar a próxima regra, desligue sua calculadora.

$$\frac{d}{dx}e^x = e^x$$

Isso mesmo — pode relaxar — a derivada de e^x é ela mesma! Essa é uma função especial: e^x e seus múltiplos, como $5e^x$, são as únicas funções que são suas próprias derivadas. Pense sobre o que isso significa. Veja o gráfico de $y = e^x$ na Figura 10-1.

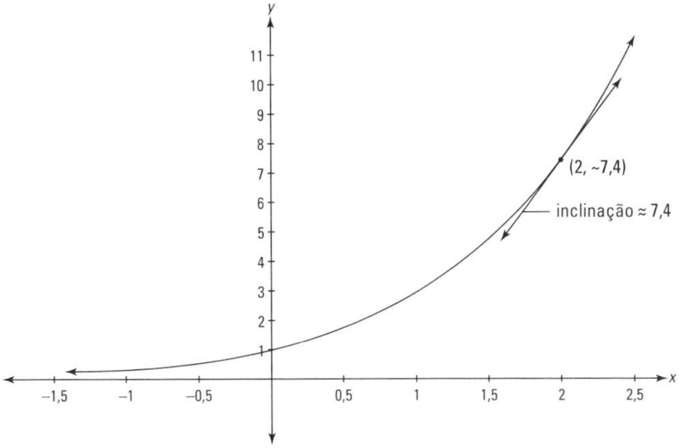

Figura 10-1: O gráfico de $y = e^x$.

Escolha qualquer ponto nessa função, digamos (2, ~7,4) e a altura da função nesse ponto, ~7,4, é igual à inclinação nesse ponto.

Se a base for um número diferente de *e*, você terá que ajustar a derivada multiplicando-a pelo log natural da base:

Se $y = 2^x$, então $y' = 2^x \ln 2$

Se $y = 10^x$, então $y' = 10^x \ln 10$

Funções logarítmicas

E agora — o que todos estavam esperando — as derivadas das funções logarítmicas. (Veja o Capítulo 4 se quiser revisar os logs.) Aqui está a derivada de um log *natural* — isto é, o log com base *e*:

$$\frac{d}{dx}\ln x = \frac{1}{x}$$

Se a base do log for um número diferente de *e*, você ajustará essa derivada — assim como as funções exponenciais — exceto que você vai *dividir* pelo log natural da base em vez de multiplicar. Assim,

$$\frac{d}{dx}\log_2 x = \frac{\frac{1}{x}}{\ln 2} = \frac{1}{x\ln 2}, \text{ e}$$

$$\frac{d}{dx}\log x = \frac{1}{x\ln 10}$$ (Lembre-se que $\log x$ significa $\log_{10} x$, portanto, a base é 10.)

Regras da Diferenciação Para Especialistas — Ah, Sim, Eu Sou um Nerd do Cálculo

Agora que você já dominou *totalmente* todas as regras básicas, faça uma pausa e aprecie seu sucesso por um instante... Tudo bem, pronto para um desafio? As regras a seguir, especialmente a regra da cadeia, pode ser difícil. Mas você sabe o que eles dizem: "Quem não arrisca não petisca", "Sem sacrifício, não há recompensa", blá, blá, blá.

A regra do produto

Você usa esta regra para — não perca a calma — o *produto* de duas funções do tipo

$$y = x^3 \cdot \operatorname{sen} x$$

A regra do produto:

Se $y = isso \cdot aquilo$,

então $y' = isso' \cdot aquilo + isso \cdot aquilo'$.

Assim, para $y = x^3 \cdot \operatorname{sen} x$,

$$\begin{aligned} y' &= (x^3)' \cdot \operatorname{sen} x + x^3 \cdot (\operatorname{sen} x)' \\ &= 3x^2 \operatorname{sen} x + x^3 \cos x \end{aligned}$$

A regra do quociente

Eu tenho a sensação de que você pode adivinhar para que serve esta regra — o *quociente* de duas funções do tipo

$$y = \frac{\operatorname{sen} x}{x^4}$$

A regra do quociente:

Se $y = \dfrac{topo}{base}$,

então $y' = \dfrac{topo' \cdot base - topo \cdot base'}{base^2}$

Quase todos os livros de Cálculo que eu já vi dão essa regra em uma forma um pouco diferente, que é mais difícil de lembrar. E alguns livros fornecem um "mnemônico" que envolve as palavras lodeehi e hideelo ou hodeehi e hideeho, que é muito fácil confundir — ótimo, muito obrigado.

Decore a regra do quociente da maneira como a escrevi. Você não terá problema em se lembrar do que vai no denominador — ninguém nunca esquece isso. O truque é saber a ordem dos termos no numerador. Pense nisso dessa maneira: você está fazendo a derivada, então, a primeira coisa a fazer é achar a derivada. E é mais natural começar no topo ou na base da fração? No topo, é claro. Assim, a regra do quociente começa com a derivada do topo. Se você lembrar disso, o resto do numerador será quase automático. (Repare que a regra do produto começa com a derivada da primeira função lida quando lê o produto de duas funções da esquerda para a direita. Do mesmo modo, a regra do quociente começa com a derivada da primeira função lida quando você lê o quociente de duas funções do topo para baixo.) Concentre-se nesses pontos e você se lembrará da regra do quociente daqui a 10 anos — ah, é claro.

Então, aqui está a derivada de $y = \frac{\text{sen}\,x}{x^4}$:

$$\begin{aligned} y' &= \frac{(\text{sen}\,x)' \cdot x^4 - \text{sen}\,x \cdot (x^4)'}{(x^4)^2} \\ &= \frac{x^4 \cos x - 4x^3 \text{sen}\,x}{x^8} \\ &= \frac{x^3(x \cos x - 4\text{sen}\,x)}{x^8} \\ &= \frac{x \cos x - 4\text{sen}\,x}{x^5} \end{aligned}$$

Na seção "Encontrando a derivada das funções trigonométricas", eu prometi mostrar a você como encontrar as derivadas de quatro funções trigonométricas — *tangente, cotangente, secante* e *cossecante* — com a regra do quociente. Eu sou um homem de palavra, então, aqui vai. Todas as quatro funções podem ser escritas em função do *seno* e do *cosseno* — certo? (Veja o Capítulo 6.) Por exemplo, $\tan x = \frac{\text{sen}\,x}{\cos x}$. Agora, se você quiser a derivada da tg x, poderá usar a regra do quociente:

$$\begin{aligned} \tan x &= \frac{\text{sen}\,x}{\cos x} \\ (\tan x)' &= \frac{(\text{sen}\,x)' \cdot \cos x - \text{sen}\,x \cdot (\cos x)'}{\cos^2 x} \\ &= \frac{\cos x \cdot \cos x - \text{sen}\,x \cdot (-\text{sen}\,x)}{\cos^2 x} \\ &= \frac{\cos^2 x + \text{sen}^2 x}{\cos^2 x} \\ &= \frac{1}{\cos^2 x} \qquad \text{(A Identidade de Pitágoras diz que } \cos^2 x + \text{sen}^2 x = 1.) \\ &= \sec^2 x \end{aligned}$$

Reconheço que isso é muito trabalho comparado com apenas decorar a resposta ou usar o mnemônico mostrado algumas páginas atrás, mas é bom saber que você pode achar a resposta dessa maneira em último caso. As outras três funções não são mais difíceis. Tente fazê-las.

A regra da cadeia

A regra da cadeia é de longe a regra da derivada mais complicada, mas não será tão ruim assim se você se concentrar com cuidado em alguns pontos importantes. Comece achando a derivada de $y = \sqrt{4x^3 - 5}$. Você usa a regra da cadeia aqui porque tem uma função *composta*, que é uma função $(4x^3 - 5)$ dentro de outra função (a função da raiz quadrada).

DICA

Como encontrar uma função *composta:* $y = \sqrt{x}$ *não* é uma função composta porque o *argumento* da raiz quadrada — isto é, a coisa da qual você tira a raiz quadrada — é simplesmente x. Toda vez que o argumento de uma função for algo diferente do simples e velho x, você tem uma função composta. Tome cuidado ao distinguir uma função composta de algo do tipo $y = \sqrt{x} \cdot \operatorname{sen} x$, que é o *produto* de duas funções, $\sqrt{x}$ e sen x, cada qual contendo apenas um simples e velho x como argumento.

Tudo bem, então, você tem esta função composta, $y = \sqrt{4x^3 - 5}$. Aqui está como achar a derivada usando a regra da cadeia:

1. **Você começa com uma função *externa,* $\sqrt{\ }$, e acha a derivada disso, *IGNORANDO* o que está dentro. Para ter certeza de ignorar o que está do lado de dentro, substitua temporariamente a função interna pela palavra *coisa.***

   Então, você tem $y = \sqrt{coisa}$. Certo, agora ache a derivada de $y = \sqrt{coisa}$ da mesma maneira como acharia a derivada de $y = \sqrt{x}$.
   Devido ao fato de $y = \sqrt{x}$ ser o mesmo que $y = x^{1/2}$, a regra da potência lhe dá $y' = \frac{1}{2}x^{-1/2}$. Então, para esse problema, você começa com $\frac{1}{2}coisa^{-1/2}$.

2. **Multiplique o resultado do Passo 1 pela derivada da função interna, *coisa'.***

$$y' = \frac{1}{2}coisa^{1/2} \cdot coisa'$$

   Dê uma olhada nisso. *Todos* os problemas básicos envolvendo a regra da cadeia seguem esse formato. Você usa a regra da derivada para a função externa, ignorando a *coisa* interna, depois, multiplica isso pela derivada da *coisa.*

3. **Ache a derivada da *coisa* interna.**

   A *coisa* interna nesse problema é $4x^3 - 5$ e sua derivada é $12x^2$ pela regra da potência.

4. **Agora, coloque a *coisa* real e sua derivada de volta no lugar de origem.**

   $$y' = \frac{1}{2}(4x^3 - 5)^{-1/2} \cdot (12x^2)$$

5. **Simplifique.**

   $$y' = 6x^2(4x^3 - 5)^{-1/2}$$

   Ou se você tiver algo contra potências negativas, $y' = \dfrac{6x^2}{(4x^3 - 5)^{1/2}}$

   Ou se você tiver algo contra potências fracionarias, $y' = \dfrac{6x^2}{\sqrt{4x^3 - 5}}$

Vamos tentar achar a derivada de outra função composta: $y = sen(x^2)$.

1. **A função externa é a função seno, então, você começa aí, tirando a derivada do seno e ignorando a *coisa* interna, x^2. A derivada do *sen x* é o *cos x*, então, para esse problema, você começa com:**

   cos(*coisa*)

2. **Multiplique a derivada da função externa pela derivada da *coisa*.**

   y' = cos(*coisa*) . *coisa'*

3. **A *coisa* nesse problema é x^2, então, *coisa'* é $2x$. Quando você coloca esses termos de volta, obtém:**

   $$\begin{aligned} y' &= \cos(x^2) \cdot 2x \\ &= 2x \cos(x^2) \end{aligned}$$

De vez em quando, descobrir qual função está dentro de qual pode ser um pouco complicado — especialmente quando a função está dentro de outra e ambas estão dentro de uma *terceira* função. (Você pode ter quatro ou mais funções aninhadas, mas três é provavelmente o máximo que verá.) Aqui está uma dica.

DICA

Os parênteses são seus amigos. Para os problemas da regra da cadeia, reescreva a função composta com um conjunto de parênteses para cada função interna e reescreva as funções trigonométricas do tipo $\text{sen}^2 x$ com a potência fora dos parênteses: $(\text{sen}\ x)^2$.

Por exemplo — esse é difícil, se prepare — ache a derivada de $y = \text{sen}^3(5x^2 - 4x)$. Primeiro, reescreva a função cúbica do seno: $y = (\text{sen}(5x^2 - 4x))^3$. Agora, é fácil ver a ordem na qual as funções estão aninhadas. A função mais interna está dentro dos parênteses mais internos — isto é, $5x^2 - 4x$. Depois, a função seno está dentro do próximo conjunto de parênteses — isto é, *sen(coisa)*. Por fim, a função cúbica está do lado de fora de tudo — isto é, *coisa*^{3}. (Por eu ser professor de Matemática, sou obrigado a mostrar que a *coisa* em *coisa*^{3} é diferente de a *coisa* em *sen(coisa)*. É totalmente não matemático de minha parte usar o mesmo termo para me referir a coisas diferentes, mas não se preocupe, estou apenas usando o termo *coisa* para me referir ao que quer que esteja dentro de qualquer função.) Tudo bem, agora que você sabe a ordem das funções, pode fazer a diferenciação de *fora para dentro*:

1. **A função mais externa é *coisa*^{3} e sua derivada é dada pela regra da potência.**

   $3coisa^2$

2. **Assim como todos os problemas que envolvem a regra da cadeia, você multiplica isso por *coisa'*.**

   $3coisa^2 \cdot coisa'$

3. **Agora, coloque a *coisa*, sen($5x^2 - 4x$), de volta ao seu lugar de origem.**

   $3(\text{sen}(5x^2 - 4x))^2 \cdot (\text{sen}(5x^2 - 4x))'$

4. **Use a regra da cadeia de novo.**

   Você não pode terminar esse problema rapidamente apenas tirando uma simples derivada porque terá que achar a derivada de outra função composta, $\text{sen}(5x^2 - 4x)$. Apenas trate $\text{sen}(5x^2 - 4x)$ como se fosse o problema original e ache sua derivada. A derivada de sen x é cos x, então, a derivada de sen(*coisa*) começa com cos(*coisa*). Multiplique isso pela *coisa'*. Assim, a derivada de sen(*coisa*) é:

   $cos(coisa) \cdot coisa'$

5. **A *coisa* para este passo é $5x^2 - 4x$ e sua derivada é $10x - 4$. Insira essas coisas de volta.**

   $\cos(5x^2 - 4x) \cdot (10x - 4)$

6. **Agora que você tem a derivada de sen($5x^2$ – $4x$), insira esse resultado no resultado do Passo 3, dando a você o grupo todo.**

   $$3(\text{sen}(5x^2 - 4x))^2 \cdot \cos(5x^2 - 4x) \cdot (10x - 4)$$

7. **Isso pode ser um pouco simplificado.**

   $$(30x - 12)\text{sen}^2(5x^2 - 4x)\cos(5x^2 - 4x)$$

Eu disse a você que era um problema difícil.

Você talvez tenha imaginado que pode economizar tempo não mudando para a palavra *coisa* e depois mudando de volta. Isso é verdade, mas algumas pessoas gostam de usar a técnica porque ela o força a deixar a *coisa* sozinha durante cada passo do problema. É o ponto crítico.

CUIDADO!

Certifique-se de... NÃO TOCAR NA *COISA*.

Desde que você se lembre disso, não precisará, na prática, usar a palavra *coisa* ao resolver um problema envolvendo a regra da cadeia. Você só precisa ter certeza de não mudar uma função interna quando estiver achando a derivada de uma função externa. Digamos que você queira achar a derivada de $f(x) = \ln(x^3)$. O argumento dessa função logarítmica básica é x^3. Não toque nele durante o primeiro passo da solução, que é usar a regra do log natural: $\frac{d}{dx}\ln x = \frac{1}{x}$. Essa regra diz que você coloca o argumento da função no denominador sob o número 1. Então, depois do primeiro passo em diferenciar $\ln(x^3)$, você tem $\frac{1}{x^3}$ Você então termina o problema multiplicando isso pela derivada de x^3 que é $3x^2$. A resposta final depois simplificar: $\frac{3}{x}$.

DICA

Com a regra da cadeia, não use duas regras da derivada ao mesmo tempo. Outra maneira de ter certeza que você entendeu corretamente a regra da cadeia é lembrar que você nunca usa mais de uma regra da derivada de cada vez.

No exemplo acima, $\ln(x^3)$, você usa primeiro a regra do log natural, depois, como um *passo separado*, você usa a regra da potência para achar a derivada de x^3. Em nenhum ponto, em nenhum problema envolvendo a regra da cadeia, você usa ambas as regras ao mesmo tempo. Por exemplo, com $\ln(x^3)$, não usa a regra do log natural e a regra da potência ao mesmo tempo para obter $\frac{1}{3x^2}$.

Aqui está a mágica da regra da cadeia.

A regra da cadeia (para achar a derivada de uma função composta):

Se $y = f(g(x))$,

então, $y' = f'(g(x)) \cdot g'(x)$

Ou, de forma equivalente,

Se $y = f(u)$ e $u = g(x)$,

então, $\frac{dy}{dx} = \frac{dy}{du} \cdot \frac{du}{dx}$ (Note como os *dus* se simplificam.)

Veja o texto complementar a seguir, "Por que a regra da cadeia funciona?", para ter uma explicação em português claro de toda essa confusão.

Por que a regra da cadeia funciona?

Você não saberia a partir da difícil matemática nesta seção ou da mágica sofisticada da regra da cadeia, mas a regra da cadeia é baseada em uma ideia muito simples. Digamos que uma pessoa esteja andando, outra correndo e uma terceira andando de bicicleta. Se a pessoa que está andando de bicicleta for quatro vezes mais rápida que a pessoa que está correndo e a pessoa que está correndo for duas vezes mais rápida que a pessoa que anda, então, a pessoa na bicicleta vai 4 vezes 2 ou 8 vezes mais rápida que a pessoa andando, certo? Essa é a regra da cadeia resumida — você apenas multiplica as razões relativas.

Você se lembra da Figura 9-5 mostrando o Gordo e o Magro em uma gangorra? Lembre-se que para cada centímetro que o Gordo desce, o Magro sobe 2 centímetros. Então, a razão do movimento do Magro é duas vezes a razão do Gordo, portanto, $\frac{dM}{dG} = 2$. Agora, imagine que o Magro tenha uma língua de sogra na boca (aquela que desenrola quando você assopra) e para cada centímetro que ele sobe, ele assopra a língua de sogra em 3 centímetros. A razão do movimento da língua de sogra (*S*) é, assim, 3 vezes a razão do movimento do Magro. Nos símbolos do Cálculo, $\frac{dN}{dM} = 3$. Então, qual é a velocidade do movimento da língua de sogra em relação ao Gordo? Isso é apenas bom senso. A língua de sogra está movendo-se 3 vezes mais rápida do que o Magro e o Magro está movendo-se 2 vezes mais rápido do que o Gordo, então, a língua de sogra se move 3 vezes 2 ou 6 vezes mais rápida do que o Gordo. Aqui está em símbolos (note que isso é o mesmo que a definição formal da regra da cadeia perto do ícone de Mágica Matemática):

$$\frac{dN}{dG} = \frac{dN}{dM} \cdot \frac{dM}{dG} = 3 \cdot 2 = 6$$

Apenas uma brincadeira de criança.

Um último exemplo e uma última dica. Ache a derivada de $4x^2\text{sen}(x^3)$. Este problema tem uma nova reviravolta — ele envolve a regra da cadeia e a regra do produto. Como você deve começar?

DICA

Onde eu começo? Se você não tiver certeza de onde começar a fazer a derivada de uma expressão complexa, imagine inserir um número no lugar de x e, depois, avaliar a expressão em sua calculadora um passo de cada vez. Seu *último* cálculo diz a você a *primeira* coisa a fazer.

Digamos que você tenha inserido o número 5 no lugar dos xs em $4x^2\text{sen}(x^3)$. Você avalia $4 \cdot 5^2$— isto é, 100; assim, depois de achar $5^3 = 125$, você faz o sen(125), que é mais ou menos –0,616. Finalmente, multiplica 100 por –0,616. Posto que seu *último* cálculo é uma *multiplicação*, seu *primeiro* passo na diferenciação é usar a regra do *produto*. (Se o seu último cálculo fosse algo como sen(125), então, você começaria com a regra da cadeia.) Você se lembra da regra do produto?

LEMBRE-SE

A regra do produto:

Se $x = isso \cdot aquilo$, então, $x' = isso' \cdot aquilo + isso \cdot aquilo'$.

Então, para $f(x) = 4x^2\text{sen}(x^3)$,

$$f'(x) = (4x^2)'(\text{sen}(x^3)) + (4x^2)(\text{sen}(x^3)'$$

Você termina o problema achando a derivada de $4x^2$ com a regra da potência e a derivada de $\text{sen}(x^3)$ com a regra da cadeia:

$$f'(x) = (8x)\ (\text{sen}(x^3)) + (4x^2)(\cos(x^3) \cdot 3x^2)$$

E agora simplifique:

$$f'(x) = 8x\text{sen}(x^3) + 12x^4\cos(x^3)$$

Diferenciação Implícita

Todos os problemas de diferenciação mostrados nas seções anteriores deste capítulo são funções do tipo $y = x^2 + 5x$ ou $y = \text{sen}x$. Nesses tipos de casos, y é escrito *explicitamente* como uma função de x. Isso significa que a equação é resolvida em função de y; em outras palavras, y está sozinho de um lado da equação. (Note que y foi, algumas vezes, escrito como $f(x)$ como em $f(x) = x^3 - 4x^2$, mas lembre-se que é a mesma coisa que $y = x^3 - 4x^2$.)

Às vezes, no entanto, pedem para você achar a derivada de uma equação que não é resolvida em função de y, como $y^5 + 3x^2 = \text{sen}x - 4y^3$. Essa equação define y *implicitamente* como uma função de x e você não pode escrevê-la como uma função explícita porque não pode ser resolvida em função de

y. Para esse tipo de problema, você precisa da *diferenciação implícita*. Ao diferenciar implicitamente, todas as regras da derivada funcionam da mesma maneira, com uma exceção: quando você diferencia um termo com um y nele, usa a regra da cadeia com uma pequena modificação.

Você se lembra de usar a regra da cadeia para achar a derivada de algo do tipo sen(x^3) com a técnica da *coisa*? A derivada do seno é o cosseno, então, a derivada de sen(*coisa*) é cos(*coisa*) · coisa'. Você termina o problema achando a derivada da *coisa*, x^3, que é $3x^2$, depois, fazendo as substituições para obter $\cos(x^3) \cdot 3x^2$. Com a diferenciação implícita, um y funciona como a palavra *coisa*. Assim, devido ao fato de

$$(\text{sen}(coisa))' = \cos(coisa) \cdot coisa',$$
$$(\text{sen}\, y)' = \cos y \cdot y'$$

A modificação é que enquanto a palavra *coisa* está tomando temporariamente o lugar da função de x *conhecida* (x^3 neste exemplo), y é uma função de x *desconhecida* (você não sabe a que o y é igual em termos de x). E como não sabe a que y é igual, y e y' — ao contrário de *coisa* e *coisa'*— continuam na resposta final. Mas, o conceito é exatamente o mesmo e você pode pensar em y como sendo a *coisa*. Você apenas não pode fazer o ajuste de volta para os xs no final do problema como pôde com um problema normal envolvendo a regra da cadeia.

Eu creio que você deva estar pensando se eu vou, em algum momento, chegar a fazer o problema. Aqui vai. Novamente, encontre a derivada de

$y^5 + 3x^2 = \text{sen}\, x - 4y^3$.

1. **Ache a derivada de cada termo em *ambos* os lados da equação.**

   $$y^5 + 3x^2 = \text{sen}\, x - 4y^3$$

   Para o primeiro e quarto termos, você usa a regra da potência e como esses termos contêm ys, também usa a regra da cadeia. Para o segundo termo, você usa a regra normal da potência. E para o terceiro termo, usa a regra normal do seno.

   $$5y^4 \cdot y' + 6x = \cos x - 12y^2 \cdot y'$$

2. **Reúna todos os termos contendo um y' no lado esquerdo da equação e todos os outros termos no lado direito.**

   $$5y^4 \cdot y' + 12y^2 \cdot y' = \cos x - 6x$$

3. **Fatore o y'.**

   $$y'(5y^4 + 12y^2) = \cos x - 6x$$

4. **Divida para obter a resposta final.**

$$y' = \frac{\cos x - 6x}{5y^4 + 12y^2}$$

Note que essa derivada, ao contrário das outras que você fez até agora, é expressa em termos de x e y, em vez de apenas x. Então, se você quiser avaliar a derivada para achar a inclinação de um determinado ponto, precisará ter os valores de x e y para inserir na derivada.

Também note que em muitos livros, o símbolo $\frac{dy}{dx}$ é usado em vez de y' em cada passo das soluções, como a solução acima. Eu acho y' mais fácil e menos inconveniente para trabalhar. Mas, $\frac{dy}{dx}$ tem a vantagem de lembrar que você está achando a derivada de y em relação a x. Cada uma das maneiras está certa. Faça a sua escolha.

Entrando no Ritmo com a Diferenciação Logarítmica

Digamos que você queira achar a derivada de $f(x) = (x^3 - 5)(3x^4 + 10)(4x^2 - 1)(2x^5 - 5x^2 - 10)$. Agora, você pode multiplicar tudo e depois achar a derivada, mas isso seria um *grande* sofrimento. Ou você pode usar a regra do produto algumas vezes, mas isso também seria muito entediante e demorado. A melhor maneira é usar a diferenciação logarítmica.

1. **Tire o log natural de ambos os lados.**

$$\ln f(x) = \ln\left((x^3 - 5)(3x^4 + 10)(4x^2 - 1)(2x^5 - 5x^2 - 10)\right)$$

2. **Agora, use a propriedade do log do produto, que você, com certeza, se lembra (se não, veja o Capítulo 4).**

$$\ln f(x) = \ln(x^3 - 5) + \ln(3x^4 + 10) + \ln(4x^2 - 1) + \ln(2x^5 - 5x^2 - 10)$$

3. **Faça a derivada de ambos os lados.**

De acordo com a regra da cadeia, a derivada de $\ln f(x)$ é $\frac{1}{f(x)} \cdot f'(x)$ ou $\frac{f'(x)}{f(x)}$ ($f(x)$ funciona da mesma maneira que a palavra *coisa* em um problema normal envolvendo a regra da cadeia ou um y em um problema de diferenciação implícita.) Para cada um dos quatro termos do lado direito da equação, você usa a regra da cadeia:

$$\frac{f'(x)}{f(x)} = \frac{3x^2}{(x^3 - 5)} + \frac{12x^3}{(3x^4 + 10)} + \frac{8x}{(4x^2 - 1)} + \frac{10x^4 - 10x}{(2x^5 - 5x^2 - 10)}$$

4. **Multiplique ambos os lados por $f(x)$ e você terminou.**

$$f'(x)=\left(\frac{3x^2}{(x^3-5)}+\frac{12x^3}{(3x^4+10)}+\frac{8x}{(4x^2-1)}+\frac{10x^4-10x}{(2x^5-5x^2-10)}\right)\cdot$$
$$(x^3-5)(3x^4+10)(4x^2-1)(2x^5-5x^2-10)$$

(***Nota:*** Leia corretamente esta equação enorme. O lado direito da primeira linha é multiplicado pela segunda linha.)

Eu admito que essa resposta é bem cabeluda e o processo de solução não é exatamente um passeio no parque, mas, leve o que eu digo em consideração, esse método é *muito* mais fácil do que as outras alternativas.

Encontrando a Derivada das Funções Inversas

Existe uma fórmula difícil envolvendo as derivadas das funções inversas, mas antes de chegarmos nela, veja a Figura 10-2, que resume muito bem a ideia toda.

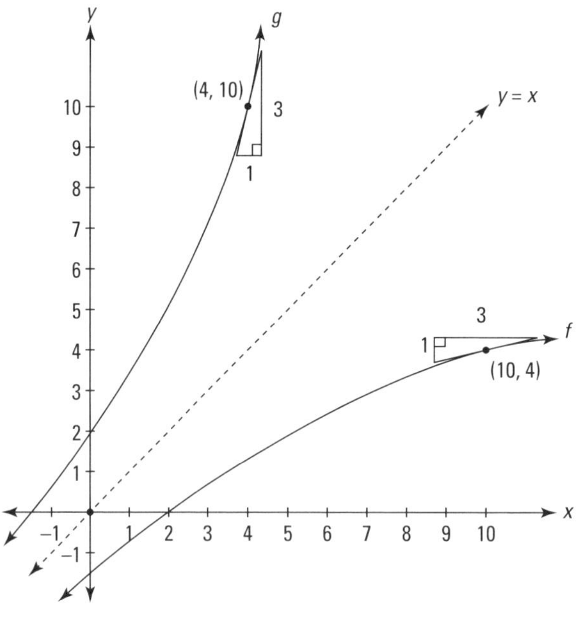

Figura 10-2: Os gráficos das funções inversas, $f(x)$ e $g(x)$.

A Figura 10-2 mostra um par de funções inversas, f e g. Lembre-se que as funções inversas são simétricas em relação à linha, $y = x$. Assim como qualquer par de funções inversas, se o ponto (10, 4) estiver em uma função, (4, 10) estará na sua inversa. E por causa da simetria dos gráficos, você pode ver que as inclinações nesses pontos são recíprocas: em (10, 4), a inclinação é $\frac{1}{3}$ e em (4, 10), a inclinação é $\frac{3}{1}$. É assim que a ideia funciona graficamente e se você continua comigo até agora, aprendeu pelo menos visualmente.

No entanto, a explicação algébrica é um pouco mais complicada. O ponto (10, 4) em f pode ser escrito como (10, f(10)), e a inclinação nesse ponto — e, desse modo, a derivada — pode ser expressa como $f'(10)$. O ponto (4, 10) em g pode ser escrito como (4, $g(4)$). Então, como f(10) = 4, você pode substituir os 4s em (4, $g(4)$) por $f(10)$s, dando a você ($f(10)$, $g(f(10))$). A inclinação e a derivada nesse ponto podem ser expressas como $g'(f(10))$. Essas inclinações são recíprocas, então, isso lhe dá a equação:

$$f'(10) = \frac{1}{g'(f(10))}$$

Essa equação difícil expressa nada mais e nada menos do que dois triângulos nas duas funções na Figura 10-2.

Usando x em vez de 10, você tem a fórmula geral:

A derivada de uma função inversa: Se f e g são funções inversas, então,

$$f'(x) = \frac{1}{g'(f(x))}$$

Em outras palavras, essa fórmula diz que a derivada de uma função, f, em relação a x, é o recíproco da derivada de sua função inversa em relação a f.

Tudo bem, talvez seja *muito* complicada.

Escalando as Alturas das Derivadas de Ordem Superior

Encontrar a segunda, terceira, quarta ou maior derivada é incrivelmente simples. A segunda derivada de uma função é apenas a derivada de sua primeira derivada. A terceira derivada é a derivada da segunda derivada, a quarta derivada é a derivada da terceira, e assim por diante. Por exemplo, aqui está uma função e suas primeira, segunda, terceira e subsequentes derivadas. Neste exemplo, todas as derivadas são obtidas pela regra da potência:

$$\begin{aligned} f(x) &= x^4 - 5x^2 + 12x - 3 \\ f'(x) &= 4x^3 - 10x + 12 \\ f''(x) &= 12x^2 - 10 \\ f'''(x) &= 24x \\ f^{(4)}(x) &= 24 \\ f^{(5)}(x) &= 0 \\ f^{(6)}(x) &= 0 \\ etc. &= 0 \\ etc. &= 0 \end{aligned}$$

Todas as funções polinomiais como essa tendem eventualmente para zero quando você faz a diferenciação repetidamente. As funções racionais do tipo $f(x) = \frac{x^2 - 5}{x + 8}$, por outro lado, ficam cada vez mais confusas à medida que você vai achando as derivadas superiores. E as derivadas superiores do seno e do cosseno são cíclicas. Por exemplo,

$$\begin{aligned} y &= \text{sen}\, x \\ y' &= \cos x \\ y'' &= -\text{sen}\, x \\ y''' &= -\cos x \\ y^{(4)} &= \text{sen}\, x \end{aligned}$$

O ciclo se repete indefinidamente com todo múltiplo de quatro.

Nos Capítulos 11 e 12, eu mostro as muitas utilidades das derivadas superiores — principalmente as secundas derivadas. (Aqui está uma prévia: a primeira derivada da posição é a velocidade e a segunda derivada da posição é a aceleração.) Mas por enquanto, deixe-me dar a você uma das principais ideias em poucas palavras. A primeira derivada, como você sabe, diz quão rápido uma função está mudando — quão rápido está subindo ou descendo — isto é, sua inclinação. A segunda derivada diz quão rápida a primeira derivada está mudando — ou, em outras palavras, quão rápido uma inclinação está mudando. Uma terceira derivada diz quão rápida a segunda derivada está mudando, que informa quão rápida a razão da mudança da inclinação está mudando. Se você estiver um pouco perdido aqui, não se preocupe — eu também estou perdido. Fica muito difícil entender o que as derivadas superiores dizem à medida que você passa da segunda derivada porque você começa a entrar na razão da mudança da razão da mudança da razão da mudança, e assim por diante.

Capítulo 11

Diferenciação e o Formato das Curvas

Neste Capítulo

- Aguentando os altos e baixos das funções mal-humoradas
- Localizando os valores extremos
- Usando os testes das primeira e segunda derivadas
- Interpretando a concavidade dos pontos de inflexão
- Comparando os gráficos das funções e derivadas
- Apresentando o teorema do valor médio — *GRRRRR*

Se você leu os Capítulos 9 e 10, é provavelmente um especialista em achar derivadas. O que é uma coisa boa, pois neste capítulo, você usará as derivadas para entender os formatos das funções — onde elas sobem, onde caem, onde atingem os limites máximo e mínimo, como elas se curvam, e assim por diante. Depois, no Capítulo 12, você usará seu conhecimento sobre o formato das funções para resolver problemas da vida real.

Fazendo uma Longa Viagem de Carro Através do Cálculo

Considere o gráfico de $f(x)$ na Figura 11-1.

Imagine que você esteja dirigindo ao longo dessa função da esquerda para a direita. Durante sua viagem, existem diversos pontos de interesse entre a e l. Todos eles, com exceção dos pontos de partida e chegada, relacionam-se com o declive da estrada — em outras palavras, sua inclinação ou derivada.

Agora, se prepare — mostrarei a você muitos termos e definições novas de uma só vez. Você não deve, no entanto, ter muito trabalho com essas ideias porque elas, em sua maioria, envolvem noções de bom senso, como dirigir para cima ou para baixo em uma rampa, ou passar pelo topo de uma colina.

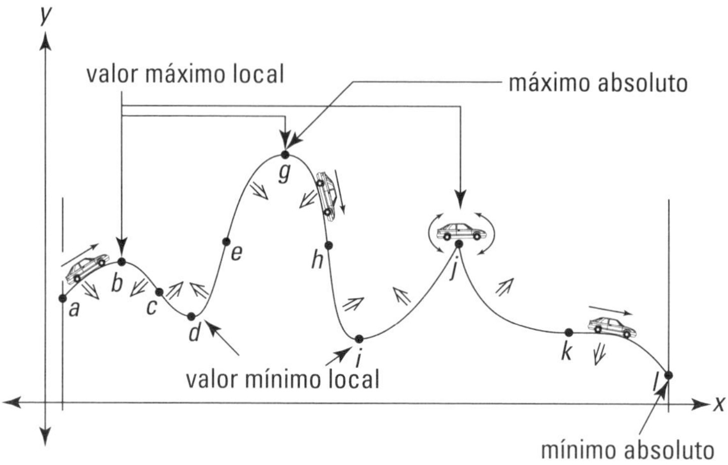

Figura 11-1: O gráfico de $f(x)$ com diversos pontos de interesse.

Escale cada montanha, cruze cada riacho: inclinações positivas e negativas

Primeiro, note que à medida que você começa uma viagem em *a*, está subindo. Assim, a função está *crescendo* e sua inclinação e derivada são, consequentemente, *positivas*. Você escala a colina até chegar ao topo em *b*, onde a estrada fica nivelada. A estrada está nivelada, então, a inclinação e a derivada são iguais a *zero*.

Devido ao fato de a derivada ser zero em *b*, o ponto *b* é chamado de *ponto crítico* da função. O ponto *b* também é um valor *máximo local* ou *máximo relativo* de *f* porque é o topo da colina. Para um valor máximo local, *b* deve ser apenas o ponto mais alto em sua vizinhança imediata. Não importa que a colina do lado em *g* seja maior.

Depois de alcançar o topo da colina em *b*, você começa a descer — claro. Então, depois de *b*, a inclinação e a derivada são *negativas* e a função está *decrescendo*. À esquerda de qualquer valor máximo local, a inclinação é positiva; à direita de um valor máximo, a inclinação é negativa.

Eu não consigo pensar em uma metáfora sobre viagem para esta seção: Concavidade e pontos de inflexão

O próximo ponto de interesse é *c*. Você consegue ver que à medida que desce de *b* para *c*, a estrada fica cada vez mais inclinada, mas depois de *c*, embora você ainda esteja descendo, a estrada está começando a se curvar gradualmente para cima e ficando menos inclinada? A pequena seta para baixo entre *b* e *c* na Figura 11-1 indica que essa parte da estrada está curvando para baixo — a função é dita ter uma *concavidade voltada para baixo*. Como você pode ver, a estrada também tem uma concavidade voltada para baixo entre *a* e *b*.

Poesia da concavidade: *Para baixo* parece uma careta, *para cima* parece uma xícara. Uma parte da função que é côncava *para baixo* se parece com uma careta. Onde é côncava *para cima*, como entre *c* e *e*, parece com uma *xícara*.

Toda vez que a função é côncava *para baixo*, sua derivada (e inclinação) está *decrescendo*; toda vez que a função é côncava *para cima*, sua derivada (e inclinação) está *crescendo*.

Assim, a estrada é côncava para baixo até *c*, onde muda para côncava para cima. Como a concavidade muda em *c*, ele é um *ponto de inflexão*. O ponto *c* é também o ponto mais inclinado nesse trecho de estrada. Os pontos de inflexão são sempre os mais inclinados — ou os menos inclinados — em sua vizinhança imediata.

Tome cuidado com as seções das funções que têm uma inclinação negativa. O ponto *c* é o ponto mais inclinado em sua vizinhança porque ele tem a maior inclinação negativa que qualquer outro ponto próximo. Mas lembre-se, um número negativo grande é, na realidade, um número *pequeno*, então, a inclinação e a derivada em *c* são, de fato, os *menores* de todos os pontos da vizinhança. De *b* para *c*. a derivada da função está *decrescendo* (porque está tornando-se um número negativo maior). De *c* para *d*, a derivada está *crescendo* (porque está tornando-se um número negativo menor). Entendeu?

Esse vale das lágrimas: O valor mínimo local

Voltemos à sua viagem. Depois do ponto *c*, você continua a descer a colina até chegar em *d*, a parte inferior do vale. O ponto *d* é outro ponto crítico porque a estrada está nivelada e a derivada é zero. O ponto *d* é também um valor *mínimo relativo* ou *local* porque é o ponto mais baixo da vizinhança imediata.

Uma vista panorâmica: O máximo absoluto

Depois de *d*, você viaja para cima, passando *e*, que é outro ponto de inflexão. É o ponto mais inclinado entre *d* e *g*, e o ponto onde a derivada é a maior. Você para na vista panorâmica em *g*, outro ponto crítico e outro valor máximo local. O ponto *g* também é o *máximo absoluto* no intervalo de *a* até *l* porque é o ponto mais alto da estrada de *a* até *l*.

Problema no carro: Preso no vértice

Descendo de g, você passa por outro ponto de inflexão, h, outro valor local mínimo, i, depois sobe para j, onde estupidamente tenta dirigir sobre o pico. Suas rodas da frente conseguem passar, mas o chassi do carro fica preso no precipício, deixando-o balançando para cima e para baixo com suas rodas girando. Seu carro balança em j porque você não pode desenhar uma reta tangente nesse ponto. Sem reta tangente significa sem inclinação; e sem inclinação significa que não há derivada ou você pode dizer que a derivada em j é *indefinida*. Um ponto de inflexão acentuado como j é chamado de *vértice*. (A propósito, tenha cuidado com a expressão "sem inclinação" e "sem derivada". Neste contexto, "sem" significa *inexistente*, NÃO *zero*.)

É uma descida a partir daqui

Depois de remover o carro, você segue descendo, a estrada está ficando cada vez menos inclinada até que fica plana por um momento em k. (Novamente, note que devido ao fato de a inclinação e a derivada estarem ficando cada vez mais números negativos menores a caminho de k, elas estão, de fato, *crescendo*.) O ponto k é outro ponto crítico porque sua derivada é zero. É também outro ponto de inflexão porque a concavidade muda de virada para cima para virada para baixo em k. Depois de passar por k, você desce até l, seu destino final. Devido ao fato de l ser a extremidade do intervalo, não é um valor mínimo local — as extremidades nunca são qualificadas como valores locais mínimos ou máximos — mas é o *mínimo absoluto* no intervalo porque é o ponto mais baixo de a até l.

Espero que você tenha gostado de sua viagem.

Seu diário da viagem

Eu quero revisar a sua viagem e os termos e definições anteriores, e ainda introduzir mais alguns termos:

- A função f na Figura 11-1 tem uma derivada igual a zero nos pontos críticos (pontos do nível) b, d, g, i e k. Em j, a derivada é *indefinida*. Esses pontos, onde a derivada é zero ou indefinida, são os *pontos críticos* da função. Os valores de x desses pontos críticos são chamados de *números críticos* da função. (Note que os números críticos devem estar dentro do domínio de uma função.)
- Todos os valores máximos e mínimos locais — os topos e vales — devem ocorrer em pontos críticos. No entanto, nem todos os pontos críticos são necessariamente valores máximos ou mínimos locais. O ponto k, por exemplo, é um ponto crítico, mas não é um valor máximo nem mínimo local. Os valores máximos e mínimos locais — ou *pontos de máximo e mínimo* — são chamados, conjuntamente, de *valores extremos* locais da função. Use muitos desses plurais sofisticados se

você quiser parecer com um professor. Um número máximo ou mínimo local único é um *extremo* local. O máximo absoluto é o ponto mais alto na estrada de *a* a *l*. O mínimo absoluto é o ponto mais baixo.

- A função é crescente toda vez que você está subindo — onde a derivada é positiva; é decrescente toda vez que você está descendo — onde a derivada é negativa. A função também é decrescente no ponto *k*, um ponto de inflexão horizontal, mesmo que a inclinação e a derivada sejam, nesse ponto, iguais a zero. Eu percebo que parece um pouco estranho, mas é assim que funciona — acredite na minha palavra. Em todos os pontos de inflexão horizontais, uma função está crescendo ou decrescendo. Nos valores extremos *b*, *d*, *g*, *i* e *j*, a função não está crescendo nem decrescendo.
- A função é côncava para cima toda vez que se parece com uma xícara ou com um sorriso (alguns dizem que é onde ela "segura a água") e côncava para baixo toda vez que se parece com uma careta (alguns dizem que é onde ela "derrama a água"). Os pontos de inflexão *c*, *e*, *h* e *k* estão onde a concavidade muda de côncava para cima para côncava para baixo ou vice-versa. Os pontos de inflexão também são os pontos mais ou menos inclinados em suas vizinhanças imediatas.

Encontrando os Valores Extremos Locais — Minha Mãe, Ela é Assim, Totalmente Extrema

Agora que você terminou a seção anterior e sabe o que os valores extremos locais são, precisa saber como fazer os cálculos para achá-los. Você viu na última seção que todos os valores extremos locais ocorrem nos pontos críticos de uma função — isto é, onde a derivada é zero ou indefinida (não se esqueça que nem todos os pontos críticos precisam sempre ser valores extremos). O primeiro passo para encontrar os valores extremos locais da função é encontrar seus números críticos (os valores de x dos pontos críticos).

Escrevendo os números críticos

Encontre os números críticos de $f(x)=3x^5-20x^3$. (Veja a Figura 11-2.)

Aqui está o que você deve fazer:

1. **Encontre a primeira derivada de f usando a regra da potência.**

$$f(x)=3x^5-20x^3$$
$$f'(x)=15x^4-60x^2$$

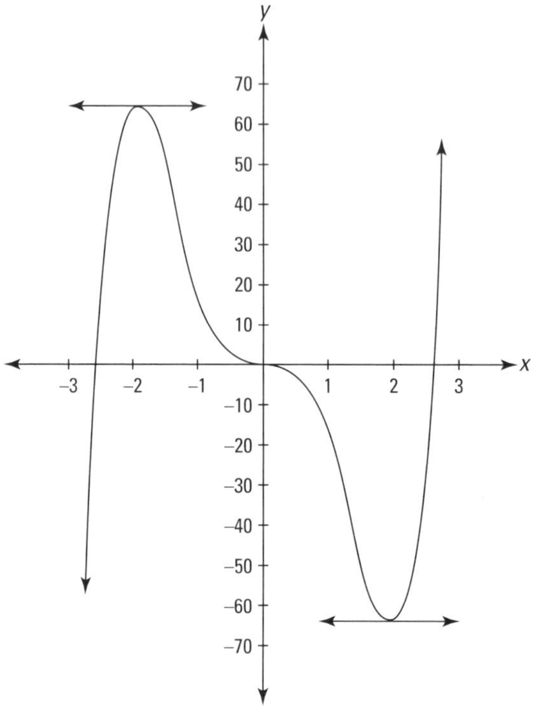

Figura 11-2: O gráfico de $f(x) = 3x^5 - 20x^3$.

2. **Coloque a derivada igual a zero e resolva em função de x.**

$$15x^4 - 60x^2 = 0$$
$$15x^2(x^2 - 4) = 0$$
$$15x^2(x+2)(x-2) = 0$$

$$15x^2 = 0 \quad \text{or} \quad x+2=0 \quad \text{or} \quad x-2=0$$
$$x=0 \quad \text{or} \quad x=-2 \quad \text{or} \quad x=2$$

Esses três valores de x são números críticos de f. Os números críticos adicionais poderão existir se a primeira derivada for indefinida em alguns valores de x, mas devido ao fato de a derivada, $15x^4 - 60x^2$, ser definida para todos os valores de entrada, o conjunto solução acima, 0, –2 e 2, é a lista completa dos números críticos. Visto que a derivada de f é igual a zero nesses três números críticos, a curva tem tangentes horizontais nesses números. Na Figura 11-2, você pode ver pequenas retas tangentes horizontais desenhadas onde $x = -2$ e $x = 2$. A terceira reta tangente horizontal, onde $x = 0$, é o eixo x.

CONCEITO CRÍTICO DE CÁLCULO

Uma curva tem uma reta tangente horizontal onde sua derivada é zero, a saber, em seus pontos críticos. Uma curva terá retas tangentes horizontais em todos os seus mínimos e máximos locais (exceto nos vértices acentuados, como o ponto *j* na Figura 11-1) e em todos os pontos de inflexão horizontais.

Agora que você tem a lista dos números críticos, precisa determinar se os picos, os vales e os pontos de inflexão ocorrem nesses valores de x. Você pode fazer isso com o teste da derivada primeira ou com o teste da derivada segunda. Eu creio que você talvez esteja se perguntando por que é preciso testar os números críticos quando você pode ver onde os picos e os vales estão apenas olhando no gráfico da Figura 11-2 — que você pode, é claro, reproduzir em sua calculadora gráfica. Bem pensado. Tudo bem, então esse problema — sem mencionar outros incontáveis problemas que você fez nos cursos de Matemática — é um tanto artificial e impraticável. Que novidade!

O teste da derivada primeira

O teste da derivada primeira é baseado em ideias do calibre do Prêmio Nobel: à medida que você passa sobre o topo de uma colina, primeiro sobe e depois desce, e quando você dirige entrando e saindo de um vale, você desce e depois sobe. Essa matéria de Cálculo é muito impressionante, não é?

Aqui está como você usa o teste. Pegue uma linha numerada e coloque os números críticos que achou acima: 0, –2 e 2. (Veja a Figura 11-3.)

Figura 11-3: Os números críticos de $f(x) = 3x^5 - 20x^3$.

Essa linha numerada é agora dividida em quatro regiões: à esquerda de –2, de –2 até 0, de 0 até 2 e à direita de 2. Escolha um valor de cada região, insira na derivada primeira e note se o seu resultado é positivo ou negativo. Usaremos os números –3, –1, 1 e 3 para testar as regiões:

$$f'(x) = 15x^4 - 60x^2$$

$$f'(-3) = 15(-3)^4 - 60(-3)^2 = 15 \cdot 81 - 60 \cdot 9 = 675$$
$$f'(-1) = 15(-1)^4 - 60(-1)^2 = 15 - 60 = -45$$
$$f'(1) = 15(1)^4 - 60(1)^2 = 15 - 60 = -45$$
$$f'(3) = 15(3)^4 - 60(3)^2 = 15 \cdot 81 - 60 \cdot 9 = 675$$

A propósito, se você notou que a derivada primeira é uma função *par*, sabe, sem fazer os cálculos, que $f(1) = f(-1)$ e $f(3) = f(-3)$. (As funções pares são descritas no Capítulo 5. Uma função polinomial com todas as potências pares, como $f'(x)$ acima, é um tipo de função par.)

Esses quatro resultados são, respectivamente, positivo, negativo, negativo e positivo. Agora, pegue a sua linha numerada, marque cada região com o sinal positivo ou negativo apropriado, e indique onde a função está crescendo (onde a derivada é positiva) e onde está decrescendo (onde a derivada é negativa). O resultado é o conhecido *gráfico de sinais*. (Veja a Figura 11-4.) (As quatro setas apontando para a direita no topo da figura simplesmente indicam que "crescendo" e "decrescendo" informam o que está acontecendo quando você se move na função da *esquerda* para a *direita*.)

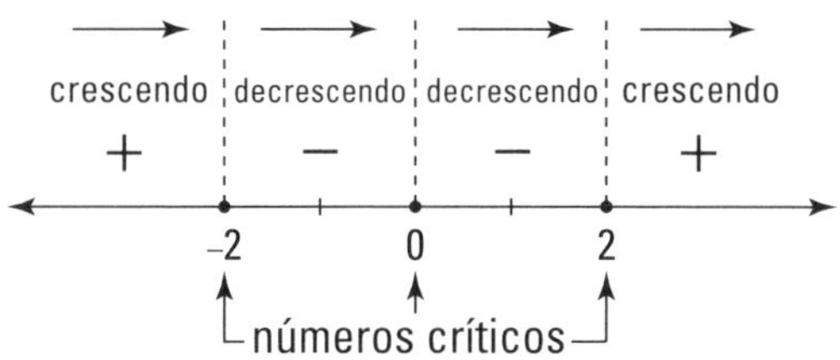

Figura 11-4: O gráfico de sinais de $f(x) = 3x^5 - 20x^3$.

A Figura 11-4 diz simplesmente o que você já sabe se olhou o gráfico de f — que a função sobe até –2, desce de –2 até 0, desce mais de 0 até 2 e sobe novamente a partir de 2.

Agora, aqui está o bicho de sete cabeças. A função muda de crescente para decrescente em –2; em outras palavras, você sobe até –2 e depois desce. Assim, em –2, você tem uma colina ou um valor máximo local. De maneira oposta, visto que a função muda de decrescente para crescente em 2, você tem aí um vale ou um valor mínimo local. E devido ao fato de os sinais da derivada primeira não mudarem (de positivo para negativo ou vice-versa) em zero, não há um mínimo nem um máximo nesse valor de x (você geralmente — como aqui — obtém um ponto de inflexão horizontal quando isso acontece).

O último passo é obter os valores das funções, em outras palavras, as alturas, desses dois valores extremos locais inserindo os valores de x na função original:

$$f(x) = 3x^5 - 20x^3$$

$$f(-2) = 3(-2)^5 - 20(-2)^3 = 64$$
$$f(2) = 3(2)^5 - 20(2)^3 = -64$$

Assim, o valor máximo local está localizado em (–2, 64) e o valor mínimo local está em (2, –64). Você terminou.

CUIDADO!

O extremo local não ocorre nos pontos de descontinuidade. Para usar o teste da derivada primeira para testar o extremo local em um número crítico em particular, a função deve ser *contínua* para esse valor de x.

O teste da derivada segunda — não, não, tudo menos outro teste!

O teste da derivada segunda é baseado em mais duas ideias ganhadoras do Prêmio Nobel: Primeiro, que no topo de uma colina, a estrada tem um formato corcunda — em outras palavras, é uma curva para baixo ou uma *concavidade para baixo*; e segundo, que no final do vale, a estrada tem um formato de uma xícara, então, é uma curva para cima ou uma *concavidade para cima*.

A concavidade de uma função em um ponto é dada pela derivada segunda: uma derivada segunda *positiva* significa que a função é côncava *para cima*, uma derivada segunda *negativa* significa que a função é côncava *para baixo* e uma derivada segunda igual a zero é *inconclusiva* (a função pode ser côncava para cima, côncava para baixo ou pode haver um ponto de inflexão nesse lugar). Então, para a nossa função f, tudo o que você terá que fazer é encontrar a derivada segunda, depois inserir os números críticos que você achou — –2, 0 e 2 — e notar se seus resultados são positivos, negativos ou zero. Quer dizer —

$$\begin{aligned} f(x) &= 3x^5 - 20x^3 \\ f'(x) &= 15x^4 - 60x^2 \quad \text{(regra da potência)} \\ f''(x) &= 60x^3 - 120x \quad \text{(regra da potência)} \end{aligned}$$

$$\begin{aligned} f''(-2) &= 60(-2)^3 - 120(-2) = -240 \\ f''(0) &= 60(0)^3 - 120(0) = 0 \\ f''(2) &= 60(2)^3 - 120(2) = 240 \end{aligned}$$

Em $x = -2$, a derivada segunda é negativa (–240). Isso diz a você que f é côncava para baixo onde x é igual a –2, então, que há um valor máximo local em –2. A derivada segunda é positiva (240) onde x é 2, então, f é côncava para cima e, dessa forma, há um valor mínimo local em $x = 2$. Devido ao fato de a derivada segunda ser igual a zero em $x = 0$, o teste da derivada segunda falha para esse número crítico — ele não diz nada sobre a concavidade em $x = 0$ ou se há um valor mínimo ou máximo local nesse lugar. Quando isso acontece, você deve usar o teste da derivada primeira.

Agora, dê mais uma olhada nos testes da derivada primeira e segunda com outro exemplo. Encontre o valor extremo local de $g(x) = 2x - 3x^{2/3} + 4$. (Veja a Figura 11-5.)

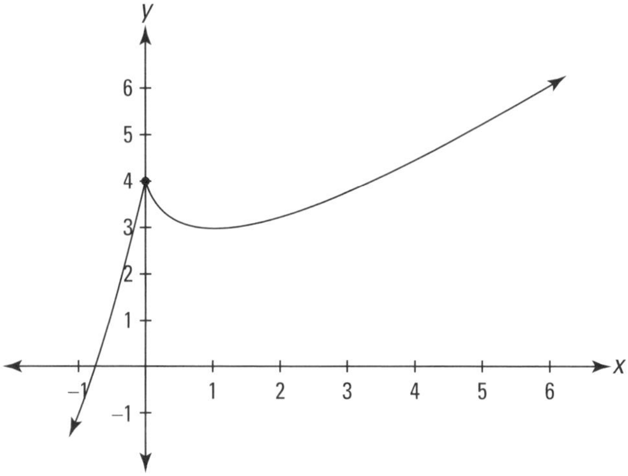

Figura 11-5: O gráfico de $g(x) = 2x - 3x^{2/3} + 4$.

1. **Encontre a derivada primeira de g.**

$$g(x) = 2x - 3x^{2/3} + 4$$
$$g'(x) = 2 - 2x^{-1/3} \quad \text{(regra da potência)}$$

2. **Coloque a derivada igual a zero e resolva.**

$$\begin{aligned} 2 - 2x^{-1/3} &= 0 \\ -2x^{-1/3} &= -2 \\ x^{-1/3} &= 1 \\ (x^{-1/3})^{-3} &= 1^{-3} \\ x &= 1 \end{aligned}$$

Assim, 1 é um número crítico.

3. **Determine se a derivada primeira é indefinida para algum valor de x.**

$2x^{-1/3}$ é igual a $\frac{2}{\sqrt[3]{x}}$. Agora, posto que a raiz cúbica de zero é zero, se você inserir zero em $\frac{2}{\sqrt[3]{x}}$, terá $\frac{2}{0}$, que é indefinido. Então, a derivada, $2 - 2x^{-1/3}$, é indefinida em $x = 0$ e, assim, 0 é outro número crítico. Dos Passos 2 e 3, você tem uma lista completa dos números críticos para g: 0 e 1.

4. **Insira os números críticos em uma linha numerada, então, use o teste da derivada primeira para descobrir o sinal de cada região.**

Você pode usar –1, 0,5 e 2 como números de teste:

$$g'(x) = 2 - 2x^{-1/3}$$

$$\begin{aligned} g'(-1) &= 4 && \text{(pos.)} \\ g'(0{,}5) &\approx -0{,}52 && \text{(neg.)} \\ g'(2) &\approx 0{,}41 && \text{(pos.)} \end{aligned}$$

A Figura 11-6 mostra o gráfico de sinais.

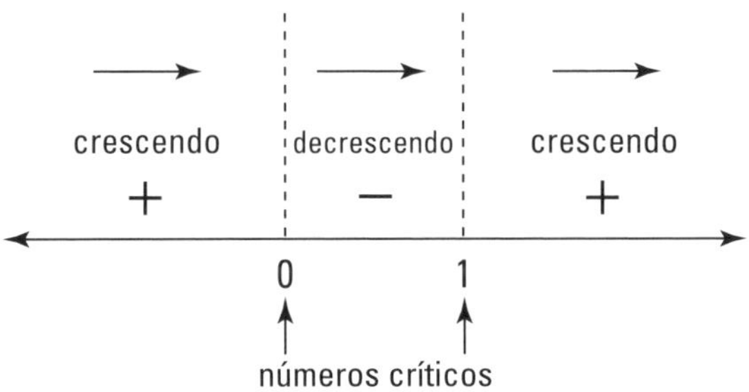

Figura 11-6: O gráfico de sinais de $g(x) = 2x - 3x^{2/3} + 4$.

Visto que a derivada primeira de g muda de positiva para negativa em 0, há um valor máximo local aí. E como a derivada primeira muda de negativa para positiva em 1, há um valor mínimo local em $x = 1$.

5. **Insira os números críticos em *g* para obter os valores da função (as alturas) desses dois números extremos locais.**

$$g(x) = 2x - 3x^{2/3} + 4 \qquad \begin{aligned} g(0) &= 4 \\ g(1) &= 3 \end{aligned}$$

Assim, há um valor máximo local em (0, 4) e um valor mínimo local em (1, 3). Você terminou.

Você poderia ter usado o teste da derivada segunda em vez do teste da derivada primeira no Passo 4. Primeiro, você precisa da derivada segunda de g, que é, como você sabe, a derivada da primeira derivada:

$$g'(x) = 2 - 2x^{-1/3}$$

$$g''(x) = \frac{2}{3}x^{-4/3}$$

Agora, avalie a derivada segunda em $x = 1$ (o número crítico do Passo 2).

$$g''(1) = \frac{2}{3}$$

Posto que $g''(1)$ é positivo, você sabe que g é côncava para cima em $x = 1$ e, consequentemente, que há um valor mínimo local aí.

No outro número crítico, $x = 0$ (do Passo 3), a derivada primeira é indefinida. O teste da derivada segunda não ajuda onde a derivada primeira é indefinida, então, você deve usar o teste da derivada primeira para esse número crítico.

Encontrando os Valores Máximos e Mínimos Absolutos em um Intervalo Fechado

Toda função contínua em um intervalo fechado tem um valor máximo e um valor mínimo absolutos nesse intervalo — em outras palavras, um ponto máximo e mínimo — embora, como você pode ver no exemplo a seguir, possa haver um empate entre o valor máximo e mínimo.

LEMBRE-SE

Um intervalo *fechado* como [2, 5] inclui os pontos finais 2 e 5. Um intervalo *aberto* como (2, 5) exclui os pontos finais.

Encontrar o valor máximo e mínimo absolutos é muito fácil. Tudo o que você faz é calcular os números críticos da função no dado intervalo, determinar a altura da função em cada número crítico e, depois, descobrir a altura da função nos dois pontos finais do intervalo. O maior desse conjunto de alturas é o valor máximo absoluto; e o menor, claro, é o valor mínimo absoluto. Aqui tem um exemplo: Encontre os valores máximo e mínimo absoluto de $h(x) = \cos(2x) - 2\,\text{sen}\,x$ no intervalo fechado $\left[\frac{\pi}{2}, 2\pi\right]$.

1. **Encontre os números críticos de h no intervalo aberto $\left(\frac{\pi}{2}, 2\pi\right)$.**

   (Veja o Capítulo 6 se você estiver um pouco enferrujado em funções trigonométricas.)

$$\begin{aligned} h(x) &= \cos(2x) - 2\,\text{sen}\,x \\ h'(x) &= -\text{sen}(2x)\cdot 2 - 2\cos x && \text{(pela regra da cadeia)} \\ 0 &= -2\,\text{sen}(2x) - 2\cos x && \text{(agora, divida ambos os lados por } -2\text{)} \\ 0 &= \text{sen}(2x) + \cos x && \text{(agora, use uma identidade trigonométrica)} \\ 0 &= 2\,\text{sen}\,x\cos x + \cos x && \text{(fatore } \cos x\text{)} \\ 0 &= \cos x(2\,\text{sen}\,x + 1) \end{aligned}$$

$$\begin{aligned} &\cos x = 0 \quad \text{ou} \quad 2\,\text{sen}\,x + 1 = 0 \\ &x = \frac{3\pi}{2} \qquad\qquad \text{sen}\,x = -\frac{1}{2} \\ &\qquad\qquad\qquad\quad x = \frac{7\pi}{6}, \frac{11\pi}{6} \end{aligned}$$

   Assim, os zeros de h' são $\frac{7\pi}{6}$, $\frac{3\pi}{2}$ e $\frac{11\pi}{6}$, e como h' é definida para todos os números de entrada, essa é uma lista completa de números críticos.

2. **Calcule os valores da função (as alturas) em cada número crítico.**

$$h(x) = \cos(2x) - 2\,\text{sen}\,x$$

$$h\left(\frac{7\pi}{6}\right) = \cos\left(2\cdot\frac{7\pi}{6}\right) - 2\,\text{sen}\left(\frac{7\pi}{6}\right)$$
$$= 0{,}5 - 2\cdot(-0{,}5) = 1{,}5$$
$$h\left(\frac{3\pi}{2}\right) = \cos\left(2\cdot\frac{3\pi}{2}\right) - 2\,\text{sen}\left(\frac{3\pi}{2}\right)$$
$$= -1 - 2\cdot(-1) = 1$$
$$h\left(\frac{11\pi}{6}\right) = \cos\left(2\cdot\frac{11\pi}{6}\right) - 2\,\text{sen}\left(\frac{11\pi}{6}\right)$$
$$= 0{,}5 - 2\cdot(-0{,}5) = 1{,}5$$

3. **Determine os valores da função nos pontos finais do intervalo.**

$$h\left(\frac{\pi}{2}\right) = \cos\left(2\cdot\frac{\pi}{2}\right) - 2\,\text{sen}\left(\frac{\pi}{2}\right)$$
$$= -1 - 2\cdot 1 = -3$$
$$h(2\pi) = \cos(2\cdot 2\pi) - 2\,\text{sen}(2\pi)$$
$$= 1 - 2\cdot 0 = 1$$

Assim, a partir dos Passos 2 e 3, você encontrou cinco alturas: 1,5; 1; 1,5; –3 e 1. O maior número nessa lista, 1,5, é o valor máximo absoluto; o menor, –3, é o valor mínimo absoluto.

O valor máximo absoluto ocorre em dois pontos: $\left(\frac{7\pi}{6};1{,}5\right)$ e $\left(\frac{11\pi}{6};1{,}5\right)$. O valor mínimo absoluto ocorre em um dos pontos finais, $\left(\frac{\pi}{2}, -3\right)$ e é, então, chamado de *ponto extremo*.

A Tabela 11-1 mostra os valores de $h(x) = \cos(2x) - 2\,\text{sen}\,x$ em três números críticos no intervalo de $\frac{\pi}{2}$ até 2π e nos pontos extremos do intervalo; a Figura 11-7 mostra o gráfico de h.

Tabela 11-1 Valores de $h(x) = \cos(2x) - 2\text{sen}\,x$ nos Números Críticos e nos Pontos Extremos para o Intervalo $\left[\frac{\pi}{2}, 2\pi\right]$

$h(x)$	–3	1,5	1	1,5	1
x	$\frac{\pi}{2}$	$\frac{7\pi}{6}$	$\frac{3\pi}{2}$	$\frac{11\pi}{6}$	2π

Algumas observações. Primeiramente, como você pode ver na Figura 11-7, ambos os pontos $\left(\frac{7\pi}{6}; 1{,}5\right)$ e $\left(\frac{11\pi}{6}; 1{,}5\right)$ são valores máximos *locais* de *h* e o ponto $\left(\frac{3\pi}{2}, 1\right)$ é um valor *mínimo* local de *h*. Todavia, se você quiser encontrar apenas os extremos *absolutos* em um intervalo fechado, não precisa prestar atenção se os pontos críticos são máximos ou mínimos locais, ou nenhum dos dois. E assim, você não precisa se preocupar em usar os testes da derivada primeira ou segunda. Tudo o que terá que fazer é determinar as alturas nos números críticos e nos pontos extremos, depois, escolher os maiores e menores números da lista. Em segundo lugar, os valores máximo e mínimo absolutos no dado intervalo não diz nada sobre como a função se comporta fora do intervalo. A função *h*, por exemplo, pode crescer para além de 1,5 fora do intervalo de $\frac{\pi}{2}$ até 2π (embora não cresça) e ela pode descer mais baixo que –3 (embora nunca desça).

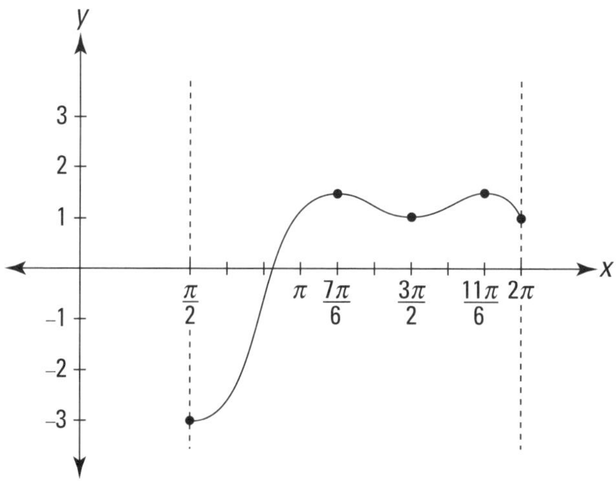

Figura 11-7: O gráfico de $h(x) = \cos(2x) - 2\text{sen } x$.

Encontrando os Valores Máximos e Mínimos Absolutos Sobre Todo o Domínio de uma Função

O *máximo absoluto* e o *mínimo absoluto* de uma função sobre todo o seu domínio são os valores maior e menor (alturas) da função em qualquer lugar que seja definida. Diferentemente da seção anterior, onde você viu que uma função contínua deve ter um máximo e um mínimo absolutos em um intervalo fechado, quando você considera todo o domínio de uma função, uma função pode ter um máximo ou um mínimo absoluto, ambos ou nenhum dos dois.

Por exemplo, a parábola $y = x^2$ tem um mínimo absoluto no ponto (0, 0) — a base do seu formato de xícara — mas nenhum máximo absoluto porque sobe para sempre para a esquerda e para a direita. Você pode dizer que seu máximo absoluto seria infinito se não fosse pelo fato de que infinito não é um número e, assim, não pode ser qualificado como um máximo (e o mesmo, é claro, para o infinito negativo como um mínimo absoluto).

Por outro lado, a ideia dos pontos mais altos e mais baixos de uma função parece muito simples, não é? Mas há um problema em como funciona. O problema é a categoria de coisas que *não* se qualificam como máximos ou mínimos.

Já mencionei que o infinito e o infinito negativo não se qualificam. Então, há "extremos" vazios como (3, 4) em $f(x)$ na Figura 11-8. $f(x)$ não tem um máximo absoluto. Seu máximo não é 4 porque nunca chega a 4 e seu máximo não pode ser nada inferior a 4, como 3,999 porque fica mais alto que isso, digamos 3,9999. Do mesmo modo, um intervalo infinitesimal em uma função não pode qualificar-se como um máximo ou um mínimo. Por exemplo, considere a função de valor absoluto, $y = |x|$, você sabe, a função com formato V com o vértice agudo na origem; se você não puder imaginá-la, veja novamente a função g na Figura 7-8. $y = |x|$ não tem nenhum máximo absoluto porque sobe ao infinito. Seu mínimo absoluto é zero (em (0, 0), claro). Mas, agora, digamos que você altere um pouco a função retirando o ponto em (0, 0) e deixando um intervalo infinitesimal no lugar. Agora, a função não tem nenhum mínimo absoluto.

Agora, considere $g(x)$ na Figura 11-8. Ele mostra outro tipo de situação que não se qualifica como um mínimo (ou máximo). $g(x)$ não tem nenhum mínimo absoluto. Indo para a esquerda, g se move lentamente na assíntota horizontal em $y = 0$, sempre descendo cada vez mais, mas nunca ficando tão baixo quanto zero. Como nunca chega a zero, zero não pode ser o mínimo absoluto e não pode haver nenhum outro mínimo absoluto (como, digamos, 0,0001) porque em algum ponto à esquerda, g ficará abaixo de qualquer número que você possa citar.

Tendo isso em mente, aqui está a abordagem passo a passo para localizar o máximo e o mínimo absolutos de uma função (se houver algum):

1. **Encontre a altura da função em cada um de seus números críticos. (Lembre-se de que os números críticos de uma função são os valores x no domínio da função, onde a derivada é zero ou indefinida.)**

   Você fez isso na seção anterior, mas desta vez, você considera *todos* os números críticos, não apenas aqueles em um dado intervalo. O mais alto desses valores será o máximo absoluto da função, a menos que a função suba mais que esse ponto e neste caso, a função não terá um máximo absoluto. O menor desses valores será o mínimo absoluto da função, a menos que a função desça mais que esse ponto e neste caso, não terá um mínimo absoluto. Os Passos 2 e 3 ajudarão a descobrir se a função sobe mais que o ponto crítico mais alto e/ou desce mais que o ponto crítico mais baixo. Se você aplicar o Passo 1 em $g(x)$ na Figura 11-8, descobrirá que ela não tem nenhum ponto crítico. Quando isso acontece, você terminou. A função não tem um máximo absoluto nem um mínimo absoluto.

2. **Verifique se a função sobe ao infinito e/ou desce ao infinito negativo.**

   Se a função sobe ao infinito positivo ou desce ao infinito negativo, ela faz isso em sua extrema direita ou esquerda, ou em uma assíntota vertical. Portanto, avalie o $\lim_{x\to\infty} f(x)$ e o $\lim_{x\to-\infty} f(x)$ — o chamado *comportamento final* da função — e o limite da função quando x se aproxima de cada assíntota vertical (se houver alguma) a partir da esquerda e da direita. Se a função subir ao infinito, ela não terá nenhum máximo absoluto; se ela descer ao infinito negativo, não terá nenhum mínimo absoluto.

3. **Desenhe o gráfico da função para verificar as assíntotas horizontais e os comportamentos estranhos, como a descontinuidade de salto em $f(x)$ na Figura 11-8.**

   Observe o gráfico da função. Se você vir que a função sobe mais que o mais alto de seus pontos críticos, ela não tem nenhum máximo absoluto; se ele desce mais que o mais baixo de seus pontos críticos, ela não tem nenhum mínimo absoluto. Aplicando este processo de 3 passos em f(x) e g(x) na Figura 11-8, o Passo 1 revelaria dois pontos críticos: o extremo em (3, 1) e o máximo local em mais ou menos (4,1; 1,3). No Passo 2, você descobriria que f desce ao infinito negativo e, assim, não tem nenhum mínimo absoluto. Finalmente, no Passo 3, você veria que g sobe mais alto que o mais alto dos pontos críticos, (4,1; 3,1), e que, portanto, não tem nenhum máximo absoluto. Você terminou!

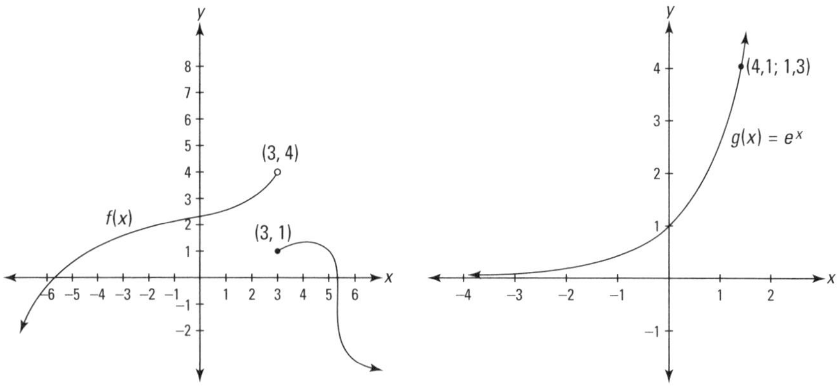

Figura 11-8: Duas funções com nenhum extremo absoluto.

Localizando a Concavidade e os Pontos de Inflexão

Veja novamente a função $f(x)=3x^5-20x^3$ na Figura 11-2. Você usou os três números críticos de f, –2, 0 e 2, para achar o valor extremo local: (–2, 64) e (2, –64). Esse tópico investiga o que acontece em outra parte da função — especificamente, onde a função é côncava para cima ou para baixo, e onde a concavidade muda (os pontos de inflexão).

O processo para encontrar a concavidade e os pontos de inflexão é parecido com usar o teste da derivada primeira e o gráfico de sinais para encontrar o valor extremo local, exceto que agora você usa a derivada segunda. (Veja a seção "Encontrando os Valores Extremos Locais".) Aqui, o que você faz é encontrar os intervalos da concavidade e os pontos de inflexão de $f(x)=3x^5-20x^3$.

1. **Encontre a derivada segunda de f.**

$$\begin{aligned} f(x) &= 3x^5-20x^3 \\ f' &= 15x^4-60x^2 \quad \text{(a regra da potência)} \\ f'' &= 60x^3-120x \quad \text{(a regra da potência)} \end{aligned}$$

2. **Coloque a derivada segunda igual a zero e resolva.**

$$\begin{aligned} 60x^3-120x &= 0 \\ 60x(x^2-2) &= 0 \end{aligned}$$

$$\begin{aligned} 60x &= 0 & \quad \text{ou} \quad & & x^2-2 &= 0 \\ x &= 0 & & & x^2 &= 2 \\ & & & & x &= \pm\sqrt{2} \end{aligned}$$

3. **Determine se a derivada segunda é indefinida para qualquer valor de x.**

$f''=60x^3-120x$ é definida para todos os números reais, então, não há nenhum outro valor de x para adicionar à lista do Passo 2. Assim, a lista completa é $-\sqrt{2}$, 0 e $\sqrt{2}$.

Os Passos 2 e 3 lhe dão o que você chamaria de "números críticos da segunda derivada" de f porque eles são parecidos com os números críticos de f que você encontra usando a derivada primeira. Mas, até onde eu sei, esse conjunto de números não tem um nome especial. O importante é saber que essa lista é formada pelos zeros de f'' mais qualquer valor de x onde f'' é indefinido.

4. **Represente esses números numa linha numerada e teste as regiões com a derivada *segunda*.**

   Use –2, –1, 1 e 2 como números de teste.

   $$f''(x) = 60x^3 - 120x$$

   $$\begin{aligned} f''(-2) &= -240 \quad \text{(neg.)} \\ f''(-1) &= 60 \quad \text{(pos.)} \\ f''(1) &= -60 \quad \text{(neg.)} \\ f''(2) &= 240 \quad \text{(pos.)} \end{aligned}$$

   A Figura 11-9 mostra o gráfico de sinais.

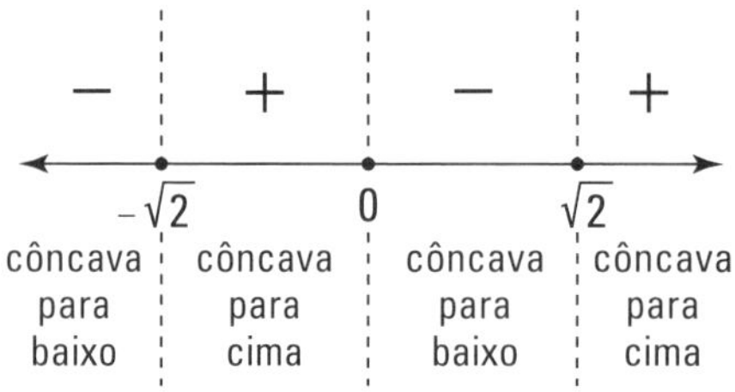

Figura 11-9: O gráfico de sinais da derivada segunda para $f(x) = 3x^5 - 20x^3$.

   Um sinal positivo no gráfico de sinais diz a você que a função é côncava para cima naquele intervalo; um sinal negativo significa uma concavidade para baixo. A função tem um ponto de inflexão (geralmente) em qualquer valor de *x* onde os sinais mudam de positivo para negativo ou vice-versa.

   Devido ao fato de os sinais mudarem em $-\sqrt{2}$, 0 e $\sqrt{2}$, e como esses três números são zeros de f'', os pontos de inflexão ocorrem nesses valores de *x*. Se, no entanto, você tem um problema onde os sinais mudam em um número onde f'' é indefinido, você precisa verificar uma coisa adicional antes de concluir que nesse ponto há um ponto de inflexão. Um ponto de inflexão existe em um dado valor de *x* somente se você pode desenhar uma reta tangente à função nesse número. Esse é o caso se a primeira derivada existe nesse número ou onde há uma tangente vertical.

5. **Insira esses três valores de *x* em *f* para obter os valores da função dos três pontos de inflexão.**

   $$f(x) = 3x^5 - 20x^3$$

   $$\begin{aligned} f(-\sqrt{2}) &\approx -39{,}6 \\ f(0) &= 0 \\ f(\sqrt{2}) &\approx 39{,}6 \end{aligned}$$

A raiz quadrada de dois é igual a mais ou menos 1,4, então, há pontos de inflexão por volta de (–1,4; 39,6), (0, 0) e por volta de (1,4; –39,6). Você terminou.

A Figura 11-10 mostra os pontos de inflexão de *f*, bem como seus extremos locais e seus intervalos de concavidade.

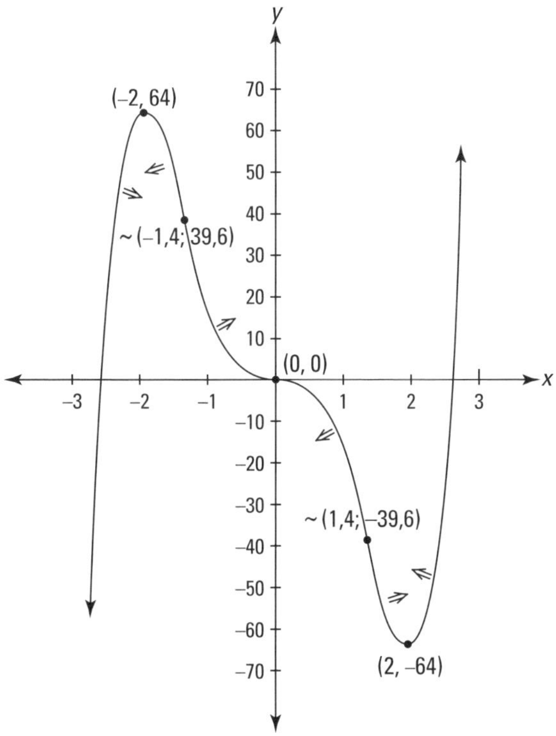

Figura 11-10: O gráfico de $f(x) = 3x^5 - 20x^3$ mostrando seu extremo local, seus pontos de inflexão e seus intervalos de concavidade.

Olhando os Gráficos das Derivadas Até que Eles me Tirem do Sério

Você pode aprender muito sobre as funções e suas derivadas vendo seus gráficos lado a lado e comparando suas características importantes. Continuemos com a mesma função, $f(x) = 3x^5 - 20x^3$; estamos percorrendo *f* da esquerda para a direita (veja a Figura 11-11), pausando para observar seus pontos de interesse e também para observar o que está acontecendo com o gráfico de $f' = 15x^4 - 60x^2$ nos mesmos pontos. Mas, primeiro, verifique o (longo) aviso abaixo da figura.

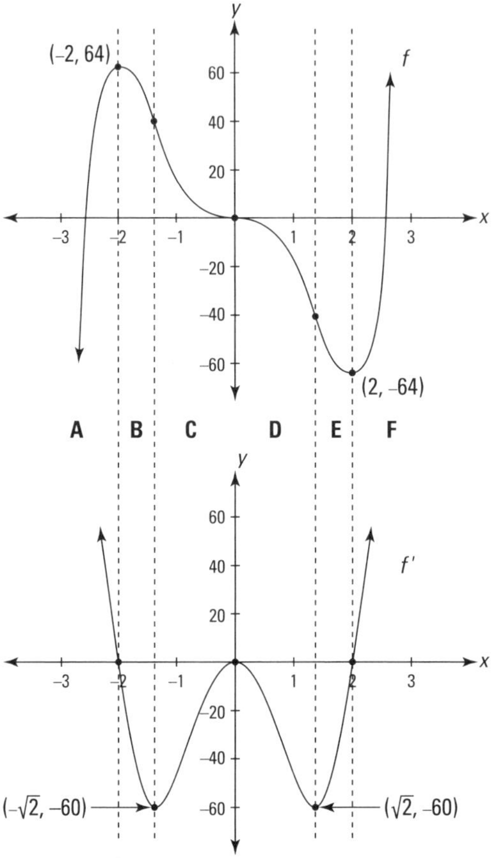

Figura 11-11: $f(x) = 3x^5 - 20x^3$ e sua derivada primeira $f' = 15x^4 - 60x^2$.

CUIDADO!

Isto NÃO é a função! Quando você vê o gráfico de f' na Figura 11-11 ou o gráfico de qualquer outra derivada, talvez precise lembrar a cada minuto que "Esta é a *derivada* que você está vendo, e *não* a função! Você já olhou para centenas e centenas de gráficos de funções ao longo dos anos, então, quando você começa a ver os gráficos de derivadas, pode facilmente pensar nelas como sendo funções normais. Você pode, por exemplo, ver um intervalo que está subindo no gráfico de uma derivada e, por engano, concluir que a função original também pode estar subindo no mesmo intervalo — um erro compreensível. Você sabe que a derivada primeira é a mesma coisa que a inclinação. Então, quando você vê o gráfico da derivada primeira subindo, talvez pense: "Ó, a derivada primeira (a inclinação) está subindo e quando a inclinação sobe é a mesma coisa que estar subindo uma colina, então, a função original deve estar crescendo". Isso parece razoável porque, *vagamente* falando, você pode descrever o lado da frente de uma colina como uma inclinação que está subindo, crescendo. Mas, *matematicamente* falando, o lado da frente de uma colina tem uma inclinação *positiva*, não necessariamente uma inclinação *crescente*. Assim, onde a função estiver crescendo, o gráfico de sua derivada será *positivo*, mas pode estar subindo ou descendo. Digamos que você esteja subindo uma colina. À medida que você se aproxima do topo da colina, ainda está *subindo*, mas, em geral, a *inclinação* (o declive) está *descendo*. Talvez seja 3, depois 2, depois 1 e, depois, no topo da colina, a inclinação é zero. Então, a inclinação está ficando menor ou *decrescendo*, mesmo quando você está subindo a colina. Nesse tipo de intervalo, o gráfico da função é *crescente*, mas o gráfico da sua derivada é *decrescente*. Entendeu?

Tudo bem, voltemos a *f* e sua derivada na Figura 11-11. Começando da esquerda e indo em direção à direita, *f* cresce até o máximo local em (–2, 64). Ela está subindo, então, sua inclinação é *positiva*, mas *f* está ficando cada vez menos inclinada e, assim, sua inclinação é *decrescente* — a inclinação decresce até se tornar zero no topo. Isso corresponde ao gráfico de *f'* (a inclinação), que é *positiva* (porque está acima do eixo *x*), mas *decrescente* à medida que desce para o ponto (–2, 0). Resumiremos a viagem inteira em *f* e *f'* com a seguinte lista de regras.

CONCEITO CRÍTICO DE CÁLCULO

Regras são regras:

- Um intervalo *crescente* em uma função corresponde a um intervalo no gráfico de sua derivada, que é *positivo* (ou zero para um ponto se a função tiver um ponto de inflexão horizontal). Em outras palavras, o intervalo crescente de uma função corresponde à parte do gráfico da derivada que está acima do eixo *x* (ou que toca o eixo em um único ponto, no caso de um ponto de inflexão horizontal). Veja os intervalos A e F na Figura 11-11.
- Um máximo local no gráfico de uma função (como (–2, 64)) corresponde a um zero (ou a interseção *x*) em um intervalo do gráfico de sua derivada que cruza o eixo *x descendo* (como em (–2, 0)).

DICA

Em um gráfico da derivada, você obteve um eixo *m*. Quando você estiver vendo vários pontos no gráfico da derivada, não esqueça que a coordenada *y* de um ponto — como (–2, 0) — em um gráfico da derivada primeira diz a você a *inclinação* da função original, não sua altura. Pense no eixo *y* no gráfico da derivada primeira como sendo o eixo da *inclinação* ou o eixo *m*; você poderia considerar os pontos gerais no gráfico da derivada primeira como tendo as coordenadas (*x*, *m*).

- Um intervalo *decrescente* em uma função corresponde a um intervalo *negativo* no gráfico da derivada (ou zero para um ponto se a função tiver um ponto de inflexão horizontal). O intervalo negativo no gráfico da derivada está abaixo do eixo *x* (ou no caso de um ponto de inflexão horizontal, o gráfico da derivada toca o eixo *x* em um único ponto). Veja os intervalos B, C, D e E na Figura 11-11 (mas considere-os como uma única seção), onde *f* desce o caminho todo até o máximo local em (–2, 64) até o mínimo local em (–2, 64), e onde *f'* é negativo entre (–2, 0) e (2, 0), exceto pelo ponto (0, 0) em *f'*, que corresponde ao ponto de inflexão horizontal em *f*.
- O *mínimo* local no gráfico de uma função corresponde a um zero (uma interseção *x*) em um intervalo do gráfico de sua derivada que cruza o eixo *x* subindo (como em (2, 0)).

Agora, faremos uma segunda viagem em f para considerar seus intervalos de concavidade e seus pontos de inflexão. Primeiramente, considere os intervalos A e B na Figura 11-11. O gráfico de f é côncavo para baixo — o que significa a mesma coisa que uma inclinação *decrescente* — até que chegue ao ponto de inflexão em mais ou menos (–1,4; 39,6).

Então, o gráfico de f' *decresce* até chegar à base em mais ou menos (–1,4, –60). Essas coordenadas dizem que o ponto de inflexão em –1,4 em f tem uma inclinação igual a –60. Note que o ponto de inflexão em f em (–1,4; 39,6) é o ponto mais íngreme nesse pedaço da função, mas tem a *menor* inclinação porque sua inclinação é um número *negativo* maior que a inclinação de qualquer ponto próximo.

Entre (–1,4; 39,6) e o próximo ponto de inflexão em (0, 0), f é côncava para cima, o que significa a mesma coisa que uma inclinação *crescente*. Assim, o gráfico de f' *cresce* a partir de mais ou menos –1,4 até onde toca o máximo local em (0, 0). Veja o intervalo C na Figura 11-11. Faremos uma pausa em nossa viagem para ver mais algumas regras.

Mais regras:

- Um intervalo de concavidade para *baixo* no gráfico de uma função corresponde a um intervalo *decrescente* no gráfico de sua derivada (intervalos A, B e D na Figura 11-11). E um intervalo com concavidade para *cima* da função corresponde a um intervalo *crescente* na derivada (intervalos C, E e F).
- Um *ponto de inflexão* em uma função (exceto para um ponto de inflexão vertical onde a derivada é indefinida) corresponde ao *extremo local* no gráfico de sua derivada. Um ponto de inflexão de inclinação *mínima* (em sua vizinhança) corresponde ao *mínimo* local no gráfico da derivada; um ponto de inflexão de inclinação *máxima* (em sua vizinhança) corresponde ao *máximo* local no gráfico da derivada.

Retomando nossa viagem, depois de (0, 0), f é côncava para baixo até o seu ponto de inflexão em mais ou menos (1,4; –39,6) — isso corresponde à seção decrescente de f' de (0, 0) até seu mínimo em (1,4, –60) (intervalo D na Figura 11-11). Finalmente, f é côncava para cima no resto do caminho, que corresponde à seção crescente em f' começando em (1,4, –60) (intervalos E e F na figura).

Bem, isso quase leva você ao final da estrada por agora. Ir e voltar entre os gráficos de uma função e de sua derivada pode ser muito irritante no começo. Se sua cabeça começar a girar, faça uma pausa e volte a isso depois.

Se eu ainda não consegui tirá-lo do sério com as *derivações* — essas piadinhas do Cálculo não são fantásticos? — talvez esse tópico final faça isso. Olhe novamente o gráfico da derivada, f', na Figura 11-11 e também o gráfico dos sinais para f' na Figura 11-9. Esse gráfico de sinais, como é um gráfico de sinais da derivada segunda, produz exatamente (bem, quase exatamente) a mesma relação para o gráfico de f' como o gráfico de sinais da derivada primeira produz para o gráfico de uma função normal. Em outras palavras, os intervalos *negativos* no gráfico de sinais na Figura 11-9 (para a esquerda de $-\sqrt{2}$ e entre 0 e $\sqrt{2}$) mostram onde o gráfico de f' está *decrescendo*; os intervalos *positivos* no gráfico de sinais (entre $-\sqrt{2}$ e 0, e para a direita de $\sqrt{2}$) mostram onde f' está *crescendo*. E os pontos onde os sinais trocam de positivo para negativo ou vice-versa (em $-\sqrt{2}$, 0 e $\sqrt{2}$) mostram onde f' tem o extremo local. Nem um pouco claro, não é?

O Teorema do Valor Médio — GRRRRR

Você não precisa do teorema do valor médio para muita coisa, mas é um teorema famoso — um entre os dois ou três mais importantes em todo o Cálculo —, então, você realmente deveria aprendê-lo. É muito simples e tem uma conexão legal com o teorema do valor médio para as integrais que eu mostro no Capítulo 17. Veja a Figura 11-12.

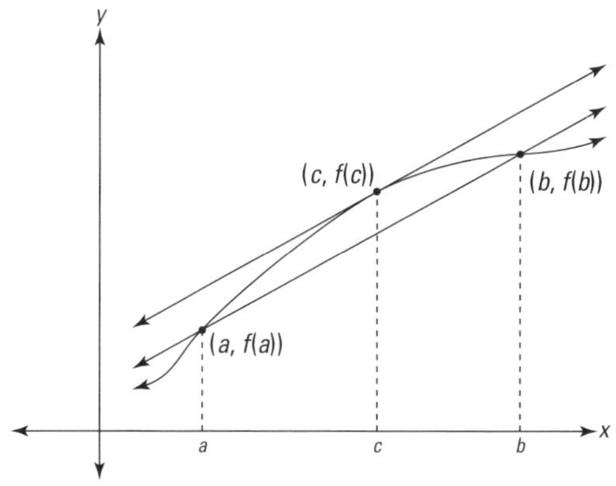

Figura 11-12: Uma ilustração do teorema do valor médio.

Aqui está a definição formal desse teorema.

MÁGICA MATEMÁTICA

O teorema do valor médio: Se f é contínua no intervalo fechado $[a, b]$ e diferenciável no intervalo aberto (a, b), então, existe pelo menos um número c em (a, b), tal que

$$f'(c) = \frac{f(b) - f(a)}{b - a}$$

Agora, a versão em português básico. Primeiro, você precisa tomar cuidado com os detalhes. As exigências no teorema de que a função seja contínua e diferenciável apenas garantem que a função é uma função normal e uniforme sem saltos ou vértices. Mas, pelo fato de somente algumas funções estranhas terem saltos ou vértices, você geralmente não precisa preocupar-se com esses detalhes.

Aqui está o que o teorema significa. A reta secante que conecta os pontos $(a, f(a))$ e $(b, f(b))$ na Figura 11-12 tem uma inclinação dada pela fórmula da inclinação:

$$Inclinação = \frac{y_2 - y_1}{x_2 - x_1}$$
$$= \frac{f(b) - f(a)}{b - a}$$

Note que isso é o mesmo que o lado direito da equação do teorema do valor médio. A derivada em um ponto é a mesma coisa que a inclinação da reta tangente nesse ponto, então, o teorema diz apenas que deve haver pelo menos um ponto entre a e b, onde a inclinação da tangente seja a mesma que a inclinação da reta secante de a até b. O resultado são retas paralelas, como na Figura 11-12.

Por que precisa ser assim? Aqui está um argumento visual. Imagine que você pegue uma reta secante que conecta $(a, f(a))$ e $(b, f(b))$, depois, você a deslize para cima, mantendo-a paralela à reta secante original. Você consegue ver que os dois pontos da interseção entre essa linha deslizante e a função — os pontos que começam em $(a, f(a))$ e $(b, f(b))$ — começarão a ficar gradualmente mais perto um do outro até que fiquem juntos em $(c, f(c))$? Se você aumentar uma linha para mais longe, soltará da função completamente. Nesse último ponto de interseção, $(c, f(c))$, a linha deslizante toca a função em um único ponto e é, assim, tangente à função nesse lugar, enquanto tem a mesma inclinação da reta secante original. Bem, é o suficiente. Essa explicação é um pouco simplificada demais, mas servirá.

Aqui está um tipo de argumento completamente diferente que deve apelar para o seu bom senso. Se a função da Figura 11-12 lhe dá a leitura do indicador de distância do carro como uma função do tempo, então, a inclinação da reta secante de a até b lhe dá a velocidade média durante esse intervalo de tempo, porque dividir a distância viajada, $f(b) - f(a)$, pelo tempo transcorrido, $b - a$, fornecerá a velocidade média. O ponto $(c, f(c))$, garantido pelo teorema do valor médio, é um ponto onde a velocidade instantânea — dada pela derivada de $f'(c)$ — é igual à velocidade média.

Agora, imagine que você tenha feito uma viagem e a velocidade média tenha sido de 80 quilômetros por hora. O teorema do valor médio garante que você estava indo a exatamente 80km/h por, pelo menos, um momento durante sua viagem. Pense sobre isso. Sua velocidade média não poderá ser 80km/h se você for a menos de 80km/h em uma parte do caminho e a mais de 80km/h em outras partes. Para ter a média de 80km/h, você vai a exatamente 80km/h a viagem inteira ou vai mais lentamente que 80km/h em uma parte e mais rapidamente que 80km/h em outra parte. E se estiver dirigindo a menos de 80km/h em um ponto e a mais de 80km/h em outro ponto (ou vice-versa), terá que alcançar exatamente 80km/h pelo menos uma vez à medida que acelera (ou freia). Você não pode pular para mais de 80km/h — por exemplo, você está indo a 79km/h em um momento e depois a 81km/h no próximo — porque as velocidades aumentam *deslizando* pela escala, e não pulando. Então, em algum ponto, seu velocímetro deslizará passando de 80km/h e, por pelo menos um instante, você estará a exatamente 80km/h. Isso é tudo que o teorema do valor médio diz.

Capítulo 12

Seus Problemas Estão Resolvidos: A Diferenciação ao Resgate!

Neste Capítulo

- Fazendo um bom negócio — problemas de otimização
- Posição, velocidade e aceleração — VROOOOM
- Taxas relacionadas — preparem-se

Na introdução, eu argumento que o Cálculo tem mudado o mundo de maneiras incontáveis, que o seu impacto não está limitado à Torre de Marfim da Matemática, mas que está ao nosso redor em coisas práticas como nos micro-ondas, telefones celulares e carros. Bem, agora estamos no capítulo 12, e eu estou *finalmente* preparado para mostrar como usar o Cálculo para resolver alguns problemas práticos.

Aproveitando o Melhor (ou Pior) da Vida: Problemas de Otimização

Uma das utilidades mais práticas da diferenciação é encontrar o valor máximo ou mínimo de uma função real: a produtividade máxima de uma fábrica, a força máxima de um feixe, o tempo mínimo para realizar uma tarefa, o alcance máximo de um míssil, e assim por diante. Iremos começar com alguns exemplos padrões de Geometria.

O volume máximo de uma caixa

Uma caixa sem tampa será fabricada a partir de um pedaço de papelão de 30cm por 30cm cortado e dobrado como mostrado na Figura 12-1.

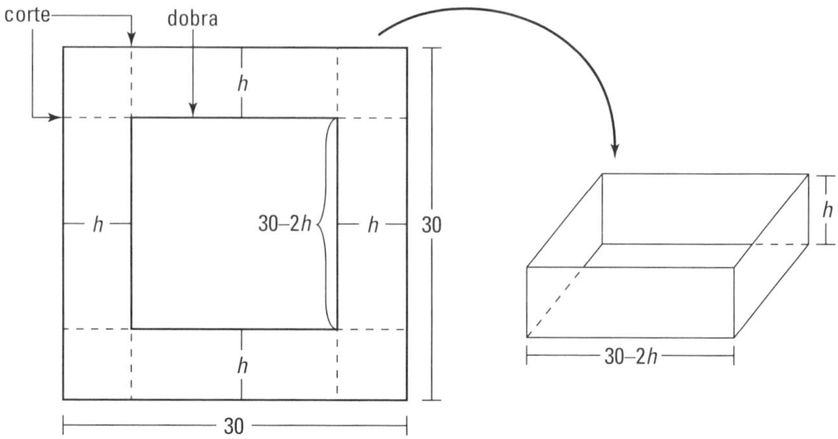

Figura 12-1: A caixa é feita de pedaços de papelão de 30cm por 30cm cortando as quinas e dobrando os lados.

Quais são as dimensões que produzirão uma caixa com o volume máximo? A Matemática geralmente parece abstrata e impraticável, mas aqui está um genuíno problema prático (bem... quase). Se um fabricante puder vender caixas grandes por mais e está produzindo 100 mil caixas, é melhor você acreditar que ele quer a resposta exata para essa pergunta. Veja aqui como fazer:

1. **Expresse a coisa que você quer maximizar, o volume, como uma função da incógnita, a altura da caixa (que é a mesma que o comprimento do corte).**

   $V = l \cdot w \cdot h$

   $$\begin{aligned} V(h) &= (30-2h)(30-2h)\cdot h \\ &= (900-120h+4h^2)\cdot h \\ &= 4h^3-120h^2+900h \end{aligned}$$

   (Você pode ver na Figura 12-1 que tanto o *comprimento* como a *largura* são iguais a 30 – 2*h*.)

2. **Determine o domínio da função.**

   A altura não pode ser negativa e como o comprimento (e a largura) da caixa é igual a 30 – 2*h*, que pode ser negativo, *h* não pode ser mais que 15. Assim, os valores possíveis para *h* são $0 \le h \le 15$. Você agora quer encontrar o valor máximo de V(*h*) nesse intervalo. Você usa o método da seção “Encontrando os Valores Máximos e Mínimos Absolutos em um Intervalo Fechado” no Capítulo 11.

3. **Encontre os números críticos de V(*h*) no intervalo aberto (0, 15) colocando a derivada igual a zero e resolvendo. E não se esqueça de verificar os números onde a derivada é indefinida.**

$$\begin{aligned} V(h) &= 4h^3 - 120h^2 + 900h \\ V'(h) &= 12h^2 - 240h + 900 && \text{(regra da potência)} \\ 0 &= 12h^2 - 240h + 900 \\ 0 &= h^2 - 20h + 75 && \text{(dividindo ambos os lados por 12)} \\ h &= (h-15)(h-5) && \text{(fatoração trinomial comum)} \\ h &= 15 \text{ ou } 5 \end{aligned}$$

Como 15 não está no intervalo aberto (0, 15), ele não é considerado um número crítico (embora este seja um ponto discutível, já que você acaba testando-o no Passo 4). E como esta derivada é definida para todos os valores de entrada e, assim, claro, nunca é *indefinida*, não há números críticos adicionais. Portanto, 5 é o único número crítico.

4. **Avalie a função no número crítico, 5, e nos extremos do intervalo, 0 e 15, para localizar o máximo da função.**

$$V(h) = 4h^3 - 120h^2 + 900h$$

$$\begin{aligned} V(0) &= 0 \\ V(5) &= 2000 \\ V(15) &= 0 \end{aligned}$$

CUIDADO!

Teste os extremos do intervalo. O *extremo* (entenda essa palavra sofisticada para *máximo* ou *mínimo)* que você está procurando geralmente não ocorre em um extremos, mas pode ocorrer — então, não falhe em avaliar a função nos dois extremos do intervalo.

Então, uma altura de 5cm produz uma caixa com um volume máximo (2.000cm cúbicos). Devido ao fato do comprimento e da largura serem iguais a $30-2h$, a altura 5 dá um comprimento e uma largura de $30-2\cdot5$ ou 20, e, assim, as dimensões da caixa desejada são $5''\times20''\times20''$. É isso.

A área máxima de um curral — iii ruuu!

Um fazendeiro tem dinheiro para comprar 300 metros de cerca para fazer um curral que é dividido em dois retângulos iguais. Veja a Figura 12-2.

Quais são as dimensões que irão maximizar a área do curral? Esse é outro problema prático. O fazendeiro quer dar a seus animais o máximo de espaço possível, dado o comprimento da cerca que ele pode pagar. Como todos os executivos, ele quer fazer um bom negócio.

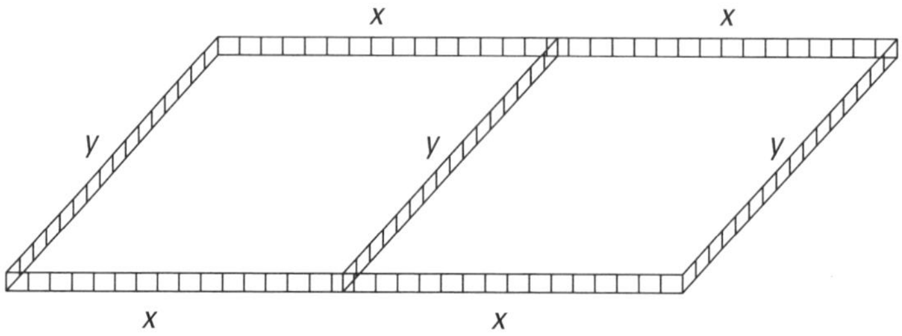

Figura 12-2: Cálculo para caubóis — maximizando um curral.

1.a. Expresse o que você quer maximizar (área) como uma função de duas incógnitas (*x* e *y*).

$$\begin{aligned} A &= l \cdot w \\ &= (2x)(y) \end{aligned}$$

No exemplo da caixa de papelão no tópico anterior, você pôde escrever facilmente o volume como uma função de *uma* variável — o que sempre é o que você quer. Mas aqui, a área é uma função de duas variáveis (x e y), então, o Passo 1 tem dois subpassos adicionais que eliminarão uma das variáveis.

1.b. Use a informação dada para relacionar as duas variáveis.

São usados 300m de cerca para sete seções, assim,

$$\begin{aligned} 300 &= x + x + x + x + y + y + y \\ 300 &= 4x + 3y \end{aligned}$$

1.c. Resolva a equação em função de *y* e coloque o resultado no lugar de *y* na equação do Passo 1.a. Isso lhe dará o que você precisa — uma função com uma variável.

$$\begin{aligned} 4x + 3y &= 300 \\ 3y &= 300 - 4x \\ y &= \frac{300 - 4x}{3} \\ y &= 100 - \frac{4}{3}x \quad \text{(Agora, faça a substituição.)} \end{aligned}$$

$$\begin{aligned} A &= (2x)(y) \\ A(x) &= (2x)(100 - \frac{4}{3}x) \\ A(x) &= 200x - \frac{8}{3}x^2 \end{aligned}$$

2. **Determine o domínio da função.**

   Você não pode ter um comprimento negativo para a cerca, então, x não pode ser negativo e o máximo que x pode ser é 300 dividido por 4 ou 75. Assim, $0 \le x \le 75$.

3. **Encontre os números críticos de $A(x)$ no intervalo aberto (0, 75) igualando a derivada a zero e resolvendo (e verifique se a derivada é indefinida em algum lugar no intervalo).**

$$A(x) = 200x - \frac{8}{3}x^2$$

$$A'(x) = 200 - \frac{16}{3}x \quad \text{(regra da potência)}$$

$$0 = 200 - \frac{16}{3}x$$

$$\frac{16}{3}x = 200$$

$$x = 200 \cdot \frac{3}{16}$$

$$= 37{,}5$$

   Como A' é definido para todos os valores de x, 37,5 é o único número crítico.

4. **Avalie a função no número crítico, 37,5, e nos extremos do intervalo, 0 e 75.**

$$A(x) = 200x - \frac{8}{3}x^2$$

$$A(0) = 0$$

$$A(37{,}5) = 3750$$

$$A(75) = 0$$

   Nota: Avaliar uma função nos extremos de um intervalo fechado é um passo padrão para encontrar o extremo absoluto no intervalo. De qualquer forma, você poderia ter pulado esse passo aqui se tivesse notado que $A(x)$ é uma parábola invertida e que, portanto, seu pico em (37,5; 3.750) deve ser maior que qualquer ponto final.

O valor máximo no intervalo é 3.750, assim, um valor de x igual a 37,5 metros maximiza a área do curral. O comprimento é $2x$ ou 75 metros. A largura é y, que é igual a $100 - \frac{4}{3}x$. Inserindo 37,5, você tem $100 - \frac{4}{3}(37{,}5)$ ou 50 metros. Então, o fazendeiro construirá um curral de 75m x 50m, com uma área de 3.750 metros quadrados.

Ioiô: Posição, Velocidade e Aceleração

Toda vez que você entra em seu carro, presencia a diferenciação. Sua velocidade é a derivada primeira de sua posição. E quando você pisa no acelerador ou no freio — acelerando ou desacelerando — experimenta a derivada segunda.

CONCEITO CRÍTICO DE CÁLCULO

A derivada da posição é a velocidade e a derivada da velocidade é a aceleração. Se uma função dá a posição de alguma coisa como uma função do tempo, você diferencia a função da *posição* para ter a *velocidade*, e diferencia a função da *velocidade* para ter a *aceleração*. Estabelecida uma maneira diferente, mas equivalente, a derivada primeira da posição é a velocidade e a derivada segunda da posição é a aceleração.

Veja um exemplo. Um ioiô se move em linha reta para cima e para baixo. Sua altura acima do chão, como uma função do tempo, é dada pela função $H(t) = t^3 - 6t^2 + 5t + 30$, onde t está em segundos e $H(t)$ está em centímetros. Em $t = 0$, o ioiô está a 30cm do chão e depois de 4 segundos, está a uma altura de 18cm. Veja a Figura 12-3.

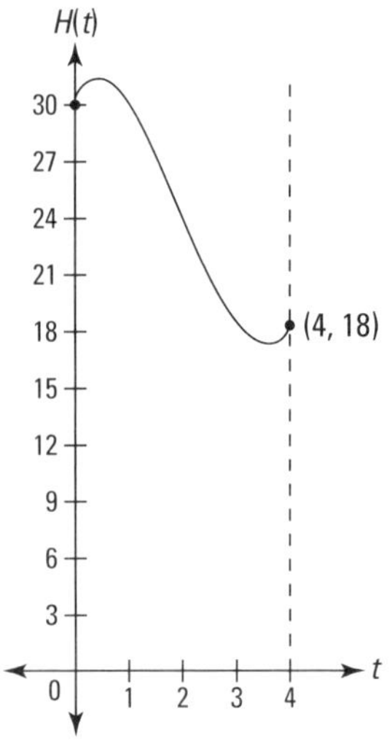

Figura 12-3: A altura do ioiô, de 0 a 4 segundos.

A velocidade, $V(t)$, é a derivada da posição (a altura, neste problema) e a aceleração, $A(t)$, é a derivada da velocidade. Assim:

$$H(t) = t^3 - 6t^2 + 5t + 30$$

$$V(t) = H'(t) = 3t^2 - 12t + 5 \qquad \text{(regra da potência)}$$

$$A(t) = V'(t) = H''(t) = 6t - 12 \qquad \text{(regra da potência)}$$

Dê uma olhada nos gráficos dessas três funções na Figura 12-4.

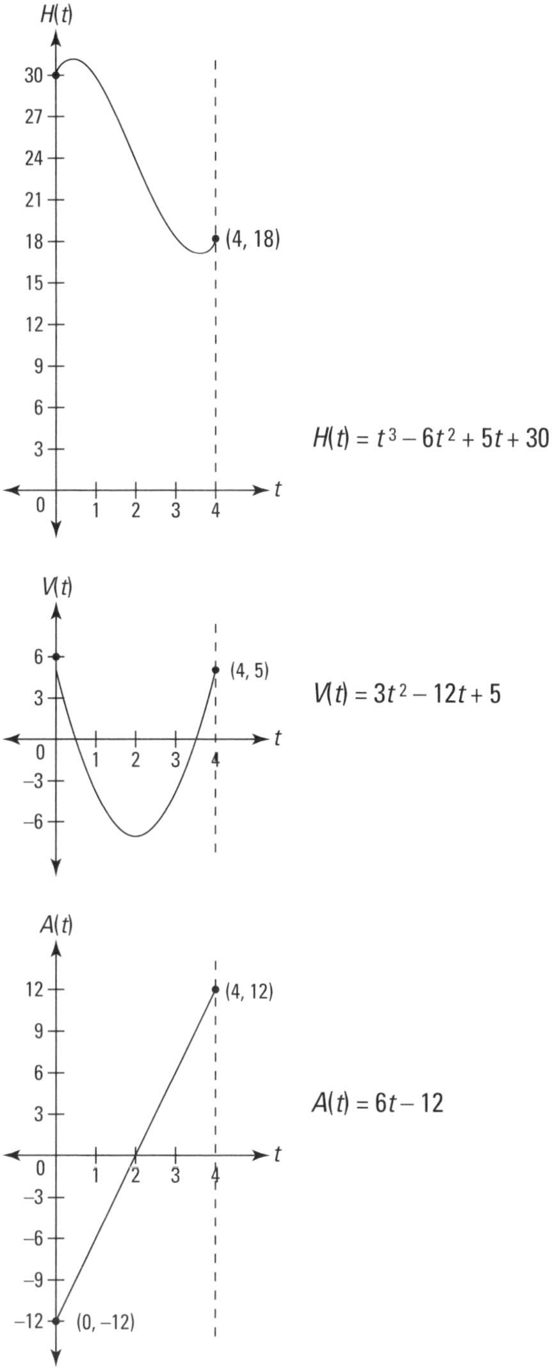

Figura 12-4: Os gráficos das funções da altura, velocidade e aceleração do ioiô de 0 a 4 segundos.

Usando as três funções e seus gráficos, quero analisar algumas coisas sobre o movimento do ioiô:

- Alturas máxima e mínima
- Velocidades máxima, mínima e média
- Deslocamento total
- Rapidez máxima, mínima e média
- Distância total viajada
- Acelerações positiva e negativa
- Aceleração e desaceleração

Visto que é muita coisa para abordar, irei ignorar alguns detalhes — como nem sempre verificarei os extremos do intervalo ao procurar pelo extremo se for óbvio que eles não ocorrem nesses pontos. Você se importa? Eu achei que não. (Problemas de posição, velocidade e aceleração usam muitas ideias do Capítulo 11 — valores extremos locais, concavidade, pontos de inflexão — então, você talvez queira ver essas definições de novo, caso esteja um pouco confuso.) No entanto, antes de lidar com os tópicos nos marcadores, vejamos algumas coisas sobre velocidade, rapidez e aceleração.

Velocidade, rapidez e aceleração

Nenhum dos seus amigos irá reclamar — ou até mesmo notar — se você usar as palavras "velocidade" e "rapidez" uma no lugar da outra, mas seu amigo matemático *irá* reclamar. Eis a diferença. Para a função da velocidade na Figura 12-4, o movimento *para cima* do ioiô é definido como uma velocidade *positiva* e o movimento *para baixo*, como uma velocidade *negativa*. Essa é a forma padrão como a velocidade é lidada na maioria dos problemas de Cálculo e Física (ou se o movimento for horizontal, ir para direita é uma velocidade *positiva* e ir para a esquerda é uma velocidade *negativa*).

A *rapidez*, por outro lado, é sempre positiva (ou zero). Se um carro vai a 50km/h, por exemplo, você diz que sua rapidez é 50 e você quer dizer 50 *positivo*, não importando se está indo para a direita ou para a esquerda. Para a velocidade, a direção é importante; para a rapidez, não. No cotidiano, a rapidez é uma ideia mais simples que velocidade porque é sempre positiva e concorda com o bom senso sobre a rapidez com a qual algo está movendo-se. Mas em Cálculo, a rapidez é realmente uma ideia mais capciosa porque não se encaixa bem no esquema das três funções mostrado na Figura 12-4.

CUIDADO!

Você deve ter em mente a distinção entre velocidade e rapidez ao analisar a velocidade e a aceleração. O modo como falamos sobre velocidade, rapidez e aceleração — em uma aula de Cálculo, em oposição ao cotidiano — pode ser bem estranho. Por exemplo, se um objeto está descendo (ou indo para a esquerda) cada vez mais rapidamente, sua velocidade está *diminuindo* porque a velocidade está ficando cada vez mais *negativa* (e negativos grandes são números pequenos). Isso pode parecer estranho, mas é assim que funciona. E aqui está outra coisa estranha. A aceleração é definida como a taxa de mudança da velocidade, e não da rapidez. Então, se um objeto está diminuindo a velocidade enquanto segue para baixo e, assim, tem uma velocidade *crescente* — porque a velocidade está ficando cada vez mais um negativo pequeno — o objeto tem uma aceleração *positiva*. Em português claro, você diria que o objeto está desacelerando (diminuindo a velocidade), mas na aula de Cálculo, embora possa ainda dizer que o objeto está diminuindo a velocidade, diria que o objeto tem uma velocidade negativa e uma aceleração positiva. (A propósito, *desaceleração* não é exatamente um termo técnico, portanto, provavelmente você deve evitá-lo em uma aula de Cálculo. É melhor usar o seguinte vocabulário: *aceleração positiva*, *aceleração negativa*, *velocidade positiva*, *velocidade negativa*, *aumentar a velocidade* e *diminuir a velocidade*.) Eu posso continuar com isso, mas aposto que você já aguentou muito.

As alturas máxima e mínima

As alturas máxima e mínima do ioiô, em outras palavras, o máximo e o mínimo de $H(t)$ ocorre nos valores extremos locais que você pode ver na Figura 12-4. Para localizá-los, iguale a derivada de $H(t)$ (isto é, $V(t)$) a zero e resolva.

$$\begin{aligned}
H'(t) = V(t) &= 3t^2 - 12t + 5 \\
0 &= 3t^2 - 12t + 5 \\
t &= \frac{-(-12) \pm \sqrt{(-12)^2 - 4(3)(5)}}{2 \cdot 3} \qquad \text{(fórmula quadrática)} \\
&= \frac{12 \pm \sqrt{84}}{6} \\
&= \frac{12 \pm 2\sqrt{21}}{6} \\
&= \frac{6 \pm \sqrt{21}}{3} \\
&= \sim 0{,}47 \text{ ou} \sim 3{,}53
\end{aligned}$$

Estes dois números são os zeros de $H'(t)$ (que é $V(t)$) e as coordenadas de t, isto é, as coordenadas do *tempo*, do máximo e do mínimo de $H(t)$, que você pode ver na Figura 12-4. Em outras palavras, esses são os *tempos* quando o ioiô alcança suas alturas máxima e mínima. Insira esses números em $H(t)$ para obter as alturas:

$$H(0{,}47) \approx 31{,}1$$
$$H(3{,}53) \approx 16{,}9$$

Então, o ioiô chega a uma altura máxima de mais ou menos 31,1cm acima do chão em $t \approx 0{,}47$ segundos e cai a mais ou menos 16,9cm em $t \approx 3{,}53$ segundos. (A propósito, você vê por que o máximo e o mínimo da altura do ioió ocorreriam quando a velocidade dele é zero?)

Velocidade e deslocamento

Como expliquei na seção "Velocidade versus rapidez", a *velocidade* é basicamente como a *rapidez*, exceto que enquanto a rapidez é sempre positiva (ou zero), a velocidade pode ser positiva (quando sobe e vai para a direita) ou negativa (quando desce ou vai para esquerda). A relação entre *deslocamento* e *distância percorrida* é similar: a distância percorrida é sempre positiva (ou zero), mas descendo (ou indo para a esquerda) conta como um deslocamento *negativo*. Em linguagem comum, rapidez e distância percorrida são ideias mais amistosas, mas para o Cálculo e a Física, velocidade e deslocamento são ideias mais fundamentais.

Deslocamento total

Voltemos à nossa análise do ioiô. O deslocamento total é definido como a posição final menos a posição inicial. Então, devido ao fato de o ioiô começar de uma altura de 30cm e terminar a uma altura de 18cm,

$$\textit{Deslocamento total} = 18 - 30 = -12\text{cm}$$

Isso é negativo porque o movimento líquido é *para baixo*.

Velocidade média

A velocidade média é dada pelo deslocamento total dividido pelo tempo transcorrido. Calculamos apenas a distância total (−12cm) e o tempo de 0 segundo e 4 segundos, portanto, o tempo transcorrido é de 4 segundos. Assim,

$$\textit{Velocidade média} = \frac{-12\text{ cm}}{4\text{s}} = -3\text{ cm por segundo}$$

Esta resposta com 3 *negativo* informa que o ioiô está, em média, descendo 3cm por segundo.

Velocidades máxima e mínima

Para determinar as velocidades máxima e mínima do ioiô durante o intervalo de 0 a 4 segundos, iguale a derivada de $V(t)$ (isto é, $A(t)$) a zero e resolva:

$$V'(t) = A(t) = 6t - 12$$
$$6t - 12 = 0$$
$$6t = 12$$
$$t = 2$$

(Veja novamente a Figura 12-4. Em $t = 2$, você tem o zero de $A(t)$, o valor mínimo local de $V(t)$, e o ponto de inflexão de $H(t)$. Mas você já sabia disso, certo? Se não, dê uma olhada no Capítulo 11).

Agora, avalie $V(t)$ no número crítico, 2, e nos extremos do intervalo, 0 e 4:

$$V(t) = 3t^2 - 12t + 5$$

$$V(0) = 5$$
$$V(2) = -7$$
$$V(4) = 5$$

Assim, o ioiô tem uma velocidade máxima de 5cm por segundo duas vezes — no começo e no final do intervalo. Ele alcança a velocidade mínima de –7cm por segundo em $t = 2$ segundos.

Rapidez e distância percorrida

Como mencionado na seção anterior, *velocidade* e *deslocamento* são definições técnicas, ao passo que *rapidez* e *distância* percorrida têm significados de bom senso. Rapidez, é claro, é o que você lê no seu velocímetro e você pode ler a *distância percorrida* no hodômetro ou no "hodômetro parcial" depois de ajustar para zero.

Distância total percorrida

Para determinar a distância total, some as distâncias percorridas em cada parte da viagem do ioiô: a parte para cima, para baixo e a segunda parte para cima.

Primeiramente, o ioiô sobe a partir de uma altura de 30cm até 31,1cm (onde o primeiro ponto de meia-volta está). Essa é uma distância de mais ou menos 1,1cm. Depois, ele desce de mais ou menos 31,1 para cerca de 16,9 (a altura do segundo ponto de meia-volta). Isso é uma distância de 31,1 menos 16,9, ou mais ou menos, 14,2cm. Finalmente, o ioiô sobe de novo a partir de mais ou menos 16,9cm até sua altura final de 18cm. Mais 1,1cm. Some essas três distâncias para obter a distância total percorrida: ~1,1 + ~14,2 + 1,1 ≈ 16,4cm. (***Nota:*** Compare esta resposta com o deslocamento total de –12. O deslocamento é negativo porque o movimento líquido é para baixo. E a quantidade positiva do deslocamento (a saber, 12) é menor que a distância percorrida de 16,4 porque com o deslocamento, a parte para cima da viagem do ioiô cancela a parte da distância para baixo. Verifique o cálculo: 1,1 – 14,2 + 1,1 = –12. Entendeu?)

Rapidez média

A rapidez média do ioiô é dada pela distância total percorrida dividida pelo tempo transcorrido. Assim,

$$\textit{Rapidez média} \approx \frac{16{,}4}{4} \approx 4{,}1 \text{ por segundo}$$

Rapidez máxima e mínima

Você determinou previamente a velocidade máxima do ioiô (5cm por segundo) e sua velocidade mínima (–7cm por segundo). A velocidade de –7 é uma rapidez de 7, então, essa é a rapidez máxima do ioiô. Sua rapidez mínima de zero ocorre nos dois pontos de mudança de direção.

Uma boa maneira de analisar a rapidez máxima e mínima é considerar a função da rapidez e seu gráfico. (Ou se você gosta de sofrer, verifique a confusão abaixo.) A rapidez é igual ao valor absoluto da velocidade. Portanto, para o problema do ioiô, a função da rapidez, *S(t)*, é igual a $|V(t)| = |3t^2 - 12t + 5|$. Verifique o gráfico de *S(t)* na Figura 12-5. Vendo o gráfico, é fácil observar que a rapidez máxima do ioiô ocorre em $t = 2$ (a rapidez máxima é $S(2) = |3(2)^2 - 12(2) + 5| = 7$) e que a rapidez mínima é zero nas duas interseções de *x*.

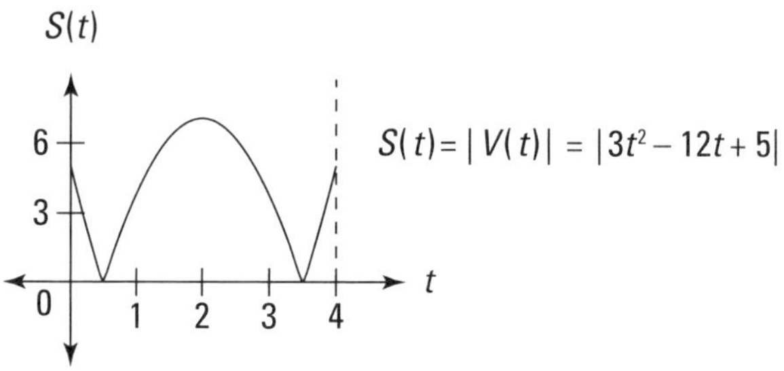

Figura 12-5: A função da rapidez do ioiô, $S(t) = |V(t)|$.

MÁGICA MATEMÁTICA

Rapidez mínima e máxima: Para uma função da *velocidade* contínua, a rapidez *mínima* é zero toda vez que as velocidades máxima e mínima têm sinais opostos ou quando uma delas é zero. Quando as velocidades máxima e mínima forem ambas positivas ou ambas negativas, então, a rapidez *mínima* será o *menor* dos valores absolutos das velocidades máxima e mínima. Em todos os casos, a rapidez *máxima* é o *maior* dos valores absolutos das velocidades máxima e mínima. É muita coisa, não é?

Cantando pneu com a aceleração

Vejamos a aceleração: Pise fundo.

Aceleração positiva e negativa

O gráfico da função de aceleração na parte inferior da Figura 12-4 é uma reta simples, $A(t) = 6t - 12$. É fácil ver que a aceleração do ioiô vai de um mínimo de $-12\frac{\text{cm por segundo}}{\text{segundo}}$ em $t = 0$ segundo a um máximo de $12\frac{\text{cm por segundo}}{\text{segundo}}$ em $t = 4$ segundos, e que a aceleração é zero em $t = 2$, quando o ioiô atinge sua velocidade mínima (e velocidade máxima). Quando a aceleração é *negativa* — o intervalo $[0, 2)$ — isso significa que a velocidade está *diminuindo*. Quando a aceleração é *positiva* — no intervalo $(2, 4]$ — a velocidade está *aumentando*.

Acelerando e desacelerando

Descobrir quando o ioiô está acelerando e desacelerando é provavelmente mais interessante e descritivo sobre seu movimento do que as informações na seção anterior. Um objeto está acelerando (o que chamamos de "aceleração" no dia a dia) sempre que a velocidade e a aceleração do cálculo são positivas ou negativas. E um objeto está desacelerando ("desaceleração" coloquialmente) quando a velocidade e a aceleração do cálculo têm sinais opostos.

Veja novamente os três gráficos na Figura 12-4. De $t = 0$ até mais ou menos $t = 0{,}47$, a velocidade é positiva e a aceleração é negativa, portanto, o ioiô está desacelerando enquanto se move para cima (até sua velocidade se tornar zero e atingir sua altura máxima). Em português claro, o ioiô está desacelerando de 0 até mais ou menos 0,47 segundo. A maior desaceleração ocorre em $t = 0$, quando a desaceleração é de $12\frac{\text{cm por segundo}}{\text{segundo}}$ (o gráfico mostra 12 *negativo*, estou chamando de 12 positivo porque chamo de desaceleração, entendeu?).

De $t = 0{,}47$ até $t = 2$, a velocidade e a desaceleração são negativas, assim, o ioiô está acelerando enquanto se move para baixo. De $t = 2$ até cerca de $t = 3{,}53$, a velocidade é negativa e a aceleração é positiva, portanto, o ioiô está desacelerando de novo enquanto continua a descer (até alcançar sua altura mais baixa). Finalmente de mais ou menos $t = 3{,}53$ até $t = 4$, a velocidade e a aceleração são positivas, então, o ioiô está acelerando novamente. O ioiô atinge sua maior aceleração de $12\frac{\text{cm por segundo}}{\text{segundo}}$ em $t = 4$ segundos.

O que diabos significa um segundo ao quadrado?

Note que eu uso a unidade $\frac{\text{centímetros por segundo}}{\text{segundo}}$ para a aceleração, em vez da unidade equivalente, porém estranha, $\frac{\text{centímetros}}{\text{segundo}^2}$. Você geralmente vê a aceleração dada em termos de distância dividida por segundo^2 ou pode ver algo do tipo metros por segundo^2. Mas que diabos é segundo^2? É sem sentido e algo do tipo metros/segundo^2 é uma péssima maneira de pensar sobre a aceleração. A melhor maneira de entender a aceleração é como a mudança da rapidez por unidade de tempo. Se um carro pode ir de 0 até 60km/h em 6 segundos isso é um aumento em rapidez de 0 a 60km/h em 6 segundos ou, em média, 10km/h em cada segundo — isto é uma aceleração de 10 $\frac{\text{km/h}}{\text{segundo}}$. É um pouco mais confuso quando a rapidez tem uma unidade do tipo metros/segundo e a unidade de tempo para a aceleração também é um segundo, porque, assim, a palavra segundo aparece duas vezes. Mas ela ainda funciona como o exemplo do carro. Digamos que um objeto comece parado e aumente a velocidade até 10 metros/segundo depois de 1 segundo, então, 20 metros/segundo depois de 2 segundos, 30 metros/segundo depois de 3 segundos, e assim sucessivamente. Sua rapidez está aumentando 10 metros/segundo a cada segundo e isto é uma aceleração de 10 $\frac{\text{metros por segundo}}{\text{segundo}}$ ou 10 $\frac{\text{metros/segundo}}{\text{segundo}}$. (A propósito, é útil escrever a unidade da aceleração em qualquer uma dessas maneiras (usando uma fração vertical) como a rapidez sobre a unidade do tempo — em vez de na horizontal, como 10 metros por segundo por segundo ou 10 metros/segundo/segundo — para enfatizar que a aceleração é uma mudança na rapidez por unidade de tempo.) Pense na aceleração dessa maneira, e não no absurdo segundo^2.

Amarrando tudo junto

Note as seguintes ligações entre os três gráficos na Figura 12-4. A seção *negativa* no gráfico de $A(t)$ — de $t = 0$ até $t = 2$ — corresponde à seção *decrescente* no gráfico de $V(t)$ e à seção com *concavidade para baixo* do gráfico de $H(t)$. O intervalo *positivo* no gráfico de $A(t)$ — de $t = 2$ até $t = 4$ — corresponde ao intervalo crescente no gráfico de $V(t)$ e ao intervalo com *concavidade para cima* no gráfico de $H(t)$. Quando $t = 2$ segundos, $A(t)$ tem um *zero*, $V(t)$ tem um valor *local mínimo* e $H(t)$ tem um *ponto de inflexão.*

Taxas Relacionadas — Elas Avaliam, Relativamente

Digamos que você esteja enchendo sua piscina, saiba a velocidade que a água está saindo da mangueira e queira calcular a velocidade de subida do nível da água na piscina. Você conhece uma taxa (a velocidade que a água está sendo jogada na piscina) e quer determinar a outra taxa (a velocidade de subida do nível da água). Essas taxas são chamadas de *taxas relacionadas* porque uma depende da outra — quanto mais rápido a água for jorrada dentro da piscina, mais rápido o nível da água irá aumentar. Em um problema típico de taxas relacionadas (como o descrito aqui), a taxa ou as taxas dadas nas informações dadas são constantes e você terá que descobrir uma taxa relacionada que está mudando com o tempo. Você terá que determinar essa taxa em um ponto do tempo em particular. (Se isto não estiver claro, você verá o que quero dizer em breve, quando trabalhar nos problemas a seguir.)

Resolver esses problemas, a princípio, pode ser difícil, mas com a prática, você vai ficando por dentro das coisas. As estratégias e as dicas são de grande ajuda. Agora, três exemplos.

Enchendo um balão

Você está enchendo um balão a uma taxa de 300 centímetros cúbicos por minuto. Quando o raio do balão atinge 3 centímetros, qual a velocidade de crescimento do raio?

1. **Desenhe um diagrama, identificando-o com qualquer medida *constante* (não há nada nesse extraordinário problema simples) e atribua uma variável para qualquer coisa no problema que esteja *mudando* (a não ser que seja irrelevante para o problema). Veja a Figura 12-6.**

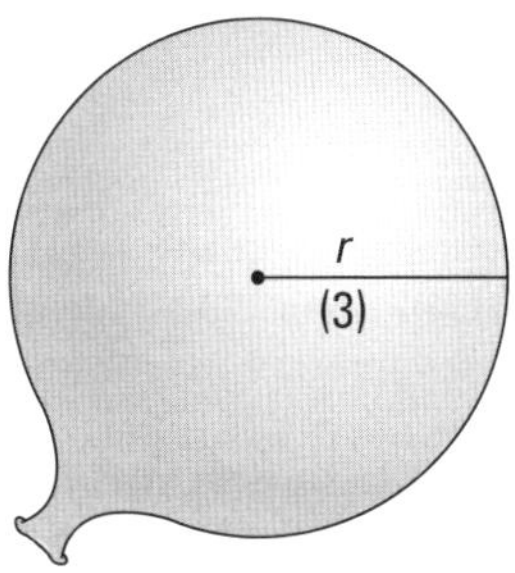

Figura 12-6: Enchendo um balão — é hora de se divertir!

Note que o raio da Figura 12-6 está identificado com a variável r. O raio precisa de uma variável porque à medida que o balão é enchido, o raio *muda*. Eu coloquei o 3 entre parênteses para enfatizar que o número 3 *não* é uma medida constante. O problema pede que você determine algo *quando* o raio tem 3 centímetros, mas lembre-se, o raio está constantemente mudando.

DICA

Mudando ou não? Nos problemas de taxas relacionadas, é importante distinguir entre o que está mudando e o que não está mudando.

O volume do balão também está mudando, então, você precisa de uma variável para o volume, *V*. Você poderia colocar um *V* no seu diagrama para indicar o volume mutável, mas não há nenhuma maneira fácil de marcar parte do balão com um *V*, como você pode mostrar o raio com um r.

2. **Liste todas as taxas dadas e a taxa que você quer determinar como derivadas em relação ao tempo.**

   Você está inflando o balão a 300 centímetros cúbicos por minuto. Essa é uma taxa — é uma mudança no volume (centímetros cúbicos) por mudança no tempo (minutos). Então,

   $$\frac{dV}{dt} = 300 \text{ centímetros cúbicos por minuto}$$

   Você terá que descobrir uma taxa relacionada, a saber, a velocidade de mudança do raio, então,

   $$\frac{dr}{dt} = ?$$

3. **Anote a fórmula que relaciona as variáveis no problema, *V* e *r*.**

   Aqui está a fórmula para o volume da esfera:

   $$V = \frac{4}{3}\pi r^3$$

4. **Diferencie sua fórmula em relação ao tempo, *t*.**

   Quando você diferencia em um problema com taxas relacionadas, todas as variáveis tratadas como *y*s, são tratadas em um problema típico de diferenciação implícita.

   $$\begin{aligned}\frac{dV}{dt} &= \frac{4}{3}\pi \cdot 3r^2 \frac{dr}{dt} \\ &= 4\pi r^2 \frac{dr}{dt}\end{aligned}$$

   Você precisa adicionar $\frac{dr}{dt}$, assim como adiciona y' ou $\frac{dy}{dx}$ com a diferenciação implícita.

5. **Substitua os valores conhecidos para a taxa e as variáveis na equação do Passo 4, depois, resolva o que você quer determinar.**

   É dado que $\frac{dV}{dt} = 300$ e pedem que você descubra $\frac{dr}{dt}$ quando $r = 3$, então, insira esses números e resolva $\frac{dr}{dt}$.

   Diferencie antes de inserir. Diferencie (Passo 4) *antes* de inserir a informação dada nas incógnitas (Passo 5).

   $$\frac{dV}{dt} = 4\pi r^2 \frac{dr}{dt}$$

   $$300 = 4\pi \cdot 3^2 \frac{dr}{dt}$$

   $$300 = 36\pi \frac{dr}{dt}$$

   $$\frac{300}{36\pi} = \frac{dr}{dt}$$

   $$\frac{dr}{dt} \approx 2{,}65 \text{cm por minuto}$$

Assim, o raio está aumentando a uma taxa de mais ou menos 2,65 centímetros por minuto quando o raio mede 3 centímetros. Pense em todos os balões que você encheu desde a sua infância. Agora, você finalmente tem uma resposta para a questão que vem te incomodando ao longo de todos esses anos.

A propósito, se você colocar 5 no lugar de *r* em vez de 3, terá uma resposta de mais ou menos 0,95 centímetros por minuto. Isso deve concordar com a experiência do enchimento do balão: quanto maior fica o balão, mais devagar ele aumenta. É uma boa ideia verificar coisas desse tipo de vez em quando para ver se a Matemática concorda com o bom senso.

Enchendo uma calha

Aqui está um problema básico de taxa relacionada. Uma calha está sendo enchida com alimentos para porcos. Ela tem 10 metros de comprimento e seu corte transversal é um triângulo isósceles com uma base de 2m e uma altura de 2,6m (com o vértice em baixo, é claro). A comida está sendo derramada a uma taxa de 5 metros cúbicos por minuto. Quando a profundidade da comida for de 1,3cm, com que rapidez o nível da calha aumentará?

1. **Desenhe o diagrama, identificando-o com qualquer medida *constante* e atribuindo variáveis para qualquer coisa *mutável*. Veja a Figura 12-7.**

   Note que a Figura 12-7 mostra as dimensões *constantes* da calha, 2m, 2,6m e 10m, e que essas dimensões *não* têm nomes com variáveis, como *c* para comprimento ou *h* para altura. E note que as coisas *mutáveis* — a altura (ou profundidade) da comida e a largura da superfície da comida (que fica cada vez mais larga à medida que a comida fica mais profunda) — têm nomes com variáveis, *h* para altura e *b* para base (eu chamo de *base* em vez de *largura* porque é a base de um triângulo de cabeça para baixo formado pela comida). O volume da comida também está mudando, então, você pode chamar isso de *V*.

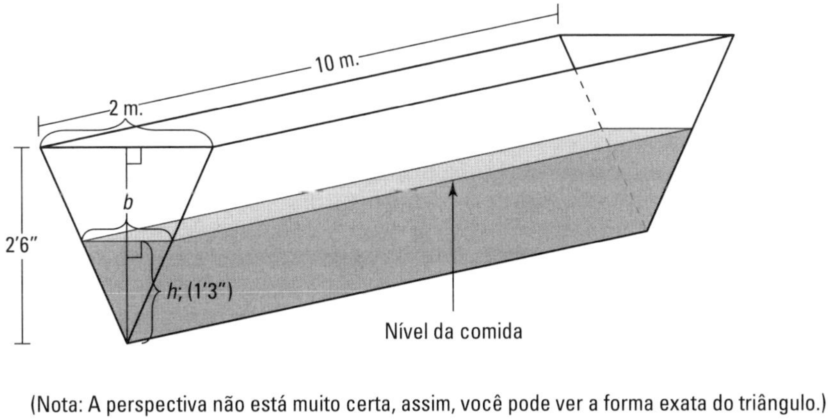

Figura 12-7: Enchendo uma calha com comida — hora do almoço.

2. **Liste todas as taxas dadas e a taxa que você quer determinar como derivadas em relação ao tempo.**

$\frac{dV}{dt} = 5$ metro cúbico por minuto

$\frac{dh}{dt} = ?$

3. a. **Anote a fórmula que relaciona as variáveis no problema, *V*, *b* e *h*.**

Eu estou *absolutamente certo* de que você se lembra da fórmula para o volume de um prisma reto (o formato da comida na calha):

$V = (\text{área da base})\ (\text{altura})$

Note que essa "base" é a base do prisma (que é o triângulo inteiro no final da calha), e não apenas a base do triângulo que está identificada como *b* na Figura 12-6. Também, essa "altura" é a altura do prisma (o comprimento da calha), e não a altura identificada como *h* na Figura 12-7. Desculpe a confusão. Lide com isto.

A área da base triangular é igual a $\frac{1}{2}bh$ e a "altura" do prisma é de 10 metros, então, a fórmula fica:

$$V = \frac{1}{2}bh \cdot 10$$
$$V = 5bh$$

Agora, ao contrário da fórmula no exemplo do balão, essa fórmula contém uma variável, *b*, que você não vê na lista de derivadas no Passo 2. Então, o Passo 3 tem uma segunda parte — se livrar da variável extra.

3. b. **Encontre uma equação que relaciona a variável não desejada, *b*, a alguma outra variável do problema para que você possa fazer a substituição que o deixe apenas com *V* e h.**

A face triangular da comida na calha é *parecida* com a face triangular da própria calha, então, a base e a altura desses triângulos são proporcionais. (Lembre-se que em Geometria, esses *triângulos semelhantes* são triângulos de mesmo formato; seus lados são proporcionais.) Assim,

$\frac{b}{2} = \frac{h}{2{,}5}$ (Tenha cuidado: 2'6'' *não é* 2,6m.)

$2{,}5b = 2h$ (multiplicação cruzada)

$b = \frac{2h}{2{,}5}$

$b = 0{,}8h$

DICA

Fique atento aos triângulos semelhantes. Os triângulos semelhantes aparecem bastante em problemas de taxas relacionadas. Procure por eles toda vez que o problema envolver um triângulo, um prisma triangular ou um cone.

Agora, substitua *b* por 0,8*h* na fórmula do Passo 3.a.

$$V = 5bh$$
$$V = 5 \cdot 0.8h \cdot h$$
$$V = 4h^2$$

4. **Faça a diferenciação dessa equação em relação a *t*.**

$$\frac{dV}{dt} = 8h\frac{dh}{dt} \quad \text{(a regra da potência com a diferenciação implícita } \frac{dh}{dt}\text{)}$$

5. **Substitua os valores conhecidos pela taxa e variáveis na equação do Passo 4, depois, resolva.**

Você sabe que $\frac{dV}{dt} = 5$ metros cúbicos por minuto e você quer determinar $\frac{dh}{dt}$ quando *h* for igual a 1'3'' ou 1,25m, então, insira 5 e 1,25 e resolva em relação a $\frac{dh}{dt}$:

$$\frac{dV}{dt} = 8h\frac{dh}{dt}$$
$$5 = 8 \cdot 1.25 \cdot \frac{dh}{dt}$$
$$5 = 10 \cdot \frac{dh}{dt}$$
$$\frac{dh}{dt} = \frac{1}{2}$$

É isso. O nível de comida está aumentando a uma velocidade de $\frac{1}{2}$m por minuto quando a comida está a 1,3m de profundidade. Mãos à obra.

Aperte o cinto de segurança: Você está se aproximando do cruzamento do cálculo

Pronto para outro problema comum de taxa relacionada? Um carro sai de um cruzamento viajando rumo ao norte a 50km/h, outro está dirigindo rumo a oeste em direção ao cruzamento a 40km/h. Em um ponto, o carro rumo ao norte está a três décimos de km ao norte do cruzamento e o carro rumo a oeste está a quatro décimos de km a oeste do cruzamento. Nesse ponto, qual a velocidade de mudança da distância entre os carros?

1. **Use a ideia do diagrama. Veja a Figura 12-8.**

DICA

Variável ou fixo? Antes de continuar com o problema, eu quero mencionar um problema semelhante com o qual você pode se deparar se estiver usando um livro padrão de Cálculo. Ele envolve uma escada apoiando-se e deslizando contra a parede. Você consegue ver que o diagrama para esse tipo de problema sobre uma escada seria muito parecido com a Figura 12-8, exceto que o eixo *y* representaria a parede, o eixo *x* seria o chão e a reta diagonal seria a escada? Esses problemas são um pouco semelhantes, mas há uma diferença importante. A distância entre os carros está *mudando*, assim a reta diagonal na Figura 12-7 está identificada com uma variável, *s*. A escada, por outro lado, tem um comprimento *fixo*, então, a reta diagonal no seu diagrama para o problema da escada seria identificada com um número, não uma variável.

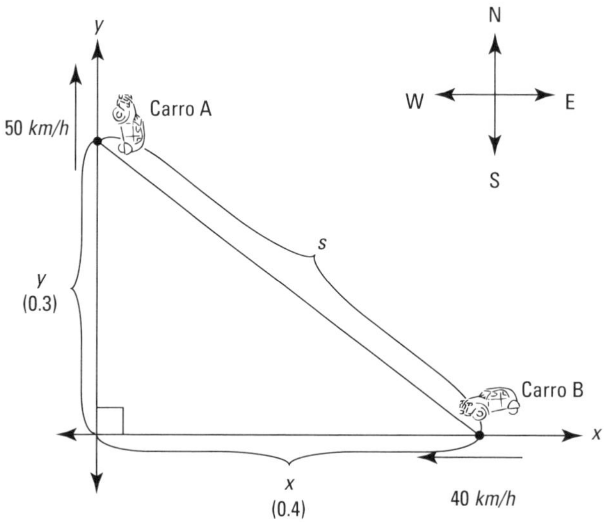

Figura 12-8: Cálculo — é uma viagem dentro do país.

2. **Liste todas as taxas dadas e a taxa desconhecida.**

Como o Carro A viaja para o norte, a distância *y* está crescendo em 50km por hora. Isso é uma taxa, uma mudança na distância pela mudança no tempo. Portanto,

$$\frac{\textit{mudança na distância na direção y}}{\textit{mudança no tempo}} = \frac{dy}{dt} = 50 \text{ km/h}$$

Como o Carro B viaja para o oeste, a distância *x* está diminuindo em 40km por hora. Isso é uma taxa *negativa*:

$$\frac{\textit{mudança na distância na direção x}}{\textit{mudança no tempo}} = \frac{dx}{dt} = -40\text{km/h}$$

Você terá que descobrir com que rapidez *s* está mudando, portanto,

$$\frac{\textit{mudança na distância na direção s}}{\textit{mudança no tempo}} = \frac{ds}{dt} = ?$$

3. **Escreva a fórmula que relaciona as variáveis no problema: *x*, *y* e *s*.**

   O Teorema de Pitágoras, $a^2 + b^2 = c^2$, resolverá o problema do triângulo retângulo. Nesse problema, *x* e *y* são os catetos do triângulo retângulo e *s* é a hipotenusa, assim, $x^2 + y^2 = s^2$.

   O Teorema de Pitágoras é muito usado em problemas de taxa relacionadas. Se houver um triângulo retângulo no seu problema, é bem provável que $a^2 + b^2 = c^2$ seja a fórmula que você precisará.

   Devido ao fato de a fórmula conter as variáveis *x*, *y* e *s*, as quais aparecem na sua lista de derivadas no Passo 2, você não precisa ajustar essa fórmula como fez no problema da calha.

4. **Faça a diferenciação em relação a *t*.**

   $$s^2 = x^2 + y^2$$

   $$2s\frac{ds}{dt} = 2x\frac{dx}{dt} + 2y\frac{dy}{dt} \quad \text{(diferenciação implícita com a regra da potência)}$$

   (Lembre-se, em um problema de taxas relacionadas, todas as variáveis são tratadas como *y*s em um problema de diferenciação implícita.)

5. **Substitua e resolva em função de $\frac{ds}{dt}$.**

   $$x = 0{,}4,\ y = 0{,}3,\ \frac{dx}{dt} = -40,\ \frac{dy}{dt} = 50,\ \text{e}\ s = \ldots..$$

   "Santa falta de distância desprovida de comprimento, Batman. Como podemos resolver em função de $\frac{ds}{dt}$, a menos que tenhamos valores para o resto das incógnitas na equação?" "Tome uma pílula calmante, Robin — apenas use o Teorema de Pitágoras de novo."

   $$s^2 = x^2 + y^2$$
   $$s^2 = 0{,}4^2 + 0{,}3^2$$
   $$s^2 = 0{,}16 + 0{,}09$$
   $$s^2 = 0{,}25$$
   $$s = \pm 0{,}5 \quad \text{(tirando a raiz quadrada de ambos os lados)}$$

   Você pode rejeitar a resposta negativa porque *s* tem obviamente um comprimento positivo. Então, $s = 0{,}5$.

Agora insira tudo em sua equação.

$$2s\frac{ds}{dt} = 2x\frac{dx}{dt} + 2y\frac{dy}{dt}$$

$$2 \cdot 0{,}5 \cdot \frac{ds}{dt} = 2 \cdot 0{,}4 \cdot (-40) + 2 \cdot 0{,}3 \cdot 50$$

$$1 \cdot \frac{ds}{dt} = -32 + 30$$

$$\frac{ds}{dt} = -2$$

Essa resposta negativa significa que a distância, *s*, está *diminuindo*.

Assim, quando o carro A está a 3 quadras ao norte do cruzamento e o carro B está a 4 quadras a oeste do cruzamento, a distância entre eles está diminuindo a uma taxa de 2km/h.

Capítulo 13

Mais Problemas de Diferenciação: Saindo pela Tangente

Neste Capítulo

- Lidando com tangentes
- Negociando com as normais
- Alinhando-se com as aproximações lineares
- Aproveitando os problemas de Administração e Economia

Neste capítulo, você verá mais três aplicações da diferenciação: problemas com retas tangentes e normais, problemas de aproximação linear e problemas de Economia. O fio que conecta esses problemas é a ideia de uma reta tangente a uma curva — o que não deve ser nenhuma surpresa, uma vez que o significado da derivada de uma curva é a inclinação da reta tangente.

Tangentes e Normais: Conectadas Intimamente

A esta altura você sabe como é uma reta tangente a uma curva — se não, um de nós dois ou os dois definitivamente deixaram a bola cair. Uma reta *normal* é simplesmente uma reta perpendicular à reta tangente em um ponto de tangência. Problemas envolvendo tangentes e normais são aplicações comuns da diferenciação.

O problema da reta tangente

Eu aposto que houve muitas vezes, apenas no mês passado, que você quis determinar a localização de uma reta através de um dado ponto, isto é, tangente a uma dada curva. Aqui está como se faz.

Exemplo: Determine os pontos de tangência dessas linhas através do ponto (1, –1) que são tangentes à parábola $y = x^2$.

Solução: Se você desenhar o gráfico da parábola e inserir o ponto, poderá ver que há duas maneiras de desenhar a reta tangente de (1, –1): para cima à direita e para cima à esquerda. Veja a Figura 13-1.

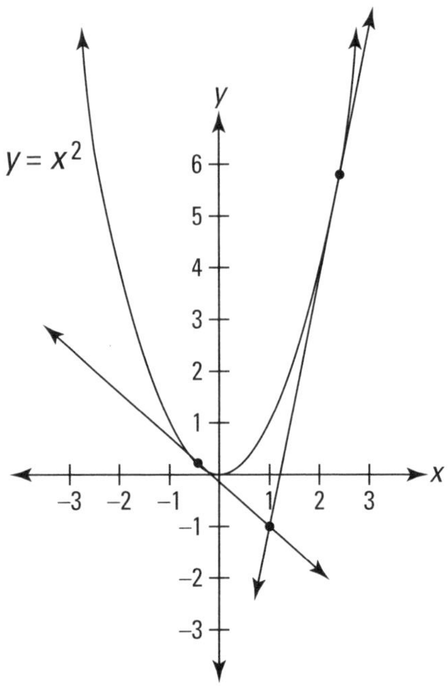

Figura 13-1: A parábola $y = x^2$ e duas retas tangentes através de (1, –1).

O segredo desse problema está no significado da derivada: Não se esqueça — *a derivada de uma função em um dado ponto é a inclinação da reta tangente nesse ponto*. Assim, tudo o que você tem a fazer é igualar a derivada da parábola à inclinação da reta tangente e resolver.

1. **Posto que a equação da parábola é $y = x^2$, você pode pegar um ponto comum na parábola, (x, y), e substituir x^2 por y.**

   Assim, identifique os dois pontos de tangência (x, x^2).

2. **Ache a derivada da parábola.**

$$y = x^2$$
$$y' = 2x$$

3. **Usando a fórmula da inclinação, $\frac{y_2 - y_1}{x_2 - x_1}$, iguale a inclinação de cada reta tangente de (1, –1) até (x, x^2) à derivada em (x, x^2), que é $2x$, e resolva em função de x.**

(A propósito, a matemática que você usa para fazer esse passo talvez faça mais sentido se você pensar nela como aplicável apenas a uma das retas tangentes — digamos, a que sobe para a direita — mas, na verdade, a matemática se aplica a ambas as retas tangentes simultaneamente.)

$$\frac{y_2 - y_1}{x_2 - x_1} \text{ (a inclinação da reta tangente)} = y' \text{ (a derivada)}$$

$$\frac{x^2 - (-1)}{x - 1} = 2x$$
$$x^2 - (-1) = 2x(x-1)$$
$$x^2 + 1 = 2x^2 - 2x$$
$$0 = x^2 - 2x - 1$$

$$x = \frac{2 \pm \sqrt{(-2)^2 - 4(1)(-1)}}{2 \cdot 1} \quad \text{(fórmula quadrática)}$$
$$= \frac{2 \pm \sqrt{8}}{2}$$
$$= \frac{2 \pm 2\sqrt{2}}{2}$$
$$= 1 \pm \sqrt{2}$$

Assim, as coordenadas x dos pontos de tangência são $1+\sqrt{2}$ e $1-\sqrt{2}$.

4. **Insira cada uma dessas coordenadas x em $y = x^2$ para obter as coordenadas y.**

$$y = (1+\sqrt{2})^2 \qquad y = (1-\sqrt{2})^2$$
$$= 1 + 2\sqrt{2} + 2 \qquad = 1 - 2\sqrt{2} + 2$$
$$= 3 + 2\sqrt{2} \qquad = 3 - 2\sqrt{2}$$

Assim, os pontos de tangência são $(1+\sqrt{2}, 3+2\sqrt{2})$ e $(1-\sqrt{2}, 3-2\sqrt{2})$ ou mais ou menos (2,4, 5,8) e (–0,4, 0,2).

O problema da reta normal

Aqui está o problema companheiro do problema da reta tangente no tópico anterior. Encontre os pontos de perpendicularidade para todas as retas normais à parábola, $y = \frac{1}{16}x^2$, que passam pelo ponto (3, 15).

LEMBRE-SE

Definição da *reta normal*: Uma reta normal a uma curva em um dado ponto é a reta perpendicular à reta que é tangente à curva no mesmo ponto.

Desenhe o gráfico da parábola e insira o ponto (3, 15). Agora, antes de fazer as contas, tente aproximar os locais de todas as retas normais. Quantas você pode ver? É muito fácil ver isso, começando em (3, 15), uma reta normal desce para a direita e outra desce para a esquerda. Mas você viu que há, de fato, uma segunda reta normal que desce para a esquerda? Não se preocupe se você não viu essa reta porque quando fizer as contas, obterá as três soluções.

DICA

Fazer estimativas de bom senso melhora a compreensão matemática. Ao fazer o cálculo ou qualquer conta, sugira uma estimativa aproximada, e de bom senso da solução do problema antes de fazer as contas (quando possível e o tempo permitir). Isso aprofunda seu entendimento dos conceitos envolvidos e fornece uma verificação para a solução matemática. (Esta é uma estratégia matemática poderosa — acredite — apesar do fato de que neste problema em particular, a maioria das pessoas encontrará no máximo duas das três retas normais usando uma estimativa ao examinar.)

A Figura 13-2 mostra a parábola e as três retas normais.

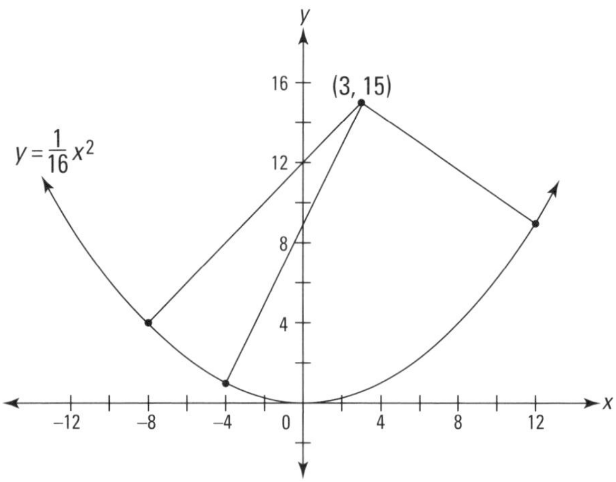

Figura 13-2: A parábola $y=\frac{1}{16}x^2$ e as normais que passam pelo ponto (3, 15).

Olhando a figura, você pode apreciar a praticidade desse problema. Ele será útil se você, por acaso, ficar dentro da curva de uma parede parabólica e quiser saber o local exato desses três pontos na parede, onde você possa jogar uma bola e fazer com que ela volte em linha reta para você.

A solução é muito semelhante à solução do problema da reta tangente, exceto que nesse problema você usa a regra para as retas perpendiculares:

LEMBRE-SE

Inclinações das *retas perpendiculares*. As inclinações de retas perpendiculares são recíprocos opostos.

Cada reta normal na Figura 13-2 é perpendicular à reta tangente desenhada no ponto onde a normal se encontra com a curva. Assim, a inclinação de cada reta normal é o recíproco oposto da inclinação da tangente correspondente — que, claro, é dado pela derivada. Então, aqui vai:

1. **Pegue um ponto qualquer, (x, y), na parábola $y = \frac{1}{16}x^2$ e substitua $\frac{1}{16}x^2$ por y.**

   Então, identifique cada ponto de perpendicularidade $\left(x, \frac{1}{16}x^2\right)$.

2. **Pegue a derivada da parábola.**

   $$y = \frac{1}{16}x^2$$
   $$y' = \frac{1}{8}x$$

3. **Usando a fórmula da inclinação $\frac{y_2 - y_1}{x_2 - x_1}$, iguale a inclinação de cada reta normal de (3, 15) até $\left(x, \frac{1}{16}x^2\right)$ ao recíproco oposto da derivada em $\left(x, \frac{1}{16}x^2\right)$ e resolva em função de x.**

   $$\frac{\frac{1}{16}x^2 - 15}{x - 3} = -\frac{8}{x}$$ (A derivada é $\frac{1}{8}x$ ou $\frac{x}{8}$ e seu recíproco oposto é $-\frac{8}{x}$)

   $$\frac{1}{16}x^3 - 15x = -8x + 24$$ (fazendo a multiplicação cruzada e a distribuição)

   $$x^3 - 112x - 384 = 0$$ (depois de trazer todos os termos para um lado e multiplicar ambos os lados por 16)

   Agora, não há nenhuma maneira automática de obter soluções *exatas* para essa equação cúbica (3° grau), como a fórmula quadrática que dá as soluções para a equação de 2° grau. Em vez disso, você pode desenhar o gráfico de $y = x^3 - 112x - 384$ e as interseções com o eixo x darão as soluções, mas com esse método, não há garantia de que você obterá soluções exatas. (Se não, as aproximações decimais são o melhor que você pode conseguir.) Aqui, no entanto, você teve sorte — na verdade, eu tive algo a ver com isso — e obteve as soluções exatas –8, –4 e 12. (Você deve fazer o gráfico da função cúbica para que veja como funciona.)

4. **Insira cada uma dessas coordenadas x em $y = \frac{1}{16}x^2$ para obter as coordenadas y.**

$$y = \frac{1}{16}(-8)^2 \quad y = \frac{1}{16}(-4)^2 \quad y = \frac{1}{16}(12)^2$$
$$= 4 \qquad\qquad = 1 \qquad\qquad = 9$$

Assim, os três pontos de normalidade são (–8, 4), (–4, 1) e (12, 9) — vamos jogar!

Atirando em Linha Reta com Aproximações Lineares

Como as funções comuns são localmente *lineares* (isto é, em linha reta) — e quanto mais você as amplia, mais retas elas ficam — uma reta tangente a uma função é uma boa aproximação da função perto do ponto de tangência. A Figura 13-3 mostra o gráfico de $f(x) = \sqrt{x}$ e uma reta tangente à função no ponto (9, 3). Você pode ver que perto de (9, 3), a curva e a reta tangente são realmente indistinguíveis.

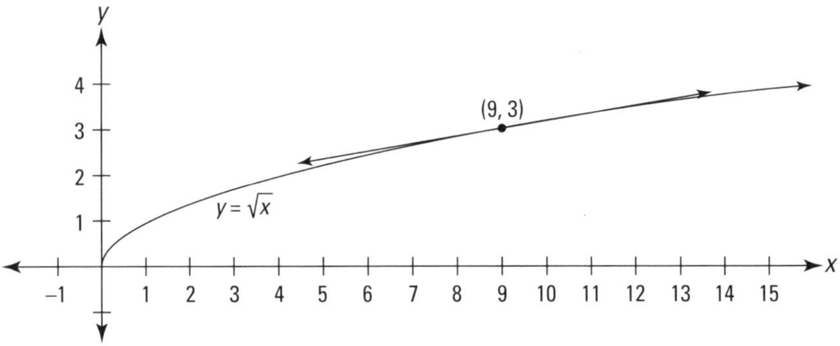

Figura 13-3: O gráfico de $f(x) = \sqrt{x}$ e a reta tangente à curva em (9, 3).

Determinar a equação dessa reta tangente é fácil. Você tem um ponto, (9, 3), e a inclinação é dada pela derivada de f em 9:

$$f(x) = \sqrt{x} = x^{1/2}$$
$$f'(x) = \frac{1}{2}x^{-1/2} = \frac{1}{2\sqrt{x}} \quad \text{(regra da potência)}$$
$$f'(9) = \frac{1}{2\sqrt{9}} = \frac{1}{6}$$

Agora, apenas pegue essa inclinação (esta derivada) de $\frac{1}{6}$ e o ponto (9, 3), e coloque os na forma de ponto-inclinação:

$$y - y_1 = m(x - x_1)$$
$$y - 3 = \frac{1}{6}(x-9)$$
$$y = 3 + \frac{1}{6}(x-9)$$

Essa é a equação da reta tangente para $f(x) = \sqrt{x}$ em (9, 3). Eu suponho que você talvez esteja pensando por que eu escrevi a equação como $y = 3 + \frac{1}{6}(x-9)$. Pode parecer mais natural colocar o 3 à direita de $\frac{1}{6}(x-9)$ que, é claro, também estaria correto. E eu poderia ter simplificado mais a equação, escrevendo na forma $y = mx + b$. Eu explico mais tarde nesse tópico por que escrevi da maneira como fiz.

(Se você tiver sua calculadora gráfica à mão, faça o gráfico de $f(x) = \sqrt{x}$ e da reta tangente. Amplie algumas vezes o ponto (9, 3) e verá que a curva fica cada vez mais reta e que a curva e a reta tangente se aproximam cada vez mais.)

Agora, digamos que você queira aproximar a raiz quadrada de 10. Posto que 10 está bem perto de 9 e pelo fato de você poder ver na Figura 13-3 que $f(x)$ e sua tangente estão perto uma da outra em $x = 10$, a coordenada y da reta em $x = 10$ é uma boa aproximação do valor da função em $x = 10$, a saber, $\sqrt{10}$.

Apenas coloque o 10 na equação da reta para sua aproximação:

$$y = 3 + \frac{1}{6}(x-9)$$
$$= 3 + \frac{1}{6}(10-9)$$
$$= 3 + \frac{1}{6}$$
$$= 3\frac{1}{6}$$

Assim, a raiz quadrada de 10 é mais ou menos $3\frac{1}{6}$. Isso é mais ou menos só 0,004 maior que a resposta exata de 3,1623... O erro é aproximadamente um décimo de um por cento.

Agora, eu posso explicar por que escrevi a equação para a reta tangente da maneira como fiz. Essa forma faz o cálculo ficar mais fácil e é mais fácil de entender o que está acontecendo quando você calcula uma aproximação. Aqui está o porquê. Você sabe que a reta passa pelo ponto (9, 3), certo? E sabe que a inclinação da reta é $\frac{1}{6}$. Então, pode começar em (9, 3) e ir para a direita (ou para a esquerda) ao longo da reta como no degrau da escada, como mostrado na Figura 13-4: sobre 1, acima de $\frac{1}{6}$; sobre 1, acima de $\frac{1}{6}$; e assim sucessivamente. (Note que como a *inclinação* $= \frac{aumento}{distância}$, quando a distância é 1 (como mostrado na Figura 13-4), o aumento é igual à inclinação.)

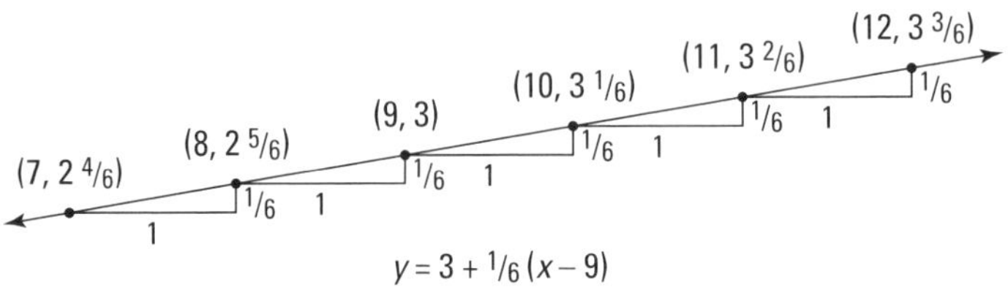

Figura 13-4: A reta da aproximação linear e muitos dos seus pontos.

Então, quando você estiver fazendo uma aproximação, você começa no valor y de 3 e sobe $\frac{1}{6}$ para cada 1 que for para a direita. Ou se você for para a esquerda, desce $\frac{1}{6}$ para cada 1 que for para a esquerda. Quando a equação da reta é escrita na forma acima, o cálculo de uma aproximação se compara ao esquema do degrau da escada.

A Figura 13-4 mostra os valores aproximados para as raízes quadradas de 7, 8, 10, 11 e 12. Aqui está como você obtém esses valores. Para obter 8, por exemplo, a partir de (9, 3), você anda 1 para a esquerda e desce $\frac{1}{6}$ para $2\frac{5}{6}$; ou para obter 11 a partir de (9, 3), você anda *dois* para a direita e sobe dois sextos para $3\frac{2}{6}$ ou $3\frac{1}{3}$. (Se você for para a direita *um meio* para $9\frac{1}{2}$, subirá *metade* de um sexto, isto é, um doze avos, para $3\frac{1}{12}$, a raiz quadrada aproximada de $9\frac{1}{2}$.)

A seguir, estão os erros para as aproximações mostradas na Figura 13-4. Note que os erros aumentam à medida que você se afasta do ponto de tangência (9, 3). Além disso, os erros aumentam mais rapidamente indo para baixo de 9 para 8, depois, 7 etc. do que subindo de 9 para 10 etc.; os erros geralmente aumentam mais rapidamente em uma direção do que na outra com aproximações lineares por causa da forma da curva.

$\sqrt{7}$: 0,8% erro

$\sqrt{8}$: 0,2% erro

$\sqrt{10}$: 0,1% erro

$\sqrt{11}$: 0,5% erro

$\sqrt{12}$: 1,0% erro

Equação de aproximação linear: Aqui está a forma geral para a equação da reta tangente que você usa para uma aproximação linear. Os valores de uma função $f(x)$ podem ser aproximados com base nos valores da reta tangente $l(x)$ perto do ponto de tangência, $(x_0, f(x_0))$, onde

$$l(x) = f(x_0) + f'(x_0)(x - x_0)$$

Isso é menos complicado do que aparenta. É apenas a versão do cálculo elegante para a equação de inclinação do ponto da reta que você sabe desde a Álgebra 1, $y - y_1 = m(x - x_1)$, com y_1 movido para o lado direito:

$$y = y_1 + m(x - x_1)$$

Essa equação algébrica e a equação acima para $l(x)$ se diferenciam apenas nos símbolos usados; o *significado* de ambas as equações — termo por termo — é idêntico. E note como ambas as equações lembram a equação da reta tangente na Figura 13-4.

Procure as ligações entre a Álgebra-Cálculo e a Geometria-Cálculo. Toda vez que for possível, tente ver os conceitos básicos da Álgebra ou da Geometria no centro dos conceitos sofisticados do Cálculo.

Problemas de Administração e Economia

Acredite ou não, o Cálculo é, na verdade, usado no mundo real da Administração e da Economia — aprenda Cálculo e aumente seu lucro! Quero saber uma coisa: quando você está dirigindo em uma parte luxuosa da cidade e passa por uma casa *enorme*, qual é a primeira coisa que vem à sua mente? Eu aposto que é "Olha aquela casa! Esse cara (ou essa mulher) deve saber Cálculo".

Controlando marginais em Economia

Veja novamente as Figuras 13-3 e 13-4 na seção anterior. Lembre-se de que a derivada e, desta forma, a inclinação de $y = \sqrt{x}$ em $(9, 3)$ é $\frac{1}{6}$ e que a reta tangente nesse ponto pode ser usada para aproximar a função para perto do ponto de tangência. Então, conforme você passa em 1, de 9 para 10 ao longo da própria função, sobe em *mais ou menos* $\frac{1}{6}$. E, assim, $\sqrt{10}$ é mais ou menos $\frac{1}{6}$ a mais do que $\sqrt{9}$. A Matemática das *marginais* funciona exatamente da mesma maneira.

Custo marginal, renda marginal e lucro marginal funcionam de modo muito parecido com a aproximação. *Custo marginal*, *renda marginal* e *lucro marginal* envolvem o quanto uma função sobe (ou desce) conforme você vai 1 unidade para a direita — assim como uma aproximação linear.

Digamos que você tenha uma função custo que dá o custo total, *C(x)*, de produção de *x* itens. Veja a Figura 13-5.

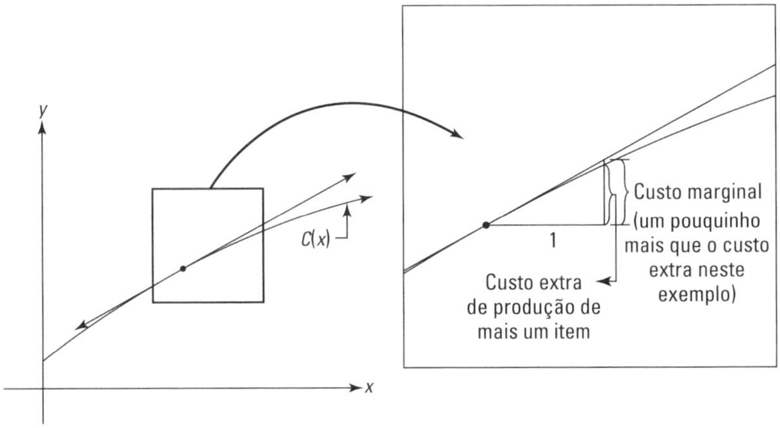

Figura 13-5: O gráfico de uma função custo $C(x)$.

Veja o quadrado aumentado à direita na figura. A derivada de *C(x)* no ponto de tangência dá a inclinação da reta tangente e, assim, a quantidade que você sobe conforme vai 1 para a direita ao longo da reta. (Essa quantidade é identificada na figura como *custo* marginal.) Ir 1 para a direita ao longo da própria função custo mostra a você o aumento no custo de produção de mais um item. (Isto é identificado como *custo extra*.) Assim, posto que a reta tangente é uma boa aproximação da função custo, a derivada de *C* — chamada de *custo marginal* — é o aumento *aproximado* no custo de produção de mais um item. A receita marginal e o lucro marginal funcionam da mesma maneira.

Definição de custo marginal, renda marginal e lucro marginal:

Custo marginal é igual à derivada da função custo.

Renda marginal é igual à derivada da função renda.

Lucro marginal é igual à derivada da função lucro.

Antes de fazer um exemplo envolvendo marginais, há mais uma questão a ser resolvida. Uma *função demanda* informa quantos itens serão adquiridos (qual será a demanda), dado o preço. Quanto mais baixo o preço, é claro, mais alta é a demanda; e quanto mais alto o preço, mais baixa é a demanda. Você pode pensar que o número adquirido deveria ser uma função do preço — entre com o preço e descubra quantos itens as pessoas comprarão a esse preço — mas tradicionalmente, uma função demanda é feita de outro modo. O preço é dado em função do número demandado. Eu sei que parece um pouco estranho, mas não se preocupe — a função funciona de qualquer maneira. Pense nela dessa forma: se um varejista quer vender um dado número de itens, a função demanda informa qual deve ser o preço de venda.

Tudo bem. Aqui está um exemplo. O fabricante de um produto qualquer determina que a função demanda para seu produto é

$$p = \frac{1000}{\sqrt{x}}$$

onde p é o preço de um produto e x é o número de produtos demandados. O custo de produção de x produtos é dado pela função custo a seguir:

$$C(x) = 10x + 100\sqrt{x} + 10{,}000$$

Determine o custo marginal, a renda marginal e o lucro marginal em $x = 100$ produtos. Além disso, quantos produtos devem ser fabricados e a quanto devem ser vendidos para produzir um lucro máximo, e qual é esse lucro máximo? (Se você conseguir completar isso, irei indicá-lo ao Prêmio Nobel de Economia.)

Custo marginal

O custo marginal é a derivada da função custo, então, pegue a derivada e avalie-a em $x = 100$.

$$C(x) = 10x + 100\sqrt{x} + 10{,}000$$

$$C'(x) = 10x + \frac{50}{\sqrt{x}} \quad \text{(regra da potência)}$$

$$C'(100) = 10 + \frac{50}{\sqrt{100}}$$

$$= 10 + \frac{50}{10}$$

$$= 15$$

Assim, o custo marginal em $x = 100$ é \$15 — esse é o custo aproximado para produzir o 101° produto.

Renda marginal

Renda, *R(x)*, é igual ao número de itens vendidos, *x*, multiplicado pelo preço, *p*:

$$\begin{aligned} R(x) &= x \cdot p \\ &= x \cdot \frac{1000}{\sqrt{x}} && \text{(usando a função demanda acima)} \\ &= \frac{1000x}{\sqrt{x}} \cdot \frac{\sqrt{x}}{\sqrt{x}} && \text{(racionalizando o denominador)} \\ &= \frac{1000x\sqrt{x}}{x} \\ &= 1000\sqrt{x} \end{aligned}$$

Renda marginal é a derivada da função rendimento, então, pegue a derivada de *R(x)* e avalie-a em $x = 100$:

$$\begin{aligned} R(x) &= 1000\sqrt{x} \\ R'(x) &= \frac{500}{\sqrt{x}} && \text{(regra da potência)} \\ R'(100) &= \frac{500}{\sqrt{100}} \\ &= 50 \end{aligned}$$

Assim, a renda aproximada para vender o 101° produto é de \$50.

Lucro marginal

Lucro, *P(x)*, é igual à renda menos o custo. Então,

$$\begin{aligned} P(x) &= R(x) - C(x) \\ &= 1000\sqrt{x} - (10x + 100\sqrt{x} + 10.000) \\ &= -10x + 900\sqrt{x} - 10.000 \end{aligned}$$

Lucro marginal é a derivada da função lucro, então, pegue a derivada de *P(x)* e avalie-a em x = 100.

$$\begin{aligned} P(x) &= -10x + 900\sqrt{x} - 10,000 \\ P'(x) &= -10 + \frac{450}{\sqrt{x}} && \text{(regra da potência)} \\ P'(100) &= -10 + \frac{450}{\sqrt{100}} \\ &= -10 + 45 \\ &= 35 \end{aligned}$$

Vender o 101° produto produz um lucro aproximado de $35.

DICA

Atalhos do lucro marginal: Você notou um dos dois atalhos que você poderia ter usado aqui? Primeiramente, você pode usar o fato de que

$$P'(x) = R'(x) - C'(x)$$

para determinar $P'(x)$ diretamente, sem primeiro determinar $P(x)$. Em seguida, depois de achar $P'(x)$, você apenas insere 100 no lugar de x para ter sua resposta.

E se tudo o que você quiser saber é P'(100), poderá usar o atalho a seguir:

$$\begin{aligned} P'(100) &= R'(100) - C'(100) \\ &= 50 - 15 \\ &= 35 \end{aligned}$$

Isso é bom senso. Se você gasta $15 para produzir o 101° produto e vende-o por mais ou menos $50, então, seu lucro é de $35.

Eu fiz da maneira mais longa porque você precisa tanto da função lucro, $P(x)$, como da função lucro marginal, $P'(x)$, para os problemas a seguir.

Lucro máximo

Para determinar o lucro máximo iguale a derivada do lucro — isto é, o lucro marginal — a zero, resolva em função de x, depois, insira o resultado na função lucro.

$$\begin{aligned} P'(x) &= -10 + \frac{450}{\sqrt{x}} \\ 0 &= -10 + \frac{450}{\sqrt{x}} \\ 10 &= \frac{450}{\sqrt{x}} \\ 10\sqrt{x} &= 450 \\ \sqrt{x} &= 45 \\ x &= 2025 \end{aligned}$$

Então, o lucro máximo ocorre quando 2.025 produtos são vendidos. Agora, insira isso em $P(x)$:

$$\begin{aligned} P(x) &= -10x + 900\sqrt{x} - 10{,}000 \\ P(2025) &= -10 \cdot 2025 + 900\sqrt{2025} - 10{,}000 \\ &= -20{,}250 + 900 \cdot 45 - 10{,}000 \\ &= 10{,}250 \end{aligned}$$

Assim, o lucro máximo é de \$10.250. (Crédito extra: você viu onde fiquei um pouco preguiçoso aqui? A derivada da função lucro é zero em $x = 2025$, mas isso não garante que haja um máximo nesse valor de x. Poderia haver um mínimo ou um ponto de inflexão aqui. Você poderá usar o teste da derivada primeira ou segunda (veja o Capítulo 11) para mostrar que realmente é um máximo. Mas apenas olhei um gráfico da função lucro e vi que é um tipo de xícara virada para baixo, portanto, sabia que havia um máximo no topo da xícara em $x = 2025$.)

Finalmente, insira o número vendido na função demanda para determinar o preço com lucro máximo:

$$p = \frac{1000}{\sqrt{x}}$$
$$p = \frac{1000}{\sqrt{2025}}$$
$$\approx 22{,}22$$

Então, o lucro máximo de \$10.250 ocorre quando o preço é fixado em \$22,22. Nesse preço, 2.025 produtos serão vendidos. A Figura 13-6 resume todos esses resultados. Note que devido ao fato de o lucro ser igual à renda menos o custo, a distância vertical ou o intervalo entre a

função renda e a função custo em um dado valor de x dá um lucro nesse valor de x. O lucro máximo ocorre quando o intervalo é o maior.

Figura 13-6: As funções de renda e custo. A distância vertical entre as duas funções, em um dado valor de *x*, representa o lucro.

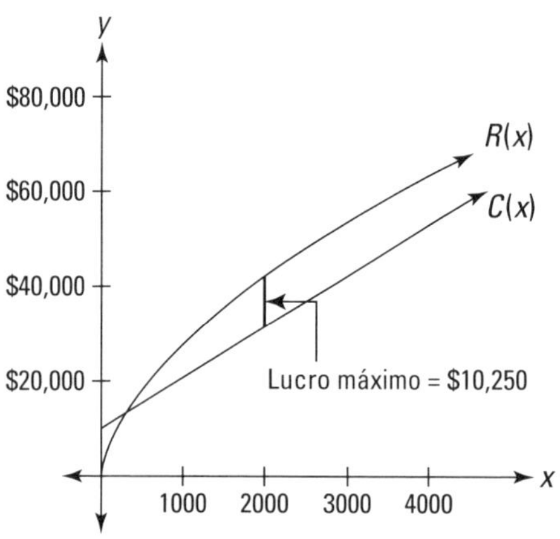

(Note que embora a escala deste gráfico faça $C(x) = 10x + 100\sqrt{x} + 10{,}000$ parecer uma linha reta, seu termo do meio $100\sqrt{x}$ significa que não é exatamente reta.)

E outra coisa. Devido ao fato de o lucro máximo ocorrer onde $P'(x) = 0$ e visto que $P'(x) = R'(x) - C'(x)$, segue o lucro será maior onde $0 = R'(x) - C'(x)$ — em outras palavras, onde $R'(x) = C'(x)$. E quando $R'(x) = C'(x)$, as inclinações das retas tangentes das funções são iguais. Então, se você fosse desenhar as retas tangentes a $R(x)$ e $C(x)$, onde o intervalo entre os dois é o maior, essas tangentes seriam paralelas. Nesse momento, você deve estar pensando algo do tipo — *Que simetria, que elegância simples, que beleza! Realmente, a inspiração matemática seduz o coração tanto quanto a mente.* Sim, é muito bom, mas não vamos nos deixar levar.

Parte V

Integração e Série Infinita

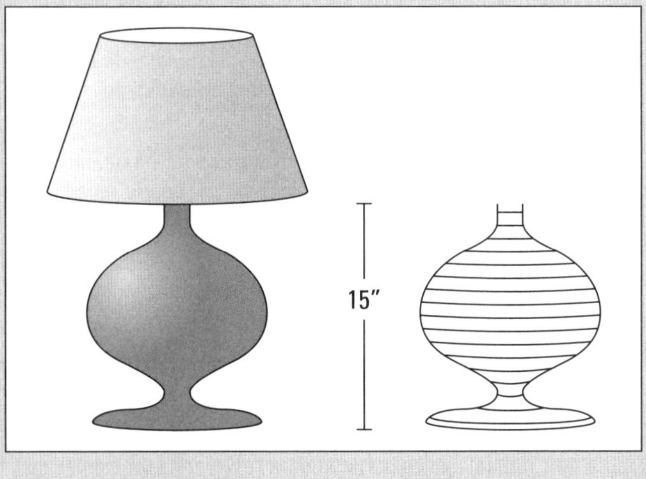

Nesta parte...

- Significado de integração: a integração é basicamente uma adição sofisticada. Funciona fatiando algo em pequenas partes (na verdade, partes infinitesimais), então, somando as partes para ter o total. Isto permite encontrar o total das coisas — digamos, o volume total de um objeto com forma de sino estranha — que não podem ser lidadas por fórmulas simples do Pré-Cálculo.
- Teorema fundamental do Cálculo: a integração é basicamente a diferenciação ao inverso — a saber, *antidiferenciação*. Há uma ligação yin/yang íntima entre integração e diferenciação que esta parte vê a partir de vários ângulos.
- Técnicas para calcular as antiderivadas: substituição, integração por partes, integrais trigonométricas e frações parciais.
- Problemas com a palavra integração: calcular a área entre as curvas, encontrar o volume com o método da arruela, calcular o comprimento do arco, área da superfície e integrais impróprias.
- A regra de L'Hôpital: um belo truque para resolver os problemas de limite.
- Domando o infinito: dez testes para a convergência ou a divergência da *série infinita*.

Capítulo 14

Introdução à Integração e à Área Aproximada

Neste Capítulo

- Integrando — somando tudo
- Áreas aproximadas e avaliação das somas sigma
- Usando a integral definida para obter áreas exatas
- Somando trapézios
- Regra de Simpson: Cálculo para Bart e Homer

Já que você ainda está lendo este livro, isso significa que sobreviveu à diferenciação (Capítulos 9 até 13). Agora, você começa o segundo maior tópico em Cálculo: a integração. Assim como duas ideias simples estão no centro da diferenciação — *razão* (como *quilômetros por hora*) e declive ou *inclinação* de uma curva — a integração também pode ser entendida em termos de duas ideias simples — *somar* pequenos pedaços de alguma coisa e a *área* sob uma curva. Neste capítulo, eu introduzo esses dois conceitos fundamentais.

Integração: Apenas Adição Sofisticada

Considere a luminária na Figura 14-1. Digamos que você queira determinar o volume da base da luminária. Por que iria querer fazer isso? Não faço a menor ideia. De qualquer forma, a fórmula para o volume de uma forma estranha não existe, então, você não pode calcular o volume diretamente.

Você pode, no entanto, calcular o volume com a integração. Imagine que a base seja cortada em fatias finas e horizontais, como mostrado à direita na Figura 14-1.

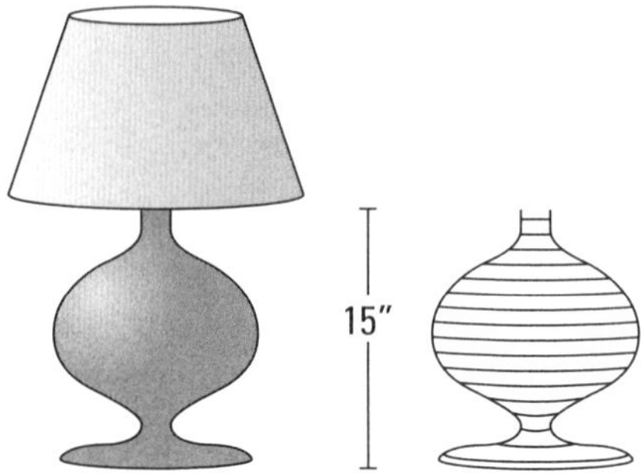

Figura 14-1: Uma luminária com uma base sinuosa e base cortada em fatias finas e horizontais.

Você consegue ver que cada fatia tem a forma de uma panqueca fina? Agora, visto que existe uma fórmula para o volume da panqueca (uma panqueca é apenas um cilindro muito curto), você pode determinar o volume total da base simplesmente calculando o volume de cada fatia no formato de panqueca e, depois, somando os volumes. Isso é, em poucas palavras, a integração.

Mas, é claro, se isso fosse tudo que havia para a integração, não haveria tanto alvoroço sobre ela — certamente não o suficiente para levar Newton, Leibnitz, e outros grandes matemáticos, para a galeria da fama da Matemática. O que faz a integração ser uma das grandes conquistas na história da Matemática é que — para continuar com o exemplo da luminária — ela dá o volume *exato* da base da luminária mais ou menos cortando-a em um número *infinito* de fatias infinitas finas. Agora, *isso* é alguma coisa. Se você cortar a luminária em menos do que um número infinito de fatias, poderá obter apenas uma aproximação muito boa do volume — e não a resposta exata — porque cada fatia na forma de panqueca terá uma borda estranha e curvada que pode causar um pequeno erro ao calcular o volume da fatia com a fórmula do cilindro.

A integração tem um símbolo elegante: $\int$. Você provavelmente já o viu antes — talvez em algum desenho com algum Einstein na frente de um quadro-negro cheio de jargões indecifráveis e de difícil compreensão. Logo, esse será *você*. Isso mesmo — você estará enchendo as páginas do seu caderno com equações contendo o símbolo da integração. Os espectadores ficarão impressionados e cheios de inveja.

Você pode pensar no símbolo da integração como apenas um S alongado para "soma". Então, para o nosso problema da luminária, você pode escrever

$$\int_{base}^{topo} dB = B$$

onde dB significa um pequeno pedaço da base — na verdade, um pedaço infinitamente pequeno. Então, a equação significa que se você somar todos esses pequenos pedaços da luminária da base até o topo, o resultado será B, o volume da base toda.

Isso é um pouco simplificado demais — eu posso escutar a sirene da polícia matemática agora — mas é uma boa maneira de pensar sobre a integração. A propósito, pensar em *dB* como um pedaço pequeno ou infinitesimal de B é uma ideia que você viu antes com a diferenciação (veja o Capítulo 9), onde a derivada ou a inclinação, $\frac{dy}{dx}$, é igual à relação entre um pouco de *y* e um pouco de *x*, à medida que você encolhe o degrau da escada $\frac{\textit{aumento}}{\textit{distância}}$ para um tamanho infinitesimal (veja a Figura 9-13). Assim, a diferenciação e a integração envolvem infinitesimais.

Então, toda vez que você vir algo do tipo

$$\int_a^b \textit{pequeno pedaço da coisa}$$

isso apenas significa que você soma todos os pequenos pedaços (infinitesimais) da coisa de *a* até *b* para obter o total de toda a coisa de *a* até *b*. Ou você talvez veja algo do tipo

$$\int_{t=0\text{s}}^{t=20\text{s}} \textit{pequeno pedaço da distância}$$

que significa somar todos os pequenos pedaços da distância percorrida entre 0 e 20 segundos para obter a distância total percorrida durante esse intervalo de tempo.

Resumindo, a expressão matemática à direita do símbolo de integração sempre corresponde a um pouco de alguma coisa e integrar esse tipo de expressão significa somar todos os pequenos pedaços entre algum ponto de partida e algum ponto de chegada para determinar o total entre os dois pontos.

Encontrando a Área Sob uma Curva

Como analisei no Capítulo 9, o significado fundamental de uma derivada é que é uma razão, um *isso* por *aquilo*, como *quilômetros por hora*, e que quando você desenha o gráfico de *isso* como uma função de *aquilo* (como *quilômetros* como uma função de *horas)*, a derivada se torna a inclinação da função. Em outras palavras, a derivada é uma razão, que em um gráfico aparece como uma inclinação.

E funciona mais ou menos da mesma maneira com a integração. O significado fundamental da integração é somar (você pode somar distâncias ou volumes, por exemplo). E quando você representa a integração em um gráfico, pode ver o processo de soma como a soma dos pequenos pedaços da área para chegar à área total sob uma curva. Considere a Figura 14-2.

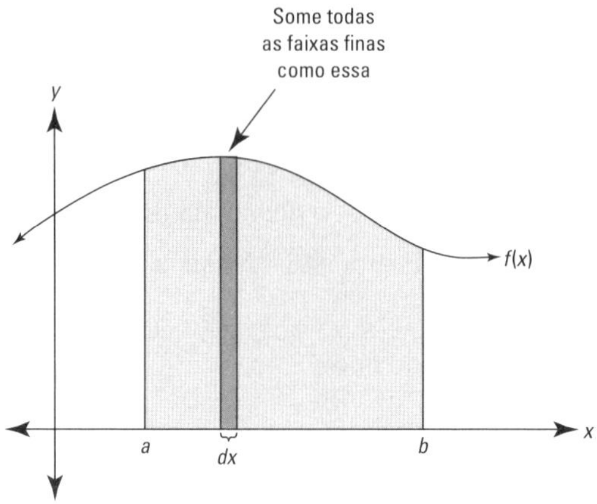

Figura 14-2: Fazer a integração de $f(x)$ de $x = a$ até $x = b$ significa encontrar a área sob a curva entre a e b.

A área sombreada na Figura 14-2 pode ser calculada com a seguinte integral:

$$\int_a^b f(x)dx$$

Veja o retângulo fino na Figura 14-2. Ele tem uma altura $f(x)$ e uma largura dx (um pouco de x), então, sua área (*comprimento* vezes *largura,* é claro) é dada por $f(x) \cdot dx$. A integral acima diz para você somar as áreas de todas as faixas retangulares estreitas entre a e b sob a curva $f(x)$. À medida que a faixa fica cada vez mais estreita, você obtém uma estimativa cada vez melhor da área. O poder da integração está no fato de que ela lhe dá a área exata ao somar um número infinito de retângulos infinitamente finos.

Se você estiver resolvendo um problema com os eixos x e y identificados em uma unidade de comprimento, digamos, *metro*, então, cada retângulo fino medirá muitos metros por muitos metros e sua área — *comprimento* vezes *largura* — será um número de *metros quadrados*. Neste caso, quando você integrar para obter a área total sob a curva entre a e b, sua resposta final será uma quantidade da — o que mais? – área. Mas você pode usar este esquema de adicionar as áreas dos retângulos para somar as pequenas partes de qualquer coisa — distância, volume ou energia, por exemplo. Em outras palavras, a área sob a curva não precisa representar uma área real.

Se, por exemplo, as unidades no eixo x forem *horas* e o eixo y for identificado como *quilômetros por hora*, tendo em vista que a *velocidade* vezes *tempo* é igual à *distância* (e como $\frac{km}{hora} \cdot horas = km$), a área de cada retângulo representa uma quantidade da distância (em km) e a área total dá a distância total percorrida durante o dado intervalo de tempo. Ou se o eixo x for identificado em *horas* e o eixo y em *quilowatts* de potência elétrica — e neste caso, a curva dá o consumo da energia em função do tempo — então, a área de cada faixa retangular (*quilowatts* vezes *hora*) representará um número de *quilowatt-horas* de energia. Nesse caso, a área total sob a curva dá o número total de quilowatt-horas de consumo de energia entre os dois pontos no tempo.

A Figura 14-3 mostra como você resolveria o problema da luminária — do começo deste capítulo — somando as áreas. Nesse gráfico, a função A(h) dá a *área* transversal de uma fina fatia de panqueca da luminária como uma função de sua altura medida a partir da base da luminária. Então, dessa vez, o eixo *h* é identificado em cm (isto é, *h* como em *altura* a partir da base da luminária) e o eixo *y* é identificado em *centímetros quadrados*, e, assim, cada retângulo fino tem uma largura medida em cm e uma altura medida em cm quadrados. Então, sua área representa *centímetros* vezes *centímetros ao quadrado* ou *centímetros cúbicos* de volume.

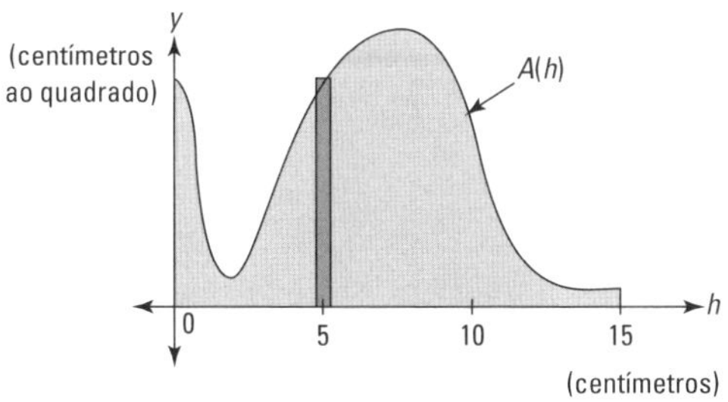

Figura 14-3: A *área* sombreada dá o *volume* da base da luminária na Figura 14-1.

A área do retângulo fino na Figuras 14-3 representa o *volume* da fina fatia de panqueca da luminária a 5 centímetros acima do fundo da base. A área total sombreada e, assim, o volume da base da luminária são dados pela integral a seguir:

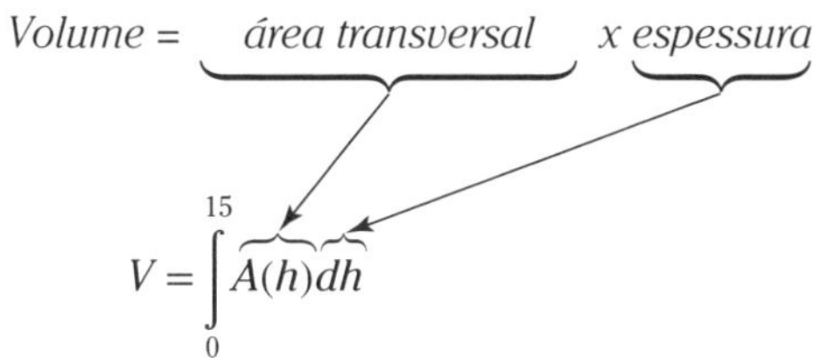

Esta integral informa para você somar os volumes de todas as fatias finas de panqueca de 0 a 15cm (ou seja, da parte inferior até o topo da base da luminária), com cada fatia tendo um volume dado por *A(h)* (sua área transversal) vezes *dh* (sua altura ou espessura). (A propósito, a Figura 14-3 lembra a metade esquerda da base da luminária (inclinada na lateral), mas não é. Ela tem uma forma parecida porque onde a base da luminária é larga, a fatia circular correspondente tem uma área grande.)

Tudo bem, já está bom dessa coisa introdutória. No próximo tópico, você realmente calculará algumas áreas.

Área Aproximada

Antes de explicar como calcular áreas exatas, quero mostrar a você como aproximar as áreas. O método de aproximação é útil não apenas porque prepara a base para o método exato — a integração — mas porque para algumas curvas, a integração é impossível e a aproximação de uma área é o melhor que você pode fazer.

Área aproximada pela soma a esquerda

Digamos que você queira a área exata sob a curva $f(x) = x^2 + 1$ entre 0 e 3. Veja a área sombreada no gráfico da esquerda na Figura 14-4.

Figura 14-4: A área exata sob $f(x) = x^2 + 1$ entre $x = 0$ e $x = 3$ (esquerda) é aproximada pela área de três retângulos (direita).

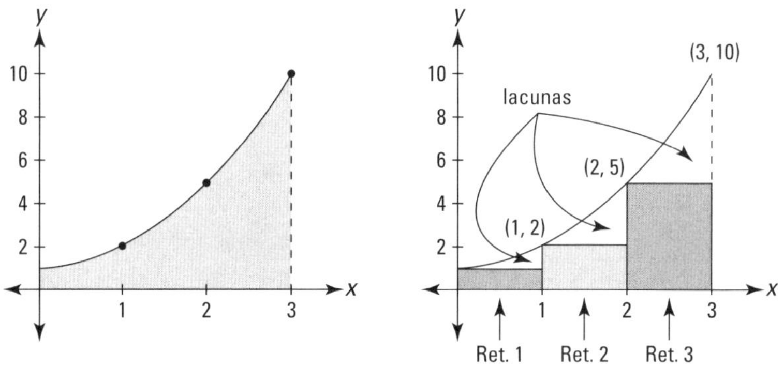

Você pode obter uma estimativa aproximada da área desenhando três retângulos sob a curva, como mostrado à direita da Figura 14-4, depois, somando suas áreas.

Os retângulos na Figura 14-4 representam a tão falada *soma a esquerda* porque a altura de cada retângulo é determinada por onde o canto *esquerdo superior* de cada retângulo toca a curva. Cada retângulo tem uma largura 1 e a altura de cada é dada pela altura da função na borda esquerda do retângulo. Então, o retângulo número 1 tem uma altura $f(0) = 0^2 + 1 = 1$; sua área *(comprimento · largura* ou altura · largura) é, assim, $1 \cdot 1$ ou 1. O retângulo 2 tem uma altura $f(1) = 1^2 + 1 = 2$, então, sua área é $2 \cdot 1$ ou 2. E o retângulo 3 tem uma altura $f(2) = 2^2 + 1 = 5$, então, sua área é $5 \cdot 1$ ou 5. Somar essas três áreas dá um total de $1 + 2 + 5$ ou 8. Você pode ver que isso é uma avaliação abaixo do valor total da área sob a curva por causa das três lacunas entre os retângulos e a curva mostradas na Figura 14-4.

Para ter uma melhor estimativa, dobre o número de retângulos para seis. A Figura 14-5 mostra seis retângulos com "cantos esquerdos" sob a curva e também como os seis retângulos começam a preencher as três lacunas que você vê na Figura 14-4.

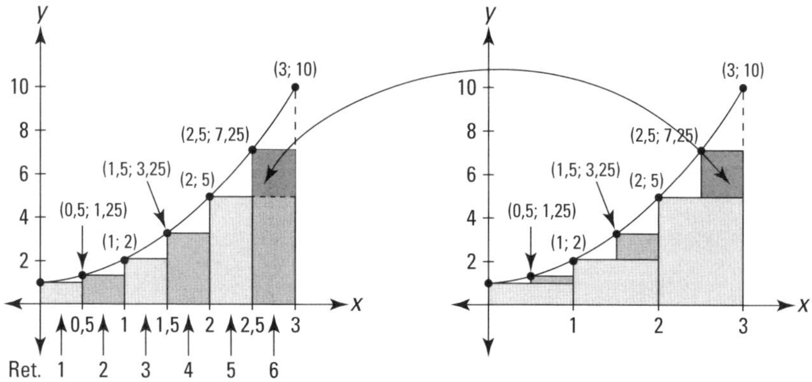

Figura 14-5: Seis retângulos com "cantos esquerdos" aproximam a área sob $f(x) = x^2 + 1$.

Você consegue ver os três retângulos pequenos sombreados no gráfico da direita na Figura 14-5? Eles ficam no topo dos três retângulos da Figura 14-4 e representam quanto da área estimada foi melhorada usando seis retângulos, em vez de três.

Agora, some as áreas dos seis retângulos. Cada um tem uma largura de 0,5 e as alturas são f(0), f(0,5), f(1), f(1,5), e assim por diante. Eu vou livrar você da aritmética. Aqui está o total: 0,5 + 0,625 + 1 + 1,625 + 2,5 + 3,625 = 9,875. Essa é uma estimativa melhor, mas ainda é uma subestimativa por causa das seis lacunas pequenas que você pode ver no gráfico da esquerda na Figura 14-5.

A Tabela 14-1 mostra as estimativas da área dadas por 3, 6, 12, 24, 48, 96, 192 e 384 retângulos. Você não precisa dobrar o número de retângulos toda vez como eu fiz aqui. Você pode usar qualquer número de retângulos de igual largura que quiser. Eu apenas gosto do esquema de dobrar porque, com cada duplicação, as lacunas são tapadas cada vez mais, como mostrado na Figura 14-5. Algum palpite sobre para onde as estimativas da Tabela 14-1 estão seguindo? Para mim parece ser 12.

Tabela 14-1 Estimativas da Área sob $f(x) = x^2 + 1$ Dadas por Números Crescentes de Retângulos com "Cantos Esquerdos"

Número de retângulos	*Área estimada*
3	8
6	9,875
12	~10,906
24	~11,445
48	~11,721
96	~11,860
192	~11,930
384	~11,965

Aqui está a fórmula elegante para a soma dos retângulos de cantos esquerdos:

MÁGICA MATEMÁTICA

A regra do retângulo de cantos esquerdos: Você pode aproximar a área exata sob uma curva entre a e b, $\int_a^b f(x)dx$, com a soma dos retângulos de *extremos esquerdos* de igual largura dados pela seguinte fórmula. Em geral, quanto mais retângulos, melhor é a estimativa.

$$L_n = \frac{b-a}{n}\left[f(x_0)+f(x_1)+f(x_2)+.........+f(x_{n-1})\right],$$

onde n é o número de retângulos, $\frac{b-a}{n}$ é a largura de cada retângulo, x_0 até x_{n-1} são as coordenadas x das bordas esquerdas de n retângulos e os valores da função são as alturas dos retângulos.

É melhor eu explicar um pouco a fórmula. Veja os seis retângulos mostrados na Figura 14-5. A largura de cada retângulo é igual ao comprimento do intervalo total de 0 até 3 (que, é claro, é 3 – 0 ou 3) dividido pelo número de retângulos, 6. Isso é o que $\frac{b-a}{n}$ faz na fórmula.

Agora, e os xs com os subscritos? A coordenada x da borda *esquerda* do retângulo 1 na Figura 14-5 é chamada de x_0, a borda *direita* do retângulo 1 (que é igual à borda esquerda do retângulo 2) está em x_1, a borda direita do retângulo 2 está em x_2, a borda direita do retângulo 3 está em x_3, e assim por diante, até a borda direita do retângulo 6, que está em x_6. Para os seis retângulos na Figura 14-5, x_0 é 0, x_1 é 0,5, x_2 é 1, x_3 é 1,5, x_4 é 2, x_5 é 2,5 e x_6 é 3. As alturas dos seis retângulos de cantos esquerdos na Figura 14-5 ocorrem em suas bordas esquerdas, que estão em x_0 até x_5. Você não usa a borda direita do último retângulo, x_6, em uma soma de cantos esquerdos. É por isso que a lista de valores na fórmula termina em x_{n-1}. Isso tudo ficará claro — cruze os dedos — quando você vir a fórmula para os retângulos de *cantos direitos* na próxima seção.

Aqui está como usar a fórmula para os seis retângulos na Figura 14-5:

$$\begin{aligned} L_6 &= \frac{3-0}{6}\left[f(x_0)+f(x_1)+f(x_2)+f(x_3)+f(x_4)+f(x_5)\right] \\ &= \frac{1}{2}\left[f(0)+f(0{,}5)+f(1)+f(1{,}5)+f(2)+f(2{,}5)\right] \\ &= \frac{1}{2}(1+1{,}25+2+3{,}25+5+7{,}25) \\ &= \frac{1}{2}(19{,}75) \\ &= 9{,}875 \end{aligned}$$

Note que se eu tivesse distribuído a largura de $\frac{1}{2}$ para cada uma das alturas depois da terceira linha na solução acima, você teria visto a soma das áreas dos seis retângulos — que você viu dois parágrafos abaixo da Figura 14-5. A fórmula apenas usa o atalho de somar primeiro as alturas e, depois, multiplicar pela largura.

Área aproximada pela soma a direita

Agora, estime a mesma área sob $f(x)=x^2+1$ de 0 até 3 com os retângulos de *cantos direitos*. Esse método funciona como a soma dos cantos esquerdos, exceto que cada retângulo é desenhado de maneira que o canto *direito* superior toque a curva. Veja a Figura 14-6.

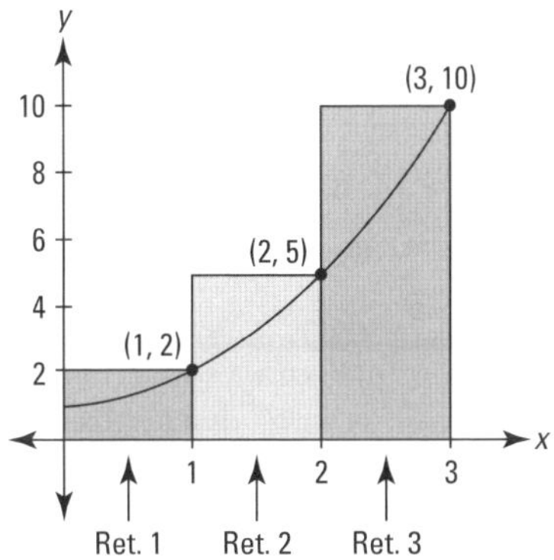

Figura 14-6: Três retângulos com cantos direitos usados para aproximar a área sob $f(x)=x^2+1$.

As alturas dos três retângulos na Figura 14-6 são dadas pelos valores da função em suas bordas *direitas*: $f(1)=2$, $f(2)=5$ e $f(3)=10$. Cada retângulo tem uma largura 1, então, as áreas são 2, 5 e 10, que totalizam 17. Você não precisa ser um gênio para ver que, desta vez, obtém uma *super*estimativa da área real sob a curva, ao contrário da *sub*estimativa que obteve com o método do retângulo de cantos esquerdos que eu detalhei na seção anterior (mais sobre isso em um minuto). A Tabela 14-2 mostra as estimativas de melhoria obtidas com mais e mais retângulos de cantos direitos.

Tabela 14-2 **Estimativas da Área sob $f(x)=x^2+1$ Dadas por Números Crescentes de Retângulos com "Cantos Direitos"**

Número de retângulos	*Área estimada*
3	17
6	14,375
12	~ 13,156
24	~ 12,570
48	~ 12,283
96	~ 12,141
192	~ 12,070
384	~ 12,035

Parece que essas estimativas também estão indo em direção a 12. Aqui está a fórmula para a soma dos retângulos de cantos direitos.

MÁGICA MATEMÁTICA

A regra dos triângulos de extremos direitos: Você pode aproximar a área exata sob uma curva entre *a* e *b*, $\int_a^b f(x)dx$, com a soma dos retângulos *de cantos direitos* dados pela seguinte fórmula. Em geral, quanto mais retângulos, melhor é a estimativa.

$$R_n = \frac{b-a}{n}\left[f(x_1)+f(x_2)+f(x_3)+.........+f(x_n)\right],$$

onde n é o número de retângulos, $\frac{b-a}{n}$ é a largura de cada retângulo, x_1 até x_n são as coordenadas x das bordas direitas de n retângulos e os valores da função são as alturas dos retângulos.

Se você comparar essa fórmula com a fórmula para a soma dos retângulos de cantos esquerdos, terá a imagem completa sobre esses subscritos. As duas fórmulas são a mesma, exceto por uma coisa. Veja

as somas dos valores da função em ambas as fórmulas. A fórmula para a soma dos cantos direitos tem um valor, $f(x_n)$, que a fórmula da soma dos cantos esquerdos não tem, e a fórmula da soma dos extremos esquerdos tem um valor, $f(x_0)$, que a fórmula da soma dos cantos direitos não tem.

Todos os valores da função entre esses dois aparecem nas duas fórmulas. Você pode entender melhor comparando os três retângulos de cantos esquerdos da Figura 14-4 com os três retângulos de cantos direitos da Figura 14-6. Suas áreas e totais, que calculamos antes, são:

Três retângulos de cantos esquerdos: 1 + 2 + 5 = 8

Três retângulos de cantos direitos: 2 + 5 + 10 = 17

Os valores usados nas somas das áreas são os mesmos, exceto pelo valor do retângulo de canto esquerdo mais à esquerda e pelo valor do retângulo de canto direito mais à direita. Ambas as somas incluem os retângulos com áreas de 2 e 5. Se você olhar como os retângulos são construídos, poderá ver que o segundo e terceiro retângulos na Figura 14-4 são iguais ao primeiro e segundo retângulos na Figura 14-6.

Área aproximada pela soma dos pontos médios

Uma terceira maneira de aproximar as áreas com retângulos é fazer cada retângulo cruzar a curva no ponto médio de seu lado superior. A soma do ponto médio é uma *melhor* estimativa da área do que a soma dos cantos esquerdos ou direitos. A Figura 14-7 mostra o motivo.

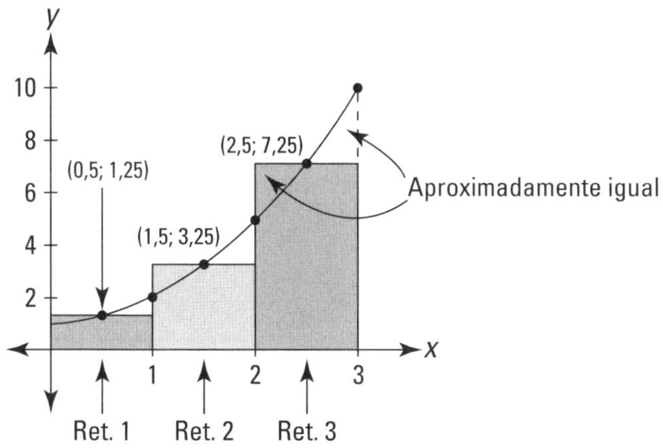

Figura 14-7: Três pontos médios dos retângulos dão uma melhor estimativa da área sob $f(x) = x^2 + 1$.

Você pode ver na Figura 14-7 que a parte de cada retângulo que está acima da curva aparenta ter o mesmo tamanho que a lacuna entre o retângulo e a curva. A soma do ponto médio produz uma boa estimativa porque esses dois erros cancelam, em linhas gerais, um ao outro.

Para os três retângulos da Figura 14-7, as larguras são iguais a 1 e as alturas são $f(0{,}5) = 1{,}25$, $f(1{,}5) = 3{,}25$ e $f(2{,}5) = 7{,}25$. A área total chega a 11,75. A Tabela 14-3 lista as somas dos pontos médios para o mesmo número de retângulos usados nas Tabelas 14-1 e 14-2.

Tabela 14-3 Estimativas para a Área sob $f(x) = x^2 + 1$ Dadas pelos Números Crescentes de Retângulos com "Pontos Médios"

Número de retângulos	*Área estimada*
3	11,75
6	11,9375
12	~11,9844
24	~11,9961
48	~11,9990
96	~11,9998
192	~11,9999
384	~11,99998

Se você tinha qualquer dúvida que as somas dos cantos esquerdos e direitos nas Tabelas 14-1 e 14-2 estavam na direção de 12, a Tabela 14-3 deve afastá-la. Sim, de fato, a área exata é 12. (Mostro como calcular isso em 5 ou 6 páginas.) E para ver quão rápido as aproximações do ponto médio se aproximam da resposta exata de 12, mais do que as aproximações dos cantos esquerdos e direitos, compare as três tabelas. O erro com os 6 retângulos com pontos médios é mais ou menos o mesmo erro com 192 retângulos com cantos esquerdos ou direitos! Aqui está a vantagem.

Regra do ponto médio: Você pode aproximar a área exata sob uma curva entre a e b, $\int_a^b f(x)dx$, com a soma dos retângulos com *pontos médios* dados pela seguinte fórmula. Em geral, quanto mais retângulos, melhor é a estimativa.

$$M_n = \frac{b-a}{n}\left[f\left(\frac{x_0+x_1}{2}\right)+f\left(\frac{x_1+x_2}{2}\right)+f\left(\frac{x_2+x_3}{2}\right)+\ldots\ldots\ldots+f\left(\frac{x_{n-1}+x_n}{2}\right)\right],$$

onde n é o número de retângulos, $\frac{b-a}{n}$ é a largura de cada retângulo, x_0 até x_n são $n + 1$ pontos igualmente espaçados de a a b, e os valores da função são as alturas dos retângulos.

Definição da *soma de Riemann*: Todas as três somas — esquerda, direita e ponto médio — são chamadas de somas de Riemann em homenagem ao grande matemático alemão Bernhard Riemann (1826-66). Basicamente, qualquer soma aproximada feita de retângulos é uma soma de Riemann, incluindo as somas estranhas consistidas de retângulos de larguras desiguais. Com sorte, você não terá que lidar com essas somas neste livro ou em qualquer curso de Cálculo.

As somas esquerda, direita e ponto médio nas Tabelas 14-1, 14-2 e 14-3 estão todas seguindo na direção de 12, e se você puder fatiar a área em um número infinito de retângulos, obterá a área exata de 12. Mas eu estou me adiantando.

Ficando Sofisticado com a Notação Somatória

Antes que eu entre na definição formal da *integral definida* — isto é, a incrível ferramenta do cálculo que corta mais ou menos uma área em um número infinito de retângulos e, com isso, você tem a área exata — há mais uma coisa para tomar cuidado: a notação somatória.

Resumindo os conceitos básicos

Para somar séries longas de números, como as áreas do retângulo, em uma soma esquerda, direita e ponto médio, a notação somatória ou *sigma* é útil. Funciona assim. Digamos que você quisesse somar os 100 primeiros múltiplos de 5 — isto é, de 5 até 500. Você poderia escrever essa soma da seguinte forma:

$$5+10+15+20+25+\ldots\ldots\ldots+490+495+500$$

Mas com a notação sigma (sigma, $\sum$, é a 18ª letra do alfabeto grego), a soma fica muito mais condensada e eficiente, e, sejamos honestos, parece muito legal:

$$\sum_{i=1}^{100} 5i$$

Essa notação diz para você apenas inserir 1 no lugar de i em $5i$, depois inserir 2 no lugar de i em $5i$, depois 3, depois 4, e assim até chegar a 100. Depois, você soma os resultados. Então, isto é $5 \cdot 1$ mais $5 \cdot 2$ mais $5 \cdot 3$, e assim por diante, até $5 \cdot 100$. Isso é a mesma coisa que escrever a soma da maneira longa. A propósito, a letra i não tem significância.

Você pode escrever a soma com um j, $\sum_{j=1}^{100} 5j$, ou qualquer outra letra que gostar.

Aqui tem mais um. Se você quiser somar $10^2 + 11^2 + 12^2 + \ldots\ldots\ldots + 29^2 + 30^2$, poderá escrever a soma com a notação sigma como segue:

$$\sum_{k=10}^{30} k^2$$

É realmente simples.

Escrevendo as somas de Riemann com a notação sigma

Você pode usar a notação sigma para escrever a soma dos cantos direitos do retângulo para a curva $x^2 + 1$ que vimos. A propósito, você não precisa da notação sigma para o cálculo que se segue. É apenas uma "conveniência" — sim, certo. Cruze os dedos e torça para que seu professor decida não abordar o que se segue. Fica muito difícil.

Lembre-se da fórmula para a soma dos cantos direitos da seção anterior "Área aproximada pela soma dos cantos direitos":

$$R_n = \frac{b-a}{n}\left[f(x_1)+f(x_2)+f(x_3)+\ldots\ldots\ldots+f(x_n)\right]$$

Aqui está a mesma fórmula escrita com a notação sigma:

$$R_n = \sum_{i=1}^{n}\left[f(x_i)\cdot\frac{b-a}{n}\right]$$

(Note que eu poderia ter escrito isto como $R_n = \frac{b-a}{n}\sum_{i=1}^{n} f(x_i)$, que teria retratado melhor a fórmula acima, onde $\frac{b-a}{n}$ está na parte externa. De qualquer modo é bom — são equivalentes — mas escolhi manter $\frac{b-a}{n}$ na parte interna para que a soma $\sum$ seja realmente uma soma dos retângulos. Em outras palavras, com $\frac{b-a}{n}$ na parte interna, a expressão depois do símbolo $\sum$, $f(x_i)\cdot\frac{b-a}{n}$, cujo símbolo $\sum$ informa para somar, é a área de cada retângulo, a saber a *altura* vezes a *base*.)

Agora, resolva isso para os seis retângulos com cantos direitos na Figura 14-8.

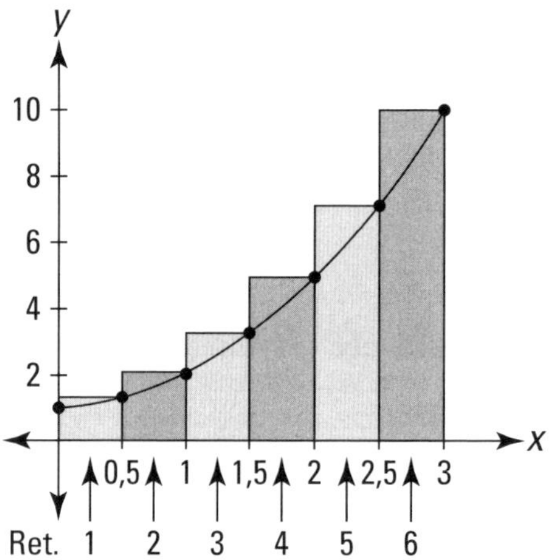

Figura 14-8: Seis retângulos com *cantos direitos* aproximam a área sob $f(x) = x^2 + 1$ entre 0 e 3.

Você está descobrindo a área sob $x^2 + 1$ entre $x = 0$ e $x = 3$ com seis retângulos, então, a largura de cada, $\frac{b-a}{n}$, é $\frac{3-0}{6}$ ou $\frac{3}{6}$ ou $\frac{1}{2}$. Assim, agora você tem

$$R_6 = \sum_{i=1}^{6}\left[f(x_i)\cdot\frac{1}{2}\right]$$

Em seguida, devido ao fato de a largura de cada retângulo ser $\frac{1}{2}$, as bordas direitas dos seis retângulos ficam nos seis primeiros múltiplos de $\frac{1}{2}$: 0,5; 1; 1,5; 2; 2,5 e 3. Esses números são as coordenadas *x* dos seis pontos x_1 até x_6; eles podem ser gerados pela expressão $\frac{1}{2}i$, onde *i* é igual de 1 até 6. Você pode verificar que isso funciona inserindo 1 no lugar de *i* em $\frac{1}{2}i$, depois, 2, depois 3, até 6. Então, agora, você pode substituir x_1 na fórmula por $\frac{1}{2}i$, dando a você

$$R_6 = \sum_{i=1}^{6}\left[f\left(\frac{1}{2}i\right)\cdot\frac{1}{2}\right]$$

Nossa função, $f(x)$, é $x^2 + 1$, então, $f\left(\frac{1}{2}i\right) = \left(\frac{1}{2}i\right)^2 + 1$ e, assim, você pode agora escrever

$$R_6 = \sum_{i=1}^{6}\left[\left(\left(\frac{1}{2}i\right)^2 + 1\right)\cdot\frac{1}{2}\right]$$

Se você colocar 1 no lugar de i, depois 2, depois 3, e assim por diante, até 6 e fizer os cálculos, obterá a soma das áreas dos retângulos na Figura 14-8. Essa notação sigma é apenas uma maneira sofisticada de escrever a soma dos seis retângulos.

Estamos nos divertindo? Espera aí, fica mais difícil — desculpe. Agora, você irá escrever a soma geral para um número desconhecido, n, de retângulos com cantos direitos. O intervalo total da área em questão é 3, certo? Você divide esse intervalo pelo número de retângulos para obter a largura de cada retângulo. Com 6 retângulos, a largura de cada um é $\frac{3}{6}$; com n retângulos, a largura de cada um é $\frac{3}{n}$. E as bordas direitas dos n retângulos são geradas por $\frac{3}{n}i$, para i igual de 1 até n. Isso dará

$$R_n = \sum_{i=1}^{n}\left[f\left(\frac{3}{n}i\right)\cdot\frac{3}{n}\right]$$

Ou como $f(x) = x^2 + 1$,

$$\begin{aligned}
R_n &= \sum_{i=1}^{n}\left[\left(\left(\frac{3}{n}i\right)^2 + 1\right)\cdot\frac{3}{n}\right] \\
&= \sum_{i=1}^{n}\left[\left(\frac{9i^2}{n^2} + 1\right)\cdot\frac{3}{n}\right] \\
&= \sum_{i=1}^{n}\left[\frac{27i^2}{n^3} + \frac{3}{n}\right] \\
&= \sum_{i=1}^{n}\frac{27i^2}{n^3} + \sum_{i=1}^{n}\frac{3}{n} \qquad \text{(Acredite em mim.)} \\
&= \frac{27}{n^3}\sum_{i=1}^{n} i^2 + \frac{3}{n}\sum_{i=1}^{n} 1
\end{aligned}$$

Para esse último passo, extraia $\frac{27}{n^3}$ e $\frac{3}{n}$ através dos sinais do somatório — é permitido que você extraia qualquer coisa, exceto uma função de i, também conhecida como *índice do somatória*. Além disso, o segundo somatório no último passo tem apenas 1 depois dele, e não um i. Então, não há nenhum lugar para inserir os valores de i. Essa situação pode parecer um pouco estranha, mas tudo o que você faz é somar n 1s, que é igual a n (faço isso abaixo).

Você agora chegou a um passo crítico. Com um truque, você transformará a soma de Riemann anterior em uma fórmula em função de n. (Essa fórmula é o que você usará na próxima seção para obter a área exata sob a curva.)

Agora, como quase ninguém sabe, a soma dos primeiros n números ao quadrado, $1^2+2^2+3^2+.......+n^2$, é igual a $\frac{n(n+1)(2n+1)}{6}$. (A propósito, esse 6 não tem nada a ver com o fato de termos usado seis retângulos algumas páginas atrás.) Então, você pode substituir $\sum_{i=1}^{n} i^2$ por essa expressão na última linha da solução da notação sigma e, ao mesmo tempo, substituir $\sum_{i=1}^{n} 1$ por n.

$$
\begin{aligned}
R_n &= \frac{27}{n^3}\sum_{i=1}^{n} i^2 + \frac{3}{n}\sum_{i=1}^{n} 1 \\
&= \frac{27}{n^3}\cdot\frac{n(n+1)(2n+1)}{6} + \frac{3}{n}\cdot n \\
&= \frac{27}{n^3}\cdot\frac{2n^3+3n^2+n}{6} + 3 \\
&= \frac{27}{n^3}\cdot\left(\frac{n^3}{3}+\frac{n^2}{2}+\frac{n}{6}\right) + 3 \\
&= 9 + \frac{27}{2n} + \frac{9}{2n^2} + 3 \\
&= 12 + \frac{27}{2n} + \frac{9}{2n^2}
\end{aligned}
$$

Fim. Finalmente! Essa é a fórmula para a área de n retângulos com cantos direitos entre $x = 0$ e $x = 3$ sob a função $f(x)=x^2+1$. Você pode usar essa fórmula para produzir as áreas aproximadas na Tabela 14-2. Mas, uma vez que você tenha tal fórmula, seria um pouco sem sentido produzir uma tabela de áreas aproximadas, porque você pode usar a fórmula para determinar a área exata. E é muito fácil. Eu chego nisso em um minuto na próxima seção.

Mas primeiro, aqui estão as fórmulas para n retângulos com cantos esquerdos e n retângulos com pontos médios entre $x = 0$ e $x = 3$ sob a função $x^2 + 1$. Essas fórmulas produzem as áreas aproximadas nas Tabelas 14-1 e 14-3. A álgebra para derivar essas fórmulas é mais difícil do que o que você fez para a fórmula do retângulo com canto direito, então, eu decidi pular. Você se importa? Eu achei que não.

$$L_n = 12 - \frac{27}{2n} + \frac{9}{2n^2}$$

$$M_n = 12 - \frac{9}{4n^2}$$

E agora, o que vocês todos estavam esperando...

Encontrando a Área Exata com a Integral Definida

Tendo mostrado todos os fundamentos necessários, você finalmente está pronto para determinar as áreas exatas — que é o que faz a integração. Você não precisa do Cálculo para fazer toda a aproximação que acabou de fazer.

Como você viu com os retângulos esquerdo, direito e de ponto médio nas seções "Área aproximada", quanto mais retângulos você tiver, melhor será a aproximação. Então, "tudo" o que você terá que fazer para obter a área exata sob uma curva é usar um número infinito de retângulos. Agora, na verdade, você não pode fazer isso, mas com a fantástica invenção dos limites, isso é mais ou menos o que acontece. Aqui está a definição de uma integral definida que é usada para calcular as áreas exatas.

A *integral definida* (definição "simples"): A área exata sob uma curva entre $x = a$ e $x = b$ é dada pela integral definida, que é definida como o limite de uma soma de Riemann:

$$\int_a^b f(x)dx = \lim_{n\to\infty} \sum_{i=1}^{n} \left[f(x_i) \cdot \frac{b-a}{n} \right]$$

Isso é bonito ou não? O somatório acima (tudo à direita de "lim") é idêntico à fórmula para n retângulos com cantos direitos, R_n, que eu mostrei algumas páginas atrás. A única diferença aqui é que você acha o limite dessa fórmula como o número de retângulos se aproximando do infinito (∞).

Essa definição de uma integral definida é a versão simples baseada na fórmula do retângulo com canto direito. Eu darei a verdadeira definição McCoy mais tarde, mas pelo fato de todas as somas Riemann terem o mesmo limite — em outras palavras, não importa qual tipo de retângulo você usa — é preferível usar a definição do retângulo com canto direito. É o menos complicado e sempre será suficiente.

Que façam soar os tambores! Aqui, finalmente, está a área exata sob o nosso velho amigo $f(x) = x^2 + 1$ entre $x = 0$ e $x = 3$:

$$\int_0^3 (x^2+1)dx = \lim_{n\to\infty} \sum_{i=1}^{n} \left[f(x_i) \cdot \frac{b-a}{n} \right]$$

$$= \lim_{n\to\infty} \left(12 + \frac{27}{2n} + \frac{9}{2n^2} \right)$$

(Isso é o que obtivemos na seção "Escrevendo as somas de Riemann com a notação sigma" depois de todos aqueles passos.)

$$= 12 + \frac{27}{2\cdot\infty} + \frac{9}{2\cdot\infty^2}$$

$$= 12 + \frac{27}{\infty} + \frac{9}{\infty}$$

$$= 12 + 0 + 0$$

(Lembre-se, em um problema sobre limite, qualquer número dividido pelo infinito é igual a zero.)

$$= 12$$

Grande surpresa.

Este resultado é muito incrível se você pensar nele. Usando o processo do limite, você obtém uma resposta *exata* de 12 — que é mais ou menos 12,00000000... até um número infinito de casas decimais — para a área sob a função curva e suave $f(x) = x^2 + 1$, baseada nas áreas de retângulos de topo plano que vão ao longo da curva no formato serrilhado. Deixe-me adivinhar — o simples poder dessa beleza matemática traz lágrimas aos seus olhos.

Encontrar a área exata de 12 usando o limite de uma soma de Riemann é muito trabalho (lembre-se, você teve que primeiro determinar a fórmula para n retângulos com cantos diretos). Esse método complicado de integração é comparável a determinar a derivada da maneira difícil, usando a definição formal que é baseada no quociente da diferença (veja o Capítulo 9). E assim como você parou de usar a definição formal da derivada depois de aprender os atalhos da diferenciação, não terá que usar a definição formal da integral definida baseada em uma soma de Riemann depois de aprender os métodos de atalho nos Capítulos 15 e 16 — exceto, isto é, para seu exame final.

Devido ao fato de o limite de todas as somas de Riemann ser o mesmo, os limites no infinito de n retângulos com cantos esquerdos e n pontos médios — para $f(x) = x^2 + 1$ entre $x = 0$ e $x = 3$ — devem dar o mesmo resultado do limite no infinito de n retângulos com cantos direitos. As expressões depois dos símbolos do limite a seguir são as fórmulas para n retângulos com cantos esquerdos e n pontos médios que aparecem no final da seção "Escrevendo as somas de Riemann com a notação sigma" no começo deste capítulo. Aqui está o limite do retângulo com canto esquerdo:

$$\begin{aligned}\int_0^3 (x^2+1)dx = L_\infty &= \lim_{n\to\infty}\left(12-\frac{27}{2n}+\frac{9}{2n^2}\right)\\ &=12-\frac{27}{2\cdot\infty}+\frac{9}{2\cdot\infty^2}\\ &=12-\frac{27}{\infty}+\frac{9}{\infty}\\ &=12-0+0\\ &=12\end{aligned}$$

E aqui está o limite do retângulo com ponto médio:

$$\begin{aligned}\int_0^3 (x^2+1)dx = M_\infty &= \lim_{n\to\infty}\left(12-\frac{9}{4n^2}\right)\\ &=12-\frac{9}{4\cdot\infty^2}\\ &=12-\frac{9}{\infty}\\ &=12-0\\ &=12\end{aligned}$$

Se você está um tanto incrédulo que esses limites dão a área *exata* sob $f(x)=x^2+1$ entre 0 e 3, não está sozinho. Afinal de contas, nesses limites, assim como em todos os problemas com limites, o número com seta (∞ neste exemplo) é somente *aproximado*; na verdade, não é nunca alcançado. E além disso, o que significaria alcançar o infinito? Não é possível fazer isso. E sem levar em consideração quantos retângulos você tem, você sempre tem aquele lado serrilhado. Então, como pode tal método dar a área exata?

Veja dessa maneira. Você pode dizer, a partir das Figuras 14-4 e 14-5, que a soma das áreas dos retângulos com cantos esquerdos, sem levar em consideração a quantidade, sempre será uma *sub*estimativa (esse é o caso para as funções que estão aumentando ao longo do intervalo em questão). E a partir da Figura 14-6, você pode ver que a soma das áreas dos retângulos com cantos direitos, sem levar em consideração a quantidade que você tem, sempre será uma *super*estimativa (para as funções crescentes). Então, visto que os limites no infinito da subestimativa e da superestimativa são iguais a 12, essa deve ser a área exata (um argumento semelhante funciona para as funções decrescentes).

LEMBRE-SE

Todas as somas de Riemann para um dado problema têm o mesmo limite. Não somente os limites no infinito dos retângulos com cantos esquerdos, direitos e pontos médios são os mesmos para um dado problema, o limite de qualquer soma de Riemann também dará a mesma resposta. Você pode ter uma série de retângulos com larguras desiguais; pode ter uma mistura de retângulos com cantos esquerdos, direitos e pontos médios; ou pode construir retângulos para que eles toquem a curva em algum ponto diferente do canto superior esquerdo ou direito, ou nos pontos médios de seus lados superiores. A única coisa que importa é que, no limite, a largura de todos os retângulos tende para zero (e a partir disso, a quantidade de retângulos se aproxima do infinito). Isso nos traz para a mágica da integração totalmente extrema e vulgar, que leva em conta todas essas possibilidades.

MÁGICA MATEMÁTICA

A integral definida (a real definição de McCoy): A integral definida de $x = a$ até $x = b$, $\int_a^b f(x)dx$ é o número para o qual todas as somas de Riemann tendem à medida que a largura de todos os retângulos tende a zero e o número de retângulos se aproxima do infinito:

$$\int_a^b f(x)dx = \lim_{\max \Delta x_i \to 0} \sum_{i=1}^{n} f(c_i)\Delta x_i,$$

onde Δx_i é a largura do i^o retângulo e c_i é a coordenada x do ponto onde o i^o retângulo toca $f(x)$. (Essa $\max \Delta x_i \to 0$ simplesmente assegura que a largura de todos os retângulos se aproxima de zero e que o número de retângulos se aproxima do infinito.)

Área Aproximada com a Regra do Trapézio e a Regra de Simpson

Esta seção cobre mais duas maneiras de estimar a área sob uma função. Você poderá usá-las se, por algum motivo, quiser apenas uma estimativa, não uma resposta exata — talvez, porque é preciso para fazer uma prova. Mas esses métodos de aproximação e outros que vimos são úteis por outros motivos. Há certos tipos de funções para as quais o método da área exata não funciona. (Está além do objetivo deste livro explicar por que esse é o caso ou como são exatamente essas funções, então, apenas leve em conta o que eu digo.) Portanto, usar um método de aproximação poderá ser sua única escolha se você tiver uma dessas funções.

A regra do trapézio

Com a regra do trapézio, em vez de aproximar a área com retângulos, você faz isso com, consegue adivinhar? — trapézios. Veja a Figura 14-9.

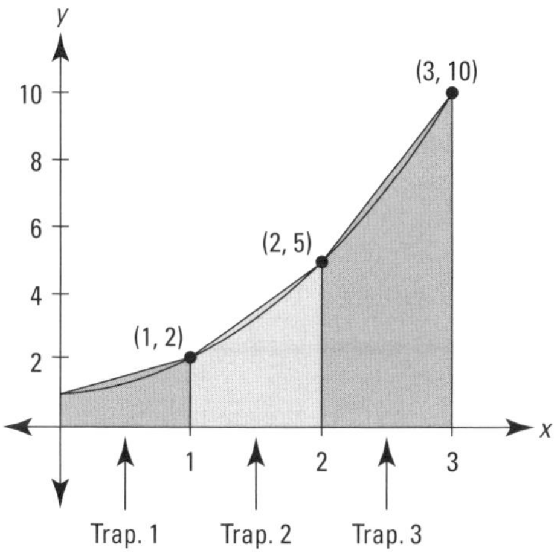

Figura 14-9: Três trapézios aproximam a área sob $f(x) = x^2 + 1$ entre 0 e 3.

Por causa da maneira como os trapézios abraçam a curva, eles lhe dão uma melhor estimativa da área do que os retângulos com cantos esquerdos ou direitos. E no fim das contas, a aproximação pelo trapézio é a média das aproximações dos retângulos com cantos esquerdos e direitos. Você consegue ver o porquê? (Dica: A área do trapézio — digamos o trapézio 2 na Figura 14-9 — é a média das áreas de dois retângulos correspondentes nas somas dos cantos esquerdos e direitos, a saber, o retângulo número 2 na Figura 14-4 e o retângulo 2 na Figura 14-6.)

A Tabela 14-4 lista as aproximações dos trapézios para a área sob $f(x) = x^2 + 1$ entre $x = 0$ e $x = 3$.

Tabela 14-4 Estimativas da Área sob $f(x) = x^2 + 1$ entre $x = 0$ e $x = 3$ Dada Aumentando o Número de Trapézios

Número de trapézios	*Área estimada*
3	12,5
6	12,125
12	~12,031
24	~12,008
48	~12,002
96	~12,0005
192	~12,0001
384	~12,00003

Na Figura 14-9, você talvez espere que uma aproximação usando um trapézio seja melhor do que a estimativa do ponto médio, mas, na realidade, como uma regra geral, as estimativas usando o ponto médio são aproximadamente duas vezes melhores do que as estimativas usando trapézios. Você pode confirmar isso comparando as Tabelas 14-3 e 14-4. Por exemplo, a Tabela 14-3 lista uma área estimada de 11,9990 para 48 retângulos formados pelos pontos médios. Isso difere da área exata de 12 por 0,001. A área estimada com 48 trapézios dada na Tabela 14-4, a saber, 12,002, difere de 12 por duas vezes mais.

DICA

Uma aproximação de trapézio é a média das aproximações correspondentes dos retângulos com cantos esquerdos e direitos. Se você já calculou as aproximações dos retângulos com cantos esquerdos e cantos direitos para uma função em particular e para certo número de retângulos, pode apenas calcular a média deles para obter a estimativa do trapézio correspondente. Se não, aqui está a fórmula:

MÁGICA MATEMÁTICA

A regra do trapézio: Você pode aproximar a área exata sob uma curva entre $x = a$ e $x = b$, $\int_a^b f(x)dx$, com a soma dos trapézios dada pela seguinte fórmula. Em geral, quanto mais trapézios, melhor é a estimativa.

$$T_n = \frac{b-a}{2n}\left[f(x_0)+2f(x_1)+2f(x_2)+2f(x_3)+..........+2f(x_{n-1})+f(x_n)\right]$$

onde n é o número de trapézios, $\frac{b-a}{2n}$ é metade da "altura" de cada trapézio inclinado e x_0 até x_n são $n + 1$ pontos igualmente espaçados de $x = a$ até $x = b$. (A propósito, usar a expressão metade da altura é bem complicado, considerando que a fórmula para a área de um trapézio usa sua altura, não a metade dela. Para um crédito extra, veja se você pode descobrir porque $b - a$ é dividido por $2n$, ao invés de apenas n.)

Mesmo que a definição formal da integral definida seja baseada na soma de um número infinito de *retângulos*, eu prefiro pensar na integração como sendo o limite da regra do trapézio no infinito. Quanto mais você amplia uma curva, mais reta ela fica. Quando você usa um número de trapézios cada vez maior e depois amplia no local onde os trapézios tocam a curva, as partes superiores dos trapézios se aproximam cada vez mais da curva. Se você amplia "infinitamente", os topos dos "infinitos" trapézios se tornam a curva e, assim, a soma de suas áreas dá a área exata sob a curva. Essa é uma boa maneira de pensar sobre por que a integração produz a área exata — e faz sentido conceitualmente — mas, na verdade, não é feita dessa maneira.

A regra de Simpson — isto é, Thomas (1710–1761), e não Homer (1987–)

Agora, eu realmente sou mais sofisticado e desenho formas que são parecidas com trapézios, exceto que, em vez de ter partes superiores inclinadas, eles têm partes superiores curvas e parabólicas. Veja a Figura 14-10.

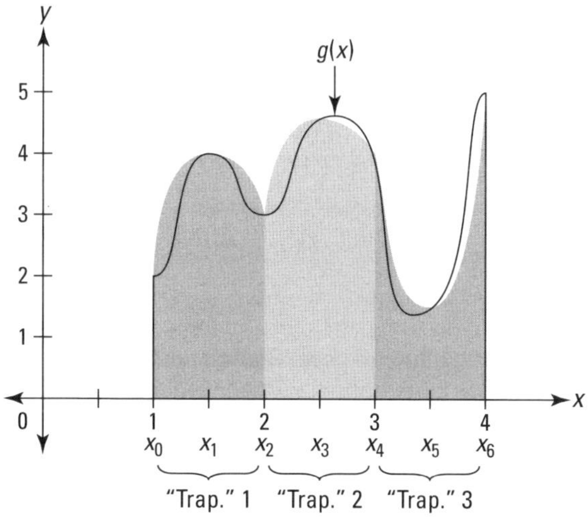

Figura 14-10: Três "trapézios" com parte superior curva aproximam a área sob $g(x)$ entre 1 e 4.

Note que com a regra de Simpson, cada "trapézio" tem uma distância de dois intervalos, em vez de um; em outras palavras, o "trapézio" número 1 vai de x_0 até x_2, o "trapézio" 2 vai de x_2 até x_4, e assim por diante. Por causa disso, a extensão total deve sempre ser dividida em um número par de intervalos.

A regra de Simpson é de longe o método de aproximação mais exato analisado neste capítulo. Na verdade, ele dá a área exata para qualquer função polinomial de grau três ou menor. Em geral, a regra de Simpson dá uma estimativa muito melhor do que a regra do ponto médio ou a regra do trapézio.

DICA

Você pode usar uma soma dos pontos médios com uma soma de trapézios para calcular uma soma de Simpson. Uma soma usando a regra de Simpson é um tipo de média da soma dos pontos médios e da soma de trapézios, exceto que você usa a soma dos pontos médios duas vezes na média. Então, se você já tem a soma dos pontos médios e do trapézio para um número de retângulos/trapézios, pode obter a aproximação pela regra de Simpson com a seguinte média simples:

$$S_{2n} = \frac{M_n + M_n + T_n}{3}$$

Note o subscrito *2n*. Isso significa que se você usar, digamos, M_3 ou T_3, obterá um resultado para S_6. Mas S_6, que tem seis intervalos, tem três "trapézios" curvos porque cada um deles se distancia em dois intervalos. Assim, a fórmula acima sempre envolve o mesmo número de retângulos, trapézios e os "trapézios" da regra de Simpson.

Se você não tem a soma dos pontos médios nem dos trapézios para o atalho acima, pode usar a seguinte fórmula para a regra de Simpson.

A regra de Simpson: Você pode aproximar a área exata sob uma curva entre $x = a$ e $x = b$, $\int_a^b f(x)dx$, com a soma dos "trapézios" com o topo em parábola dada pela seguinte fórmula. Em geral, quanto mais "trapézios", melhor é a estimativa.

$$S_n = \frac{b-a}{3n}\left[f(x_0)+4f(x_1)+2f(x_2)+4f(x_3)+2f(x_4)+\ldots\ldots\ldots+4f(x_{n-1})+f(x_n)\right]$$

onde n é o dobro do número de "trapézios" e x_0 até x_n são $n + 1$ pontos igualmente espaçados de $x = a$ até $x = b$.

Para fechar este capítulo, eis um aviso sobre as funções que ficam abaixo do eixo x. Não incluí nenhuma função deste tipo no capítulo porque pensei que você já tinha lidado o suficiente com ela. Você verá a explicação completa e um exemplo no Capítulo 17.

As áreas *abaixo* do eixo *x* contam como áreas *negativas*. Se você aproxima as áreas com retângulos com cantos direitos, esquerdos ou pontos médios, com a regra do trapézio ou a regra de Simpson, ou calcula as áreas exatas com a integral definida, as áreas abaixo do eixo x e acima da curva contam como áreas *negativas*.

Capítulo 15

Integração: É a Diferenciação ao Contrário

Neste Capítulo

- Usando a função da área
- Familiarizando-se com o Teorema Fundamental do Cálculo
- Encontrando as antiderivadas
- Calculando as áreas exatas do jeito fácil

O Capítulo 14 mostra o jeito difícil de calcular a área sob uma função usando a definição formal da integração — o limite da soma de Riemann. Neste capítulo, eu faço do jeito fácil, tirando vantagem de uma das mais importantes e maravilhosas descobertas da Matemática — essa integração (encontrar as áreas) é apenas a diferenciação ao contrário. Esse processo inverso foi uma grande descoberta e é baseado em algumas ideias difíceis, mas antes de vermos isso, falaremos sobre um processo inverso direto relacionado, a saber...

Antidiferenciação

A derivada de *senx* é *cosx*, então, a antiderivada de *cosx* é *senx;* a derivada de x^3 é $3x^2$, então, a antiderivada de $3x^2$ é x^3 — você apenas faz o inverso. Há mais um pouco, mas essa é a ideia básica. Mais adiante neste capítulo, mostro como encontrar as áreas usando as antiderivadas. Isso é *muito* mais fácil do que encontrar as áreas com a técnica da soma de Riemann.

Agora, considere de novo x^3 e sua derivada $3x^2$. A derivada de $x^3 + 10$ também é $3x^2$, e também é a derivada de $x^3 - 5$. Qualquer função na forma $x^3 + C$, onde C é qualquer número, tem uma derivada de $3x^2$. Então, toda função desse tipo é uma antiderivada de $3x^2$.

Definição da *integral indefinida*: A integral indefinida de uma função $f(x)$, escrita como $\int f(x)\,dx$, é a família de todas as antiderivadas da função. Por exemplo, devido ao fato de a derivada de x^3 ser $3x^2$, a integral indefinida de $3x^2$ é $x^3 + C$ e você escreve:

$$\int 3x^2 dx = x^3 + C$$

Você provavelmente reconhece esse símbolo de integração, $\int$, da análise sobre a integral *definida* no Capítulo 14. O símbolo da integral definida, no entanto, contém dois números pequenos como $\int_4^{10}$, que dizem a você para calcular a área de uma função entre esses dois números, chamados de *limites da integração*. A versão básica do símbolo, $\int$, indica uma *integral indefinida* ou uma *antiderivada*. Este capítulo é todo sobre a conexão íntima entre esses dois símbolos, essas duas ideias.

A Figura 15-1 mostra a família das antiderivadas de $3x^2$, a saber, $x^3 + C$. Note que essa família de curvas tem um número de curvas infinito. Elas sobem e descem para sempre e são infinitamente densas. A lacuna vertical de 2 unidades entre cada curva na Figura 15-1 é apenas uma ajuda visual.

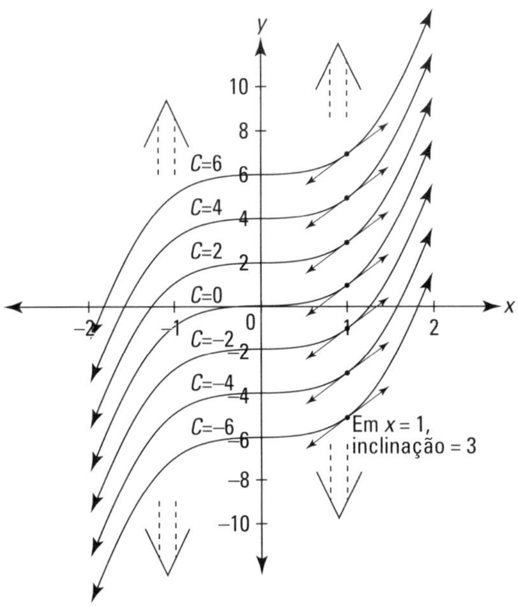

Figura 15-1: A família das curvas $x^3 + C$. Todas essas funções têm a mesma derivada, $3x^2$.

Considere algumas coisas sobre a Figura 15-1. A curva no alto do gráfico é $y = x^3 + 6$; a debaixo dela é $y = x^3 + 4$; a da base é $y = x^3 - 6$. Pela regra da potência, essas três funções, assim como todas as outras nessa família de funções, têm uma derivada $3x^2$. Agora, considere a inclinação de cada uma das curvas, onde x é igual a 1 (veja as retas tangentes desenhadas nas curvas). A derivada de cada função é $3x^2$, então, quando x é igual a 1, a inclinação de cada curva é $3 \cdot 1^2$ ou 3. Dessa forma, todas essas pequenas retas tangentes são paralelas. Depois, note que todas as funções na Figura 15-1 são idênticas, exceto por serem deslizadas para cima ou para baixo (lembra dos deslocamentos verticais do Capítulo 5?). Como elas diferem somente pelo deslocamento vertical, a inclinação de qualquer valor x, como em $x = 1$, é a mesma para todas as curvas. É uma maneira visual de entender por que cada uma dessas curvas tem a mesma derivada e, assim, por que cada curva é uma antiderivada da mesma função.

Vocabulário, Voshmabulário: Que Diferença Isso Faz?

Em geral, as definições e o vocabulário são muito importantes em Matemática, e é uma boa ideia usá-los corretamente. Mas com o tópico atual, serei um pouco indolente com as terminologias exatas e, com isso, lhe darei permissão para fazer a mesma coisa.

Se você for uma pessoa persistente, deve dizer que *a* integral indefinida de $3x^2$ é x^3+C, que x^3+C é a família ou o conjunto de *todas* as antiderivadas de $3x^2$ (você não diz que x^3+C é *a* antiderivada) e que x^3+10, por exemplo, é *uma* antiderivada de $3x^2$. E em uma prova, você deve definitivamente escrever $\int 3x^2 dx = x^3 + C$. Se você deixar o C de fora, provavelmente perderá alguns pontos.

Mas, ao analisar essas questões, ninguém se preocupará ou ficará confuso se você cansou de dizer "+ C" depois de cada integral indefinida e apenas disse, por exemplo, que a integral indefinida de $3x^2$ é x^3 e poderá pular a palavra *indefinida* e apenas dizer que a *integral* de $3x^2$ é x^3. E em vez de sempre falar sobre o negócio daquela família de funções, poderá apenas dizer que *a* antiderivada de $3x^2$ é x^3+C ou que a antiderivada de $3x^2$ é x^3. Todos saberão o que você quer dizer. Isso pode me custar meu título de sócio no Conselho Nacional de Professores de Matemática, mas, pelo menos de vez em quando, eu uso essa abordagem flexível.

A Irritante Função da Área

Esta é uma função difícil — se prepare. Digamos que você tenha qualquer função antiga, $f(t)$. Imagine que em algum valor de t, chame de s, você desenhe uma linha vertical fixa. Veja a Figura 15-2.

Depois, você pega uma linha vertical móvel, começando no mesmo ponto, s ("s" é para ponto de *partida*), e arrasta para a direita. À medida que você arrasta a linha, estende uma área cada vez maior sob a curva. Essa área é uma função de x, a posição da linha móvel. Em símbolos, você escreve

$$A_f(x) = \int_s^x f(t)\,dt$$

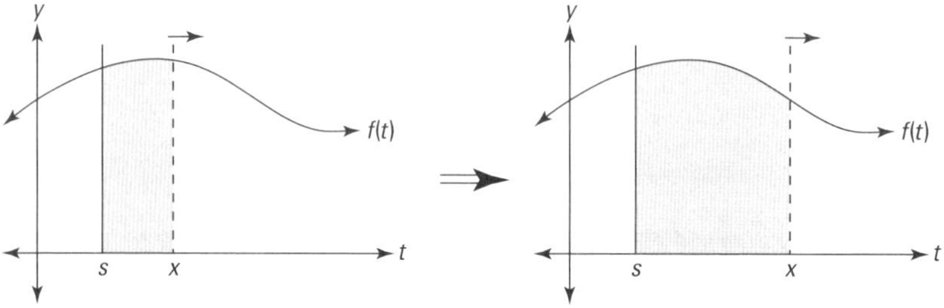

Figura 15-2: A área sob f entre s e x é estendida movendo a linha em x.

Note que t é a variável de entrada em $f(t)$, em vez de x porque x já está sendo usada — é a variável de entrada em $A_f(x)$. O f subscrito em $A_f(x)$ indica que $A_f(x)$ é a função da área para a curva em particular f ou $f(t)$. O dt é um pequeno incremento ao longo do eixo t — na verdade, um pequeno incremento infinitesimal.

Aqui está um simples exemplo para certificar que você entendeu como uma função da área funciona. A propósito, não se sinta mal se você achar isso extremamente difícil de compreender — você tem muita companhia. Digamos que você tenha uma função simples, $f(t) = 10$ — isto é, uma linha horizontal em $y = 10$. Se você estender a área começando em $s = 3$, terá a função da área a seguir:

$$A_f(x) = \int_3^x 10\,dt$$

Você pode ver que a área estendida de 3 até 4 é 10 porque, ao arrastar a reta de 3 até 4, você estende um retângulo com uma largura 1 e altura 10, que tem uma área de 1 vezes 10 ou 10. Veja a Figura 15-3.

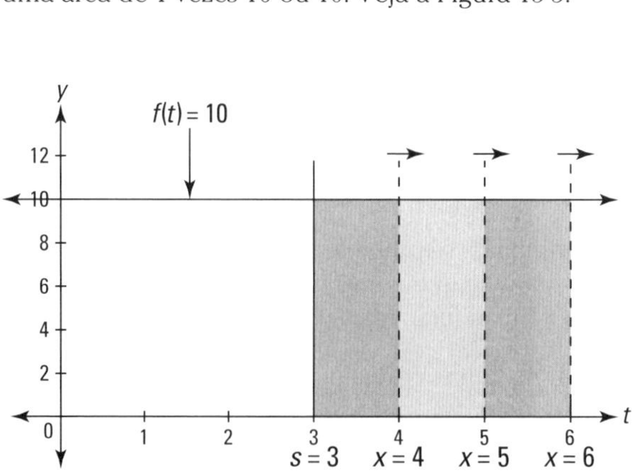

Figura 15-3: A área sob $f(t) = 10$ entre 3 e x é estendida movendo a linha vertical em x.

Então, $A_f(4)$, a área estendida à medida que você alcança 4, é igual a 10. $A_f(5)$ é igual a 20 porque quando você arrasta a linha para 5, estende um retângulo com uma largura 2 e altura 10, que tem uma área de 2 vezes 10 ou 20. $A_f(6)$ é igual a 30, e assim por diante.

Agora, imagine que você arraste a linha na transversal a uma razão de unidade por segundo. Você começa em $x = 3$ e alcança 4 em 1 segundo, 5 em 2 segundos, 6 em 3 segundos, e assim sucessivamente. Quanta área você está estendendo por segundo? Dez unidades ao quadrado por segundo porque você estende outro retângulo 1 por 10 a cada segundo. Note — isso é grande — que como a largura de cada retângulo que você estende é 1, a área de cada retângulo — que é dada pela *altura vezes a largura* — é a mesma que a sua altura porque qualquer coisa vezes 1 é igual a ela mesma. Você verá porque isso é grande em um minuto. (A propósito, a razão real que nos interessa aqui não é a área estendida por segundo, ao contrário, é a área estendida por mudança de unidade no eixo x. Eu explico em termos de por segundo porque é mais fácil pensar em uma razão de área estendida assim. E como você está arrastando a reta na transversal em *uma* unidade do eixo x por *um* segundo, ambas as razões são iguais. Você decide.)

A derivada de uma função da área é igual a razão da área sendo estendida. Tudo bem, você está sentado? Você chegou a outro grande momento *Ah ha!* na história da Matemática. Lembre-se que a *derivada é uma razão*. Então, pelo fato de a razão na qual a função da área anterior aumentar em 10 unidades ao quadrado por segundo, você pode dizer que sua derivada é igual a 10. Assim, você pode escrever

$$\frac{d}{dx}A_f(x) = 10$$

Novamente, isso apenas informa que com cada 1 unidade aumentada em x, A_f (a função da área) aumenta em 10. Agora, aqui está o ponto crítico: note que essa razão ou derivada de 10 é a mesma que a altura da função original $f(t) = 10$ porque à medida que você vai ao longo de 1 unidade, você estende um retângulo que é 1 por 10, que tem uma área 10, a altura da função.

E a razão resulta em 10, independentemente da largura do retângulo. Imagine que você arraste a reta vertical de $x = 4$ até $x = 4{,}001$. Em uma razão de uma unidade por segundo, você levará 1/1000º de segundo e estenderá um retângulo muito estreito com uma largura de 1/1000, uma altura 10 e, assim, uma área 10 vezes 1/1000 ou 1/100 unidades ao quadrado. A razão da área sendo estendida seria, portanto, $\frac{1/100 \text{ unidades do quadrado}}{1/1000 \text{ segundos}}$, que é igual a 10 unidades ao quadrado por segundo. Assim você vê que com cada pequeno aumento no eixo x, a razão da área sendo estendida é igual à altura da função.

Isso funciona para qualquer função, não apenas nas retas horizontais. Veja a função $g(t)$ e sua função da área $A_g(x)$ que estende a área começando em $s = 2$ na Figura 15-4.

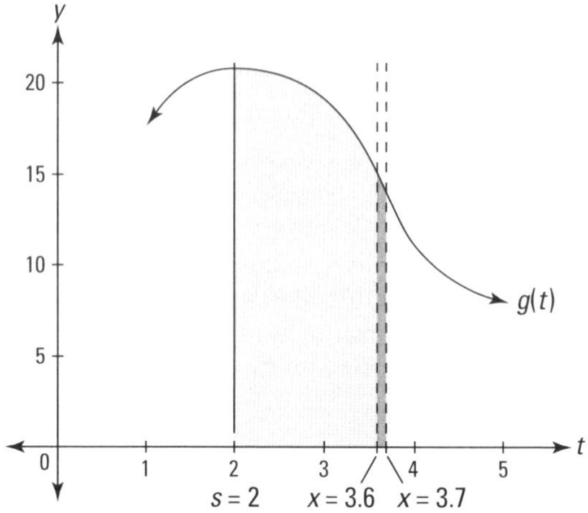

Figura 15-4: A área sob $g(t)$ entre 2 e x é estendida movendo a reta vertical em x.

Entre $x = 3{,}6$ e $x = 3{,}7$, $A_g(x)$ aumenta segundo a área desse "retângulo" fino e sombreado com uma largura 0,1 e uma altura 15, mais ou menos. (Como você pode ver, não é realmente um retângulo, é mais parecido com um trapézio, mas também não é um trapézio porque seu topo minúsculo é ligeiramente curvo. Mas, no limite, quando a largura fica cada vez menor, o "retângulo" fino se comporta precisamente como um retângulo real.) Portanto, para repetir, $A_g(x)$ aumenta segundo a área desse "retângulo" escuro, que tem uma área extremamente próxima a 0,1 vezes 15 ou 1,5. Essa área é estendida em 0,1 segundo, portanto, a razão da área sendo estendida é $\frac{1{,}5 \text{ unidades do quadrado}}{0{,}1 \text{ segundo}}$ ou 15 unidades ao quadrado por segundo, a altura da função. Essa ideia é tão importante que merece um ícone...

A razão da área estendida é igual à altura. A *razão* da área sendo estendida sob a curva por uma função da área em um dado valor de x é igual à *altura* da curva naquele valor de x.

O Poder e a Glória do Teorema Fundamental do Cálculo

Soem as trombetas! Agora que você viu a relação entre a razão de crescimento de uma função da área e a altura da curva dada, está pronto para o Teorema Fundamental do Cálculo — como dizem, é um dos mais importantes teoremas na história da Matemática.

O Teorema Fundamental do Cálculo: Dada uma função da área A_f que estende a área sob $f(t)$,

$$A_f(x) = \int_s^x f(t)\,dt,$$

a razão na qual a área está sendo estendida é igual à altura da função original. Então, como a razão é a derivada, a derivada da função da área é igual à função original:

$$\frac{d}{dx}A_f(x) = f(x).$$

Como $A_f(x) = \int_s^x f(t)\,dt$, você também pode escrever a equação acima como a seguir:

$$\frac{d}{dx}\int_s^x f(t)\,dt = f(x)$$

É hora de comemorar!

Agora, pelo fato de a derivada de $A_f(x)$ ser $f(x)$, $A_f(x)$ será, por definição, uma *antiderivada* de $f(x)$. Veja como isso funciona retornando para a função simples da seção anterior, $f(t) = 10$, e sua função da área, $A_f(x) = \int_s^x 10\,dt$.

De acordo com o Teorema Fundamental, $\frac{d}{dx}A_f(x) = 10$. Assim A_f deve ser uma antiderivada de 10; em outras palavras, A_f é uma função cuja derivada é 10. Porque qualquer função na forma $10x + C$, onde C é um número, tem uma derivada 10, a antiderivada de 10 é $10x + C$. O número em particular C depende da sua escolha de s, o ponto onde você começa a estender a área. Para uma escolha particular de x, a função da área será uma função (entre todas as funções na família de curvas $10x + C$) que atravessa o eixo x em s. Para descobrir C, iguale a antiderivada a zero, coloque o valor de s em x e resolva C.

Para essa função com uma antiderivada $10x + C$, se você começar a estender a área em, digamos, $s = 0$, então, $10 \cdot 0 + C = 0$, assim, $C = 0$ e $A_f(x) = \int_0^x 10\,dt = 10x + 0$ ou apenas $10x$. (Note que C não é necessariamente igual a s. Aliás, geralmente não é (especialmente quando $s \neq 0$). Quando $s = 0$, C geralmente também é igual a 0, mas não para todas as funções.)

A Figura 15-5 mostra porque $A_f(x) = 10x$ é a função da área correta se você começa a estender a área em zero. No primeiro gráfico da figura, a área sob a curva de 0 até 3 é 30 e é dada por $A_f(3) = 10 \cdot 3 = 30$. E você pode ver que a área de 0 até 5 é 50, que está de acordo com o fato de que $A_f(5) = 10 \cdot 5 = 50$.

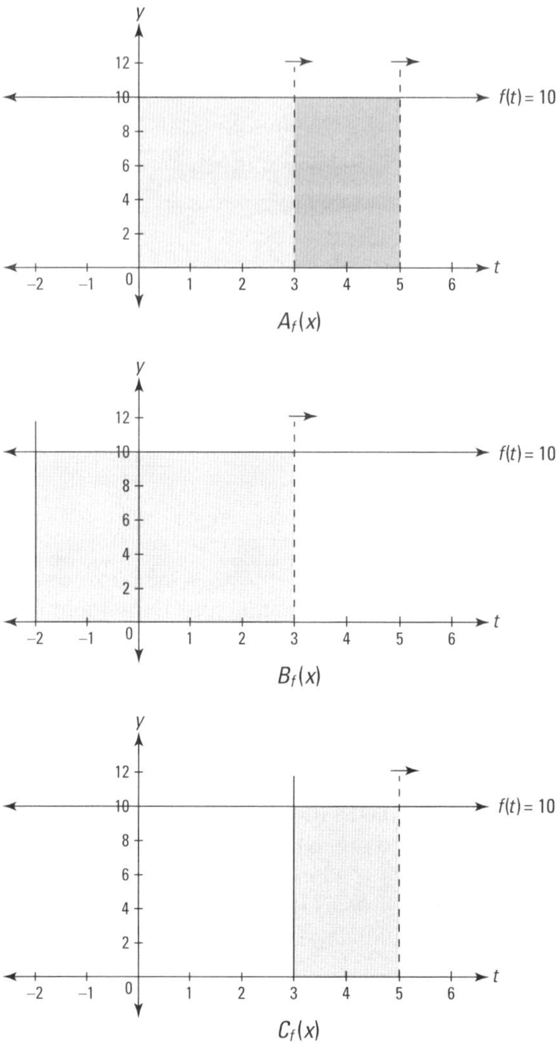

Figura 15-5: Três funções da área para $f(t)=10$.

Se em vez de em s = 0 você começar a estender a área em $s=-2$ e definir uma nova função da área, $B_f(x)=\int_{-2}^{x} 10\,dt$, então, $10\cdot(-2)+C=0$, portanto, C será igual a 20, então $B_f(x)$ será $10x+20$. Essa função da área é 20 unidades a mais do que $A_f(x)$, que começa em s = 0, porque se você começar em $s=-2$, já terá estendido uma área de 20 até o momento em que chegar a zero. A Figura 15-5 mostra por que $B_f(3)$ é 20 mais que $A_f(3)$.

E se você começar a estender a área em $s = 3$, $10 \cdot 3 + C = 0$, portanto, $C = -30$ e a função da área será $C_f(x) = \int_3^x 10\,dt = 10x - 30$. Essa função é 30 unidades a *menos* do que $A_f(x)$ porque com $C_f(x)$, você perde o retângulo 3 por 10 entre 0 e 3 que $A_f(x)$ tem (veja o último gráfico da Figura 15-5).

LEMBRE-SE

Uma função da área é uma antiderivada. A área estendida sob a reta horizontal $f(t) = 10$, de algum número s até x, é dada pela antiderivada de 10, a saber, $10x + C$, onde o valor de C depende de onde você começa a estender a área.

Agora, vejamos os gráficos de $A_f(x)$, $B_f(x)$ e $C_f(x)$. (Note que a Figura 15-5 não mostra os gráficos de $A_f(x)$, $B_f(x)$ e $C_f(x)$. Você vê três gráficos da reta horizontal, $f(t) = 10$ e vê as áreas estendidas sob $f(t)$ por $A_f(x)$, $B_f(x)$ e $C_f(x)$, mas realmente não vê os gráficos dessas três funções da área.) Verifique a Figura 15-6.

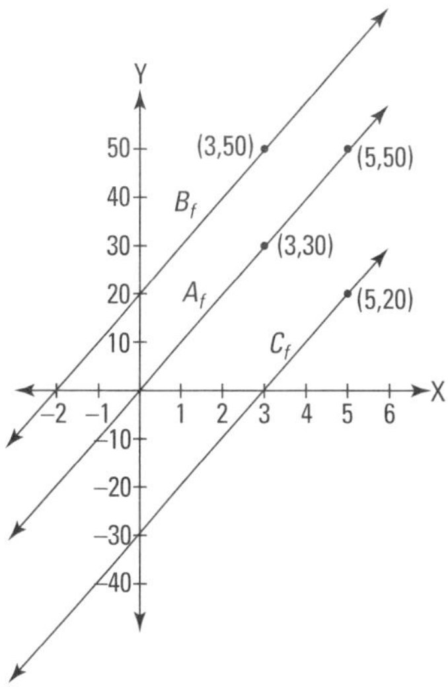

Figura 15-6: Os gráficos reais de $A_f(x)$, $B_f(x)$, e $C_f(x)$.

A Figura 15-6 mostra os gráficos das equações de $A_f(x)$, $B_f(x)$ e $C_f(x)$, que resolvemos antes: $A_f(x) = 10x$, $B_f(x) = 10x + 20$, e $C_f(x) = 10x - 30$. (Como você pode ver, todos os três são simples, retas $y = mx + b$.) Os valores y dessas três funções informam as áreas estendidas sob $f(t) = 10$ que você vê na Figura 15-5. Observe que as três interceptações x vistas na Figura 15-6 são os três valores x na Figura 15-5, onde inicia a extensão da área.

Resolvemos acima que $A_f(3) = 30$ e que $A_f(5) = 50$. Você pode ver as áreas 30 e 50 no gráfico superior da Figura 15-5. Na Figura 15-6, você vê esses resultados em A_f nos pontos (3, 30) e (5, 50). Você também viu na Figura 15-5 que $B_f(3)$

era 20 unidades a mais do que $A_f(3)$; vê esse resultado na Figura 15-6, onde (3, 50) em B_f é 20 unidades a mais altas do que (3, 30) em A_f. Finalmente, viu na Figura 15-5 que $C_f(x)$ é 30 unidades menor do que $A_f(x)$. A Figura 15-6 mostra isso de um modo diferente: em qualquer valor x, a reta C_f está 30 unidades abaixo da reta A_f.

Algumas observações: Você já sabe, com o Teorema Fundamental, que $\frac{d}{dx}A_f(x) = f(x) = 10$ (e o mesmo para $B_f(x)$ e $C_f(x)$). Isso foi explicado acima em termos de razões: Para A_f, B_f e C_f, a razão da área sendo estendida sob $f(t) = 10$ é igual a 10. A Figura 15-6 também mostra que $\frac{d}{dx}A_f(x) = 10$ (e o mesmo para B_f e C_f), mas aqui, você vê a derivada como uma inclinação. As inclinações, claro, de todas as três retas são iguais a 10. Finalmente, note que — como viu na Figura 15-1 — as três retas na Figura 15-6 diferem entre si apenas por uma transferência vertical. Essas três retas (e o infinito de todas as retas transferidas verticalmente) são números da classe de funções, $10x + C$, a família de antiderivadas de $f(x) = 10$.

Para o próximo exemplo, veja novamente a parábola $y = x^2 + 1$, nossa amiga do Capítulo 14, que analisamos em termos de soma das áreas dos retângulos (somas de Riemann). Volte para a Figura 14-4 e verifique a região sombreada sob $y = x^2 + 1$. Agora, você finalmente pode calcular a área exata no gráfico do jeito fácil.

A função da área para estender a área sob $x^2 + 1$ é $A_f(x) = \int_s^x (t^2 + 1)\,dt$. Pelo Teorema Fundamental, $\frac{d}{dx}A_f(x) = x^2 + 1$, e assim A_f é uma antiderivada de $x^2 + 1$. Qualquer função na forma $\frac{1}{3}x^3 + x + C$ tem uma derivada $x^2 + 1$ (experimente), então, essa é a antiderivada. Para a Figura 14-6, você deseja estender a área começando em 0, portanto, $s = 0$. Iguale a antiderivada a zero, coloque o valor de s em x e resolva C: $\frac{1}{3} \cdot 0^3 + 0 + C = 0$, portanto, $C = 0$, e assim

$$A_f(x) = \int_0^x (t^2 + 1)\,dt = \frac{1}{3}x^3 + x + 0$$

A área deslizada de 0 até 3 — que fizemos do jeito difícil no Capítulo 14 calculando o limite de uma soma de Riemann — é simplesmente $A_f(3)$:

$$A_f(x) = \frac{1}{3}x^3 + x$$

$$A_f(3) = \frac{1}{3} \cdot 3^3 + 3 = 9 + 3 = 12$$

Muito fácil. Esse deu *muito* menos trabalho do que fazer do jeito difícil.

E depois de saber que a função da área que começa em zero, $\int_0^x (t^2+1)\,dt$, é igual a $\frac{1}{3}x^3+x$, fica fácil descobrir a área das outras seções sob a parábola que não começam em zero. Digamos, por exemplo, que você queira a área sob a parábola entre 2 e 3. Você pode calcular a área subtraindo a área entre 0 e 2 da área entre 0 e 3. Você acabou de calcular a área entre 0 e 3, isto é, 12. E a área entre 0 e 2 é $A_f(2)=\frac{1}{3}\cdot 2^3+2=4\frac{2}{3}$. Então, a área entre 2 e 3 é $12-4\frac{2}{3}$ ou $7\frac{1}{3}$. Esse método de subtração nos leva ao próximo tópico — a segunda versão do Teorema Fundamental.

O Teorema Fundamental do Cálculo: Parte Dois

Agora, finalmente chegamos ao extraordinário atalho do teorema da integração que você usará pelo resto dos seus dias — ou pelo menos até o final da sua obrigação com o Cálculo. Esse método de atalho é tudo que você precisa para os problemas de integração nos Capítulos 17 e 18.

O Teorema Fundamental do Cálculo (segunda versão ou versão de atalho): Deixe *F* ser qualquer antiderivada da função *f*; assim

$$\int_a^b f(x)\,dx = F(b)-F(a)$$

Esse teorema dá o maravilhoso atalho para calcular a integral definida como $\int_2^3 (x^2+1)\,dx$, a área sob a parábola $y=x^2+1$ entre 2 e 3. Como eu mostrei na seção anterior, você pode obter essa área subtraindo a área entre 0 e 2 da área entre 0 e 3, mas para fazer isso, você precisa saber que a função da área em particular estendendo a área que começa em zero, $\int_0^x (t^2+1)\,dt$, é $\frac{1}{3}x^3+x$ (com C igual a zero).

A beleza do teorema do atalho é que você não tem nem que usar uma função da área como $A_f(x)=\int_0^x (t^2+1)\,dt$. Você apenas acha qualquer antiderivada, $F(x)$, de sua função e faz a subtração, $F(b)-F(a)$. A antiderivada mais simples para usar é aquela onde $C=0$. Então, aqui está como você usa o teorema para descobrir a área sob nossa parábola de 2 até 3. $F(x)=\frac{1}{3}x^3+x$ é uma antiderivada de x^2+1. Então, o teorema fornece

$$\int_2^3 (x^2+1)dx = F(3)-F(2)$$

$F(3) - F(2)$ pode ser escrito como $\frac{1}{3}x^3+x\Big|_2^3$ e, assim,

$$\begin{aligned}\int_2^3 (x^2+1)dx &= \frac{1}{3}x^3+x\Big|_2^3\\ &=\left(\frac{1}{3}\cdot 3^3+3\right)-\left(\frac{1}{3}\cdot 2^3+2\right)\\ &=12-4\frac{2}{3}\\ &=7\frac{1}{3}\end{aligned}$$

Eu concordo, esse é o mesmo cálculo que fiz na seção anterior usando a função da área com $s = 0$, mas isso é somente porque para a função $y=x^2+1$, quando s é zero, C também é zero. É um tipo de coincidência e não é verdade para todas as funções. Mas independentemente da função, o atalho funciona e você não precisa se preocupar com as funções da área, s ou C. Tudo o que você faz é $F(b)-F(a)$.

Aqui está outro exemplo: Qual é a área sob $f(x)=e^x$ entre $x = 3$ e $x = 5$? A derivada de e^x é e^x, então, e^x é uma antiderivada de e^x e, assim,

$$\begin{aligned}\int_3^5 e^x dx &= e^x\Big|_3^5\\ &=e^5-e^3\\ &\approx 148{,}4-20{,}1\\ &\approx 128{,}3\end{aligned}$$

O que poderia ser mais simples?

CUIDADO!

As áreas *acima* da curva e *abaixo* do eixo *x* contam como áreas *negativas*. Antes de continuarmos, eu seria negligente se não tocasse nas áreas negativas (isso é realmente o mesmo aviso feito no final do Capítulo 14). Note que com os dois exemplos acima, a parábola $y=x^2+1$, e a função exponencial, $y=e^x$, as áreas que estamos calculando estão *abaixo* das curvas e *acima* do eixo x. Essas áreas contam como áreas *positivas* comuns. Mas se uma função for para baixo do eixo x, as áreas acima da curva e abaixo do eixo x contarão como áreas *negativas*. Este será o caso se você estiver usando uma função da área, a primeira versão do Teorema Fundamental do Cálculo ou a versão de atalho. Não se preocupe com isto agora. Você verá como funciona no Capítulo 17.

Tudo bem, então agora você tem um superatalho para calcular a área sob uma curva. E se um grande atalho não for o suficiente para alegrar o seu dia, a Tabela 15-1 lista algumas regras sobre as integrais definidas que podem tornar sua vida muito mais fácil.

Tabela 15-1 Cinco Regras Fáceis para as Integrais Definidas

1) $\int_a^a f(x)dx = 0$ (Bem, é claro — não há área "entre" a e a)

2) $\int_b^a f(x)dx = -\int_a^b f(x)dx$

3) $\int_a^b f(x)dx = \int_a^c f(x)dx + \int_c^b f(x)dx$

4) $\int_a^b kf(x)dx = k\int_a^b f(x)dx$ (k é uma constante; você pode tirar uma constante da integral)

5) $\int_a^b [f(x) \pm g(x)]dx = \int_a^b f(x)dx \pm \int_a^b g(x)dx$

Agora que eu mostrei a versão de atalho do Teorema Fundamental, isso não significa que você esteja fora de perigo. Aqui estão três maneiras diferentes de entender por que o teorema funciona. Isso é coisa difícil — prepare-se.

Por outro lado, você pode pular essas explicações se tudo o que quer é saber como calcular uma área: esqueça C e apenas subtraia $F(a)$ de $F(b)$. Eu incluo essas explicações porque eu suspeito que algum de vocês esteja doido para aprender Matemática extra apenas pelo prazer de aprender — certo? Outros livros apenas dão as regras; eu explico por que elas funcionam e os princípios básicos — é por isso que eles me pagam muito dinheiro.

Na verdade, com toda seriedade, você deve ler pelo menos parte deste material. O Teorema Fundamental do Cálculo é um dos teoremas mais importantes em toda a Matemática, portanto, você deve passar um tempo tentando compreendê-lo. Vale a pena o esforço. Das três explicações, a primeira é a mais fácil. Mas se você quiser apenas ler uma ou duas das três, eu leria apenas a terceira, ou a segunda e a terceira. Ou você poderia começar com as figuras que acompanham as três explicações porque elas realmente mostram o que está acontecendo. Finalmente, se você não conseguir digerir tudo isso de uma vez — tudo bem — poderá rever mais tarde.

Por que o teorema funciona: Explicação das funções da área

Uma forma de entender a versão de atalho do Teorema Fundamental é olhando as funções da área. Como você pode ver na Figura 15-7, a área sombreada entre a e b pode ser calculada começando com a área entre s e b, depois, cortando (subtraindo) a área entre s e a. E não importa se você usa o 0 como a borda esquerda das áreas ou qualquer outro valor de s. Você vê que obteria o mesmo resultado se usasse o gráfico à esquerda ou à direita?

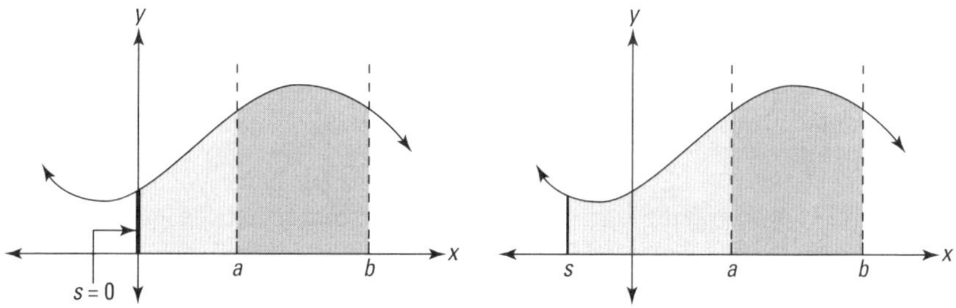

Figura 15-7: Descobrindo a área entre *a* e *b* com duas funções da área diferentes.

Dê uma olhada em $f(t) = 10$ (veja a Figura 15-8). Digamos que você queira a área entre 5 e 8 sob a reta horizontal $f(t) = 10$ e seja forçado a usar o Cálculo.

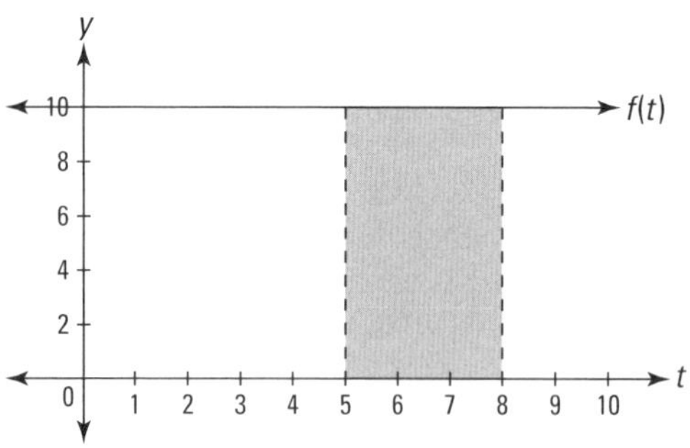

Figura 15-8: A área sombreada é igual a 30 — bem, é claro, é um retângulo 3 por 10.

Dê uma olhada em duas das funções da área para $f(t) = 10$ na Figura 15-5: $A_f(x)$ começando em 0 (no qual $C = 0$) e $B_f(x)$ começando em –2 (onde $C = 20$):

$$A_f(x) = \int_0^x 10dt = 10x$$

$$B_f(x) = \int_{-2}^x 10dt = 10x + 20$$

Se você usar $A_f(x)$ para calcular a área entre 5 e 8 na Figura 15-8, obterá o seguinte:

$$\int_5^8 10dx = A_f(8) - A_f(5)$$

$$= 10 \cdot 8 - 10 \cdot 5$$

$$= 80 - 50$$ (80 é a área do retângulo de 0 até 8; 50 é a área do retângulo de 0 até 5.)

$$= 30$$

Se, por outro lado, você usar $B_f(x)$ para calcular a mesma área, obterá o mesmo resultado:

$$\int_5^8 10dx = B_f(8) - A_f(5)$$

$$= (10 \cdot 8 + 20) - (10 \cdot 5 + 20)$$

$$= (80 + 20) - (50 + 20)$$ (Isto é 100 – 70, claro; 100 é a área do retângulo de –2 até 8; 70 é o retângulo de –2 até 5.)

$$= 30$$

Note que os dois 20s na segunda linha da parte de baixo se cancelam. Lembre-se que todas as antiderivadas de $f(t) = 10$ estão na forma $10x + C$. Independentemente do valor de C, ele cancela como neste exemplo. Assim, você pode usar qualquer antiderivada com qualquer valor de C. Por conveniência, todos usam a antiderivada apenas com $C = 0$, então, não se meta com C de maneira nenhuma. E a escolha de s (o ponto onde a função da área começa) é irrelevante. Portanto, quando você estiver usando a versão de atalho do Teorema Fundamental e calculando a área com $F(b) - F(a)$, estará usando um tipo de função da área misteriosa com um valor C zero e um ponto inicial desconhecido, s. Entendeu?

Por que o teorema funciona: A conexão entre integração-diferenciação

A próxima explicação da versão de atalho do Teorema Fundamental envolve a relação yin/yang entre diferenciação e integração. Considere a Figura 15-9.

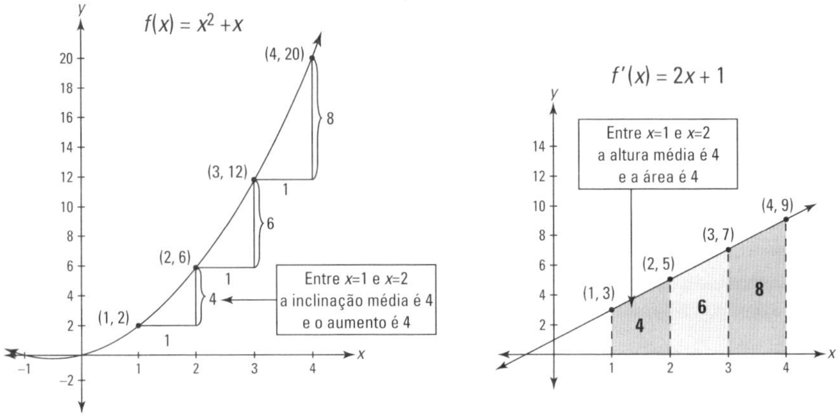

Figura 15-9: A essência da diferenciação e da integração em uma única figura! É um yin/yang.

A figura mostra uma função, $f(x)=x^2+x$, e sua derivada, $f'(x)=2x+1$. Olhe com cuidado os números 4, 6 e 8 em ambos os gráficos. A conexão entre 4, 6 e 8 no gráfico de f — que são os valores de *aumento* entre os pontos consecutivos na curva — 4, 6 e 8 no gráfico de f' — que são as *áreas* dos trapézios sob f' — mostra uma relação íntima entre a integração e a diferenciação. A Figura 15-9 vale por mil símbolos e equações, envolvendo a essência da integração em uma única fotografia. Ela mostra como a versão de atalho do Teorema Fundamental funciona porque mostra que a *área* sob $f'(x)$ entre 1 e 4 é igual ao *aumento* total de $f(x)$ entre (1, 2) e (4, 20), em outras palavras, que

$$\int_1^4 f'(x) = f(4) - f(1)$$

Note que eu chamei as duas funções na Figura 15-9 e na equação acima de f e f' para enfatizar que $2x+1$ é a *derivada* de x^2+x. Eu poderia ter chamado x^2+x de F e chamado $2x+1$ de f, o que enfatizaria que x^2+x é uma *antiderivada* de $2x+1$. Neste caso, você escreveria a equação da área acima na forma padrão,

$$\int_1^4 f(x)dx = F(4) - F(1)$$

Em qualquer uma das duas maneiras, o significado é o mesmo. Eu uso a versão da derivada para mostrar que encontrar a área é a diferenciação ao contrário. Indo da esquerda para a direita na Figura 15-9, você tem a diferenciação: As alturas em f' lhe dão as inclinações de f. Indo da direita para a esquerda, você tem a integração: A mudança entre duas alturas em f lhe dá uma área sob f'.

Tudo bem. Aqui está como funciona. Imagine que você esteja subindo ao longo de f de (1, 2) até (2, 6). Cada ponto ao longo do caminho tem certo declive, uma inclinação. Essa inclinação é esboçada como a coordenada y, ou altura, no gráfico de f'. O fato de f' subir de (1, 3) até (2, 5) informa que a inclinação de f sobe de 3 para 5 à medida que você viaja entre (1, 2) e (2, 6). Isso tudo vem da diferenciação básica.

Agora, à medida que você segue em f de (1, 2) até (2, 6), a inclinação está constantemente mudando. Mas, descobrimos que você tem um *aumento* total de 4 à medida que *desliza* de 1 para a direita, a média de todas as inclinações em f entre (1, 2) e (2, 6) é $\frac{4}{1}$ ou 4. Visto que cada uma dessas inclinações é esboçada como uma coordenada y ou altura em f', segue que a altura média de f' entre (1, 3) e (2, 5) também é 4. Assim, entre dois pontos dados, a inclinação média em f é igual à altura média em f'.

Só um minuto, você está quase lá. A *inclinação* é igual a $\frac{aumento}{distância}$, então, quando a distância é 1, a inclinação é igual ao aumento. Por exemplo, de (1, 2) até (2, 6) em f, a curva aumenta em 4 e a inclinação média entre esses pontos também é 4. Assim, entre dois pontos dados em f, cujas coordenadas x diferem em 1 unidade, a inclinação média *é* o aumento.

A área de um trapézio como o da direita na Figura 15-9 é igual à largura vezes sua altura média. (Isto é verdade para qualquer outra forma semelhante que tenha uma base parecida com um retângulo; o topo pode ser qualquer linha deformada ou qualquer curva que você quiser.) Então, devido ao fato de a largura de cada trapézio ser 1 e como qualquer coisa vezes 1 é ela mesma, a altura média de cada trapézio sob f' é a sua área; por exemplo, a área desse primeiro trapézio é 4 e sua altura média também é 4.

Você está pronto para o *grand finale*? Aqui está o argumento completo em poucas palavras. Em f, *aumento = inclinação média*; indo de f para f', a *inclinação média = altura média*; em f', a *altura média = área*. Então, isso lhe dá *aumento = inclinação = altura = área* e, assim, finalmente, *aumento = área*. E isso é o que a segunda versão do Teorema Fundamental diz:

$$f(b) - f(a) = \int_a^b f'(x)dx$$

área = aumento

Essas ideias são inevitavelmente difíceis. Você talvez tenha que ler duas ou três vezes para realmente entender.

Note que não faz diferença para a relação entre a inclinação e a área se você usa qualquer outra função na forma $x^2 + x + C$, em vez de $x^2 + x$. Qualquer parábola do tipo $x^2 + x + 10$ ou $x^2 + x - 5$ tem exatamente a mesma forma que $x^2 + x$; apenas foi deslizada para cima ou para baixo verticalmente. Qualquer parábola desse tipo aumenta entre $x = 1$ e $x = 4$ precisamente da mesma forma que a parábola na Figura 15-9. De 1 até 2, essas parábolas correm 1 e sobem 4. De 2 até 3, elas correm 1, sobem 6, e assim por diante. É por isso que qualquer antiderivada pode ser usada para encontrar a área. A *área* total sob f' entre 1 e 4, a saber, 18, corresponde ao *aumento* total em qualquer uma dessas parábolas de 1 até 4, a saber, 4 + 6 + 8 ou 18.

Correndo o risco de bater na mesma tecla, consegui uma terceira explicação do Teorema Fundamental para você. Você pode preferi-la às suas primeiras porque é menos abstrata — está conectada a ideias simples e comuns encontradas em nosso cotidiano. Essa explicação tem muito em comum com a anterior, mas as ideias são apresentadas de um ângulo diferente.

Por que o teorema funciona: Uma conexão com — por certo! — a estatística

Não permita que o título desta seção o desanime. Percebo que muitos leitores deste livro de Cálculo podem não ter estudado Estatística. Tudo bem: a conexão da Estatística que eu explico abaixo envolve algo muito simples tratado nos cursos de Estatística, mas você não precisa saber Estatística para entender a ideia. A ideia simples é a relação entre um gráfico de distribuição de frequência e um gráfico de distribuição de frequência acumulada (você pode ter visto tais gráficos em um jornal ou revista). Considere a Figura 15-10.

O gráfico superior na figura mostra um histograma de distribuição de frequência dos lucros anuais da Widgets-R-Us de 1º de janeiro de 2001 a 31 de dezembro de 2013. O retângulo marcado com '07, por exemplo, mostra que o lucro da empresa para 2007 foi de $2.000.000 (seu melhor ano no período de 2001-2013).

O gráfico inferior na figura é o histograma de distribuição de frequência acumulada para os mesmos dados usados no gráfico superior. A diferença é simplesmente que no gráfico de frequência acumulada, a altura de cada coluna mostra os lucros totais ganhos desde 1/1/2001. Veja a coluna '02 no gráfico inferior e os retângulos '01 e '02 no gráfico superior, por exemplo. Você pode observar que a coluna '02 mostra o retângulo '02 no topo do retângulo '01, que fornece a essa coluna '02 uma altura igual ao total dos lucros de '01 e '02. Entendeu? Quando você vai para a direita no gráfico cumulativo, a altura de cada coluna sucessiva simplesmente aumenta pela quantidade de lucros ganhos no ano correspondente, mostrados no gráfico superior.

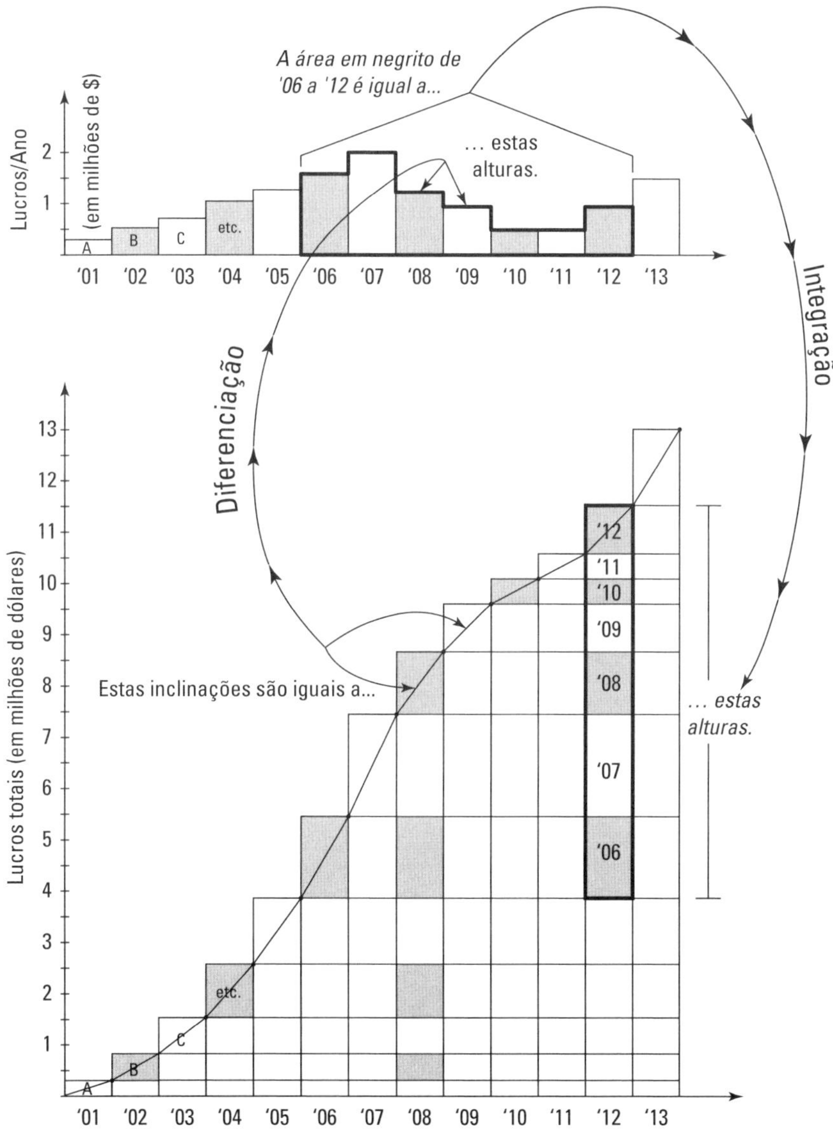

Figura 15-10: Um histograma de distribuição de frequência (acima) e um histograma de distribuição de frequência acumulada (abaixo) para os lucros anuais da Widgets-R-Us mostram a conexão entre a diferenciação e a integração.

Tudo bem. Então, aqui está a conexão do Cálculo. (Tenha paciência; leva um tempo para ver tudo isso.) Veja o retângulo superior da coluna '08 no gráfico de frequência acumulada (chamaremos esse gráfico de *C*, para abreviar). Nesse ponto em *C*, você *passa* de 1 ano e *sobe* $1.250.000, o lucro '08 visto no gráfico de distribuição de frequência (*F*, para abreviar). *Inclinação* =

aumento/distância, assim, como a distância é igual a 1, a inclinação é igual a 1.250.000/1 ou apenas 1.250.000, que é, claro, o mesmo que o aumento. Assim, a inclinação em *C* (em '08 ou qualquer outro ano) pode ser lida como a altura em *F* para o ano correspondente. (Veja como isto funciona.) Como as alturas (ou valores da função) em *F* são as inclinações de *C*, *F* é a *derivada* de *C*. Resumindo, *F*, a derivada, informa sobre a inclinação de *C*.

A próxima ideia é que como *F* é a derivada de *C*, *C*, por definição, é a antiderivada de *F* (por exemplo, *C* pode ser igual a $5x^3$ e *F* seria igual a $15x^2$). Agora, o que *C*, a antiderivada de *F*, nos informa sobre *F*? Imagine arrastar uma reta vertical da esquerda para direita sobre *F*. Quando você estende os retângulos em *F* — ano por ano — o lucro total que você está estendendo é mostrado subindo em *C*.

Veja os retângulos '01 até '08 em *F*. Você pode observar esses mesmos retângulos subindo como os degraus da escada ao longo de *C* (veja os retângulos identificados com A, B, C etc. nos dois gráficos). As alturas dos retângulos de *F* continuam somando em *C* quando você sobe a forma de escada. Eu mostrei como os mesmos retângulos '01 até '08, que ficam no topo da escada de *C*, também podem ser vistos em uma pilha vertical no ano '08 em *C*. Desenhei o gráfico cumulativo assim para que fique ainda mais óbvio como as alturas dos retângulos somam-se. (***Nota:*** A maioria dos histogramas de distribuição acumulada não é desenhada assim.)

Cada retângulo em *F* tem uma base de 1 ano, portanto, como *área = base x altura*, a área de cada retângulo é igual à sua altura. Então, quando você empilha os retângulos em *C*, está somando as áreas deles a partir de *F*. Por exemplo, a altura da pilha de retângulos '01 até '08 em *C* ($8,5 milhões) é igual à área total dos retângulos '01 até '08 em *F*. E, portanto, as alturas ou os valores da função de *C* — que é a antiderivada de *F* — fornecem a área sob a borda superior de *F*. A integração funciona assim.

Tudo bem, estamos quase terminando. Agora, vejamos como esses dois gráficos explicam a versão de atalho do Teorema Fundamental do Cálculo e a relação entre diferenciação e integração. Veja os retângulos '06 até '12 em *F* (com a borda em negrito). Você pode observar esses mesmos retângulos na parte em negrito da coluna '12 de *C*. A altura dessa pilha em negrito, que mostra os lucros totais obtidos durante esses sete anos, $7,75 milhões, é igual à área total dos sete retângulos em *F*. E para obter a altura dessa pilha em *C*, você simplesmente subtrai a altura da borda inferior da pilha da altura de sua borda superior. Isso é realmente tudo que a versão de atalho do Teorema Fundamental diz. A área sob qualquer parte de uma função (como *F*) é dada pela mudança na altura na antiderivada da função (como *C*).

Resumindo (continue vendo os retângulos com a borda em negrito nos dois gráficos), as *inclinações* dos retângulos em *C* aparecem como as *alturas* em *F*. Isso é diferenciação. Na direção inversa, você vê a integração: a mudança nas *alturas* em *C* mostra a área sob *F*. Voilà: diferenciação e integração são os dois lados da mesma moeda.

(*Nota:* os puristas matemáticos podem opor-se a esta explicação do Teorema Fundamental porque ela envolve gráficos *separados* (por exemplo, o fato de que o histograma de distribuição acumulada na Figura 15-10 sobe em aumentos de um ano), ao passo que o Cálculo é o estudo dos gráficos de mudança suave e contínua (a versão do Cálculo do histograma de distribuição acumulada seria uma curva suave que mostraria os lucros totais crescendo a cada milissegundo). Tudo bem — objeção anotada — mas o fato é que a explicação aqui mostra precisamente como a integração e a diferenciação estão relacionadas e mostra corretamente como a versão de atalho do Teorema Fundamental funciona. Tudo que é necessário para tornar a Figura 15-10 e a explicação afim no Cálculo padrão é pegar tudo até o limite, tornando o intervalo de lucro cada vez menor: de um ano para um mês para um dia etc. etc. No limite, os gráficos separados na Figura 15-10 se combinariam no tipo de gráfico suave usado em Cálculo. Mas as *ideias* não mudariam. As *ideias* seriam exatamente como as explicadas aqui. Isso é muito parecido com o que vimos no Capítulo 14, onde você primeiro aproximou a área sob uma curva somando as áreas dos retângulos, então, conseguiu calcular a área exata usando o processo de limite para estreitar as larguras dos retângulos, até que ficassem infinitesimais.)

Bem, você entendeu — as explicações reais do motivo da versão de atalho do Teorema Fundamental funcionar e porque encontrar a área é a diferenciação ao contrário. Se você entendeu metade do que acabei de escrever, está à frente da maioria dos estudantes de Cálculo. A novidade é que provavelmente você não fará uma prova com essa coisa teórica. Agora, voltemos à Terra.

Encontrando as Antiderivadas: Três Técnicas Básicas

Eu venho falando um bocado sobre as antiderivadas, mas como é que você as encontra? Nesta seção, eu mostro três técnicas básicas. Depois, no Capítulo 16, eu mostro quatro técnicas avançadas. A propósito, você *fará* uma prova sobre este assunto.

Regras inversas para as antiderivadas

As regras de antiderivadas mais fáceis são aquelas que são o inverso das regras das derivadas que você já conhece. (Você poderá revisar as regras das derivadas no Capítulo 10, se precisar.) Essas são antiderivadas automáticas com apenas um passo, com exceção da regra da potência ao inverso, que é a única mais ou menos difícil.

Regras inversas óbvias

Você sabe que a derivada do *sen x* é o *cos x*, então, invertendo isso você tem que a antiderivada do *cos x* é o *sen x*. O que poderia ser mais simples? Mas não esqueça que todas as funções com a forma sen $x + C$ são antiderivadas do *cos x*. Em símbolos, você escreve

$$\frac{d}{dx}\operatorname{sen} x = \cos x, \text{ e consequentemente}$$

$$\int \cos x\, dx = \operatorname{sen} x + C$$

A Tabela 15-2 lista as regras inversas para as antiderivadas.

Tabela 15-2 Fórmulas Básicas das Antiderivadas

1) $\int 1dx$ (ou $\int dx) = x + C$	(porque a derivada de x é 1)
2) $\int x^n dx = \frac{x^{n+1}}{n+1} + C \quad (n \neq -1)$	3) $\int \frac{dx}{x} = \ln\|x\| + C$ (regra 2 para $n = -1$)
4) $\int e^x dx = e^x + C$	5) $\int a^x dx = \frac{1}{\ln a} a^x + C$
6) $\int \operatorname{sen} x\, dx = -\cos x + C$	7) $\int \cos x\, dx = \operatorname{sen} x + C$
8) $\int \sec^2 x\, dx = \tan x + C$	9) $\int \csc^2 x\, dx = -\cot x + C$
10) $\int \sec x \tan x\, dx = \sec x + C$	11) $\int \csc x \cot x\, dx = -\csc x + C$
12) $\int \frac{dx}{\sqrt{a^2 - x^2}} = \operatorname{arcsen}\frac{x}{a} + C$	13) $\int \frac{dx}{a^2 + x^2} = \frac{1}{a}\arctan\frac{x}{a} + C$
14) $\int \frac{dx}{x\sqrt{x^2 - a^2}} = \frac{1}{a}\operatorname{arcsec}\frac{\|x\|}{a} + C$	

A mais ou menos difícil regra da potência ao inverso

Pela regra da potência para a diferenciação, você sabe que

$$\frac{d}{dx}x^3 = 3x^2, \text{consequentemente}$$

$$\int 3x^2 dx = x^3 + C$$

Aqui está o método simples para inverter a regra da potência. Use $y = 5x^4$ para sua função. Lembre-se que a regra da potência diz para

1. **Trazer a potência para frente onde irá *multiplicar* o resto da derivada.**

   $5x^4 \to 4 \cdot 5x^4$

2. **Reduzir a potência em 1 e simplificar.**

   $4 \cdot 5x^4 \to 4 \cdot 5x^3 = 20x^3$

   Assim, $y' = 20x^3$.

Para inverter o processo, você inverte a ordem dos dois passos e inverte o cálculo dentro de cada passo. Aqui está como isso funciona para o problema acima:

1. ***Aumente* a potência em um.**

   O 3 se torna 4.

   $20x^3 \to 20x^4$

2. ***Divida* pela nova potência e simplifique.**

   $20x^4 \to \dfrac{20}{4}x^4 = 5x^4$

   E assim, você escreve $\int 20x^3 dx = 5x^4 + C$.

CUIDADO!

A regra da potência ao inverso não funciona para a potência do um negativo. A regra da potência ao inverso funciona para todas as potências (inclusive as potências negativas e decimais), exceto para a potência e um negativo. Ao invés de usar a regra da potência do inverso, você deveria apenas memorizar que a antiderivada de x^{-1} é $\ln|x| + C$ (regra 3 na Tabela 15-2).

DICA

Teste suas antiderivadas diferenciando-as. Especialmente quando você for iniciante na antidiferenciação, é uma boa ideia testar suas antiderivadas diferenciando-as — você pode ignorar o C. Se você voltar à função original, saberá que sua antiderivada está correta.

Com a antiderivada que você acabou de encontrar e a versão de atalho do Teorema Fundamental, você pode determinar a área sob $20x^3$ entre, digamos, 1 e 2:

$$\int 20x^3 dx = 5x^4 + C, \text{ assim}$$

$$\begin{aligned}\int_1^2 20x^3 dx &= 5x^4\Big|_1^2 \\ &= 5 \cdot 2^4 - 5 \cdot 1^4 \\ &= 80 - 5 \\ &= 75\end{aligned}$$

Adivinhando e verificando

O método de adivinhar e verificar funciona quando o *integrando* (isto é, a expressão após o símbolo de integral, sem contar o dx, é o que você deseja antidiferenciar) está perto de uma função para a qual você conhece a regra ao inverso. Por exemplo, digamos que você deseja a antiderivada de $\cos(2x)$. Bem, você sabe que a derivada do seno é o cosseno, Inverter isso informa que a antiderivada do cosseno é o seno. Portanto, você pode pensar que a antiderivada de $\cos(2x)$ é $\operatorname{sen}(2x)$. É seu *palpite*. Agora, *verifique* diferenciando para ver se você obtém a função original, $\cos(2x)$:

$$\frac{d}{dx}\operatorname{sen}(2x)$$
$$=\cos(2x)\cdot 2 \quad \text{(regra do seno e regra da cadeia)}$$
$$=2\cos(2x)$$

O resultado é muito próximo da função original, exceto pelo coeficiente extra 2. Em outras palavras, a resposta é duas vezes tanto quanto você deseja. Como você deseja um resultado que é a metade disso, tente uma antiderivada que seja metade de seu primeiro palpite: portanto, seu novo palpite é $\frac{1}{2}\operatorname{sen}(2x)$. Verifique o segundo palpite diferenciando e obterá o resultado desejado.

Aqui está outro exemplo. Qual é a antiderivada de $(3x-2)^4$?

1. **Adivinhe a antiderivada.**

   Esse parece um problema sobre a regra da potência, então, tente a regra da potência ao inverso. A antiderivada de x^4 é $\frac{1}{5}x^5$ pela regra da potência ao inverso, então, seu palpite é $\frac{1}{5}(3x-2)^5$.

2. **Verifique seu palpite fazendo a diferenciação dele.**

   $$\frac{d}{dx}\left[\frac{1}{5}(3x-2)^5\right]$$
   $$=5\cdot\frac{1}{5}(3x-2)^4\cdot 3 \quad \text{(regra da potência e regra da cadeia)}$$
   $$=3(3x-2)^4$$

3. **Ajuste seu primeiro palpite.**

   Seu resultado, $3(3x-2)^4$, é três vezes mais do que a função original, então, torne seu segundo palpite um *terço* do primeiro palpite — isto é, $\frac{1}{3}\cdot\frac{1}{5}(3x-2)^5$ ou $\frac{1}{15}(3x-2)^5$.

4. Verifique o segundo palpite fazendo a diferenciação dele.

$$\frac{d}{dx}\left[\frac{1}{15}(3x-2)^5\right]$$
$$=5\cdot\frac{1}{15}(3x-2)^4\cdot 3 \quad \text{(regra da potência e regra da cadeia)}$$
$$=(3x-2)^4$$

Está certo. Você terminou. A antiderivada de $(3x-2)^4$ é $\frac{1}{15}(3x-2)^5+C$.

Os dois exemplos anteriores mostram que *adivinhar e verificar* funciona bem quando a função que você quer antidiferenciar tem um argumento do tipo $3x$ ou $3x + 2$ (onde x é elevado à *primeira* potência), em vez de um x simples. (Lembre-se que em uma função como $\sqrt{5x}$, $5x$ é chamado de *argumento*.) Neste caso, tudo o que você precisa fazer é ajustar seu palpite pelo *recíproco* do coeficiente de x: o 3 em $3x + 2$, por exemplo (o 2 em $3x + 2$ não afeta sua resposta). Na verdade, para esses problemas fáceis, você não precisa realmente fazer nenhuma adivinhação e verificação. Você pode ver imediatamente como ajustar seu palpite. Ele se torna um tipo de processo de um passo. Se o argumento da função for mais complicado do que $3x + 2$ — como o x^2 em $\cos(x^2)$ — você terá que tentar o próximo método, a substituição.

O método da substituição

Se você voltar a olhar os exemplos do método de adivinhar e verificar na seção anterior, poderá ver por que o primeiro palpite em cada caso não funcionou. Quando você diferencia o primeiro palpite, a regra da cadeia produz uma constante extra: 2 no primeiro exemplo, 3 no segundo. Você, então, ajusta os palpites com $\frac{1}{2}$ e $\frac{1}{3}$ para compensar a constante extra.

Agora, digamos que você queira a antiderivada do $\cos(x^2)$ e tem o palpite que é $\text{sen}(x^2)$. Veja o que acontece quando você diferencia $\text{sen}(x^2)$ para verificá-lo:

$$\frac{d}{dx}\text{sen}(x^2)$$
$$=\cos(x^2)\cdot 2x \quad \text{(regra do seno e regra da cadeia)}$$
$$=2x\cos(x^2)$$

Aqui, a regra da cadeia produz um $2x$ extra — porque a derivada de x^2 é $2x$ — mas se você tentar compensar isso anexando um $\frac{1}{2x}$ ao seu palpite, não irá funcionar. Experimente.

Então, adivinhar e verificar não funciona para antidiferenciar o $\cos(x^2)$ — na verdade, *nenhum* método funciona para esse integrando de aparência simples (nem todas as funções têm antiderivadas) — mas seu admirável empenho na diferenciação aqui revela uma nova classe de funções que você pode antidiferenciar. Visto que a derivada do sen(x^2) é $2x\cos(x^2)$, a antiderivada de $2x\cos(x^2)$ deve ser sen(x^2). Essa função, $2x\cos(x^2)$, é o tipo de função que você pode antidiferenciar com o método da substituição.

Mantenha os olhos abertos quanto à derivada do argumento da função. O método da substituição funciona quando o integrando contém uma função e *a derivada do argumento da função* — em outras palavras, quando ele contém aquela coisa extra produzida pela regra da cadeia — ou alguma coisa parecida com isso, exceto pela constante. E o integrando não deve conter mais nada.

A derivada de e^{x^3} é $e^{x^3} \cdot 3x^2$ pela regra do e^x e pela regra da cadeia. Então, a antiderivada de $e^{x^3} \cdot 3x^2$ é e^{x^3}. E se pedissem para você achar a antiderivada de $e^{x^3} \cdot 3x^2$, você saberia que o método da substituição funcionaria porque essa expressão contém $3x^2$, que é a derivada do argumento de e^{x^3}, a saber, x^3.

A esta altura, você está provavelmente se perguntando por que isso é chamado de método da substituição. Eu mostro a você o porquê no método passo a passo abaixo. Mas primeiro, quero mostrar que você nem sempre necessita usar o método passo a passo. Supondo que você entende por que a antiderivada de $e^{x^3} \cdot 3x^2$ é e^{x^3}, você pode deparar-se com problemas nos quais pode apenas ver a antiderivada sem ter nenhum trabalho. Mas se você pode ou não apenas ver as respostas para os problemas como o anterior, o método da substituição é uma boa técnica para aprender porque, por um lado, ele tem muita utilidade no Cálculo e em outras áreas da Matemática e por outro, seu professor pode exigir que você o saiba e o use. Tudo bem, aqui está como encontrar $\int 2x\cos(x^2)dx$ com a substituição:

1. **Iguale u ao argumento da função principal.**

   O argumento de $\cos(x^2)$ é x^2, então, você iguala x^2 a u.

2. **Ache a derivada de u em relação a x.**

   $u = x^2$ ou $\frac{du}{dx} = 2x$

3. **Resolva em função de dx.**

   $\frac{du}{dx} = \frac{2x}{1}$

   $du = 2xdx$ (multiplicação cruzada)

   $\frac{du}{2x} = dx$ (divida ambos os lados por $2x$)

4. **Faça as substituições.**

   Em $\int 2x\cos(x^2)dx$, u toma o lugar de x^2 e $\frac{du}{2x}$ toma o lugar de dx. Então, agora você tem $\int 2x\cos u \frac{du}{2x}$. Os dois $2x$s se cancelam, dando $\int \cos u\, du$.

5. **Faça a antidiferenciação usando a regra inversa simples.**

   $$\int \cos u\, du = \text{sen}\, u + C$$

6. **Coloque x^2 de volta no lugar de u, fazendo o ciclo completo.**

   u é igual a x^2, então, x^2 entra no lugar de u:

   $$\int \cos u\, du = \text{sen}(x^2) + C$$

   É isso. Então, $\int 2x\cos(x^2)dx = \text{sen}(x^2) + C$.

Se o problema original tivesse sido $\int 5x\cos(x^2)dx$, em vez de $\int 2x\cos(x^2)dx$, você seguiria os mesmos passos, exceto o Passo 4, depois de fazer a substituição, você chegaria em $\int 5x\cos u \frac{dx}{2x}$. Os xs ainda se cancelam — essa é a parte importante — mas depois de cancelar, você tem $\int \frac{5}{2}\cos u\, du$, que tem um $\frac{5}{2}$ extra. Não se preocupe. Apenas puxe o $\frac{5}{2}$ para fora do símbolo $\int$, dando $\frac{5}{2}\int \cos u\, du$. Agora, você termina esse problema assim como fez acima nos Passos 5 e 6, exceto pelo $\frac{5}{2}$ extra.

$$\begin{aligned}\frac{5}{2}\int \cos u\, du &= \frac{5}{2}(\text{sen}\, u + C)\\ &= \frac{5}{2}\text{sen}\, u + \frac{5}{2}C\\ &= \frac{5}{2}\text{sen}(x^2) + \frac{5}{2}C\end{aligned}$$

Como C é qualquer constante antiga, $\frac{5}{2}C$ ainda é qualquer constante antiga, então, você pode livrar-se do $\frac{5}{2}$ na frente de C. Isso pode parecer um tanto (excessivamente?) não matemático, mas está certo. Assim, a sua resposta final é $\frac{5}{2}\text{sen}(x^2) + C$. Você deve verificar sua resposta usando a diferenciação.

Aqui estão alguns exemplos de antiderivadas que você pode fazer com o método da substituição de modo que possa aprender como distingui-los.

- $\int 4x^2\cos(x^3)dx$
- A derivada de x^3 é $3x^2$, mas você não precisa prestar nenhuma atenção ao 3 em $3x^2$ nem ao 4 no integrando. Pelo fato de o integrando conter x^2 e nenhuma outra coisa extra, a substituição funciona. Experimente.

- $\int 10\sec^2 x \cdot e^{\tan x} dx$
- O integrando contém uma função, $e^{\tan x}$, e a derivada do seu argumento, (tgx) — que é $\sec^2 x$. Pelo fato de o integrando não conter nenhuma outra coisa extra (exceto pelo 10, que não importa), a substituição funciona. Faça.
- $\int \frac{2}{3}\cos x\sqrt{\text{sen}x}\, dx$
- Pelo fato de o integrando conter a derivada de sen x, a saber, cos x, e nenhuma outra coisa, exceto pelo $\frac{2}{3}$, a substituição funciona. Vai nessa.

Você pode resolver os três problemas listados com um método que combina a substituição e o método da adivinhação e da verificação (desde que seu professor não insista para você mostrar os seis passos da solução da substituição). Tente usar esse método de combinação para integrar o primeiro exemplo, $\int 4x^2\cos(x^3)dx$. Primeiramente, você confirma se a integral se enquadra no padrão para a substituição — ela se enquadra, como mostrado no primeiro item da lista. Essa confirmação é a única parte que a substituição faz no método da combinação. Agora, você termina o problema com o método da adivinhação e da verificação.

1. **Dê o seu palpite.**

   A antiderivada do cosseno é o seno, então, um bom palpite para a antiderivada de $4x^2\cos(x^3)$ é sen(x^3).

2. **Verifique o seu palpite fazendo a diferenciação dele.**

   $$\frac{d}{dx}\text{sen}(x^3) = \cos(x^3)\cdot 3x^2 \quad \text{(regra do seno e regra da cadeia)}$$
   $$= 3x^2\cos(x^3)$$

3. **Ajuste o seu palpite.**

   Seu resultado do Passo 2, $3x^2\cos(x^3)$, é $\frac{3}{4}$ do que você quer, $4x^2\cos(x^3)$, então, torne seu palpite $\frac{4}{3}$ maior (note que $\frac{4}{3}$ é o recíproco de $\frac{3}{4}$). Seu segundo palpite é assim, $\frac{4}{3}\text{sen}(x^3)$.

4. **Verifique esse segundo palpite fazendo a diferenciação dele.**

   Ah, droga, pule isso — sua resposta terá que funcionar.

Encontrando a Área com Problemas de Substituição

Você pode usar a versão de atalho do Teorema Fundamental para calcular a área sob uma função que você integra com o método da substituição. Você pode fazer isso de duas maneiras. Na seção anterior, eu usei a substituição, colocando u igual a x^2 para encontrar a antiderivada de $2x\cos(x^2)$.

$$\int 2x\cos(x^2)dx = \text{sen}(x^2) + C$$

Se você quiser a área sob essa curva de, digamos, 0,5 até 1, o Teorema Fundamental fará a mágica:

$$\int_{0,5}^{1} 2x\cos(x^2)dx = \text{sen}(x^2)\Big|_{0,5}^{1}$$

$$= \text{sen}(1^2) - \text{sen}(0,5^2)$$
$$= \text{sen}(1) - \text{sen}(0,25)$$
$$\approx 0,841 - 0,247$$
$$\approx 0,594$$

Outro método, que corresponde à mesma coisa, é mudar os limites da integração e resolver o problema todo em relação a u. Consulte a solução de seis passos na seção "O método da substituição". O que vem a seguir é muito semelhante, exceto que, desta vez, você está fazendo a integração. Novamente, você deseja a área dada por $\int_{0,5}^{1} 2x\cos(x^2)dx$:

1. **Iguale u a x^2.**
2. **Obtenha a derivada de u em relação a x.**

   $$\frac{du}{dx} = 2x$$

3. **Resolva em relação a dx.**

   $$dx = \frac{du}{2x}$$

4. **Determine os novos limites da integração.**

   $u = x^2$, portanto, quando $x = \frac{1}{2}, u = \frac{1}{4}$

   e quando $x = 1, u = 1$

5. **Faça as substituições, incluindo os novos limites da integração e cancele os dois *2xs*.**

   (Neste problema, apenas um dos limites é novo porque quando $x = 1$, $u = 1$.)

$$\int_{0.5}^{1} 2x\cos(x^2)dx = \int_{0.25}^{1} 2x\cos u \frac{du}{2x}$$

$$= \int_{0.25}^{1} \cos u\, du$$

6. **Use a antiderivada e o Teorema Fundamental para obter a área desejada *sem* fazer a troca de volta para x^2.**

$$\int_{0,25}^{1} \cos u\, du = [\operatorname{sen} u]_{0,25}^{1}$$

$$= \operatorname{sen} 1 - \operatorname{sen} 0{,}25$$

$$\approx 0{,}594$$

É um caso de trocar seis por meia dúzia com os dois métodos; eles requerem mais ou menos o mesmo trabalho. Portanto, você pode escolher — mas, a maioria dos professores e livros enfatiza o segundo método, assim, provavelmente você deve aprendê-lo.

Capítulo 16

Técnicas de Integração Para Especialistas

Neste Capítulo

- Decompondo as integrais em partes e encontrando as integrais trigonométricas
- Voltando às origens com *SohCahToa*
- Entendendo os *As*, *Bs* e *Cs* das frações parciais
- *LIATE*: Liliputianos Indianos Armavam Trair Eduardo

Eu imagino que não faria mal dar uma folga do tipo de fundamentação teórica que eu apresentei de forma bem pesada no Capítulo 15, então, este capítulo irá diretamente ao ponto e mostrará apenas os detalhes práticos de muitas técnicas de integração. Você viu três métodos básicos de integração no Capítulo 15: as regras inversas, o método de adivinhar e verificar, e a substituição. Agora, você se qualificará em quatro técnicas avançadas: integração por partes, integrais trigonométricas, substituição trigonométrica e frações parciais. Você está pronto?

Integração por Partes: Dividir e Conquistar

Integrar por partes é a versão de integração da regra do produto para a diferenciação. Leve o que eu digo em consideração. A ideia básica da integração por partes é transformar uma integral que você *não pode* calcular em um simples produto menos a integral que você *pode* calcular. Aqui está a fórmula:

Integração por partes: $\int u\,dv = uv - \int v\,du$

E aqui está uma ajuda de memorização: nas duas primeiras partes, $\int u\,dv$ e uv, u e v estão em ordem alfabética. Se você se lembrar disso, poderá lembrar que a integral da direita é justamente igual à integral da esquerda, exceto com u e v ao inverso.

Não tente compreender a fórmula ainda. Você verá como funciona em um minuto. E não se preocupe em compreender o primeiro exemplo abaixo até chegar ao fim. O processo da integração por partes pode parecer bem confuso na primeira vez. Portanto, você precisa ser paciente. Após observar alguns exemplos, verá que realmente não é tão ruim.

A caixa da integração por partes: A fórmula integração por partes contém quatro coisas: u, v, du e dv. Para ajudar a manter tudo no lugar, organize seus problemas com um quadrado como na Figura 16-1.

u	v
du	dv

Figura 16-1: O quadrado da integração por partes.

Para nosso primeiro exemplo, iremos calcular $\int \sqrt{x}\ln(x)dx$. A fórmula da integração por partes converterá essa integral, que você não pode calcular diretamente, em um único produto menos uma integral que você saberá calcular. Primeiro, você terá que dividir o integrando em duas partes — uma parte se torna o u e a outra o dv que você verá no lado esquerdo da fórmula. Para este problema, $\ln(x)$ se tornará a parte u. Então, todo o resto será a parte dv, a saber, $\sqrt{x}dx$. (Na próxima seção, mostro como decidir o que entra na parte u; então, todo o resto será automaticamente a parte dv.) Após reescrever o integrando acima, você terá o seguinte no lado esquerdo da fórmula:

$$\int \underbrace{u}\,\underbrace{dv}$$

$$\int \overbrace{\ln(x)}\,\overbrace{\sqrt{x}dx}$$

Agora é a hora de trabalhar com o quadrado. Para cada novo problema, você deverá desenhar um quadrado com quatro partes vazias e então colocar seu u ($\ln(x)$, neste problema) na área superior esquerda e seu dv ($\sqrt{x}dx$ neste problema) no canto inferior direito. Veja a figura 16-2.

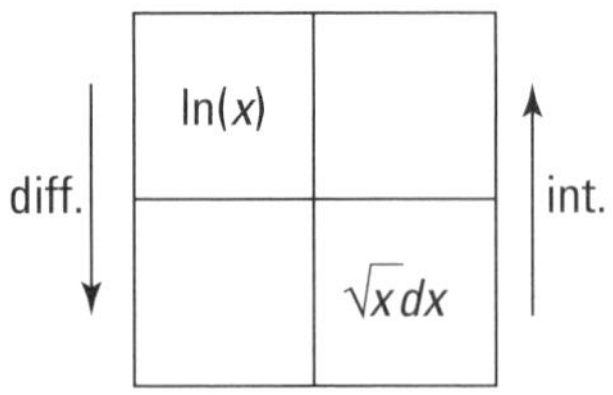

Figura 16-2: Preenchendo o quadrado.

Em seguida, você diferencia u para obter *du* e integra *dv* para obter *v*. As setas na Figura 16-2 lembram a você de diferenciar à esquerda e a integrar à direita. Pense na diferenciação — a coisa mais fácil — como indo para baixo (como descendo uma colina) e na integração — a coisa mais difícil — como indo para cima (como subindo uma colina).

Agora complete o quadrado:

$$u = \ln(x) \qquad dv = \sqrt{x}dx$$

$$\frac{du}{dx} = \frac{1}{x} \qquad \int dv = \int \sqrt{x}dx$$

$$du = \frac{1}{x}dx \qquad v = \frac{2}{3}x^{3/2}$$

(regra da potência ao inverso; note que o C desaparece)

A Figura 16-3 mostra o quadrado completo.

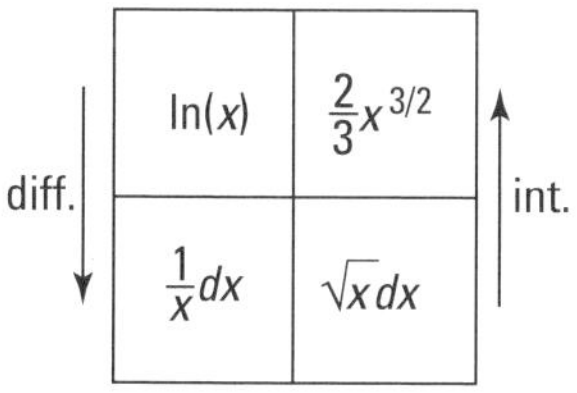

Figura 16-3: O quadrado completo para $\int \sqrt{x}\ln(x)dx$.

Você também pode usar os quatro quadrados para ajudar a lembrar o lado direito da fórmula da integração por partes: inicie no quadrado superior esquerdo e desenhe (ou apenas represente) um número 7 indo para a direita, então, desça na diagonal para a esquerda. Veja a Figura 16-4.

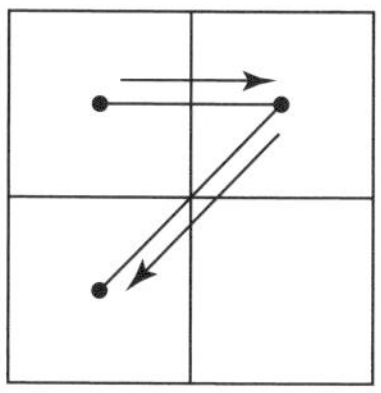

Figura 16-4: Um quadrado com um 7 nele. Quem disse que o cálculo é um bicho de sete cabeças?

Para lembrar como você "desenha" o 7, veja novamente a Figura 16-3. O lado direito da fórmula da integração por partes diz para você fazer a parte de cima do número 7, a saber, $\ln(x)\cdot\frac{2}{3}x^{3/2}$ menos a integral da parte diagonal do sete, $\int\frac{2}{3}x^{3/2}\cdot\frac{1}{x}\,dx$. A propósito, isso é muito mais fácil de fazer do que de explicar. Tente. Você verá como esse esquema ajuda a aprender a fórmula e organizar esses problemas.

Pronto para terminar? Insira tudo na fórmula:

$$\int u\,dv = uv - \int v\,du$$

$$\begin{aligned}\int\sqrt{x}\,\ln(x)dx &= \ln(x)\cdot\frac{2}{3}x^{3/2} - \int\frac{2}{3}x^{3/2}\cdot\frac{1}{x}\,dx\\ &= \frac{2}{3}x^{3/2}\ln(x) - \frac{2}{3}\int x^{1/2}dx\\ &= \frac{2}{3}x^{3/2}\ln(x) - \frac{2}{3}\left(\frac{2}{3}x^{3/2}+C\right) \text{ (regra da potência ao inverso)}\\ &= \frac{2}{3}x^{3/2}\ln(x) - \frac{4}{9}x^{3/2} - \frac{2}{3}C\\ &= \frac{2}{3}x^{3/2}\ln(x) - \frac{4}{9}x^{3/2} + C\text{, or}\\ &= \frac{2}{3}\sqrt{x^3}\ln(x) - \frac{4}{9}\sqrt{x^3} + C\end{aligned}$$

No último passo, você substitui o $-\frac{2}{3}C$ por C porque $-\frac{2}{3}$ vezes qualquer número continua sendo qualquer número.

Escolhendo o seu u

Aqui está um ótimo mnemônico para como escolher o *u* (de novo, uma vez selecionado o *u*, tudo o mais é automaticamente o *dv*).

DICA

Mnemônico LIATE: Herbert E. Kasube propôs o anagrama LIATE para ajudar a escolher o *u* (nerds do Cálculo podem dar uma olhada no artigo de Herb na publicação de 1983, American Mathematical Monthly 90):

L	Logarítmico	(como $\log(x)$)
I	Inverso trigonométrico	(como $\arctan(x)$)
A	Algébrico	(como $5x^2+3$)
T	Trigonométrico	(como $cox(x)$)
E	Exponencial	(como 10^x)

Para selecionar a parte u, percorra a lista em ordem; o primeiro tipo de função nessa lista, que aparece no integrando, é u.

Aqui estão algumas dicas úteis para lembrar o acrônimo *LIATE*. O que você acha de *L*ulu *I*gnorava *A*mar *T*iago *E*ternamente? Ou talvez você prefira *L*iliputianos *I*ndianos *A*rmavam *T*rair *E*duardo, ou *L*úcia *I*dealizava *A* *T*ropa *E*stelar. Essa última não é muito boa porque também pode ser *A* *T*ropa *E*stelar *I*dealizava *L*úcia. Por Deus! Ops? Agora você nunca irá se lembrar!

Eis um exemplo: integre $\int \arctan(x)dx$. (Note que, algumas vezes, a integração por partes funciona para integrandos como esses que contêm apenas uma única função.)

1. **Siga a lista *LIATE* e escolha o *u*.**

   Você pode ver que não há funções logarítmicas em $\arctan(x)dx$, mas há uma função trigonométrica inversa, $\arctan(x)$. Então, esse é o seu u. Todo o resto é o seu dv, a saber, o simples dx.

2. **Faça o esquema do quadrado.**

   Veja a Figura 16-5 (e veja a Tabela 15-2 para obter a derivada de $\arctan(x)$).

Figura 16-5: O esquema do quadrado.

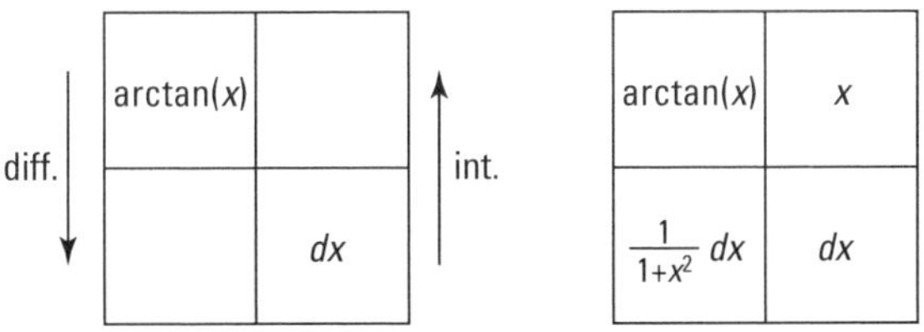

3. **Insira tudo na fórmula da integração por partes ou apenas desenhe o número 7 imaginário no quadrado da direita na Figura 16-5.**

$$\int udv = uv - \int vdu$$

$$\int \arctan(x)dx = x\arctan(x) - \int x \cdot \frac{1}{1+x^2}\,dx$$

   Agora, você pode terminar o problema integrando $\int x \cdot \frac{1}{1+x^2}dx$ com o método da substituição, definindo $u = 1 + x^2$. Tente (veja o Capítulo 15 para mais sobre o método da substituição). Note que o u em $u = 1 + x^2$ não tem nada a ver com a integração por partes de u. Sua resposta final deve ser $\int \arctan(x)dx = x\arctan(x) - \frac{1}{2}\ln(1+x^2) + C$.

Aqui está outro problema. Integre $\int x\,\text{sen}(3x)dx$.

1. **Siga a lista LIATE e escolha o u.**

   Seguindo a lista LIATE, o primeiro tipo de função que você encontra em $x\,\text{sen}(3x)dx$ é uma função algébrica muito simples, a saber, x, então, esse é o seu u. Todo o resto é dv.

2. **Faça o esquema do quadrado.**

   Veja a Figura 16-6.

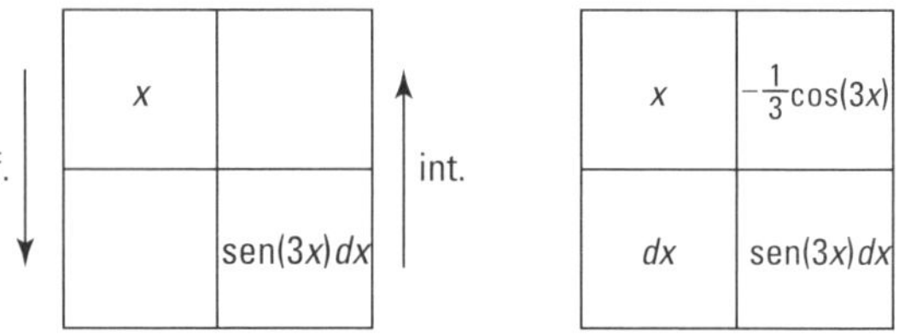

Figura 16-6: Ainda mais quadrados.

3. **Insira tudo na fórmula da integração por partes ou apenas desenhe o número 7 imaginário no quadrado da direita na Figura 16-6.**

$$\int udv = uv - \int vdu$$

$$\int x\,\text{sen}(3x)dx = -\frac{1}{3}x\cos(3x) - \int -\frac{1}{3}\cos(3x)dx$$

$$= -\frac{1}{3}x\cos(3x) + \frac{1}{3}\int \cos(3x)dx$$

   Você pode integrar facilmente $\int \cos(3x)dx$ com o método da substituição ou da adivinhação e verificação. Faça. Sua resposta final deve ser: $-\frac{1}{3}x\cos(3x) + \frac{1}{9}\text{sen}(3x) + C$.

Integração por partes: Segunda vez, igual à primeira

De vez em quando você terá que usar o método da integração por partes mais de uma vez porque a primeira vez apenas o leva a uma parte da resposta. Aqui está um exemplo. Encontre $\int x^2 e^x dx$.

1. **Siga a lista *LIATE* e escolha o *u*.**

   $x^2 e^x dx$ contém uma função algébrica, x^2, e uma função exponencial, e^x. (É uma função exponencial porque há um x no expoente.) O primeiro na lista *LIATE* é x^2, então, esse é o seu u.

2. **Faça o esquema do quadrado.**

   Veja a Figura 16-7.

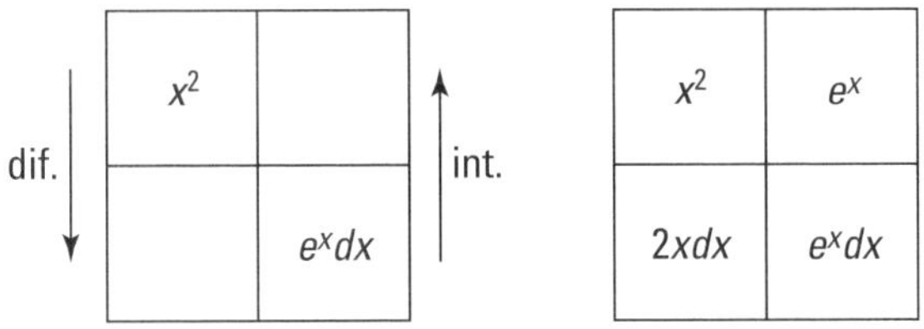

Figura 16-7: Os quadrados para $\int x^2 e^x \, dx$.

3. **Use a fórmula da integração por partes — ou o mnemônico "7".**

$$\int x^2 e^x dx = x^2 e^x - \int e^x \cdot 2x dx$$
$$= x^2 e^x - 2\int x e^x dx$$

   Você acaba ficando com outra integral, $\int xe^x \, dx$, que não pode ser calculada por nenhum dos métodos simples — regras inversas, adivinhar e verificar, e substituição. Mas note que a potência x foi reduzida de 2 para 1, então, você progrediu. Quando você usar a integração por partes de novo para $\int xe^x dx$, o x irá desaparecer por completo e você terá terminado. Fica assim:

4. **Integre por partes de novo.**

   Eu vou dizer para você fazer isso sozinho. Eis a etapa final:

$$\int x e^x dx = x e^x - \int e^x dx$$
$$= x e^x - e^x + C$$

5. **Pegue o resultado do Passo 4 e o substitua $\int xe^x dx$ na resposta do Passo 3 por ele para solucionar todo o problema.**

$$\int x^2 e^x dx = x^2 e^x - 2(x e^x - e^x + C)$$
$$= x^2 e^x - 2x e^x + 2e^x - 2C$$
$$= x^2 e^x - 2x e^x + 2e^x + C$$

Indo em círculos

Às vezes, se você usar a integração por partes duas vezes, você voltará para onde começou — que, ao contrário de ficar perdido, não é uma perda de tempo.

Integrais Trigonométricas Complicadas

Nesta seção, você integra as potências das seis funções trigonométricas, como $\int \text{sen}^3(x)dx$ e $\int \sec^4(x)dx$, e os produtos ou os quocientes de diferentes funções trigonométricas, como $\int \text{sen}^2(x)\cos^3(x)dx$ e $\int \frac{\csc^2(x)}{\cot(x)}dx$. Isso é muito entediante — é hora de pedir um expresso duplo.

Para usar as técnicas a seguir, você deve ter um integrando que contenha apenas uma das seis funções trigonométricas, como $\int \csc^3(x)dx$ ou um determinado par de funções trigonométricas, como $\int \text{sen}^2(x)\cos(x)dx$. Se o integrando tiver duas funções trigonométricas, as duas deverão ser um desses três pares: seno com cosseno, secante com tangente ou cossecante com cotangente. Se você tiver um integrando contendo algo diferente desses três pares, poderá facilmente converter o problema em um desses pares usando as identidades trigonométricas, como $\text{sen}(x) = \frac{1}{\csc(x)}$ e $\tan(x) = \frac{\text{sen}(x)}{\cos(x)}$. Por exemplo,

$$\int \text{sen}^2(x)\sec(x)\tan(x)dx$$

$$= \int \text{sen}^2(x)\frac{1}{\cos(x)} \cdot \frac{\text{sen}(x)}{\cos(x)}dx$$

$$= \int \frac{\text{sen}^3(x)}{\cos^2(x)}dx$$

Depois de fazer qualquer conversão necessária, você obtém um dos três casos a seguir:

$$\int \text{sen}^m(x)\cos^n(x)dx$$

$$\int \sec^m(x)\tan^n(x)dx$$

$$\int \csc^m(x)\cot^n(x)dx$$

onde m ou n (ou ambos) é um inteiro positivo.

A ideia básica com a maioria das integrais trigonométricas a seguir é organizar o integrando para que você possa fazer uma substituição em *u* útil e, então, integrar com a regra da potência ao inverso. Você verá o que eu quero dizer em um minuto.

Integrais contendo senos e cossenos

Esta seção cobre as integrais contendo — você consegue adivinhar? — senos e cossenos.

Caso 1: A potência do seno é ímpar e positiva

Se a potência do seno for ímpar e positiva, remova um fator seno e coloque-o à direita do resto da expressão, converta os fatores seno restantes em cossenos com a Identidade Pitagórica, depois, integre com o método da substituição onde $u = \cos(x)$.

LEMBRE-SE

Identidade Pitagórica: A Identidade Pitagórica diz que, para qualquer ângulo x, $\text{sen}^2(x)+\cos^2(x)=1$. E, assim, $\text{sen}^2(x)=1-\cos^2(x)$ e $\cos^2(x)=1-\text{sen}^2(x)$.

Agora, integre $\int \text{sen}^3(x)\cos^4(x)dx$.

1. **Remova um fator seno e mova-o para a direita.**

$$\int \text{sen}^3(x)\cos^4(x)dx = \int \text{sen}^2(x)\cos^4(x)\text{sen}(x)dx$$

2. **Converta os senos restantes em cossenos usando a Identidade Pitagórica e simplifique.**

$$\begin{aligned}&\int \text{sen}^2(x)\cos^4(x)\text{sen}(x)dx\\ &=\int (1-\cos^2(x))\cos^4(x)\text{sen}(x)dx\\ &=\int (\cos^4(x)-\cos^6(x))\text{sen}(x)dx\end{aligned}$$

3. **Integre com o método de substituição, onde $u = \cos(x)$.**

$$\begin{aligned}u&=\cos(x)\\ \frac{du}{dx}&=-\text{sen}(x)\\ du&=-\text{sen}(x)dx\end{aligned}$$

DICA

Atalho para o método de integração da substituição *u*. Você pode economizar um pouco de tempo em todos os problemas envolvendo substituição apenas resolvendo em função de *du* como eu fiz aqui — e não se preocupar em resolver em função de *dx*. Você, então, ajusta a expressão dentro da integral para que ela contenha o *du* igual e compense o ajuste adicionando algo fora da integração. No problema atual, *du* é igual a –sen(x)dx. A integral contém um sen(x)dx, então, você o multiplica por –1 para transformá-lo em –sen(x)dx e depois compensa esse –1 multiplicando toda a integral por –1. Isso é simples porque –1 vezes –1 é igual a 1. Isso talvez não pareça muito com um atalho, mas poupa tempo, uma vez que você se acostuma a ele.

Então, ajuste sua integral:

$$\int (\cos^4(x) - \cos^6(x))(\text{sen}(x)dx)$$
$$= -\int (\cos^4(x) - \cos^6(x))\,(-\text{sen}(x)dx)$$

Agora, substitua e resolva usando a regra da potência ao inverso:

$$= -\int (u^4 - u^6)\,du$$
$$= -\frac{1}{5}u^5 + \frac{1}{7}u^7 + C$$
$$= -\frac{1}{5}\cos^5(x) + \frac{1}{7}\cos^7(x) + C \quad \text{or} \quad \frac{1}{7}\cos^7(x) - \frac{1}{5}\cos^5(x) + C$$

Caso 2: A potência do cosseno é ímpar e positiva

Este problema funciona exatamente como o Caso 1, exceto que as funções do seno e do cosseno são invertidas. Encontre $\int \frac{\cos^3(x)}{\sqrt{\text{sen}(x)}}\,dx$.

1. **Remova um fator cosseno e mova-o para a direita.**

$$\int \frac{\cos^3(x)}{\sqrt{\text{sen}(x)}}\,dx = \int \cos^3(x)(\text{sen}^{-1/2}(x))dx$$
$$= \int \cos^2(x)(\text{sen}^{-1/2}(x))\cos(x)dx$$

2. **Converta os cossenos restantes em senos usando a Identidade Pitagórica e simplifique.**

$$\int \cos^2(x)(\text{sen}^{-1/2}(x))\cos(x)dx$$
$$= \int (1 - \text{sen}^2(x))(\text{sen}^{-1/2}(x))\cos(x)dx$$
$$= \int (\text{sen}^{-1/2}(x) - \text{sen}^{3/2}(x))\cos(x)dx$$

3. Integre com a substituição, onde u = sen(x).

$$u = \text{sen}(x)$$
$$\frac{du}{dx} = \cos(x)$$
$$du = \cos(x)dx$$

Agora, substitua:

$$= \int (u^{-1/2} - u^{3/2})\, du$$

E termine a integração como no Caso 1.

Caso 3: As potências do seno e do cosseno são pares e não negativas

Aqui, você converte o integrando em potências ímpares dos cossenos usando as identidades trigonométricas a seguir.

Duas identidades trigonométricas úteis:

$$\text{sen}^2(x) = \frac{1-\cos(2x)}{2} \text{ e } \cos^2(x) = \frac{1+\cos(2x)}{2}$$

Depois, você termina o problema como no Caso 2. Aqui, está um exemplo:

$$\int \text{sen}^4(x)\cos^2(x)dx$$
$$= \int (\text{sen}^2(x))^2 \cos^2(x)dx$$
$$= \int \left(\frac{1-\cos(2x)}{2}\right)^2 \left(\frac{1+\cos(2x)}{2}\right) dx$$
$$= \frac{1}{8}\int (1 - \cos(2x) - \cos^2(2x) + \cos^3(2x))dx \quad \text{(É apenas álgebra!)}$$
$$= \frac{1}{8}\int 1dx - \frac{1}{8}\int \cos(2x)dx - \frac{1}{8}\int \cos^2(2x)\,dx + \frac{1}{8}\int \cos^3(2x)dx$$

A primeira nessa sequência de integrais é óbvia; a segunda é uma regra inversa simples com um pequeno ajuste para o 2; você faz a terceira integral usando a identidade $\cos^2(x)$ uma segunda vez; e a quarta integral é resolvida seguindo os passos no Caso 2. Faça isso. Sua resposta final deve ser

$$\frac{1}{16}x - \frac{1}{64}\text{sen}(4x) - \frac{1}{48}\text{sen}^3(2x) + C$$

Um verdadeiro passeio.

DICA

Não esqueça das identidades trigonométricas. Se você tiver um problema com seno-cosseno que não se encaixa em nenhum dos três casos analisados acima, tente usar uma identidade trigonométrica, como $\text{sen}^2(x)+\cos^2(x)=1$ ou $\cos^2(x)=\frac{1+\cos(2x)}{2}$ para converter a integral em uma que você possa tratar.

Por exemplo, $\int \frac{\text{sen}^4(x)}{\cos^2(x)}dx$ não se encaixa em nenhum dos três casos de seno-cosseno, mas você pode usar a Identidade Pitagórica para convertê-la em $\int \frac{(1-\cos^2(x))^2}{\cos^2(x)}dx=\int \frac{1-2\cos^2(x)+\cos^4(x)}{\cos^2(x)}dx$. Isso se divide em $\int \sec^2(x)dx-\int 2dx+\int \cos^2(x)dx$ e o resto é fácil. Experimente. Veja se você pode diferenciar seu resultado e voltar ao problema original.

Integrais contendo secantes e tangentes ou cossecantes e cotangentes

O método para resolver as integrais contendo o par secante-tangente ou o par cossecante-cotangente é muito parecido com o método usado para os problemas do seno-cosseno.

Seu Pior Pesadelo: Substituição Trigonométrica

Com o método da substituição trigonométrica, você pode calcular as integrais contendo radicais da seguinte forma: $\sqrt{u^2+a^2}$, $\sqrt{a^2-u^2}$ e $\sqrt{u^2-a^2}$ (assim como as potências dessas raízes), onde a é uma constante e u é uma expressão contendo x. Por exemplo, $\sqrt{3^2-x^2}$ está na forma $\sqrt{a^2-u^2}$.

Você vai amar essa técnica... mais ou menos tanto quanto enfiar um ferro no seu olho.

DICA

Momentos de desespero requerem medidas desesperadas. Considere puxar o alarme de incêndio no dia em que o seu professor estiver apresentando esse tópico. Com alguma sorte, seu professor irá concluir que não pode ficar atrasado no cronograma e apenas omitirá esse tópico da sua prova final.

Antes de mostrar como a substituição trigonométrica funciona, eu tenho alguns truques mnemônicos bobos para ajudar você a manter os três casos desse método corretos. (Lembre-se, com os artifícios mnemônicos, a bobagem (comum) funciona.) Primeiramente, os três casos envolvem três funções trigonométricas: *tangente*, *seno* e *secante*. Suas letras iniciais, *t*, *s* e *s*, são as mesmas das letras iniciais do nome dessa técnica, *substituição trigonométrica*. Legal, né?

A Tabela 16-1 mostra como essas três funções trigonométricas se organizam com as formas radicais listadas no primeiro parágrafo.

Tabela 16-1 Uma Tabela Totalmente Radical

$\tan(\theta)$	$\longleftrightarrow$	$\sqrt{u^2 + a^2}$
$\text{sen}(\theta)$	$\longleftrightarrow$	$\sqrt{a^2 - u^2}$
$\sec(\theta)$	$\longleftrightarrow$	$\sqrt{u^2 - a^2}$

Para manter esses pares corretos, note que o sinal de mais em $\sqrt{u^2+a^2}$ parece um pequeno *t* para *tangente*, e que as outras duas formas, $\sqrt{a^2-u^2}$ e $\sqrt{u^2-a^2}$, contêm um sinal de *Subtração* -s é para *seno* e *secante*. Para decorar com o que o *seno* e a *secante* combinam, note que $\sqrt{a^2-u^2}$ começa com a letra *a* e é uma *sina* ser torcedor do *América*. Tudo bem. Eu admito que essa foi muito ruim. Se você elaborar um mnemônico melhor, use-o!

Pronto para fazer alguns problemas? Eu já protelei o bastante.

Caso 1: Tangentes

Encontre $\int \frac{dx}{\sqrt{9x^2+4}}$. Primeiro, note que isso pode ser reescrito como $\int \frac{dx}{\sqrt{(3x)^2+2^2}}$, então, se enquadra na forma $\sqrt{u^2+a^2}$, onde $u = 3x$ e $a = 2$; você pode ver isso e é semelhante à tangente na Tabela 16-1.

1. **Desenhe um triângulo retângulo — basicamente um triângulo *SohCahToa* — onde $\tan(\theta)$ é igual a $\frac{u}{a}$, que é $\frac{3x}{2}$.**

Visto que você sabe que $\tan(\theta) = \frac{O}{A}$ (proveniente do *SohCahToa* — veja o Capítulo 6), seu triângulo deve ter $O = 3x$, o lado *oposto* ao ângulo θ e $A = 2$, o lado *adjacente*. Então, seu radical, $\sqrt{(3x)^2+2^2}$ ou $\sqrt{9x^2+4}$, será automaticamente o comprimento correto da hipotenusa. Não é uma má ideia confirmar isso com o Teorema de Pitágoras, $a^2 + b^2 = c^2$. Veja a Figura 16-8.

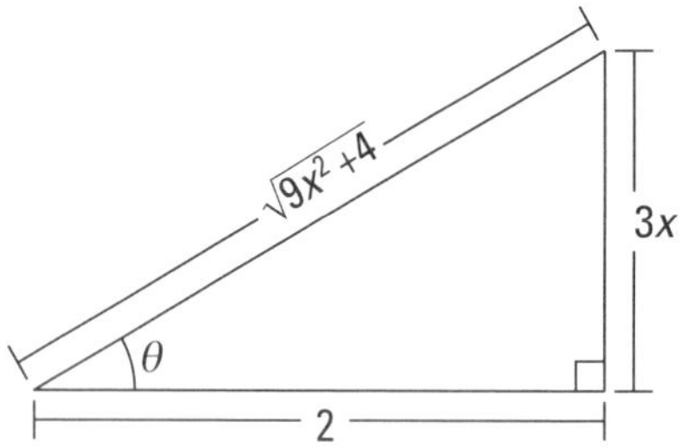

Figura 16-8: Um triângulo SohCahToa para o caso de $\sqrt{u^2 + a^2}$. Seja como for, que mente sinistra sonhou com essa técnica de integração?

2. **Resolva $\tan(\theta) = \frac{3x}{2}$ em função de x, diferencie e ache o valor de dx.**

$$\frac{3x}{2} = \tan(\theta)$$
$$3x = 2\tan(\theta)$$
$$x = \frac{2}{3}\tan(\theta)$$
$$\frac{dx}{d\theta} = \frac{2}{3}\sec^2(\theta)$$
$$dx = \frac{2}{3}\sec^2(\theta)d\theta$$

3. **Encontre qual função trigonométrica é representada pelo radical sobre o a e, depois, resolva o radical.**

   Veja o triângulo na Figura 16-8. O radical é a *hipotenusa* e o A é 2, o lado *adjacente*, então $\frac{\sqrt{9x^2+4}}{2}$ é $\frac{H}{A}$, que é igual à *secante*. Assim, $\sec(\theta) = \frac{\sqrt{9x^2+4}}{2}$ e, portanto, $\sqrt{9x^2+4} = 2\sec(\theta)$.

4. **Use os resultados dos Passos 2 e 3 para fazer as substituições no problema original e depois integre.**

   Dos Passos 2 e 3, você tem $dx = \frac{2}{3}\sec^2(\theta)d\theta$ e $\sqrt{9x^2+4} = 2\sec(\theta)$. Agora, você pode finalmente fazer a integração.

$$\int \frac{dx}{\sqrt{9x^2+4}} = \int \frac{\frac{2}{3}\sec^2(\theta)d\theta}{2\sec(\theta)}$$

$$= \frac{1}{3}\int \sec(\theta)d\theta$$

$$= \frac{1}{3}\ln|\sec(\theta)+\tan(\theta)|+C$$ (uma integral que você deve memorizar ou apenas consultar)

5. **Substitua de volta as expressões contendo x dos Passos 1 e 3 em sec(θ) e tan(θ). Você também pode obter as expressões a partir do triângulo na Figura 16-8.**

$$= \frac{1}{3}\ln\left|\frac{\sqrt{9x^2+4}}{2}+\frac{3x}{2}\right|+C$$

$$= \frac{1}{3}\ln\left|\frac{\sqrt{9x^2+4}+3x}{2}\right|+C$$

$$= \frac{1}{3}\ln\left|\sqrt{9x^2+4}+3x\right|-\frac{1}{3}\ln 2+C$$ (pela regra do log do quociente, é claro, e distribuindo $\frac{1}{3}$)

$$= \frac{1}{3}\ln\left|\sqrt{9x^2+4}+3x\right|+C$$ (porque $-\frac{1}{3}\ln 2+C$ é apenas uma constante)

Agora me diga, quando foi a última vez que você se divertiu tanto? Antes de lidar com o Caso 2, aqui estão algumas dicas.

DICA

O Passo 1 é $\frac{u}{a}$. Para todos os três casos na substituição trigonométrica, o Passo 1 sempre envolve desenhar um triângulo no qual a função trigonométrica em questão seja igual a $\frac{u}{a}$:

O caso 1 é $\tan(\theta)=\frac{u}{a}$.

O caso 2 é $\text{sen}(\theta)=\frac{u}{a}$.

O caso 3 é $\sec(\theta)=\frac{u}{a}$.

O fato do u ficar no numerador dessa fração $\frac{u}{a}$ deve ser fácil de lembrar porque u é uma expressão com x e algo do tipo $\frac{3x}{2}$ é de certa forma mais simples e natural de ver do que $\frac{2}{3x}$. Então, apenas lembre que o x fica na parte superior.

DICA

O Passo 3 é $\frac{\sqrt{\ }}{a}$. Para todos os três casos, o Passo 3 sempre envolve colocar o radical sobre o *a*. Os três casos são dados abaixo, mas você não precisa decorar as funções trigonométricas nessa lista porque saberá qual delas tem apenas olhando para o triângulo — supondo que você saiba o *SohCahToa* e as funções trigonométricas recíprocas (volte para o Capítulo 6 se você não souber). Eu deixei de fora o que vai dentro dos radicais porque na hora que você estiver fazendo o Passo 3, já terá a expressão do radical correta.

O caso 1 é $\sec(\theta)=\frac{\sqrt{\ }}{a}$.

O caso 2 é $\cos(\theta)=\frac{\sqrt{\ }}{a}$.

O caso 3 é $\tan(\theta)=\frac{\sqrt{\ }}{a}$.

Resumindo, apenas lembre-se de $\frac{u}{a}$ para o Passo 1 e $\frac{\sqrt{\ }}{a}$ para o Passo 3.

Caso 2: Senos

Integre $\int \frac{dx}{x^2\sqrt{16-x^2}}$, reescrevendo primeiro como $\int \frac{dx}{x^2\sqrt{4^2-x^2}}$ para que se enquadre na forma $\sqrt{a^2-u^2}$, onde $a = 4$ e $u = x$.

1. **Desenhe um triângulo retângulo onde $\text{sen}(\theta)=\frac{u}{a}$, que é $\frac{x}{4}$.**

   O seno é igual a $\frac{O}{H}$, então, o lado *oposto* é x e a *hipotenusa* é 4. O comprimento do lado adjacente é, assim, automaticamente igual ao seu radical, $\sqrt{16-x^2}$. (Confirme isso com o Teorema de Pitágoras.) Veja a Figura 16-9.

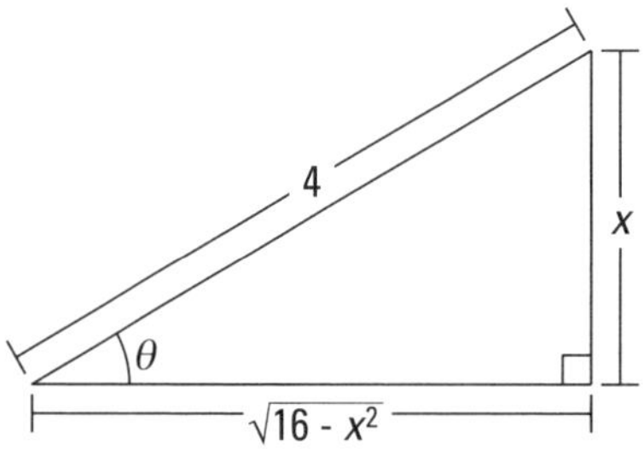

Figura 16-9: Um triângulo SohCahToa para o caso de $\sqrt{a^2-u^2}$.

2. **Resolva $\text{sen}(\theta)=\frac{x}{4}$ em função de x, diferencie e ache o valor de dx.**

$$\frac{x}{4} = \text{sen}(\theta)$$
$$x = 4\,\text{sen}(\theta)$$
$$\frac{dx}{d\theta} = 4\cos(\theta)$$
$$dx = 4\cos(\theta)d\theta$$

3. **Encontre qual função trigonométrica é igual ao radical sobre o *a* e, depois, ache o valor do radical.**

   Veja o triângulo da Figura 16-9. O radical, $\sqrt{16-x^2}$, sobre a, 4, é $\frac{A}{H}$, que, você conhece do *SohCahToa*, é igual ao *cosseno*. Então, isso lhe dá

$$\cos(\theta) = \frac{\sqrt{16-x^2}}{4}$$
$$\sqrt{16-x^2} = 4\cos(\theta)$$

4. **Use os resultados dos Passos 2 e 3 para fazer substituições no problema original e integre.**

   Note que nesse problema em particular, você terá que fazer três substituições, não apenas duas como no primeiro exemplo. Dos Passos 2 e 3, você tem

$$x = 4\,\text{sen}(\theta),\ dx = 4\cos(\theta)d\theta,\ \text{e}\quad \sqrt{16-x^2} = 4\cos(\theta),\ \text{então}$$
$$\int \frac{dx}{x^2\sqrt{16-x^2}} = \int \frac{4\cos(\theta)d\theta}{(4\,\text{sen}(\theta))^2 4\cos(\theta)}$$
$$= \int \frac{d\theta}{16\text{sen}^2(\theta)}$$
$$= \frac{1}{16}\int \csc^2(\theta)d\theta$$
$$= -\frac{1}{16}\cot(\theta) + C$$

5. **O triângulo mostra que $\cot(\theta) = \frac{\sqrt{16-x^2}}{x}$. Agora, substitua de volta para sua resposta final.**

$$= -\frac{1}{16}\cdot\frac{\sqrt{16-x^2}}{x} + C$$
$$= -\frac{\sqrt{16-x^2}}{16x} + C$$

É muito fácil.

Caso 3: Secantes

Tendo em vista o tempo — e a sensatez — eu vou pular este caso. Mas você não terá nenhum problema com ele porque todos os passos são basicamente iguais aos Casos 1 e 2.

Tente este aqui. Integre $\int \frac{\sqrt{x^2-9}}{x}dx$. Eu vou começar para você. No Passo 1, você desenha um triângulo, onde $\sec(\theta)=\frac{u}{a}$, isto é $\frac{x}{3}$. Agora, continue daqui. Aqui está a resposta (não vale olhar se você ainda não tiver terminado ainda): $\sqrt{x^2-9} - 3\arctan\left(\frac{\sqrt{x^2-9}}{3}\right)+C$ ou $\sqrt{x^2-9} - 3\,\text{arcsec}\left(\frac{x}{3}\right)+C$ ou $\sqrt{x^2-9} - 3\arccos\left(\frac{3}{x}\right)+C$.

Os As, Bs, e Cxs das Frações Parciais

Logo quando você pensou que não podia ficar pior do que as substituições trigonométricas, eu apareço com a técnica das frações parciais.

Você usa o método das frações parciais para integrar funções racionais, como $\frac{6x^2+3x-2}{x^3+2x^2}$. A ideia básica envolve "desfazer" o resultado da soma de uma fração: a adição funciona assim: $\frac{1}{2}+\frac{1}{3}=\frac{5}{6}$. Portanto, você pode "desfazer a soma" de $\frac{5}{6}$ dividindo em $\frac{1}{2}$ mais $\frac{1}{3}$. Isto é o que você faz com a técnica das frações parciais, exceto que faz com funções racionais complicadas, ao invés das frações comuns.

Antes de usar a técnica das frações parciais, você precisa verificar se o seu integrando é uma fração "própria" — isto é, uma onde o grau do numerador é menor que o grau do denominador. Se o integrando for "impróprio", como em $\int \frac{2x^3+x^2-10}{x^3-3x-2}dx$, você terá que, primeiro, fazer a divisão polinomial longa para transformar a fração imprópria em uma soma de um polinômio (o que, às vezes, será apenas um número) e uma fração própria. Aqui está a divisão para essa fração imprópria. Basicamente, funciona como uma divisão longa normal:

$$
\begin{array}{r|rrrr}
 & & & & 2 \\
\hline
x^3-3x-2 & 2x^3 & +x^2 & +0x & -10 \\
 & \underline{2x^3} & & \underline{-6x} & \underline{-4} \\
 & & x^2 & +6x & -6
\end{array}
$$

Com a divisão normal, se você dividir, digamos, 23 (o dividendo) por 4 (o divisor), obterá um quociente igual a 5 e um resto 3, mostrando que $\frac{23}{4}$ é igual a $5+\frac{3}{4}$ ou $5\frac{3}{4}$. As quatro partes da divisão polinomial acima (dividendo, divisor, quociente e resto) funcionam da mesma maneira. O quociente é igual a 2 e o resto é igual a x^2+6x-6, assim, $\frac{2x^3+x^2-10}{x^3-3x-2}$ é igual a $2+\frac{x^2+6x-6}{x^3-3x-2}$. O problema original, $\int \frac{2x^3+x^2-10}{x^3-3x-2}dx$, portanto, se torna $\int 2dx+\int \frac{x^2+6x-6}{x^3-3x-2}dx$. A primeira integral é simplesmente $2x + C$. Você, então, fará a integral segunda com o método das frações parciais. Aqui está como funciona. Primeiro, um exemplo básico e, depois, um mais avançado.

Caso 1: O denominador contém apenas fatores lineares

Integre $\int \frac{5}{x^2+x-6}dx$. Esse é um problema do Caso 1 porque o denominador fatorado (veja o Passo 1) contém apenas fatores *lineares* — em outras palavras, polinômios de *primeiro* grau.

1. **Fatore o denominador.**

   $$\frac{5}{x^2+x-6}=\frac{5}{(x-2)(x+3)}$$

2. **Divida a fração da direita em uma soma de frações, onde cada fator do denominador no Passo 1 se torna o denominador de uma fração separada. Depois, coloque incógnitas maiúsculas no numerador de cada fração.**

   $$\frac{5}{(x-2)(x+3)}=\frac{A}{(x-2)}+\frac{B}{(x+3)}$$

3. **Multiplique ambos os lados dessa equação pelo denominador do lado esquerdo.**

   Isso é Álgebra I, então, você não espera que eu vá mostrar os passos, certo?

   $$5=A(x+3)+B(x-2)$$

4. **Tire as raízes dos fatores lineares e insira-os — um de cada vez — em *x* na equação do Passo 3, e ache as incógnitas maiúsculas.**

Se $x=2$,	Se $x=-3$,
$5=A(2+3)+B(2-2)$	$5=(-3+3)+B(-3-2)$
$5=5A$	$5=-5B$
$A=1$	$B=-1$

5. **Coloque esses resultados em *A* e *B* na equação do Passo 2.**

$$\frac{5}{(x-2)(x+3)}=\frac{1}{(x-2)}+\frac{-1}{(x+3)}$$

6. **Separe a integral original nas frações parciais do Passo 5 e você estará dispensado.**

$$\int\frac{5}{x^2+x-6}dx=\int\frac{1}{(x-2)}dx+\int\frac{-1}{(x+3)}dx$$
$$=\ln|x-2|-\ln|x+3|+C$$
$$=\ln\left|\frac{x-2}{x+3}\right|+C \quad \text{(a regra do log de um quociente)}$$

Caso 2: O denominador contém fatores quadráticos irredutíveis

Às vezes, você não pode fatorar um denominador até chegar aos fatores lineares porque alguns quadrados são irredutíveis — como os números primos, eles não podem ser divididos.

Verifique o *discriminante*. Você pode facilmente verificar se um quadrado (ax^2+bx+c) é redutível ou não verificando seu discriminante, b^2-4ac. Se o discriminante for negativo, o quadrado será irredutível. Se o discriminante for um quadrado perfeito, como 0, 1, 4, 9, 16, 25 etc., o quadrado poderá ser fatorado, como você está acostumado a ver $(2x-5)(x+5)$. É isto que acontece em um problema do Caso 1. A última possibilidade é que o discriminante seja igual a um número positivo não quadrado, como com o quadrado $x^2+10x+1$, por exemplo, que tem um discriminante 96. Nesse caso, o quadrado pode ser fatorado, mas você obtém fatores feios envolvendo raízes quadradas. Quase certamente você não terá um problema assim.

Usar a técnica das frações parciais com quadrados irredutíveis é um pouco diferente. Aqui está um problema: Integre $\int \frac{5x^3+9x-4}{x(x-1)(x^2+4)}dx$.

1. **Fatore o denominador.**

   Já está feito! Não diga que nunca fiz nada por você. Note que x^2+4 é irredutível porque o discriminante é negativo.

2. **Divida a fração em uma soma de "frações parciais".**

   Se você tiver um fator quadrático irredutível (como o x^2+4), o numerador para essa fração parcial precisará de duas incógnitas maiúsculas, ao invés de uma. Você as escreve na forma $Px + Q$.

   $$\frac{5x^3+9x-4}{x(x-1)(x^2+4)} = \frac{A}{x} + \frac{B}{x-1} + \frac{Cx+D}{x^2+4}$$

3. **Multiplique ambos os lados dessa equação pelo denominador da fração esquerda.**

   $$5x^3+9x-4 = A(x-1)(x^2+4)+B(x)(x^2+4)+(Cx+D)(x)(x-1)$$

4. **Tire as raízes dos fatores lineares e coloque-as — uma de cada vez — no lugar de *x* na equação do Passo 3, depois resolva.**

   $$\begin{array}{ll} \text{Se } x=0, & \text{Se } x=1, \\ -4=-4A & 10=5B \\ A=1 & B=2 \end{array}$$

   Ao contrário do exemplo do Caso 1, você não pode achar todas as incógnitas inserindo as raízes dos fatores lineares, então, terá que ter mais trabalho.

5. **Insira na equação do Passo 3 os valores conhecidos de *A* e *B*, e quaisquer dois valores para *x* não usados no Passo 4 (números pequenos tornam os cálculos mais fáceis) para obter um sistema com duas equações em *C* e *D*.**

   $A = 1$ e $B = 2$, então

   $$\begin{array}{ll} \text{Se } x=-1, & \text{Se } x=2, \\ -18=-10-10-2C+2D & 54=8+32+4C+2D \\ 2=-2C+2D & 14=4C+2D \\ 1=-C+D & 7=2C+D \end{array}$$

6. **Resolva o sistema: $1 = -C + D$ e $7 = 2C + D$.**

   Você obtém $C = 2$ e $D = 3$.

7. **Separe a integral original e integre.**

   Usando os valores obtidos nos Passos 4 e 6, $A = 1$, $B = 2$, $C = 2$ e $D = 3$, e a equação do Passo 2, você pode separar a integral original em três partes:

$$\int \frac{5x^3+9x-4}{x(x-1)(x^2+4)}dx = \int \frac{1}{x}dx + \int \frac{2}{x-1}dx + \int \frac{2x+3}{x^2+4}dx$$

   E com a álgebra básica, você pode separar a terceira integral da direita em duas partes, resultando na decomposição da fração parcial final:

$$\int \frac{5x^3+9x-4}{x(x-1)(x^2+4)}dx = \int \frac{1}{x}dx + \int \frac{2}{x-1}dx + \int \frac{2x}{x^2+4}dx + \int \frac{3}{x^2+4}dx$$

   As duas primeiras integrais são fáceis. Para a terceira, você usa a substituição com $u = x^2 + 4$ e $du = 2xdx$. A quarta é feita com a regra do arco tangente, que você deve memorizar $\int \frac{dx}{a^2+x^2} = \frac{1}{a}\arctan\frac{x}{a} + C$.

$$\int \frac{5x^3+9x-4}{x(x-1)(x^2+4)}dx = \ln|x| + 2\ln|x-1| + \ln|x^2+4| + \frac{3}{2}\arctan\left(\frac{x}{2}\right) + C$$

$$= \ln|x(x-1)^2(x^2+4)| + \frac{3}{2}\arctan\left(\frac{x}{2}\right) + C$$

Caso 3: O denominador contém fatores lineares ou quadráticos repetidos

É provável que você não veja um desses problemas mais confusos. Mas se você quiser ver um exemplo, verifique o artigo online. Saiba mais sobre os artigos online na seção “Além Deste Livro”, na Introdução.

Bônus: Equacionando coeficientes de termos semelhantes

Aqui está outro método para encontrar as incógnitas com letra maiúscula que você deve ter na sua bolsa de truques. Digamos que obtenha a equação a seguir do Passo 3 (isso vem de um problema com dois fatores quadráticos irredutíveis):

$$2x^3 + x^2 - 5x + 4 = (Ax + B)(x^2 + 1) + (Cx + D)(x^2 + 2x + 2)$$

Essa equação não tem fatores lineares, então, você não pode inserir as raízes para obter as incógnitas. Em vez disso, expanda o lado direito da equação:

$$2x^3+x^2-5x+4=Ax^3+Ax+Bx^2+B+Cx^3+2Cx^2+2Cx+Dx^2+2Dx+2D$$

E reúna termos semelhantes:

$$2x^3+x^2-5x+4=(A+C)x^3+(B+2C+D)x^2+(A+2C+2D)x+(B+2D)$$

Depois iguale os coeficientes dos termos semelhantes dos lados esquerdo e direito da equação:

$$\begin{aligned}2&=A+C\\1&=B+2C+D\\-5&=A+2C+2D\\4&=B+2D\end{aligned}$$

Você, então, resolve o sistema de equações simultâneas para obter A, B, C e D.

Que tal um atalho? Você pode terminar o exemplo do Caso 2 em algumas páginas usando uma versão de atalho do método para igualar os coeficientes. Assim que você tiver os valores para A e B do Passo 4, poderá ver a equação no Passo 3 e igualar os coeficientes do termo *x*3 dos lados esquerdo e direito da equação. Você consegue ver, sem realmente fazer a expansão, que, à direita, obteria $(A + B + C)x^3$? Então, $5x^3=(A+B+C)x^3$, que significa que $5 = A + B + C$ e como $A = 1$ e $B = 2$ (do Passo 4), C deve ser igual a 2. Depois, usando esses valores para A, B e C, e qualquer valor para x (com exceção de 0 e 1), você obtém D. O que você acha disso para um atalho simples?

A prática leva à perfeição. Resumindo, você tem três maneiras para achar as incógnitas com letra maiúscula: 1) insira as raízes dos fatores lineares do denominador, se houver alguma; 2) insira os outros valores de x e resolva o sistema de equações resultante; 3) iguale os coeficientes dos termos semelhantes. Com a prática, você ficará bom em combinar esses métodos para rapidamente encontrar as suas incógnitas.

Capítulo 17

Esqueça Freud: Use a Integral para Resolver Problemas

Neste Capítulo

- Um teorema mau: "Atos aleatórios de gentileza? Não me faça rir."
- Somando a área entre as curvas
- Calculando volumes de formatos estranhos com o método do cortador de carne congelada
- Dominando os métodos do disco e da arruela
- Encontrando o comprimento do arco e a área da superfície

Como eu disse no Capítulo 14, a integração é basicamente somar pequenas partes de alguma coisa para obter o total para o todo — partes *muito, muito* pequenas, na verdade, pedaços *infinitamente* pequenos. Assim, a integral:

$$\int_{5\,seg.}^{20\,seg.} pequena\ parte\ da\ distância$$

diz a você para somar todos as pequenas partes da distância percorrida durante o intervalo de 15 segundos entre 5 até 20 segundos para obter a distância total percorrida durante esse intervalo.

Em todos os problemas, a pequena parte após o símbolo de integração é sempre uma expressão contendo x (ou qualquer outra variável). Para a integral acima, por exemplo, a pequena parte da distancia pode ser dado por, digamos, x^2dx. Então, a integral definida

$$\int_{5}^{20} x^2 dx$$

daria a você a distância total percorrida. Pelo fato de você agora ser um especialista em calcular integrais como a que está acima, isso não é mais um problema; seu principal desafio neste capítulo é simplesmente propor a expressão algébrica para as pequenas partes que você está somando. Mas antes de começarmos os problemas de soma, quero cobrir alguns outros tópicos sobre a integração: valor do meio e o valor médio.

O Teorema do Valor Médio para as Integrais e o Valor Médio

A melhor maneira de entender o Teorema do Valor Médio para integrais é com um diagrama — veja a Figura 17-1.

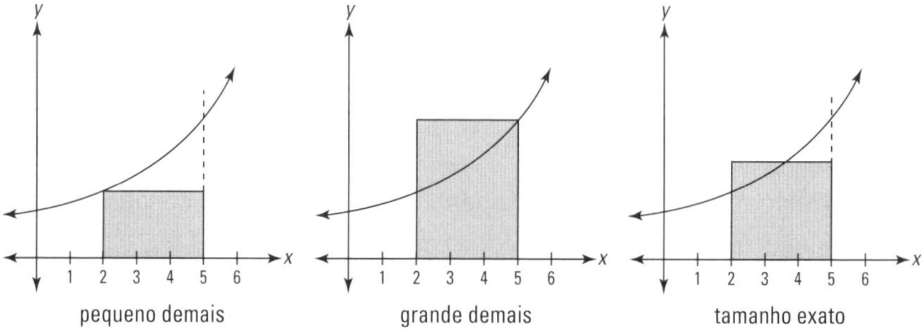

Figura 17-1: Uma "prova" visual do Teorema do Valor Médio para as integrais.

O gráfico da esquerda na Figura 17-1 mostra um retângulo cuja área é claramente *menor que* a área sob a curva entre 2 e 5. Esse retângulo tem uma altura igual ao menor ponto na curva no intervalo de 2 a 5. O gráfico do meio mostra um retângulo cuja altura é igual ao ponto mais alto na curva. Sua área é claramente *maior que* a área sob a curva. A esta altura, você está pensando, "Não há um retângulo maior que o menor e menor que o maior cuja área seja a *mesma* da área sob a curva?" É claro. E esse retângulo cruza, com certeza, a curva em algum lugar no intervalo.

O tão falado "retângulo de valor médio", mostrado à direita, resume basicamente o Teorema do Valor Médio para as integrais. É, de verdade, apenas bom senso. Mas aqui está a mágica.

MÁGICA MATEMÁTICA

O Teorema do Valor Médio para integrais: Se $f(x)$ é uma função contínua em um intervalo fechado $[a, b]$, então, existe um número c no intervalo fechado, tal que

$$\int_a^b f(x)dx = f(c)\cdot(b-a)$$

O teorema apenas garante, basicamente, a existência do retângulo de valor médio. (Note que pode haver apenas um retângulo de valor médio, mas seu topo em alguns casos cruzará a função mais de uma vez. Assim, pode haver mais de um valor c que satisfaça o teorema.)

A área do retângulo de valor médio — que é o mesmo que a área sob a curva — é igual ao *comprimento* vezes a *largura* ou a *base* vezes a *altura*, certo? Então, se você dividir sua área, $\int_a^b f(x)dx$, por sua base, $(b-a)$, obterá a sua altura, $f(c)$. Essa altura é o *valor médio* da função sobre o intervalo em questão.

Média: O *valor médio* de uma função $f(x)$ sobre um intervalo fechado $[a, b]$ é

$$\frac{1}{b-a}\int_a^b f(x)dx$$

que é a altura do retângulo de valor médio.

Aqui está um exemplo. Qual a velocidade média de um carro entre $t = 9$ segundos e $t = 16$ segundos cuja velocidade em metros por segundo é dada pela função $f(t) = 30\sqrt{t}$? A definição do valor médio dá a resposta em um passo: a velocidade média é $\frac{1}{16-9}\int_9^{16} 30\sqrt{t}\,dt$. Avalie essa integral e terá terminado.

(Isso é tudo, portanto, o processo com dois passos abaixo é um pouco supérfluo. Contudo, ele mostra a lógica por trás da ideia do valor médio.)

1. **Determine a área sob a curva entre 9 e 16.**

$$\int_9^{16} 30\sqrt{t}\,dt$$

$$= 30\,\frac{2}{3}\,t^{3/2}\Big]_9^{16}$$

$$= 30\left(\frac{128}{3} - \frac{54}{3}\right)$$

$$= 740$$

Essa área, a propósito, é a distância total percorrida de 9 até 16 segundos, a saber, 740m. Você vê por quê? Considere o retângulo de valor médio para esse problema. Sua altura é a velocidade (porque os valores da função, ou alturas, são as velocidades) e sua base é uma quantidade do tempo, então, sua área é a *velocidade* vezes o *tempo* que é igual à *distância*. Alternativamente, lembre que a derivada da posição é a velocidade (veja o Capítulo 12). Então, a antiderivada da velocidade — o que eu acabei de fazer nesse passo — é a posição e a variação na posição de 9 até 16 segundos lhe dá a distância total percorrida.

2. **Divida essa área, distância total, pelo intervalo de tempo de 9 até 16, a saber, 7.**

$$\textit{Velocidade média} = \frac{\textit{distância total}}{\textit{tempo total}} = \frac{740\text{m}}{7\text{ segundos}} \approx 105{,}7\text{m por segundo}$$

A definição do valor médio diz a você para multiplicar a área total por $\frac{1}{b-a}$, que, neste problema, é $\frac{1}{16-9}$ ou $\frac{1}{7}$. Mas pelo fato de dividir por 7 ser a mesma coisa que multiplicar por $\frac{1}{7}$, você pode dividir como eu fiz nesse passo. Faz mais sentido pensar nesses problemas em termos da divisão: a área é igual à *base* vezes *altura*, então, a altura do retângulo de valor médio é igual à sua área *dividida* por sua base.

O TVM para as integrais e para as derivadas: irmãos gêmeos

Você se lembra do Teorema do Valor Médio para as derivadas no Capítulo 11? O gráfico à esquerda na figura mostra como ele funciona para a função $f(x)=x^3$. A ideia básica é que há um ponto na curva entre 0 e 2, onde a inclinação é a mesma que a inclinação da reta secante de (0, 0) até (2, 8) — isto é, uma inclinação igual a 4. Quando você faz os cálculos, obtém $x=\frac{2\sqrt{3}}{3}$ para esse ponto. Bom, constata-se que o ponto garantido pelo Teorema do Valor Médio para as integrais — o ponto onde o retângulo de valor médio cruza a derivada da curva (mostrada à direita na figura) — tem o mesmo valor de *x*. Muito legal, *né*?

Se você quiser realmente entender a relação íntima entre a diferenciação e a integração, pense muito mesmo sobre as muitas conexões entre os dois gráficos na figura que segue. Essa figura é uma verdadeira joia, digo por mim mesmo. (Para saber mais sobre a conexão entre a diferenciação/integração, dê uma olhada em minhas outras favoritas, as Figuras 15-9 e 15-10.)

Teorema do Valor Médio para as Derivadas

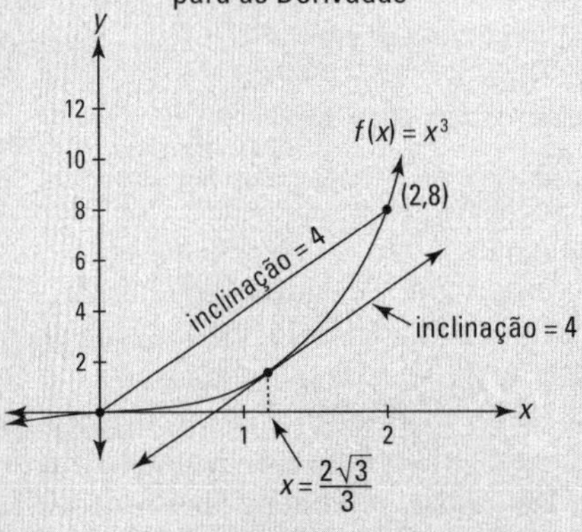

- Em $x=\frac{2\sqrt{3}}{3}$ a *inclinação* é 4 e esta é a *inclinação* média de *f* entre 0 e 2.
- A menor *inclinação* de *f* no intervalo é 0.
- A maior *inclinação* de *f* no intervalo é 12.
- O *aumento* total ao longo de *f* de 0 até 2 é 8.

Teorema do Valor Médio para as Integrais

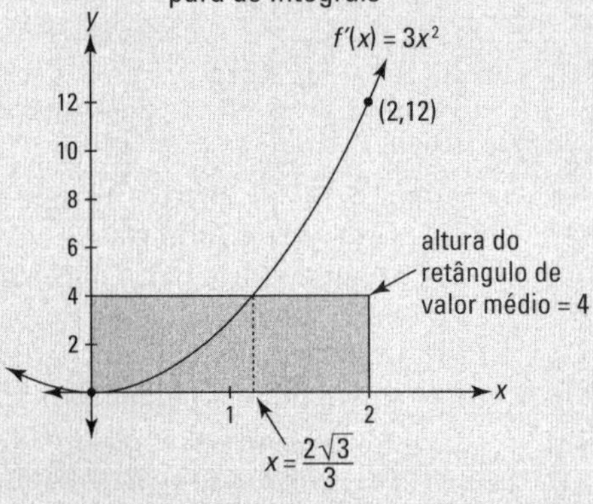

- Em $x=\frac{2\sqrt{3}}{3}$ a *altura* é 4 e esta é a *altura* média de *f′* entre 0 e 2.
- A menor *altura* de *f′* no intervalo é 0.
- A maior *altura* de *f′* no intervalo é 12.
- A *área* total sob *f′* de 0 até 2 é 8.

A Área Entre Duas Curvas — Duas Vezes a Diversão

Este é o primeiro dos vários tópicos neste capítulo onde é pedido que você proponha uma expressão para uma pequena parte de algo e, depois, some as partes usando a integração. Para esse primeiro tipo de problema, a pequena parte é um retângulo estreito que fica sobre uma curva e sobe até a outra. Aqui está um exemplo: Encontre a área entre $y = 2 - x^2$ e $y = \frac{1}{2}x$, de $x = 0$ até $x = 1$. Veja a Figura 17-2.

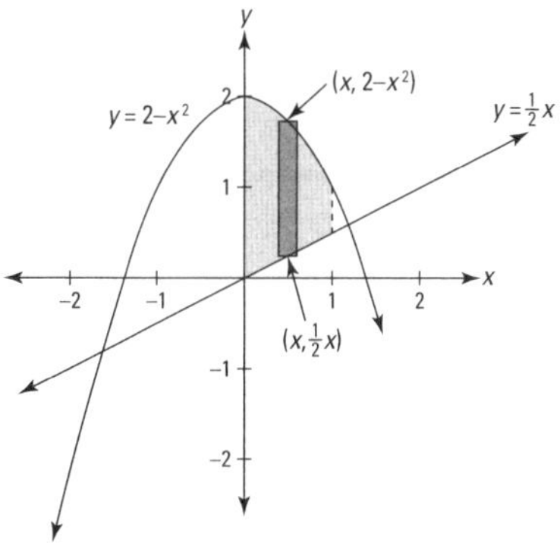

Figura 17-2: A área entre $y = 2 - x^2$ e $y = \frac{1}{2}x$, de $x = 0$ até $x = 1$.

Para obter a altura do retângulo representativo na Figura 17-2, subtraia a coordenada y de sua base da coordenada y do seu topo — isto é, $(2 - x^2) - \frac{1}{2}x$. Sua base é o dx infinitesimal. Então, pelo fato de a *área* ser igual à *altura* vezes a base,

$$\textit{Área do retângulo representativo} = ((2 - x^2) - \frac{1}{2}x)dx$$

Agora, apenas some as áreas de todos os retângulos de 0 até 1 usando a integração:

$$\int_0^1 ((2 - x^2) - \frac{1}{2}x)dx$$

$$= 2x - \frac{1}{3}x^3 - \frac{1}{4}x^2 \Big|_0^1 \quad \text{(regra da potência para todas as três partes)}$$

$$= \left(2 - \frac{1}{3} - \frac{1}{4}\right) - (0 - 0 - 0)$$

$$= \frac{17}{12} \text{ unidades ao quadrado}$$

Agora, para tornar as coisas um pouco mais complicadas, no próximo problema as curvas se cruzam (veja a Figura 17-3). Quando isso acontece, você precisa dividir o total da área sombreada em duas regiões separadas antes de integrar. Tente essa aqui: Encontre a área entre $\sqrt[3]{x}$ e x^3, de $x = 0$ até $x = 2$.

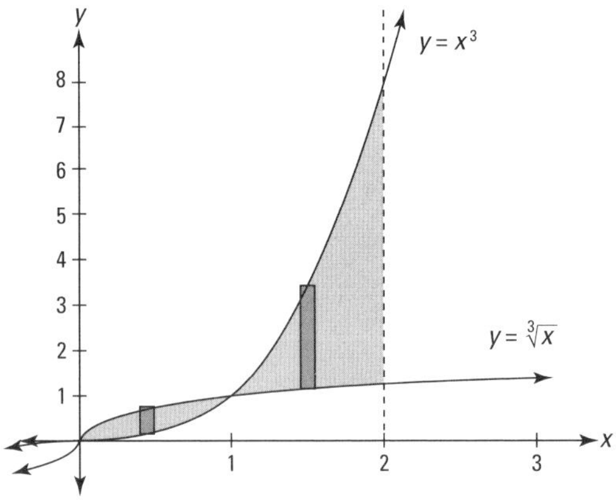

Figura 17-3: Quem está no topo?

1. **Determine onde as curvas se cruzam.**

   Elas se cruzam em (1, 1), portanto, você tem duas regiões separadas: uma de 0 até 1 e outra de 1 até 2.

2. **Descubra a área da região à esquerda.**

   Para essa região, $\sqrt[3]{x}$ está acima de x^3. Então, a altura do retângulo representativo é $\sqrt[3]{x} - x^3$, sua área é a *altura* vezes a *base* ou $(\sqrt[3]{x} - x^3)dx$, e a área da região é, portanto,

$$\int_0^1 (\sqrt[3]{x} - x^3)dx$$
$$= \frac{3}{4}x^{4/3} - \frac{1}{4}x^4 \Big|_0^1$$
$$= \left(\frac{3}{4} - \frac{1}{4}\right) - (0 - 0)$$
$$= \frac{1}{2}$$

3. **Encontre a área da região à direita.**

   Na região à direita, x^3 está acima de $\sqrt[3]{x}$, então, a altura de um retângulo é $x^3 - \sqrt[3]{x}$ e, assim, você tem

$$\int_1^2 (x^3 - \sqrt[3]{x})dx$$
$$= \frac{1}{4}x^4 - \frac{3}{4}x^{4/3}\Big|_1^2$$
$$= (4 - \frac{3}{2}\sqrt[3]{2}) - \left(\frac{1}{4} - \frac{3}{4}\right)$$
$$= 4{,}5 - 1{,}5\sqrt[3]{2}$$
$$\approx 2{,}61$$

4. **Some as áreas das duas regiões para obter a área total.**

   $0{,}5 + \sim 2{,}61 \approx 3{,}11$ unidades ao quadrado

DICA

A altura é igual ao topo menos a base. Note que a altura de um retângulo representativo é sempre seu *topo* menos sua *base*, independentemente de esses números serem positivos ou negativos. Por exemplo, um retângulo que vai de 20 até 30, tem uma altura 30 – 20 ou 10; um retângulo que vai de –3 até 8, tem uma altura 8 – (–3) ou 11; e um retângulo que vai de –15 até –10 tem uma altura igual a –10 – (–15) ou 5.

Se você pensar nesse método do topo menos a base para encontrar a altura de um retângulo, poderá ver agora — supondo que você ainda não viu — por que a integral definida de uma função considera a área abaixo do eixo x como negativa (menciono isso nos Capítulos 14 e 15). Por exemplo, considere a Figura 17-4.

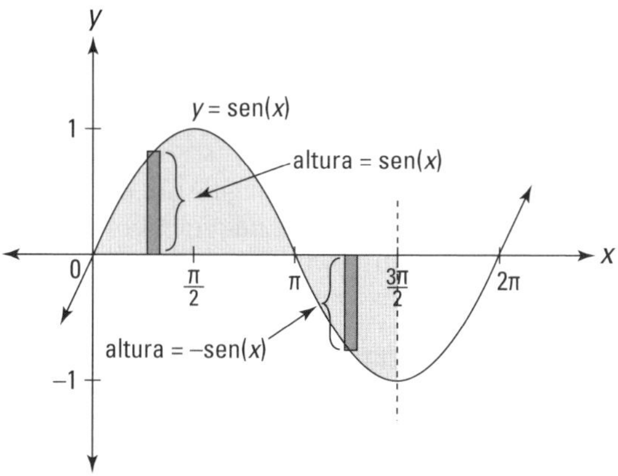

Figura 17-4: Qual é a área sombreada? Dica: não é $\int_0^{3\pi/2} \text{sen}(x)dx$.

Se você quiser a área total da região sombreada mostrada na Figura 17-4, terá que dividir a área sombreada em duas partes separadas, como você fez no último problema. Uma parte vai de 0 até π, e a outra vai de π até $\frac{3\pi}{2}$.

Para a primeira parte, de 0 até π, o retângulo representativo tem um altura igual à própria função, $y = \text{sen}(x)$, porque sua parte superior está na função e sua base está em zero — e, é claro, qualquer coisa menos zero é ela mesma. Então, a área dessa primeira parte é dada pela integral definida $\int_0^{\pi} \text{sen}(x)dx$.

Mas para a segunda parte de π até $\frac{3\pi}{2}$, a parte superior do retângulo representativo está em zero — lembre que o eixo x é a reta $y = 0$ — e sua base está em $y = \text{sen}(x)$, então, sua altura é $0 - \text{sen}(x)$ ou apenas $-\text{sen}(x)$. Então, para obter a área dessa segunda parte, você descobre a integral definida do *negativo* da função, $\int_{\pi}^{3\pi/2} (-\text{sen}(x))dx$, que é o mesmo que $-\int_{\pi}^{3\pi/2} \text{sen}(x)dx$.

Devido ao fato de essa integral *negativa* dar a área comum, a área *positiva* da parte abaixo do eixo x, a integral definida *positiva* $\int_{\pi}^{3\pi/2} \text{sen}(x)dx$ dá a área *negativa*. É por isso que se você calcular a integral definida $\int_0^{3\pi/2} \text{sen}(x)dx$ sobre todo o intervalo, a parte abaixo do eixo x será considerada como uma área negativa e a resposta lhe dá o resultado *líquido* da área acima do eixo x menos a área abaixo do eixo — em vez da área total sombreada.

Encontrando os Volumes de Sólidos Estranhos

Em Geometria, você aprendeu como encontrar os volumes de sólidos simples, como caixas, cilindros e esferas. A integração permite que você calcule os volumes de uma variedade interminável de formatos muito mais complicados.

O método do cortador de carne

Essa metáfora é, na verdade, muito precisa. Imagine um pedaço grande de carne sendo cortado em pedaços muito finos naqueles cortadores de carne congelada. Essa é a ideia básica aqui. Você fatia um formato tridimensional, depois, soma os volumes dos pedaços para determinar o volume total.

Aqui está um problema: Qual é o volume do sólido cujo comprimento corre ao longo do eixo x de 0 até π e cujos cortes transversais perpendiculares ao eixo x são triângulos equiláteros, tais que os pontos médios de suas bases estejam no eixo x e seus vértices superiores estejam na curva $y = \text{sen}(x)$? Isso é bem difícil, não é? Esse problema é quase tão difícil de explicar e desenhar como fazê-lo. Dê uma olhada nessa coisa na Figura 17-5.

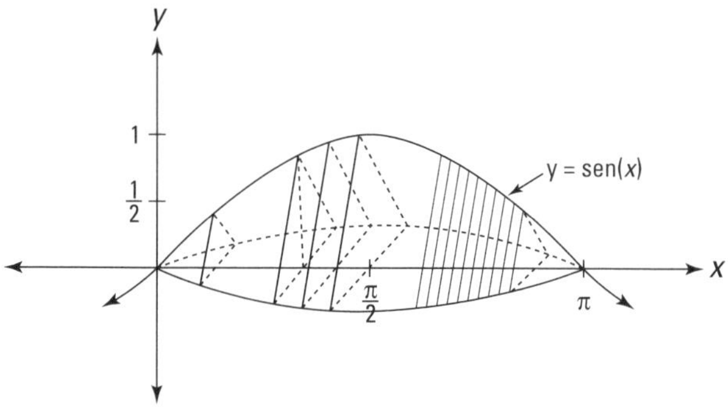

Figura 17-5: Um grande pedaço estranho de carne defumada.

Então, qual é o volume?

1. **Determine a área de qualquer seção transversal.**

   Cada seção transversal é um triângulo equilátero com altura igual a sen(x). (A altura do segundo triângulo a partir da esquerda é mostrada na figura.)

   Se você fizer a geometria, verá que a base de cada triângulo é $\frac{2\sqrt{3}}{3}$ vezes sua altura ou $\frac{2\sqrt{3}}{3} \cdot \text{sen}(x)$. (Dica: Metade de um triângulo equilátero é um triângulo de 30º, 60º, 90º.) Então, a área do triângulo, dada por $A = \frac{1}{2}(b)(h)$ é $\frac{1}{2}\left(\frac{2\sqrt{3}}{3} \cdot \text{sen}(x)\right)\text{sen}(x)$ ou $\frac{\sqrt{3}}{3}\text{sen}^2(x)$.

2. **Encontre o volume de um pedaço representativo.**

   O volume de um pedaço é apenas sua área transversal vezes sua espessura infinitesimal, *dx*. Então, você obteve o volume:

   $$\textit{Volume do pedaço representativo} = \frac{\sqrt{3}}{3}\text{sen}^2(x)dx$$

3. **Some os volumes dos pedaços de 0 até π usando a integração.**

   Se o que vem a seguir parecer um pouco difícil, bem, paciência, é melhor você se acostumar. Afinal de contas, isso é Cálculo. (Na verdade, não será tão ruim assim se você o fizer pacientemente, passo a passo.)

$$\int_0^{\pi} \frac{\sqrt{3}}{3}\text{sen}^2(x)dx$$

$$= \frac{\sqrt{3}}{3}\int_0^{\pi} \text{sen}^2(x)dx$$

$$= \frac{\sqrt{3}}{3}\int_0^{\pi} \frac{1-\cos(2x)}{2}dx$$ (integrais trigonométricas com senos e cossenos, Caso 3, do Capítulo 16)

$$= \frac{\sqrt{3}}{6}\left(\int_0^{\pi} 1\,dx - \int_0^{\pi} \cos(2x)dx\right)$$

$$= \frac{\sqrt{3}}{6}\left(x\Big|_0^{\pi} - \frac{\text{sen}(2x)}{2}\Big|_0^{\pi}\right)$$

$$= \frac{\sqrt{3}}{6}\left(\pi - 0 - \left(\frac{\text{sen}(2\pi)}{2} - \frac{\text{sen}(0)}{2}\right)\right)$$

$$= \frac{\sqrt{3}}{6}(\pi - 0 - (0-0))$$

$$= \frac{\pi\sqrt{3}}{6}$$

$$\approx 0{,}91 \text{ unidades cúbicas}$$

É muito fácil.

O método do disco

A técnica é basicamente a mesma do método do cortador de carne — na verdade, é um caso especial do método do cortador de carne que você usa quando os cortes transversais são círculos. Aqui está como funciona. Encontre o volume do sólido — entre $x = 2$ e $x = 3$ — formado ao girar a curva $y = e^x$ sobre o eixo x. Veja a Figura 17-6.

1. **Determine a área de qualquer corte transversal antigo.**

   Cada corte transversal é um círculo com um raio e^x. Então, sua área é dada pela fórmula para a área de um círculo, $A = \pi r^2$. Inserindo e^x no lugar de r, você tem

   $$A = \pi(e^x)^2 = \pi e^{2x}$$

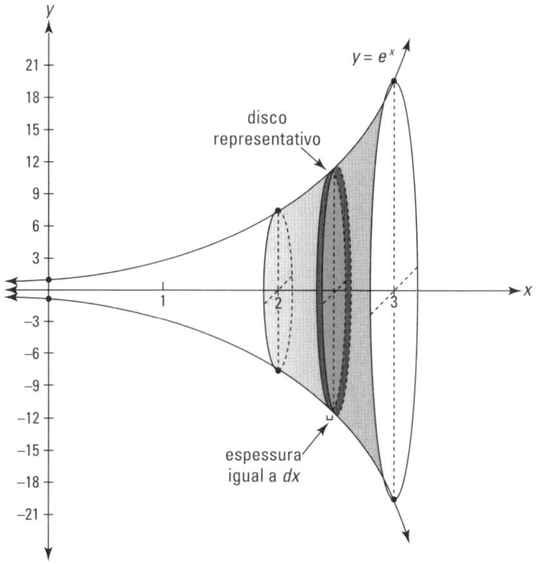

Figura 17-6: Uma pilha de discos de lado.

2. **Junte um *dx* para obter o volume de um disco representativo infinitamente fino.**

$$\textit{Volume do disco} = \overbrace{\pi e^{2x}}^{\textit{área}} \cdot \overbrace{dx}^{\textit{espessura}}$$

3. **Some os volumes dos discos de 2 até 3 usando a integração.**

$$\textit{Volume total} = \int_2^3 \pi e^{2x} dx$$

$$= \pi \int_2^3 e^{2x} dx$$

$$= \frac{\pi}{2} \int_2^3 e^{2x} 2dx$$

(Os dois novos 2s são para ajustar a integral para a substituição *u*; veja a próxima linha da equação.)

$$= \frac{\pi}{2} \int_4^6 e^u du$$

(por substituição com $u = 2x$ e $du = 2dx$; quando $x = 2$, $u = 4$; quando $x = 3$, $u = 6$)

$$= \frac{\pi}{2} \left. e^u \right|_4^6$$

$$= \frac{\pi}{2} \left(e^6 - e^4\right)$$

$\approx$ 548 unidades cúbicas

DICA

Um disco representativo não está localizado em nenhum lugar em particular. Note que o Passo 1 refere-se a qualquer seção cruzada "antiga". Chamo assim porque quando você considera um disco representativo, como o mostrado na Figura 17-6, deve focar em um disco que não está em nenhum lugar em particular. O mostrado na Figura 17-6 está localizado em uma posição *desconhecida* no eixo x e seu raio vai do eixo x até a curva $y = e^x$. Assim, seu raio é o comprimento *desconhecido* e^x. Se, ao contrário, você usar algum disco especial, como o disco mais à esquerda em $x = 2$, provavelmente cometerá o erro de pensar que um disco representativo tem um raio *conhecido*, como e^2. (Esta dica também se aplica ao método do cortador de carte na seção anterior e ao método da arruela na próxima seção.)

O Método da Arruela

A única diferença entre o método da arruela e o método do disco é que agora cada pedaço tem um furo no meio que você terá que subtrair. Nada além disso.

Aqui vai. Pegue a área delimitada por $y = x^2$ e $y = \sqrt{x}$ e crie um sólido girando essa área sobre o eixo x. Veja a Figura 17-7.

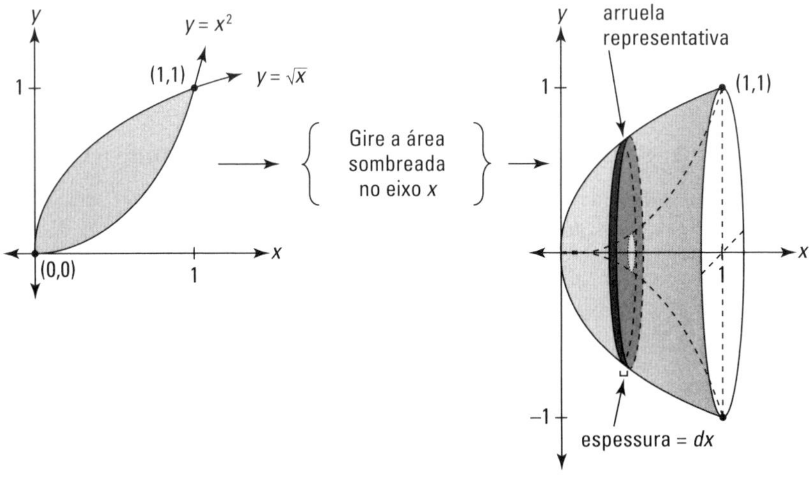

Figura 17-7: Uma pilha de arruelas de lado — apenas some os volumes de todas as arruelas.

Apenas pense: todas as forças do universo em desenvolvimento e todas as reviravoltas da sua vida lhe trouxeram para *este* momento quando você está finalmente apto a calcular o volume desse sólido — algo para o seu diário. Então, qual é o volume desta forma de tigela?

1. **Determine onde as duas curvas se interceptam.**

   Não é preciso muita habilidade para ver que $y = x^2$ e $y = \sqrt{x}$ se interceptam em $x = 0$ e $x = 1$ — muito bom isso, não? Então, o sólido em questão atravessa o intervalo no eixo x de 0 até 1.

2. **Descubra a área de corte transversal da arruela fina representativa.**

   Cada pedaço tem a forma de uma arruela — veja a Figura 17-8 — então, sua área transversal é igual à área de todo o círculo menos a área do buraco.

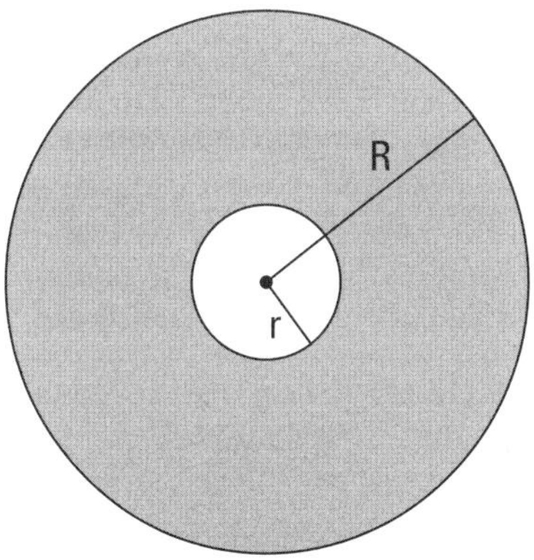

Figura 17-8: A área sombreada é igual a $\pi R^2 - \pi r^2$: o todo menos o buraco — entendeu?

A área do círculo menos o buraco é $\pi R^2 - \pi r^2$, onde R é o raio mais externo (o raio maior) e r é o raio do buraco (o pequeno raio). Para esse problema, o raio mais externo é $\sqrt{x}$ e o raio do buraco é x^2, dando

$$\begin{aligned} A &= \pi\left(\sqrt{x}\right)^2 - \pi\,(x^2)^2 \\ &= \pi x - \pi x^4 \end{aligned}$$

3. **Multiplique essa área pela profundidade, *dx*, para obter o volume de uma arruela representativa.**

   $$Volume = (\pi x - \pi x^4)dx$$

4. **Some os volumes das arruelas finas como papel de 0 a 1 pela integração.**

$$\begin{aligned}
Volume &= \int_0^1 (\pi x - \pi x^4)dx \\
&= \pi \int_0^1 (x - x^4)dx \\
&= \pi\left(\frac{1}{2}x^2 - \frac{1}{5}x^5\right)\Big|_0^1 \\
&= \pi\left[\left(\frac{1}{2} - \frac{1}{5}\right) - (0-0)\right] \\
&= \frac{3}{10}\pi \\
&\approx 0{,}94 \text{ unidades cúbicas}
\end{aligned}$$

DICA

A área é igual ao círculo grande menos o círculo pequeno. Preste atenção ao simples fato de a área da arruela ser a área de todo o disco, πR^2, menos a área do buraco, πr^2: assim, $Área = \pi R^2 - \pi r^2$. Quando você integra, obtém $\int_a^b (\pi R^2 - \pi r^2)\,dx$. Se você fatorar o pi e trouxé-lo para fora da integral, obterá $\pi \int_a^b (R^2 - r^2)\,dx$, que é a fórmula dada na maioria dos livros. Mas se você apenas aprender isso automaticamente, talvez esqueça. Você lembrará melhor como fazer esses problemas se entender a simples ideia do círculo grande menos o círculo pequeno.

O método das bonecas russas

Outro método para calcular o volume (que pode não ser coberto em seu curso de Cálculo) é o método da casca cilíndrica. Ao invés de cortar o volume em questão em pedaços, discos ou arruelas, você cortará em finos cilindros concêntricos. Os cilindros concêntricos se encaixam uns dentro dos outros como as bonecas russas aninhadas. Para um exemplo de um desses problemas, verifique meu artigo online sobre o método das bonecas russas. (Cheque a seção "Além Deste Livro", na Introdução.)

Analisando o Comprimento do Arco

Até agora neste capítulo, você somou as áreas dos retângulos finos para obter a área total e os volumes das partes finas para obter o volume total. Agora, somará pequenos comprimentos ao longo de uma curva para obter o comprimento total.

Eu poderia apenas dar a fórmula para o *comprimento do arco* (o comprimento em uma curva), mas prefiro mostrar por que ela funciona e como derivá-la. Você tem sorte. A ideia é dividir o comprimento da curva em pedaços pequenos, descobrir o comprimento de cada pedaço e, depois, somar todos os comprimentos. A Figura 17-9 mostra como cada pedaço de uma curva pode ser aproximado pela hipotenusa de um pequeno triângulo retângulo.

Figura 17-9: O Teorema de Pitágoras, $a^2 + b^2 = c^2$, é a chave para a fórmula do comprimento do arco.

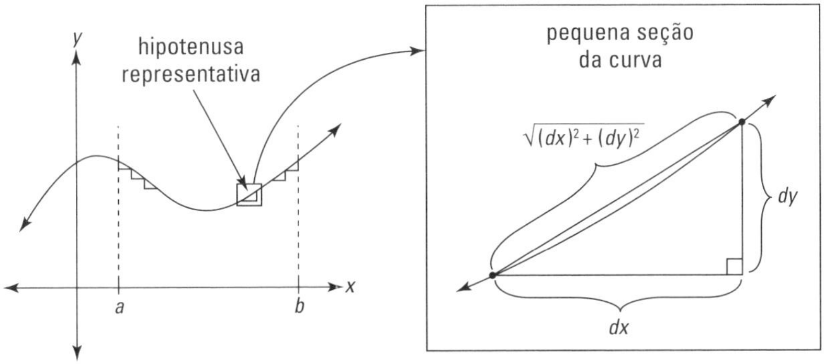

Você pode imaginar que à medida que você amplia cada vez mais, dividindo a curva em mais e mais pedaços, as pequenas seções ficam cada vez mais retas e, assim, as hipotenusas perfeitamente retas cada vez mais se aproximam da curva. É por isso — quando esse processo de somar pedaços cada vez menores é levado ao limite — que você obtém o comprimento exato da curva.

Então, tudo o que você tem a fazer é somar todas as hipotenusas ao longo da curva entre seus pontos inicial e final. Os comprimentos dos catetos de cada triângulo infinitesimal são *dx* e *dy* e, assim, o comprimento da hipotenusa — dada pelo Teorema de Pitágoras — é

$$\sqrt{(dx)^2 + (dy)^2}$$

Para somar todas as hipotenusas de *a* até *b* ao longo da curva, você apenas integra:

$$\int_a^b \sqrt{(dx)^2 + (dy)^2}$$

Um pequeno ajuste e você tem a fórmula para o comprimento do arco. Primeiro, fatore $(dx)^2$ dentro da raiz quadrada e simplifique:

$$\int_a^b \sqrt{(dx)^2\left[1 + \frac{(dy)^2}{(dx)^2}\right]} = \int_a^b \sqrt{(dx)^2\left[1 + \left(\frac{dy}{dx}\right)^2\right]}$$

Agora, você pode tirar a raiz quadrada de $(dx)^2$ — isto é, dx, claro — e trazer para fora do radical, e, voilà, você obteve a fórmula...

Fórmula do comprimento do arco: O comprimento do arco ao longo da curva, $y = f(x)$, de a até b, é dado pela integral a seguir:

$$\int_a^b \sqrt{1+\left(\frac{dy}{dx}\right)^2}\,dx$$

A expressão dentro dessa integral é simplesmente o comprimento de uma hipotenusa representativa.

Tente este aqui: Qual é o comprimento ao longo de $y=(x-1)^{3/2}$, de $x = 1$ até $x = 5$?

1. **Tire a derivada de sua função.**

$$y=(x-1)^{3/2}$$
$$\frac{dy}{dx}=\frac{3}{2}(x-1)^{1/2}$$

2. **Insira isso na fórmula e integre.**

$$\int_a^b \sqrt{1+\left(\frac{dy}{dx}\right)^2}\,dx$$
$$=\int_1^5 \sqrt{1+\left(\frac{3}{2}(x-1)^{1/2}\right)^2}\,dx$$
$$=\int_1^5 \sqrt{1+\frac{9}{4}(x-1)}\,dx$$
$$=\int_1^5 \left(\frac{9}{4}x-\frac{5}{4}\right)^{1/2}dx$$
$$=\frac{4}{9}\cdot\frac{2}{3}\left(\frac{9}{4}x-\frac{5}{4}\right)^{3/2}\Bigg|_1^5$$

(Você viu como eu obtive isso? É a técnica da integração de adivinhar e verificar com a regra da potência ao inverso. O $\frac{4}{9}$ é a quantidade de ajuste que você precisa por causa do coeficiente $\frac{9}{4}$).

$$= \left[\frac{1}{27}(9x-5)^{3/2}\right]_1^5 \quad \text{(Perguntas algébricas são estritamente proibidas!)}$$

$$= \frac{1}{27}\left(\sqrt{40}\right)^3 - \frac{1}{27}\left(\sqrt{4}\right)^3$$

$$= \frac{8}{27}\left(\left(\sqrt{10}\right)^3 - 1\right)$$

$$\approx 9{,}07 \text{ unidades}$$

Agora se você alguma vez se achar em uma rua com o formato $y=(x-1)^{3/2}$ e seu hodômetro estiver quebrado, poderá descobrir o comprimento exato do seu percurso. Seus amigos ficarão muito impressionados — ou muito preocupados.

Superfícies de Revolução — Passe a Garrafa de Pessoa para Pessoa

Uma superfície de revolução é uma superfície tridimensional com um corte transversal circular, como um vaso, um sino ou uma garrafa de vinho. Para esses problemas, você divide a superfície em faixas circulares estreitas, descobre a área da superfície de uma faixa representativa, depois, apenas soma as áreas de todas as faixas para obter a área total da superfície. A Figura 17-10 mostra esse tipo de forma com uma faixa representativa.

Figura 17-10: O problema da garrafa de vinho. Se você estiver cansado de Cálculo, relaxe e dê uma olhada no livro *Vinho Para Leigos*.

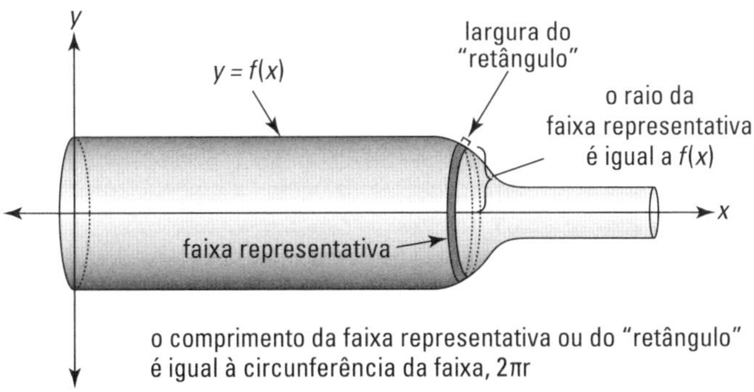

Qual é a área da superfície de uma faixa representativa? Bom, se você cortar a faixa e desenrolá-la, obterá um tipo de retângulo longo e estreito cuja área, é claro, é o comprimento vezes a largura. O retângulo envolve toda a superfície circular, então, seu comprimento é a circunferência do corte transversal circular, ou $2\pi r$, onde r é a altura da função (para os problemas comuns). A largura do retângulo ou da faixa é a mesma do comprimento da hipotenusa infinitesimal que você usou na seção do comprimento do arco, a saber, $\sqrt{1+\left(\frac{dy}{dx}\right)^2}dx$. Assim, a área da superfície de uma faixa representativa, do comprimento vezes a largura, é $2\pi r\sqrt{1+\left(\frac{dy}{dx}\right)^2}dx$ o que nos leva à fórmula.

Fórmula da superfície de revolução: A superfície gerada girando a função, $y=f(x)$, sobre um eixo tem uma área de superfície — entre a e b — dada pela integral a seguir:

$$\int_a^b 2\pi r\sqrt{1+\left(\frac{dy}{dx}\right)^2}dx = 2\pi\int_a^b r\sqrt{1+\left(\frac{dy}{dx}\right)^2}dx$$

Se o eixo da revolução for o eixo x, r será igual a $f(x)$ — como mostrado na Figura 17-10. Se o eixo de revolução for alguma outra reta, como $y = 5$, será um pouco mais complicado — algo para ficar ansioso.

Agora, tente um: Qual é a área da superfície — entre $x = 1$ e $x = 2$ — da superfície gerada girando $y = x^3$ sobre o eixo x? Veja a Figura 17-11.

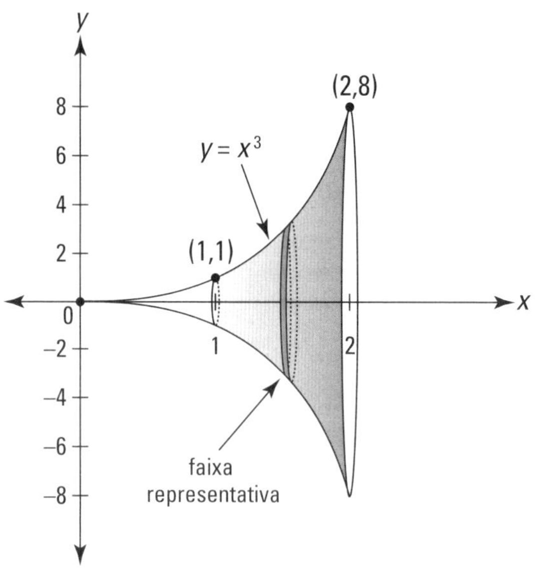

Figura 17-11: Uma superfície de revolução — essa tem um formato parecido com a parte final de uma trombeta.

1. **Pegue a derivada de sua função.**

$$y = x^3$$
$$\frac{dy}{dx} = 3x^2$$

Agora, você pode terminar o problema apenas inserindo tudo na fórmula, mas eu quero fazer isso passo a passo para reforçar a ideia de que toda vez que você integra, escreve uma pequena parte representativa de algo — isso é o integrando — depois, soma todas essas pequenas partes pela integração.

2. **Descubra a área da superfície de uma faixa representativa estreita.**

O raio da faixa é x^3, então, sua circunferência é $2\pi x^3$ — isto é, o "comprimento" da faixa. Sua largura, uma hipotenusa minúscula, é $\sqrt{1+\left(\frac{dy}{dx}\right)^2}dx = \sqrt{1+(3x^2)^2}dx$. E, assim, sua área — *comprimento* vezes *largura* — é $2\pi x^3\sqrt{1+(3x^2)^2}dx$.

3. **Some as áreas de todas as faixas de 1 até 2 usando a integração.**

$$\int_1^2 2\pi x^3\sqrt{1+(3x^2)^2}dx$$
$$= 2\pi\int_1^2 x^3\sqrt{1+9x^4}dx$$
$$= \frac{2\pi}{36}\int_1^2 36x^3\sqrt{1+9x^4}dx$$ (O 36 é o valor de ajuste para a substituição em *u*; veja a próxima linha da equação.)
$$= \frac{\pi}{18}\int_{10}^{145} u^{1/2}du$$ (substituição com $u = 1 + 9x^4$, $du = 36x^3dx$; quando, $x = 1$, $u = 10$; quando $x = 2$, $u = 145$)
$$= \frac{\pi}{18}\cdot\frac{2}{3}u^{3/2}\Big|_{10}^{145}$$
$$= \frac{\pi}{18}\left(\frac{2}{3}\cdot 145^{3/2} - \frac{2}{3}\cdot 10^{3/2}\right)$$
$\approx 199{,}5$ unidades ao quadrado.

Acabou.

Capítulo 18

Domando o Infinito com Integrais Impróprias

Neste Capítulo

- A regra do hospital — no caso de estudar Cálculo deixá-lo doente
- Atendendo as integrais sem modos
- O paradoxo da trombeta de Gabriel

No Capítulo 17, usei integrais simples para calcular coisas relativamente comuns, como a área entre as curvas, os volumes de formas 3D, os comprimentos das curvas etc. Digo que são coisas simples porque todas envolvem coisas finitas — coisas com um início e um fim, coisas (como um objeto 3D em forma de tigela) que você poderia segurar em sua mão. Neste capítulo, você entra na zona de crepúsculo das integrais que vão para o infinito. São problemas fascinantes que geralmente têm resultados surpreendentes. Mas primeiro, temos que cuidar da regra de L'Hôpital — uma técnica prática de colocar o Cálculo em sua bolsa de truques.

Regra de L'Hôpital: Cálculo para o Doente

A regra de L'Hôpital é um ótimo atalho para resolver problemas envolvendo limites. Você se lembra dos limites — dos Capítulos 7 e 8 — como $\lim_{x \to 3} \frac{x^2-9}{x-3}$. A propósito, se você estiver se perguntando por que estou mostrando este atalho do limite agora, é porque (a) você talvez precise dele algum dia para resolver algum problema de integral imprópria (o assunto da próxima seção deste capítulo), apesar de não resolvermos esse tipo de problema, e (b) você também precisa dele para alguns problemas de séries infinitas no Capítulo 19.

Assim como a maioria dos problemas envolvendo limites — não considerando os problemas óbvios — você não pode resolver $\lim_{x \to 3} \frac{x^2-9}{x-3}$ com a substituição direta: inserindo 3 no lugar de x, você obtém $\frac{0}{0}$, que é indefinido. No Capítulo 8, você aprendeu a resolver este problema fatorando o numerador em $(x-3)(x+3)$ e, depois, cancelou o $(x-3)$. Isso o deixou com $\lim_{x \to 3}(x+3)$, que é igual a 6.

Agora, veja como é fácil encontrar o limite com a regra de L'Hôpital. Apenas encontre a derivada do numerador e do denominador. Não use a regra do quociente; apenas pegue as derivadas do numerador e do denominador separadamente. A derivada de x^2-9 é $2x$ e a derivada de $x-3$ é 1. A regra de L'Hôpital deixa você substituir o numerador e o denominador por suas derivadas assim:

$$\lim_{x \to 3} \frac{x^2-9}{x-3} = \lim_{x \to 3} \frac{2x}{1}$$

O novo limite é óbvio: $\lim_{x \to 3} \frac{2x}{1} = \frac{2 \cdot 3}{1} = 6$

Isso é tudo. A regra de L'Hôpital transforma o limite que você não pode resolver com a substituição direta em um que você pode com a substituição. Isto é o que o faz ser um ótimo atalho.

Eis a mágica.

Regra de L'Hôpital: Sejam f e g funções diferenciáveis. Se o limite de $\frac{f(x)}{g(x)}$ à medida que x se aproxima de c produzir $\frac{0}{0}$ ou $\frac{\pm\infty}{\pm\infty}$ quando você substituir x pelo valor de c, então,

$$\lim_{x \to c} \frac{f(x)}{g(x)} = \lim_{x \to c} \frac{f'(x)}{g'(x)}$$

Note que esse c pode ser um número ou $\pm\infty$. E note que no caso $\pm\infty$ sobre $\pm\infty$, ambos os infinitos podem ter o mesmo sinal ou um pode ser positivo e o outro negativo.

Aqui está um exemplo envolvendo $\frac{\infty}{\infty}$: Qual é $\lim_{x \to \infty} \frac{\ln(x)}{x}$? A substituição direta lhe dá $\frac{\infty}{\infty}$, então, você pode usar a regra de L'Hôpital. A derivada de $\ln(x)$ é $\frac{1}{x}$ e a derivada de x é 1, então,

$$\lim_{x \to \infty} \frac{\ln(x)}{x} = \lim_{x \to \infty} \frac{\frac{1}{x}}{1} = \frac{\frac{1}{\infty}}{1} = \frac{0}{1} = 0$$

Tente outro: Avalie $\lim_{x \to 0} \frac{e^{3x}-1}{x}$. A substituição lhe dá $\frac{0}{0}$, então, a regra de L'Hôpital se aplica. A derivada de $e^{3x}-1$ é $3e^{3x}$ e a derivada de x é 1, assim,

$$\lim_{x\to 0}\frac{e^{3x}-1}{x}=\lim_{x\to 0}\frac{3e^{3x}}{1}=\frac{3\cdot 1}{1}=3$$

CUIDADO!

Você deve ter zero sobre zero ou infinito sobre infinito. A mágica diz que para usar a regra de L'Hôpital, a substituição deve produzir $\frac{0}{0}$ ou $\frac{\pm\infty}{\pm\infty}$. Você deve obter uma dessas formas "indetermináveis" aceitáveis para aplicar o atalho. Não se esqueça de verificar isso.

Colocando as formas inaceitáveis em forma

Se a substituição produzir uma das formas inaceitáveis, $\pm\infty\cdot 0$ ou $\infty-\infty$, você terá que, primeiro, ajustar o problema para obter uma forma aceitável antes de usar a regra de L'Hôpital.

Por exemplo, encontre $\lim\limits_{x\to\infty}(e^{-x}\sqrt{x})$. Substituir o infinito em x dá $0\cdot\infty$, então, você teve que ajustar:

$$\lim_{x\to\infty}(e^{-x}\sqrt{x})=\lim_{x\to\infty}\left(\frac{\sqrt{x}}{e^{x}}\right)$$

Agora, você tem o caso $\frac{\infty}{\infty}$, então, está pronto para usar a regra de L'Hôpital. A derivada de $\sqrt{x}$ é $\frac{1}{2\sqrt{x}}$ e a derivada de e^x é e^x, portanto,

$$\lim_{x\to\infty}\left(\frac{\sqrt{x}}{e^{x}}\right)=\lim_{x\to\infty}\left(\frac{\frac{1}{2\sqrt{x}}}{e^{x}}\right)=\frac{\frac{1}{2\sqrt{\infty}}}{e^{\infty}}=\frac{\frac{1}{\infty}}{\infty}=\frac{0}{\infty}=0$$

Eis outro problema: Qual é $\lim\limits_{x\to 0^+}\left(\frac{1}{1-\cos x}-\frac{1}{x}\right)$? (Lembre-se do Capítulo 7 que $\lim\limits_{x\to 0^+}$ significa que x se aproxima de 0 a partir da direita apenas; este é um limite *lateral*.) Primeiro, substitua zero em x (na verdade, como x está aproximando-se de zero a partir da direita, você deve imaginar colocar um pequeno número positivo em x ou pode pensar nisso como colocar um zero "positivo" em x). A substituição fornece $\left(\frac{1}{1-0{,}999999...}-\frac{1}{0^+}\right)$, que resulta em $\infty-\infty$, uma das formas inaceitáveis. Portanto, ajuste a expressão do limite com uma álgebra:

$$\lim_{x\to 0^+}\left(\frac{1}{1-\cos x}-\frac{1}{x}\right)=\lim_{x\to 0^+}\left(\frac{x}{x(1-\cos x)}-\frac{1-\cos x}{x(1-\cos x)}\right)$$

$$=\lim_{x\to 0^+}\left(\frac{x-1+\cos x}{x(1-\cos x)}\right)$$

Agora, a substituição fornece $\frac{0}{0}$, então, você pode terminar com a regra de L'Hôpital:

$$\lim_{x\to 0^+}\left(\frac{x-1+\cos x}{x(1-\cos x)}\right)=\lim_{x\to 0^+}\left(\frac{1-\operatorname{sen}x}{1(1-\cos x)+x(\sin x)}\right)$$
$$=\frac{1-0^+}{1\cdot 0^+ + 0^+\cdot 0^+}$$
$$=\frac{1}{0^+}$$
$$=+\infty$$

É isso.

Mais três formas inaceitáveis

Quando a substituição do número com seta na expressão do limite produzir uma das formas inaceitáveis $1^{\pm\infty}$, 0^0 ou ∞^0, use o truque do logaritmo a seguir para transformar em uma forma aceitável. Eis como funciona. Iremos encontrar $\lim\limits_{x\to 0^+}(\operatorname{sen}x)^x$.

A substituição lhe dá $(\operatorname{sen}0)^0$, que é igual a 0^0, então, você faz o seguinte:

1. **Iguale o limite a *y*.**

   $$y=\lim_{x\to 0^+}(\operatorname{sen}x)^x$$

2. **Tire o log de ambos os lados.**

   $$\ln(y)=\ln\left(\lim_{x\to 0^+}(\operatorname{sen}x)^x\right)$$
   $$=\lim_{x\to 0^+}\left(\ln(\operatorname{sen}x)^x\right)$$ (Leve em conta o que eu digo.)
   $$=\lim_{x\to 0^+}(x\ln(\operatorname{sen}x))$$ (É melhor revisar as regras dos logaritmos no Capítulo 4 se você não entender isso.)

3. **Esse limite é um caso $0\cdot(-\infty)$, então, ajuste-o.**

   $$=\lim_{x\to 0^+}\left(\frac{\ln(\operatorname{sen}x)}{\frac{1}{x}}\right)$$

4. **Agora, você tem um caso $\frac{-\infty}{\infty}$, então, pode usar a regra de L'Hôpital.**

   A derivada de $\ln(\operatorname{sen} x)$ é $\frac{1}{\operatorname{sen}x}\cdot\cos x$ ou $\cot x$ e a derivada de $\frac{1}{x}$ é $-\frac{1}{x^2}$, portanto,

$$\lim_{x\to 0^+}\left(\frac{\ln(\operatorname{sen}x)}{\frac{1}{x}}\right)=\lim_{x\to 0^+}\left(\frac{\cot x}{-\frac{1}{x^2}}\right)$$
$$=\lim_{x\to 0^+}\left(\frac{-x^2}{\tan x}\right)$$

5. **Esse é um caso $\frac{0}{0}$, então, usa a regra de L'Hôpital de novo.**

$$=\lim_{x\to 0^+}\left(\frac{-2x}{\sec^2 x}\right)$$
$$=\frac{0}{1}$$
$$=0$$

Calma! Essa ainda não é a resposta.

6. **Ache o valor de *y*.**

Você pode ver que a resposta 0 no Passo 5 é a resposta para a equação lá de trás no Passo 2: $\ln(y)=\ln\left(\lim_{x\to 0^+}(\operatorname{sen}x)^x\right)$? Então, o 0 no Passo 5 diz a você que $\ln(y) = 0$. Agora, ache o valor de y:

$$\ln(y)=0$$
$$y=1$$

Pelo fato de você ter igualado o limite a y no Passo 1, esta, finalmente, é a sua resposta:

$$\lim_{x\to 0^+}(\operatorname{sen}x)^x=1$$

CUIDADO!

A matemática comum não funciona com o infinito (ou zero à potência zero). Não cometa o erro de pensar que pode usar aritmética básica ou as leis dos expoentes ao lidar com qualquer forma indeterminada aceitável ou inaceitável. Pode parecer que $\infty - \infty$ deve ser igual a zero, por exemplo, mas não é. Da mesma maneira, $0\cdot\infty\neq 0$, $\frac{0}{0}\neq 1$, $\frac{\infty}{\infty}\neq 1$, $0^0\neq 1$, $\infty^0\neq 1$ e $1^\infty\neq 1$.

Integrais Impróprias: Basta Olhar Para a Maneira Como a Integral está Segurando o Seu Garfo!

As integrais definidas são *impróprias* quando vão infinitamente para cima, para baixo, para a direita ou para a esquerda. Elas vão infinitamente longe para cima ou para baixo em problemas do tipo $\int_2^4 \frac{1}{x-3}dx$, que têm uma ou mais assíntotas verticais. Elas vão infinitamente longe à direita ou à esquerda em problemas do tipo $\int_5^\infty \frac{1}{x^2}dx$ ou $\int_{-\infty}^\infty \frac{1}{x^4+1}dx$, onde um ou ambos os limites da integração são infinitos. (Há outros poucos tipos estranhos de integrais impróprias, mas são raros — não se preocupe com eles.) Faria sentido apenas usar o termo *infinito* em vez de *impróprio* para descrever essas integrais, exceto pelo fato marcante de que muitas dessas integrais "infinitas" têm uma área *finita.* Mais sobre isso em um minuto.

Você resolve ambos os tipos de integrais impróprias transformando-as em problemas envolvendo limites. Dê uma olhada em alguns exemplos.

Integrais impróprias com assíntotas verticais

Existem dois casos a considerar aqui: problemas nos quais há uma assíntota vertical em uma das bordas da área em questão e problemas nos quais há uma assíntota vertical em algum lugar no meio da área.

Uma assíntota vertical em um dos limites da integração

Qual é a área sob $y=\frac{1}{x^2}$ de 0 até 1? Esta função é indefinida em $x=0$ e ela tem uma assíntota vertical aí. Então, você precisa transformar a integral definida em um limite, onde c se aproxima do valor x da assíntota:

$$\int_0^1 \frac{1}{x^2}dx = \lim_{c\to 0^+}\int_c^1 \frac{1}{x^2}\,dx$$

(A área em questão é a direita do zero, então, c se aproxima do zero pela direita.)

$$= \lim_{c\to 0^+} -\frac{1}{x}\bigg|_c^1$$

(regra da potência ao inverso)

$$= \lim_{c\to 0^+}\left((-1)-\left(-\frac{1}{c}\right)\right)$$
$$= -1-(-\infty)$$
$$= -1+\infty$$
$$= \infty$$

Essa área é infinita, o que provavelmente não o surpreende porque a curva sobe infinitamente. Mas fique calmo — a próxima função também sobe infinitamente em $x=0$, porém, sua área é infinita!

Encontre a área sob $y = \frac{1}{\sqrt[3]{x}}$ de 0 até 1. Esta função também é indefinida em $x = 0$, então, o processo é o mesmo do exemplo anterior:

$$\int_0^1 \frac{1}{\sqrt[3]{x}}\,dx = \lim_{c\to 0^+} \int_c^1 \frac{1}{\sqrt[3]{x}}\,dx$$

$$= \lim_{c\to 0^+} \frac{3}{2}x^{2/3}\Big|_c^1 \qquad \text{(regra da potência ao inverso)}$$

$$= \lim_{c\to 0^+} \left(\frac{3}{2} - \frac{3}{2}c^{2/3}\right)$$

$$= \frac{3}{2} - 0$$

$$= \frac{3}{2}$$

CONCEITO CRÍTICO DE CÁLCULO

Convergência e divergência: Você diz que a integral imprópria converge se o limite existe, isto é, se o limite é igual a um número finito, como no segundo exemplo. Caso contrário, a integral imprópria é dita ***divergente*** — como no primeiro exemplo. Quando uma integral imprópria diverge, a área em questão (ou parte dela) geralmente (mas nem sempre) é igual a ∞ ou $-\infty$.

Uma assíntota vertical entre os limites da integração

Se o ponto indefinido do integrando estiver em algum lugar entre os limites da integração, você dividirá a integral em duas — no ponto indefinido — depois, transformará cada integral em um limite e começará daí. Avalie $\int_{-1}^{8} \frac{1}{\sqrt[3]{x}}dx$. Esse integrando é indefinido em $x = 0$.

1. **Divida a integral em duas no ponto indefinido.**

$$\int_{-1}^{8} \frac{1}{\sqrt[3]{x}}dx = \int_{-1}^{0} \frac{1}{\sqrt[3]{x}}dx + \int_{0}^{8} \frac{1}{\sqrt[3]{x}}dx$$

2. **Transforme cada integral em um limite e avalie.**

   Para a integral $\int_{-1}^{0}$, a área é à esquerda do zero, então, c se aproxima de zero pela esquerda. Para a integral $\int_{0}^{8}$, a área é à direita do zero, então, c se aproxima de zero pela direita.

$$
\begin{aligned}
&= \lim_{c \to 0^-} \int_{-1}^{c} \frac{1}{\sqrt[3]{x}}\,dx + \lim_{c \to 0^+} \int_{c}^{8} \frac{1}{\sqrt[3]{x}}\,dx \\
&= \lim_{c \to 0^-} \frac{3}{2}x^{2/3}\Big|_{-1}^{c} + \lim_{c \to 0^+} \frac{3}{2}x^{2/3}\Big|_{c}^{8} \\
&= \lim_{c \to 0^-} \left(\frac{3}{2}c^{2/3} - \frac{3}{2}\right) + \lim_{c \to 0^+} \left(6 - \frac{3}{2}c^{2/3}\right) \\
&= -\frac{3}{2} + 6 \\
&= 4.5
\end{aligned}
$$

CUIDADO!

Mantenha os olhos abertos para os valores x onde um integrando é indefinido. Se você falhar em notar que um integrando é indefinido em um valor x entre os limites da integração e integrar da maneira comum, talvez obtenha a resposta errada. O problema acima, $\int_{-1}^{8} \frac{1}{\sqrt[3]{x}}\,dx$ (indefinido em $x = 0$) acontece de dar certo se você o fizer da maneira comum. No entanto, se você fizer $\int_{-1}^{1} \frac{1}{x^2}\,dx$ (também indefinido em $x = 0$) da maneira comum, não apenas obterá a resposta errada, como também uma resposta totalmente absurda de 2 *negativo*, apesar do fato de a área em questão estar acima do eixo x e ser, portanto, uma área positiva. Moral da história: *não arrisque.*

CUIDADO!

Se uma parte diverge, o todo diverge. Se uma das partes da integral dividida divergir, a integral original irá divergir. Você não pode obter, digamos, $-\infty$ para uma parte e ∞ para a outra parte, depois, somar para obter zero.

Integrais impróprias com um ou dois limites infinitos de integração

Você calcula essas integrais impróprias transformando-as em limites onde c se aproxima do infinito ou do infinito negativo. Aqui estão dois exemplos: $\int_{1}^{\infty} \frac{1}{x^2}\,dx$ e $\int_{1}^{\infty} \frac{1}{x}\,dx$.

$$
\begin{aligned}
\int_{1}^{\infty} \frac{1}{x^2}\,dx &= \lim_{c \to \infty} \int_{1}^{c} \frac{1}{x^2}\,dx \\
&= \lim_{c \to \infty} -\frac{1}{x}\Big|_{1}^{c} \\
&= \lim_{c \to \infty} \left(-\frac{1}{c} - \left(-\frac{1}{1}\right)\right) \\
&= 0 - (-1) \\
&= 1
\end{aligned}
$$

Então, essa integral imprópria *converge*.

Na próxima integral, o denominador é menor — x em vez de x^2 — e, assim, a fração é *maior*, então, você esperaria $\int_1^{\infty} \frac{1}{x}\,dx$ ser maior que $\int_1^{\infty} \frac{1}{x^2}\,dx$, o que é. Mas não é apenas maior, é *muito, muito* maior:

$$\begin{aligned}\int_1^{\infty} \frac{1}{x}\,dx &= \lim_{c\to\infty} \int_1^{c} \frac{1}{x}\,dx \\ &= \lim_{c\to\infty} \ln x \Big|_1^c \\ &= \lim_{c\to\infty} (\ln c - \ln 1) \\ &= \infty - 0 \\ &= \infty\end{aligned}$$

Essa integral imprópria *diverge*.

A Figura 18-1 mostra essas duas funções. A área sob $\frac{1}{x^2}$ de 1 até ∞ é a mesma que a área do quadrado 1 por 1 à esquerda: 1 centímetro ao quadrado. A área sob $\frac{1}{x}$ de 1 até ∞ é *muito, muito* maior — na verdade, é infinitamente maior que o quadrado grande o suficiente para cercar a galáxia da Via Láctea. Seus formatos são muito parecidos, mas suas áreas não poderiam ser mais diferentes.

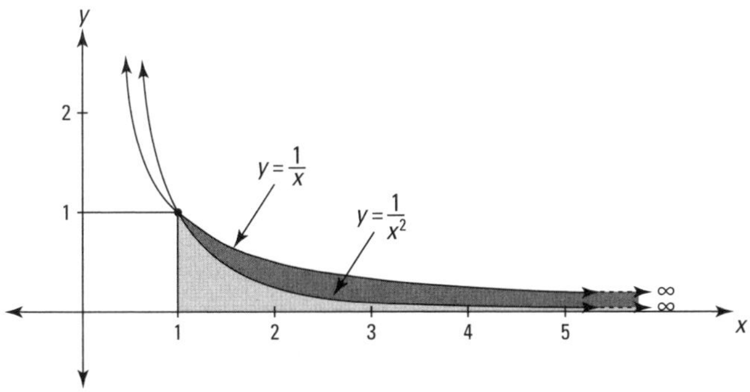

Figura 18-1: A área sob $\frac{1}{x^2}$ de 1 até ∞ e a área sob $\frac{1}{x}$ de 1 até ∞.

A propósito, essas duas funções aparecem novamente no Capítulo 19 nas séries infinitas. Decidir se uma série infinita converge ou diverge — uma característica distinta bastante parecida com a diferença entre essas duas funções — é um dos tópicos principais do Capítulo 19.

Quando ambos os limites da integração são infinitos, você divide a integral em duas e transforma cada parte em um limite. Dividir a integral em x = 0 é conveniente porque o zero é um número fácil de lidar, mas você pode dividir em qualquer lugar que quiser. Zero talvez pareça uma boa escolha porque parece estar no meio entre $-\infty$ e ∞. Mas isto é uma ilusão porque não há meio entre $-\infty$ e ∞, ou você poderia dizer que qualquer ponto no eixo x é o meio.

Aqui está um exemplo: $\int_{-\infty}^{\infty} \frac{1}{x^2+1}\,dx$

1. **Divida a integral em duas.**

$$\int_{-\infty}^{\infty} \frac{1}{x^2+1}\,dx = \int_{-\infty}^{0} \frac{1}{x^2+1}\,dx + \int_{0}^{\infty} \frac{1}{x^2+1}\,dx$$

2. **Transforme cada parte em um limite.**

$$= \lim_{c\to-\infty} \int_{c}^{0} \frac{1}{x^2+1}\,dx + \lim_{c\to\infty} \int_{0}^{c} \frac{1}{x^2+1}\,dx$$

3. **Avalie cada parte e some os resultados.**

$$= \lim_{c\to-\infty} \tan^{-1}x\Big|_c^0 + \lim_{c\to\infty} \tan^{-1}x\Big|_0^c$$

$$= \lim_{c\to-\infty} (\tan^{-1}0 - \tan^{-1}c) + \lim_{c\to\infty}(\tan^{-1}c - \tan^{-1}0)$$

$$= \left(0 - \left(-\frac{\pi}{2}\right)\right) + \left(\frac{\pi}{2} - 0\right)$$

$$= \pi$$

Por que você não resolve este problema novamente, dividindo a integral em algum lugar diferente de $x = 0$ para confirmar se obtém o mesmo resultado?

Se qualquer "metade" da integral diverge, a integral original inteira diverge.

Fazendo soar a trombeta de Gabriel

Este problema da trombeta talvez o impressione.

A *trombeta de Gabriel* é o sólido gerado ao girar sobre o eixo x a região ilimitada entre $y = \frac{1}{x}$ e o eixo x (para $x \geq 1$). Veja a Figura 18-2. Tocar esse instrumento apresenta desafios significativos: 1) Não tem uma parte final para você colocar na boca; 2) mesmo que tivesse, levaria muito tempo para chegar ao final; 3) mesmo que você conseguisse chegar ao final e colocasse sua boca, não poderia soprar ar através dela porque o buraco é infinitamente pequeno; 4) mesmo que você conseguisse assoprar a trombeta, seria um tanto quanto inútil porque levaria muito tempo para o som sair. Existem dificuldades adicionais — peso infinito, não cabe no universo, e assim por diante — mas eu desconfio que você tenha entendido.

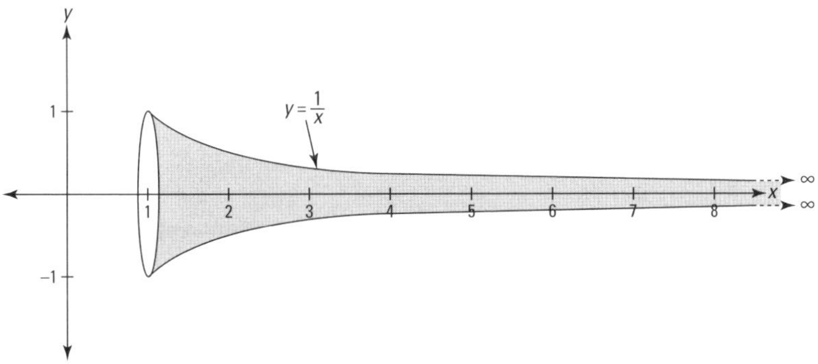

Figura 18-2: A trombeta de Gabriel.

Acredite ou não, a trombeta de Gabriel tem um volume finito, mas uma área de superfície *infinita*! Você usa o método do disco para descobrir seu volume (veja o Capítulo 17). Lembre-se que o volume de cada disco representativo é $\pi r^2\, dx$. Para esse problema, o raio é $\frac{1}{x}$, então, a pequena parte do volume é $\pi\left(\frac{1}{x}\right)^2 dx$. Você encontra o volume total somando as pequenas partes entre 1 e ∞:

$$Volume = \int_1^{\infty} \pi\left(\frac{1}{x}\right)^2 dx$$

$$= \pi \int_1^{\infty} \frac{1}{x^2}\, dx$$

Na seção sobre integrais impróprias, calculamos que $\int_1^{\infty} \frac{1}{x^2}\, dx = 1$, então, o volume é $\pi \cdot 1$ ou apenas π.

Para determinar a área da superfície, primeiro você precisa da derivada da função (o método para calcular a área da superfície é tratado na seção "Superfícies de Revolução" no Capítulo 17):

$$y = \frac{1}{x}$$

$$\frac{dy}{dx} = -\frac{1}{x^2}$$

Agora, insira tudo na fórmula da área da superfície:

$$\textit{Área da superfície} = 2\pi \int_1^{\infty} \frac{1}{x}\sqrt{1+\left(-\frac{1}{x^2}\right)^2}\,dx$$

$$= 2\pi \int_1^{\infty} \frac{1}{x}\sqrt{1+\frac{1}{x^4}}\,dx$$

Na seção anterior, determinamos que $\int_1^{\infty} \frac{1}{x}\,dx = \infty$ e pelo fato de $\frac{1}{x}\sqrt{1+\frac{1}{x^4}}$ ser sempre maior que $\frac{1}{x}$ no intervalo $[1, \infty)$, $\int_1^{\infty} \frac{1}{x}\sqrt{1+\frac{1}{x^4}}\,dx$ também deve ser igual a ∞. Finalmente, 2π vezes ∞ continua sendo ∞, é claro, então, a área da superfície é infinita.

Pergunta bônus para aqueles com propensão filosófica: supondo que Gabriel seja onipotente, poderia ele superar as dificuldades mencionadas acima e assoprar sua trombeta? ***Dica***: Nem todo o cálculo do mundo irá ajudá-lo com essa aqui.

Capítulo 19

Série Infinita

Neste Capítulo

- Continuando das sequências para a série
- Uma série infinita — o atrasado devido à chuva não terá fim
- Ficando musical com a série harmônica
- Dando uma boa olhada na série telescópica
- Torcendo pelo teste da raiz
- Testando em busca de convergência
- Analisando a série alternativa

Assim como em quase todos os tópicos em Cálculo, o assunto deste capítulo envolve a ideia do infinito — especificamente, séries que continuam para o infinito. Uma série infinita é a soma de uma lista sem fim de números como $\frac{1}{2}+\frac{1}{3}+\frac{1}{4}+\frac{1}{5}+\ldots$. Como a lista não tem fim, não é surpreendente que esse tipo de soma possa ser infinita. O que é incrível é que algumas séries infinitas tem uma soma *finita*. Este capítulo abrange 10 testes para decidir se a soma de uma série é finita ou infinita.

O que você faz neste capítulo é muito fantástico quando se pensa sobre isso. Considere as séries 0,1 + 0,01 + 0,001 + 0,0001 +... , se você se distanciar o suficiente, encontrará um número que tem tantos zeros à direita do ponto decimal que mesmo que cada zero fosse tão pequeno quanto um próton, não haveria espaço suficiente em todo o universo apenas para escrevê-lo! Por nosso universo ser tão vasto, qualquer coisa nele — digamos, o número de partículas elementares — é uma gota d'água no oceano perto das coisas que você vê neste capítulo. Na verdade, nem mesmo uma gota d'água no oceano, porque perto do infinito, qualquer coisa finita soma *nada*. Você já deve ter provavelmente ouvido Carl Sagan se emocionar com os "bilhões e bilhões e bilhões" de estrelas na nossa galáxia. "bilhões e bilhões" — *aaffff.*

Sequências e Séries: O Que Elas São

Aqui está uma *sequência*: $\frac{1}{2}, \frac{1}{4}, \frac{1}{8}, \frac{1}{16}, \ldots$ Transforme as vírgulas em sinais de adição e você terá uma série: $\frac{1}{2} + \frac{1}{4} + \frac{1}{8} + \frac{1}{16} + \ldots$ Muito simples, hein? Investigar as séries é o que este capítulo fará, mas eu preciso analisar brevemente a sequência para criar a base para série.

Amarrando as sequências

Uma *sequência* é simplesmente uma lista de números. Uma *sequência infinita* é uma lista de números sem fim. Esse é o único tipo que nos interessa e toda vez que o termo *sequência* (ou *série*) é usado sozinho, ele significa uma sequência infinita (ou série infinita).

Aqui está a forma geral para a sequência:

$$a_1, a_2, a_3, a_4, \ldots, a_n, \ldots$$

onde n vai de 1 (geralmente) até o infinito (algumas vezes n começa no zero ou outro número). O quarto *termo* da sequência, por exemplo, é a_4 (lê-se "*a* índice 4"); o n-ésimo termo é a_n (lê-se "*a* índice *n*"). A coisa com a qual nos preocupamos é o que acontece com uma sequência infinitamente distante à direita ou como os matemáticos dizem, "no limite". Uma notação abreviada para essa sequência é $\{a_n\}$.

Anteriormente, mencionei a seguinte sequência. É definida pela fórmula $a_n = \frac{1}{2^n}$:

$$\frac{1}{2}, \frac{1}{4}, \frac{1}{8}, \frac{1}{16}, \ldots, \frac{1}{2^n}, \ldots$$

O que acontece com essa sequência quando n se aproxima do infinito deve ser bem óbvio. Cada termo fica cada vez menor, certo? E se você se distanciar o suficiente, poderá encontrar um termo tão perto de zero quanto deseja, certo? Então,

$$\lim_{n\to\infty} a_n = \lim_{n\to\infty} \frac{1}{2^n} = \frac{1}{2^\infty} = \frac{1}{\infty} = 0$$

Lembre-se dos Capítulos 7 e 8 como interpretar esse limite: à medida que n se aproxima do infinito (mas nunca chega lá), a_n fica cada vez mais perto de zero (mas nunca chega lá).

Convergência e divergência de sequências

Devido ao fato de o limite da sequência anterior ser um número *finito*, você diz que a sequência *converge*.

Convergência e divergência: Para qualquer sequência $\{a_n\}$, se $\lim\limits_{n\to\infty} a_n = L$, onde L é um número real, então, a sequência *converge* para L. Caso contrário, a sequência *diverge*.

As sequências que convergem, de certa forma, se estabilizam em um número em particular — mais ou menos alguma quantia minúscula — depois que você se distancia o suficiente à direita. As sequências que divergem nunca se estabilizam. Ao contrário, as sequências divergentes podem...

- Aumentar para sempre, neste caso, $\lim\limits_{n\to\infty} a_n = \infty$. Diz-se que esse tipo de sequência "explode". Uma sequência também pode ter um limite do infinito negativo
- Oscilar (ir para cima e para baixo), como a sequência 1, –1, 1, –1, 1, –1, 1, –1...
- Não exibir padrão nenhum — isso é raro.

As sequências e as funções andam de mãos dadas

A sequência $\left\{\frac{1}{2^n}\right\} = \frac{1}{2}, \frac{1}{4}, \frac{1}{8}, \frac{1}{16}, \ldots, \frac{1}{2^n}, \ldots$ pode ser pensada como um conjunto infinito de pontos discretos (*discreto* é uma palavra matemática sofisticada para *separado*) ao longo da função contínua $f(x) = \frac{1}{2^x}$.

A Figura 19-1 mostra a curva $f(x) = \frac{1}{2^x}$ e os pontos na curva que marcam a sequência.

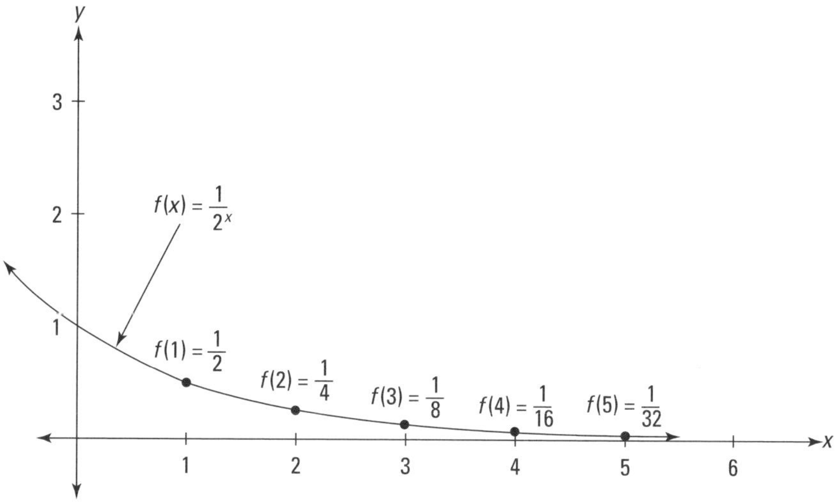

Figura 19-1: Os pontos da curva $f(x) = \frac{1}{2^x}$ formam a sequência $\left\{\frac{1}{2^n}\right\}$.

A sequência é formada pelas saídas (os valores de y) da função, onde as entradas (os valores de x) são inteiros positivos (1, 2, 3, 4,..)

A sequência e a função relacionada andam de mãos dadas. Se o limite da função, à medida que x se aproxima do infinito, é algum número finito, L, então, o limite da sequência também é L e, assim, a sequência converge para L. Também o gráfico desse tipo de par de função/sequência convergente tem uma assíntota horizontal em $y = L$; o gráfico na Figura 19-1 tem uma assíntota com a equação $y = 0$.

Determinando limites com a regra de L'Hôpital

Lembra da regra de L'Hôpital do Capítulo 18? Você irá usá-la agora para encontrar os limites da sequência. A sequência $a_n = \frac{n^2}{2^n}$ converge ou diverge? Inserindo 1, depois 2, depois 3, e assim sucessivamente, em $\frac{n^2}{2^n}$, você gera os primeiros termos da sequência:

$$\frac{1}{2}, 1, \frac{9}{8}, 1, \frac{25}{32}, \frac{36}{64}, \frac{49}{128}, \frac{64}{256}, \ldots$$

O que você acha? Depois de subir por alguns termos, a sequência desce e parece que continuará descendo — parece que ela irá convergir para zero. A regra de L'Hôpital prova isso. Você usa a regra para determinar o limite da função $f(x) = \frac{x^2}{2^x}$, que anda de mãos dadas com a sequência $\frac{n^2}{2^n}$.

LEMBRE-SE

Pegue duas derivadas separadas. Para usar a regra de L'Hôpital, pegue a derivada do numerador e a derivada do denominador separadamente; você não usa a regra do quociente.

Para esse problema, você terá que usar a regra de L'Hôpital duas vezes:

$$\lim_{x\to\infty} \frac{x^2}{2^x} = \lim_{x\to\infty} \frac{2x}{2^x \ln 2} = \lim_{x\to\infty} \frac{2}{2^x \ln 2 \ln 2} = \frac{2}{\infty} = 0$$

Como o limite da função é 0, também é o limite da sequência e, assim, a sequência $\frac{n^2}{2^n}$ converge para zero.

Somando séries

Uma *série infinita* (ou apenas *série* para abreviar) é simplesmente a soma de um número infinito de termos de uma sequência. Aqui está a sequência da seção anterior de novo, $a_n = \frac{1}{2^n}$:

$$\frac{1}{2}, \frac{1}{4}, \frac{1}{8}, \frac{1}{16}, \ldots$$

E aqui está a *série* associada a essa sequência:

$$\frac{1}{2}+\frac{1}{4}+\frac{1}{8}+\frac{1}{16}+\ldots$$

Você pode usar uma notação de soma sofisticada para escrever essa soma em uma forma mais compacta:

$$\sum_{n=1}^{\infty}\frac{1}{2^n}$$

O símbolo de somatória diz para você inserir 1 no lugar de n, depois 2, depois 3, e assim sucessivamente, depois, somar todos os termos (mais sobre notação de soma no Capítulo 14). Alguém detalhista pode observar que você, na verdade, não pode somar um número infinito de termos. Tudo bem, então aqui está o pormenor para os detalhistas. Uma soma infinita é tecnicamente um limite. Em outras palavras,

$$\sum_{n=1}^{\infty}\frac{1}{2^n}=\lim_{b\to\infty}\sum_{n=1}^{b}\frac{1}{2^n}$$

Para encontrar a soma infinita, você pega o limite — do mesmo jeito que faz para as integrais impróprias (indefinidas) (veja o Capítulo 18). Daqui em diante, entretanto, eu só escrevo as somas infinitas como $\sum_{n=1}^{\infty}\frac{1}{2^n}$ e abro mão do truque do limite.

Somas parciais

Continuando com a mesma série, dê uma olhada em como a soma cresce listando a "soma" de um termo (tipo o som de uma mão aplaudindo), a soma de dois termos, três termos, quatro, e assim sucessivamente:

$$S_1=\frac{1}{2}$$

$$S_2=\frac{1}{2}+\frac{1}{4}=\frac{3}{4}$$

$$S_3=\frac{1}{2}+\frac{1}{4}+\frac{1}{8}=\frac{7}{8}$$

$$S_4=\frac{1}{2}+\frac{1}{4}+\frac{1}{8}+\frac{1}{16}=\frac{15}{16}$$

$$\vdots$$

$$S_n=\frac{1}{2}+\frac{1}{4}+\frac{1}{8}+\frac{1}{16}+\frac{1}{32}+\frac{1}{64}+\ldots\ldots+\frac{1}{2^n}=\frac{2^n-1}{2^n}$$

Cada uma dessas somas é chamada de *soma parcial* da série.

Soma parcial: A n-ésima *soma parcial*, S_n, de uma série infinita é a soma dos primeiros n termos da série.

A convergência ou a divergência de uma série — o evento principal

Se você listar agora as somas parciais anteriores, terá a seguinte sequência de somas parciais:

$$\frac{1}{2}, \frac{3}{4}, \frac{7}{8}, \frac{15}{16}, \ldots$$

O ponto principal deste capítulo é descobrir se esse tipo de sequência de somas parciais *converge* — se move em direção a um número finito — ou *diverge*. Se a sequência de somas parciais converge, você diz que a série converge; caso contrário, a sequência de somas parciais diverge e você diz que a série diverge. O resto deste capítulo é dedicado às muitas técnicas usadas para fazer essa determinação.

A propósito, se você estiver um pouco confuso com os termos *sequência* e *série*, e a conexão entre eles, não está sozinho. Manter as ideias certas não é fácil. Para começar, note que existem duas sequências associadas a toda série. Com a série $\frac{1}{2}+\frac{1}{4}+\frac{1}{8}+\frac{1}{16}+\ldots$, por exemplo, você tem a sequência subjacente, $\frac{1}{2}, \frac{1}{4}, \frac{1}{8}, \frac{1}{16}, \ldots$, e também a sequência de somas parciais, $\frac{1}{2}, \frac{3}{4}, \frac{7}{8}, \frac{15}{16}, \ldots$ Não é uma má ideia tentar manter essas coisas corretas, mas tudo com o que você realmente precisa preocupar-se é se a *série* tem uma soma finita ou não. Se tiver, ela *converge*; se não, ela *diverge*. A razão para entrar na noção um tanto quanto confusa de uma *sequência* de somas parciais é que as definições de convergência e divergência são baseadas no comportamento das sequências, e não da série. Mas — eu espero que seja óbvio — as ideias são mais importantes do que a terminologia e, de novo, a ideia importante que você precisa observar é se a série tem ou não uma soma finita.

E a série anterior? Ela converge ou diverge? Não precisaria ter muita imaginação para ver o padrão a seguir:

$$\begin{aligned}
S_1 &= \frac{1}{2} = 1-\frac{1}{2}\\
S_2 &= \frac{3}{4} = 1-\frac{1}{4}\\
S_3 &= \frac{7}{8} = 1-\frac{1}{8}\\
S_4 &= \frac{15}{16} = 1-\frac{1}{16}\\
&\ \vdots\\
S_n &= 1-\frac{1}{2^n}
\end{aligned}$$

Encontrar o limite dessa sequência de somas parciais é óbvio:

$$\lim_{n\to\infty} S_n = \lim_{n\to\infty}\left(1-\frac{1}{2^n}\right) = 1-\frac{1}{\infty} = 1-0 = 1$$

Então, essa série converge para 1. Em símbolos,

$$\sum_{n=1}^{\infty}\frac{1}{2^n} = \frac{1}{2}+\frac{1}{4}+\frac{1}{8}+\frac{1}{16}+\ldots\ldots = 1$$

A propósito, isso talvez faça você se lembrar do paradoxo sobre andar em direção a uma parede, onde seu primeiro passo é metade da distância da parede, seu segundo passo é metade da distância restante, seu terceiro passo é metade da distância restante, e assim sucessivamente. Você conseguirá chegar à parede? Resposta: Depende. Mais sobre isso depois.

Convergência ou Divergência? Eis a Questão

Esta seção contém nove maneiras de determinar se uma série converge ou diverge. (Então, na próxima seção sobre séries alternadas, veremos o décimo teste para a convergência/divergência.) Note que todas as séries investigadas nesta seção são compostas de termos positivos.

Um teste de divergência óbvio: o teste do n-ésimo termo

Se os termos individuais de uma série (em outras palavras, os termos da sequência subjacente da série) não convergirem para zero, então, a série deve divergir. Esse é o teste do n-ésimo termo para a divergência.

CONCEITO CRÍTICO DE CÁLCULO

O teste do n-ésimo termo: Se $\lim_{n\to\infty} a_n \neq 0$, então, $\sum a_n$ diverge (Eu suponho que você descobriu que com esse símbolo de somatória sem nada, n vai do 1 até o infinito).

(***Nota:*** O teste do n-ésimo termo não funciona apenas para as séries positivas comuns, como aquelas nesta seção, também funciona para a série com termos positivos e negativos. Mais sobre isto no final deste capítulo na seção "Serie Alternada".)

Se você pensar bem, o teste do n-ésimo termo é apenas bom senso. Quando uma série converge, a soma se concentra em certo número. A única maneira para isso poder acontecer é quando os números que estão sendo adicionados estão ficando infinitesimalmente pequenos — como na série sobre a qual eu venho falando: $\frac{1}{2}+\frac{1}{4}+\frac{1}{8}+\frac{1}{16}+\ldots$ Imagine, em vez disso, que os termos de uma série estejam convergindo, digamos, para 1, como na série $\frac{1}{2}+\frac{2}{3}+\frac{3}{4}+\frac{4}{5}+\frac{5}{6}+...$, gerada pela fórmula $a_n=\frac{n}{n+1}$. Neste caso, quando você soma os termos, está somando números extremamente perto de 1 repetidas vezes — e isso deve somar ao infinito. Então, para que uma série seja convergente, os termos da série devem convergir para zero. Mas, veja se você entendeu o que o teste do n-ésimo termo *não* diz.

CUIDADO!

Quando os termos de uma série convergem para zero, isso não garante que a série converge. Na linguagem lógico-matematicalesa — o fato de que os termos de uma série convergem para zero é uma condição *necessária*, mas não *suficiente* para concluir que a série converge para uma soma finita.

Pelo fato desse teste ser geralmente muito fácil de aplicar, deveria ser uma das primeiras coisas que você verifica ao tentar determinar se uma série converge ou diverge. Por exemplo, se lhe pedem para determinar se $\sum_{n=1}^{\infty}\left(1+\frac{1}{n}\right)^n$ converge ou diverge, note que cada termo dessa série é um número maior do que 1 sendo elevado a uma potência positiva. Isso sempre resulta em um número maior do que 1 e, assim, os termos dessa série não convergem para zero e a série deve, então, divergir.

Três séries básicas e seus testes de convergência/divergência

Nesta subseção, vemos as séries geométricas, séries *p* e séries telescópicas. A série geométrica e a série *p* são relativamente simples, porém são séries importantes que, além de serem interessantes por si só, você pode usar como referência ao determinar a convergência ou a divergência de séries mais complicadas. As séries telescópicas não aparecem muito, mas muitos livros de Cálculo as descrevem. E então, quem sou eu para me opor à tradição?

Série geométrica

Uma série geométrica é uma série na forma:

$$a+ar+ar^2+ar^3+ar^4+...=\sum_{n=0}^{\infty}ar^n$$

O primeiro termo, a, é chamado de *termo inicial*. Cada termo depois do primeiro é igual ao termo antecedente multiplicado por r, que é a *razão*.

Por exemplo, se a for 5 e r for 3, você terá

$$5+5\cdot3+5\cdot3^2+5\cdot3^3+...=5+15+45+135+...$$

Você apenas multiplica cada termo por 3 para obter o próximo termo. A propósito, o 3 nesse exemplo é chamado de *razão* porque a razão de qualquer termo *dividido* por seu termo antecessor é igual a 3, mas eu acho que faz muito mais sentido pensar no 3 como o seu *multiplicador*.

Se a for 100 e r for 0,1, então, você terá

$$\begin{aligned}&100+100\cdot 0{,}1+100\cdot 0{,}1^2+100\cdot 0{,}1^3+100\cdot 0{,}1^4+\ldots\\ =&100+10+1+0{,}1+0{,}01+\ldots\end{aligned}$$

Se isso te faz lembrar de alguma coisa, você tem uma boa memória. É a série para o paradoxo de Aquiles versus a tartaruga (volte até o Capítulo 2).

E se a for $\frac{1}{2}$ e r também for $\frac{1}{2}$, você terá a série sobre a qual eu venho falando tanto:

$$\frac{1}{2}+\frac{1}{4}+\frac{1}{8}+\frac{1}{16}+\ldots$$

A regra da convergência/divergência para a série geométrica é muito fácil.

Regra da série geométrica: Se $0<|r|<1$, a série geométrica $\sum\limits_{n=0}^{\infty} ar^n$ converge para $\frac{a}{1-r}$. Se $|r|\geq 1$, a série diverge. (Note que essa regra funciona quando $-1<r<0$, neste caso, você obtém uma *série alternada*; mais sobre isso no final deste capítulo.)

No primeiro exemplo, $a=5$ e $r=3$, então, a série diverge. No segundo exemplo, a é 100 e r é 0,1, então, a série converge para $\frac{100}{1-0{,}1}=\frac{100}{0{,}9}=111\frac{1}{9}$. Essa é a resposta para o problema de Aquiles versus a tartaruga: Aquiles ultrapassa a tartaruga depois de correr $111\frac{1}{9}$ metros. E no terceiro exemplo, $a=\frac{1}{2}$ e $r=\frac{1}{2}$, então, a série converge para $\frac{1/2}{1-1/2}=1$. Essa é a distância que você anda se começar a 1m da parede, depois der um passo e ficar a meia distância da parede, depois metade da distância restante, e assim sucessivamente. Você dá um número infinito de passos, mas percorre apenas um metro. E quanto tempo levará para chegar à parede? Bem, se você mantiver uma velocidade constante e não pausar entre os passos (o que, claro, é impossível), chegará lá no mesmo tempo que levaria para andar todo o metro. Se você pausar entre os passos, mesmo que por um bilionésimo de segundo, *nunca* chegará à parede.

Série p

Uma série p tem a forma:

$$\sum_{n=1}^{\infty}\frac{1}{n^p}=\frac{1}{1^p}+\frac{1}{2^p}+\frac{1}{3^p}+\frac{1}{4^p}+\ldots$$

(onde p é uma potência *positiva*). A série p para $p = 1$ é chamada de série *harmônica*. Aqui está ela:

$$\frac{1}{1}+\frac{1}{2}+\frac{1}{3}+\frac{1}{4}+\frac{1}{5}+\frac{1}{6}+\ldots$$

Embora isso cresça *muito* devagar — depois de 10.000 termos, a soma é somente, mais ou menos, 9,79! — a série harmônica, de fato, diverge para o infinito.

A propósito, isso é chamado de série *harmônica* porque os números nela têm algo a ver com a maneira como uma corda musical, como a corda de um violão, vibra — não pergunte. Para os entusiastas da História, no século VI a.C., Pitágoras investigou a série harmônica e sua conexão com as notas musicais de uma lira.

CONCEITO CRÍTICO DE CÁLCULO

Aqui está a regra da convergência/divergência para a série p:

Regra da série *p*: A série p $\sum_{n=1}^{\infty}\frac{1}{n^p}$ converge se $p > 1$ e diverge se $p \le 1$.

Como você pode ver a partir dessa regra, a série harmônica forma a linha divisória da convergência/divergência para a série p. Qualquer série p com termos *maiores* do que os termos da série harmônica *diverge*; e qualquer série p com termos *menores* do que os termos da série harmônica, *converge*.

A série p para $p = 2$ é outra série comum:

$$\begin{aligned} &1+\frac{1}{2^2}+\frac{1}{3^2}+\frac{1}{4^2}+\frac{1}{5^2}+\frac{1}{6^2}+\ldots \\ &=1+\frac{1}{4}+\frac{1}{9}+\frac{1}{16}+\frac{1}{25}+\frac{1}{36}+\ldots \end{aligned}$$

A regra da série p diz a você que essa série converge. Note, porém, que a regra da série p não pode dizer para qual número essa série converge. (Compare isso com a regra da série geométrica, que pode responder as duas questões.) Por outros meios — além do escopo deste livro — pode ser mostrado que esta soma converte para $\frac{\pi^2}{6}$.

Série telescópica

Você não vê muitas séries telescópicas, mas a regra da série telescópica é boa para ter em sua bolsa de truques — você nunca sabe quando ela será útil. Considere a seguinte série:

$$\sum_{n=1}^{\infty}\frac{1}{n(n+1)}=\frac{1}{2}+\frac{1}{6}+\frac{1}{12}+\frac{1}{20}+\frac{1}{30}+\ldots$$

Para ver que essa série é uma série telescópica, você terá que usar a técnica das frações parciais do Capítulo 16 — desculpe ter que trazer isso à tona de novo — para reescrever $\frac{1}{n(n+1)}$ como $\frac{1}{n} - \frac{1}{n+1}$. Agora você tem

$$\sum_{n=1}^{\infty}\left(\frac{1}{n} - \frac{1}{n+1}\right) = \left(1 - \frac{1}{2}\right) + \left(\frac{1}{2} - \frac{1}{3}\right) + \left(\frac{1}{3} - \frac{1}{4}\right) + \left(\frac{1}{4} - \frac{1}{5}\right) + \ldots + \left(\frac{1}{n} - \frac{1}{n+1}\right)$$

Você vê como todos esses termos irão agora contrair ou encurtar? Os $\frac{1}{2}$ se cancelam, os $\frac{1}{3}$ se cancelam, os $\frac{1}{4}$ se cancelam, e assim sucessivamente. Tudo o que resta é o primeiro termo, 1 (na verdade, é apenas metade de um termo), e o "último" meio-termo, $-\frac{1}{n+1}$. Então, a soma dos primeiros n termos é simplesmente $1 - \frac{1}{n+1}$. No limite, à medida que n se aproxima do infinito, $\frac{1}{n+1}$ converge para zero e, assim, a soma converge para 1 – 0 ou 1.

Cada termo em uma série telescópica pode ser escrito como a diferença de dois meios-termos — chame-os de termos h. A série telescópica pode, então, ser escrita como:

$$(h_1 - h_2) + (h_2 - h_3) + (h_3 - h_4) + (h_4 - h_5) + \ldots + (h_n - h_{n+1})$$

Eu aposto que você está doido por outra regra, então, aqui está a próxima.

Regra da série telescópica: Uma série telescópica da forma acima converge se h_{n+1} converge para um número finito. Neste caso, a série converge para $h_1 - \lim_{n\to\infty} h_{n+1}$. Se h_{n+1} diverge, a série diverge.

Note que essa regra, como a regra para a série geométrica, permite que você determine para qual número uma série telescópica convergente converge. Essas são as únicas duas regras que eu falo nas quais você pode fazer isso. As outras regras para determinar a convergência ou a divergência não permitem que você determine para o que uma série convergente converge. Mas, ei, você sabe o que eles dizem, "dois entre dez não é tão ruim".

Três testes de comparação para convergência/divergência

Digamos que você esteja tentando descobrir se uma série converge ou diverge, mas ela não se encaixa em nenhum dos testes que você conhece. Não se preocupe. Você encontra uma série padrão que você sabe que converge ou diverge, depois, compara sua nova série com o padrão conhecido. Para os três testes a seguir, se o padrão convergir, sua série converge; e se o padrão divergir, sua série diverge.

O teste da comparação direta

Esta é uma regra simples e de bom senso. Se você tem uma série que é *menor* que uma série padrão *convergente*, então, sua série também deve convergir. E se sua série for *maior* que a série padrão *divergente*, sua série também deve divergir. Aqui está o truque.

Teste da comparação direta: Deixe que $0 \leq a_n \leq b_n$ para todo n.

$$\sum_{n=1}^{\infty} b_n \text{ converte, então, } \sum_{n=1}^{\infty} a_n \text{ converge.}$$

$$\sum_{n=1}^{\infty} a_n \text{ diverge, então, } \sum_{n=1}^{\infty} b_n \text{ diverge.}$$

O que você acha de um exemplo? Determine se $\sum_{n=1}^{\infty} \frac{1}{5+3^n}$ converge ou diverge. Muito fácil. Essa série lembra $\sum_{n=1}^{\infty} \frac{1}{3^n}$ que é uma série geométrica com r igual a $\frac{1}{3}$. (Note que você pode reescrever isso na forma padrão da série geométrica como $\sum_{n=0}^{\infty} \frac{1}{3}\left(\frac{1}{3}\right)^n$. Como $0 < |r| < 1$, essa série converge. E porque $\frac{1}{5+3^n}$ é menor do que $\frac{1}{3^n}$ para todos os valores de n, $\sum_{n=1}^{\infty} \frac{1}{5+3^n}$ também deve convergir.)

Aqui está outro exemplo: $\sum_{n=1}^{\infty} \frac{\ln n}{n}$ converge ou diverge? Essa série lembra $\sum_{n=1}^{\infty} \frac{1}{n}$ a série p harmônica que é conhecida por divergir. Porque $\frac{\ln n}{n}$ é *maior* que $\frac{1}{n}$ para todos os valores de $n \geq 3$, então, $\sum_{n=1}^{\infty} \frac{\ln n}{n}$ também deve divergir. A propósito, se você estiver pensando por que eu posso considerar apenas os termos onde $n \geq 3$, aqui está o motivo:

Sinta-se à vontade para ignorar os termos iniciais. Para qualquer um dos testes de convergência/divergência, você pode desconsiderar *qualquer* número de termos no começo de uma série. E se você estiver comparando duas séries, poderá ignorar qualquer número de termos do começo de qualquer uma ou ambas as séries — e você pode ignorar um número diferente de termos em cada uma das duas séries.

Essa total desconsideração dos termos iniciais inocentes é permitida porque os primeiros, digamos, 10, 1.000 ou 1.000.000 termos de uma série sempre somam um número finito e, assim, nunca têm nenhum efeito sobre se uma série converge ou diverge. Note, no entanto, que desconsiderar um número de termos *afetaria* o total para o qual uma série convergente converge.

(Você está imaginando por que essa desconsideração dos termos iniciais não viola a exigência do teste da comparação direta de que $0 \leq a_n \leq b_n$ para *todo* n? Está tudo bem porque você pode remover qualquer quantidade de termos do início de cada série e deixar o contador, n, iniciar em 1 em qualquer lugar em cada série. Assim, os "primeiros" termos a_1 e b_1 podem, de fato, estar localizados em qualquer ponto ao longo de cada série. Entende o que eu digo?)

Olha a frente! (Isso foi uma piada.) O teste da comparação direta não diz *nada* se uma série que você está investigando é *maior* que uma série *convergente* conhecida ou *menor* que uma série *divergente* conhecida.

Por exemplo, digamos que você queira determinar se $\sum_{n=1}^{\infty} \frac{1}{10+\sqrt{n}}$ converge. Essa série lembra $\sum_{n=1}^{\infty} \frac{1}{\sqrt{n}}$, que é uma série p com p igual a $\frac{1}{2}$. O teste da série p diz que essa série diverge, mas isso não te ajuda porque sua série é *menor* do que esse padrão divergente conhecido.

Em vez disso, você deve comparar sua série com a série harmônica divergente, $\sum_{n=1}^{\infty} \frac{1}{n}$. Sua série, $\frac{1}{10+\sqrt{n}}$, é maior que $\frac{1}{n}$ para todo $n \geq 14$ (dá um pouco de trabalho demonstrar isso; tente). Como sua série é *maior* do que a série harmônica *divergente*, sua série também deve divergir.

O teste da comparação do limite

A ideia por trás deste teste é que se você pegar uma série convergente conhecida e multiplicar cada um dos seus termos por algum número, então, essa série também irá convergir. E não importa se esse multiplicador é, digamos, 100, 10.000 ou $\frac{1}{10.000}$ porque qualquer número, grande ou pequeno, vezes a soma finita da série original ainda é um número finito. A mesma coisa vale para uma série divergente multiplicada por qualquer número. Essa nova série também diverge porque qualquer número, grande ou pequeno, vezes o infinito ainda é igual ao infinito. Isso está muito simplificado — é somente no limite que uma série é um múltiplo da outra — mas isso transmite o princípio básico.

Você pode descobrir se esse tipo de conexão existe entre duas séries olhando para a relação entre os n-ésimos termos das duas séries à medida que n se aproxima do infinito. Aqui está o teste.

Teste da comparação do limite: Para duas séries, $\sum a_n$ e $\sum b_n$, se $a_n > 0$, $b_n > 0$, e $\lim_{n\to\infty}\left(\frac{a_n}{b_n}\right) = L$, onde L é *finito* e *positivo*, então, as duas séries convergem ou as duas divergem.

Use este teste quando sua série for para o caminho errado. Este é um bom teste para usar quando você não pode usar o teste da comparação direta para sua série porque ela vai para o lugar errado — em outras palavras, sua série é *maior* que uma série *convergente* conhecida ou *menor* que uma série *divergente* conhecida.

Aqui está um exemplo: $\sum_{n=2}^{\infty} \frac{1}{n^2 - \ln n}$ converge ou diverge? Esta série lembra a série p convergente, $\frac{1}{n^2}$, então, esse é o seu padrão. Mas você não pode usar o teste da comparação direta porque os termos da sua série são *maiores* que $\frac{1}{n^2}$. Em vez disso, use o teste da comparação do limite.

Pegue o limite da razão dos n-ésimos termos das duas séries. Não importa quais séries você coloca no numerador e no denominador, mas colocar a série padrão no denominador faz com que esses tipos de problemas fiquem mais fáceis de resolver e de entender os resultados.

$$\lim_{n\to\infty} \frac{\frac{1}{n^2 - \ln n}}{\frac{1}{n^2}}$$

$$= \lim_{n\to\infty} \frac{n^2}{n^2 - \ln n}$$

$$= \lim_{n\to\infty} \frac{2n}{2n - \frac{1}{n}} \qquad \text{(Regra de L'Hôpital)}$$

$$= \lim_{n\to\infty} \frac{2}{2 + \frac{1}{n^2}} \qquad \text{(Regra de L'Hôpital de novo)}$$

$$= \frac{2}{2 + \frac{1}{\infty}}$$

$$= \frac{2}{2+0}$$

$$= 1$$

Como o limite é finito e positivo, e como a série padrão converge, sua série também deve convergir. Assim, $\sum_{n=2}^{\infty} \frac{1}{n^2 - \ln n}$ converge.

DICA

Use este teste para as funções racionais. O teste da comparação do limite é um bom teste para a série na qual o termo geral é uma função *racional* — em outras palavras, na qual o termo geral é o quociente de dois polinômios.

Por exemplo, determine a convergência ou a divergência de $\sum_{n=1}^{\infty} \frac{5n^2 - n + 1}{n^3 + 4n + 3}$.

1. **Determine a série padrão.**

   Pegue a maior potência de n no numerador e no denominador — ignorando qualquer coeficiente e todos os outros termos — e simplifique. Dessa forma:

   $$\frac{5n^2 - n + 1}{n^3 + 4n + 3} \to \frac{n^2}{n^3} = \frac{1}{n}$$

   Essa é a série padrão, $\frac{1}{n}$, a série harmônica *divergente*.

2. **Pegue o limite da razão entre os n-ésimos termos das duas séries.**

$$\lim_{n\to\infty} \frac{\dfrac{5n^2-n+1}{n^3+4n+3}}{\dfrac{1}{n}}$$

$$= \lim_{n\to\infty} \frac{5n^3-n^2+n}{n^3+4n+3}$$

$$= \lim_{n\to\infty} \frac{5-\dfrac{1}{n}+\dfrac{1}{n^2}}{1+\dfrac{4}{n^2}+\dfrac{3}{n^3}} \quad \text{(dividindo o numerador e o denominador por } n^3\text{)}$$

$$= \frac{5-\dfrac{1}{\infty}+\dfrac{1}{\infty}}{1+\dfrac{4}{\infty}+\dfrac{3}{\infty}}$$

$$= \frac{5-0+0}{1+0+0}$$

$$= 5$$

3. **Como o limite do Passo 2 é finito e positivo, e como a série padrão diverge, sua série também deve divergir.**

Assim, $\sum_{n=1}^{\infty} \frac{5n^2-n+1}{n^3+4n+3}$ diverge.

DICA

Tudo bem, sou rebelde. O teste da comparação do limite é sempre expresso como aparece no começo desta seção, mas eu quero mostrar — ignorando de forma imprudente a nobre tradição dos autores de livros de Cálculo — que é, de certa forma, incompleto. O limite, L, não precisa ser finito e positivo para o teste funcionar. Primeiro, se a série padrão é convergente, você a coloca no denominador do limite e o limite é *zero*, então, sua série também deve convergir. Note que se o limite é infinito, você não pode concluir nada. E segundo, se a série padrão é divergente, você a coloca no denominador e o limite é *infinito*, então, sua série também deve divergir. Se o limite é zero, você não conclui nada.

O teste da comparação da integral

O terceiro teste padrão envolve a comparação da série que você está investigando em relação à sua integral imprópria familiar (veja o Capítulo 18 para saber mais sobre integrais impróprias). Se a integral converge, sua série converge; e se a integral diverge, assim faz a sua série. A propósito, no meu conhecimento, ninguém mais chama isso de teste da comparação da integral — mas deveria, pois é assim que funciona.

Aqui está um exemplo. Determine a convergência ou a divergência de $\sum_{n=2}^{\infty} \frac{1}{n \ln n}$. O teste da comparação direta não funciona porque a série é *menor* que a série harmônica *divergente*, $\frac{1}{n}$. Tentar o teste da comparação do limite é a próxima escolha natural, mas também não funciona — tente. Mas se você notar que a série é uma expressão que você sabe como integrar, você terminou (você notou, não foi?). Apenas calcule a integral imprópria familiar com os mesmos limites da integração como os números de índice do somatório — assim:

$$\int_2^{\infty} \frac{1}{x \ln x}\, dx$$

$$= \lim_{b \to \infty} \int_2^{b} \frac{1}{x \ln x}\, dx$$

$$= \lim_{b \to \infty} \int_{\ln 2}^{\ln b} \frac{1}{u}\, du \qquad \text{(substituição com } u = \ln x \text{ e } du = \frac{1}{x}\,dx\text{; quando } x = 2\text{, } u = \ln 2\text{, e quando } x = b\text{, } u = \ln b\text{)}$$

$$= \lim_{b \to \infty} \ln u \Big|_{\ln 2}^{\ln b}$$

$$= \lim_{b \to \infty} (\ln(\ln b) - \ln(\ln 2))$$

$$= (\ln(\ln \infty) - \ln(\ln 2)$$

$$= \infty - \ln(\ln 2)$$

$$= \infty$$

Como a integral diverge, a série diverge.

Depois que você tiver determinado a convergência ou a divergência de uma série com o teste da comparação da integral, pode, então, usar essa série como uma referência para investigar outras séries com o teste da comparação direta ou o teste da comparação do limite.

Por exemplo, o teste da integral acabou de informar que $\sum_{n=2}^{\infty} \frac{1}{n \ln n}$ diverge. Agora, você pode usar essa série para investigar $\sum_{n=3}^{\infty} \frac{1}{n \ln n - \sqrt{n}}$ com o teste da comparação direta. Você vê o porquê? Ou você pode investigar, digamos, $\sum_{n=1}^{\infty} \frac{1}{n \ln n + \sqrt{n}}$, com o teste da comparação do limite. Tente.

Não esqueça do teste da integral. O teste da comparação da integral é bem fácil de usar, então, não esqueça de se perguntar se você pode integrar a expressão da série ou qualquer coisa parecida com ela. Se puder, BINGO.

A propósito, no Capítulo 18, você viu as duas integrais impróprias a seguir: $\int_1^\infty \frac{1}{x}dx$, que diverge, e $\int_1^\infty \frac{1}{x^2}dx$, que converge. Dê uma olhada de novo na Figura 18-1. Agora que você conhece o teste da comparação da integral, pode apreciar a conexão entre essas integrais e suas séries *p* familiares: a série harmônica divergente, $\sum_{n=1}^{\infty}\frac{1}{n}$, e a série *p* convergente, $\sum_{n=1}^{\infty}\frac{1}{n^2}$.

Aqui está o truque para o teste da comparação da integral. Note o detalhe.

Teste da comparação da integral: Se $f(x)$ for positivo, contínuo, e decrescente para todo $x \geq 1$ e se $a_n = f(n)$, então, $\sum_{n=1}^{\infty} a_n$ e $\int_1^\infty f(x)dx$ convergem ou divergem.

Os dois testes do "R": Razão e Raízes

Ao contrário dos três testes referenciais da seção anterior, os testes da razão e da raiz não comparam uma nova série com um padrão conhecido. Eles funcionam vendo apenas a natureza da série que você está tentando descobrir. Eles formam um par coeso porque os resultados de ambos os testes dizem a você a mesma coisa. Se o resultado for menor que 1, a série converge; se for maior que 1, a série diverge; e se for exatamente 1, você não descobre nada e deve tentar um teste diferente. (Como apresentado aqui, os testes da razão e da raiz são usados para a série de termos *positivos*. Em outros livros, você pode ver uma versão diferente de cada teste que usa o valor absoluto dos termos. Essas versões de valor absoluto podem ser usadas para a séria composta de termos positivos e negativos. Não se preocupe; as versões diferentes correspondem à mesma coisa.)

O teste da razão

O teste da razão vê a razão de um termo de uma série com o termo imediatamente anterior. Se, no limite, essa razão é menor que 1, a série converge; se é maior que 1 (isso inclui o infinito), a série diverge; se é igual a 1, o teste é inconclusivo.

Quando usar o teste da razão. O teste da razão funciona especialmente bem com as séries envolvendo *fatoriais* como *n!* ou onde *n* estiver na potência, como 3^n.

Definição do símbolo *fatorial*. O símbolo fatorial, !, diz a você para multiplicar dessa maneira: $6! = 6 \cdot 5 \cdot 4 \cdot 3 \cdot 2 \cdot 1$. E note como as coisas cancelam quando você tem fatoriais no numerador e no denominador de uma fração: $\frac{6!}{5!} = \frac{6\cdot\cancel{5}\cdot\cancel{4}\cdot\cancel{3}\cdot\cancel{2}\cdot\cancel{1}}{\cancel{5}\cdot\cancel{4}\cdot\cancel{3}\cdot\cancel{2}\cdot\cancel{1}} = 6$ e $\frac{5!}{6!} = \frac{\cancel{5}\cdot\cancel{4}\cdot\cancel{3}\cdot\cancel{2}\cdot\cancel{1}}{6\cdot\cancel{5}\cdot\cancel{4}\cdot\cancel{3}\cdot\cancel{2}\cdot\cancel{1}} = \frac{1}{6}$. Em ambos os casos, tudo cancela, menos o 6. Da mesma maneira, $\frac{(n+1)!}{n!} = n+1$ e $\frac{n!}{(n+1)!} = \frac{1}{n+1}$; tudo cancela menos o $(n+1)$. Por fim, parece estranho, mas $0! = 1$ — apenas acredite no que eu digo.

Tente este aqui: $\sum_{n=0}^{\infty} \frac{3^n}{n!}$ converge ou diverge? Aqui está o que você faz. Veja o limite da razão do termo $(n + 1)^o$ com o n-ésimo termo:

$$\begin{aligned}
&\lim_{n\to\infty} \frac{\frac{3^{n+1}}{(n+1)!}}{\frac{3^n}{n!}} \\
&= \lim_{n\to\infty} \frac{3^{n+1}\cdot n!}{(n+1)!\cdot 3^n} \\
&= \lim_{n\to\infty} \frac{3}{n+1} \\
&= \frac{3}{\infty+1} \\
&= 0
\end{aligned}$$

Como o limite é menor que 1, $\sum_{n=0}^{\infty} \frac{3^n}{n!}$ converge.

Aqui está outra série: $\sum_{n=1}^{\infty} \frac{n^n}{n!}$. Qual é o seu palpite — ela converge ou diverge? Veja o limite do $(n + 1)^o$ termo sobre o n-ésimo termo:

$$\begin{aligned}
&\lim_{n\to\infty} \frac{\frac{(n+1)^{n+1}}{(n+1)!}}{\frac{n^n}{n!}} \\
&= \lim_{n\to\infty} \frac{(n+1)^{n+1}\cdot n!}{(n+1)!\cdot n^n} \\
&= \lim_{n\to\infty} \frac{(n+1)^{n+1}}{(n+1)\cdot n^n} \\
&= \lim_{n\to\infty} \frac{(n+1)^n}{n^n} \\
&= \lim_{n\to\infty} \left(\frac{n+1}{n}\right)^n \\
&= \lim_{n\to\infty} \left(1+\frac{1}{n}\right)^n \\
&= e \qquad \left(\lim_{n\to\infty} \left(1+\frac{1}{n}\right)^n = e \text{ é um dos limites para decorar, como analisado no Capítulo 8.}\right) \\
&\approx 2{,}718
\end{aligned}$$

Como o limite é maior que 1, $\sum_{n=1}^{\infty} \frac{n^n}{n!}$ diverge.

O teste da raiz

Como o teste da razão, o teste da raiz vê um limite. Desta vez, você investiga o limite da n-ésima raiz do n-ésimo termo de sua série. O resultado diz a você a mesma coisa que os resultados do teste da razão: Se o limite é menor que 1, a série converge; se é maior que 1 (incluindo o infinito), a série diverge; e se o limite é igual a 1, você não descobre nada.

DICA

Será bom experimentar o teste da raiz se a série envolver n-ésimas potências.

Tente este aqui: $\sum_{n=1}^{\infty} \frac{e^{2n}}{n^n}$ converge ou diverge? Aqui está o que você tem de fazer:

$$\begin{aligned}
&\lim_{n\to\infty} \sqrt[n]{\frac{e^{2n}}{n^n}} \\
&= \lim_{n\to\infty} \frac{e^{2n/n}}{n^{n/n}} \\
&= \lim_{n\to\infty} \frac{e^2}{n} \\
&= \frac{e^2}{\infty} \\
&= 0
\end{aligned}$$

Como o limite é menor que 1, a série converge. A propósito, você também pode resolver essa série com o teste da razão, porém é mais difícil — acredite no que eu digo.

DICA

Dando um bom palpite sobre convergência/divergência. Algumas vezes, é útil dar um palpite instruído sobre a convergência ou a divergência de uma série antes que você comece um ou mais testes de convergência/divergência. Aqui está uma dica que ajuda com algumas séries. As expressões a seguir estão listadas da "menor" para a "maior": $n^{10}, 10^n, n!, n^n$. (O 10 é um número arbitrário; o tamanho do número não afeta essa ordem.) Uma série com uma expressão "menor" sobre uma expressão "maior" converge, por exemplo, $\sum_{n=1}^{\infty} \frac{n^{50}}{n!}$ ou $\sum_{n=1}^{\infty} \frac{n!}{n^n}$; e uma série com uma expressão "maior" sobre uma "menor" diverge, por exemplo, $\sum_{n=1}^{\infty} \frac{n^n}{100^n}$ ou $\sum_{n=1}^{\infty} \frac{25^n}{n^{100}}$.

Série Alternada

Nas seções anteriores, você estava considerando séries com termos *positivos*. Agora, você irá considerar as *séries alternadas* — séries onde os termos alternam entre positivo e negativo — desta forma:

$$1 - \frac{1}{2} + \frac{1}{4} - \frac{1}{8} + \frac{1}{16} - \frac{1}{32} + \frac{1}{64} - \ldots$$

Encontrando a convergência absoluta versus a condicional

Muitas séries divergentes de termos positivos convergem se você muda os sinais de seus termos para que alternem entre positivo e negativo. Por exemplo, você sabe que a séria harmônica diverge:

$$1+\frac{1}{2}+\frac{1}{3}+\frac{1}{4}+\frac{1}{5}+\frac{1}{6}+\ldots$$

Mas, se você mudar alternadamente o sinal para negativo, obterá a *série harmônica alternada*, que *converge*:

$$1-\frac{1}{2}+\frac{1}{3}-\frac{1}{4}+\frac{1}{5}-\frac{1}{6}+\ldots$$

A propósito, ainda que eu não mostre a você como calcular isso, essa série converge para ln 2, que é igual a mais ou menos 0,6931.

Definição de *convergência condicional:* Uma série alternada é dita ser condicionalmente convergente se for convergente como está, mas se tornaria divergente se todos os seus termos se tornassem positivos.

Definição de *convergência absoluta*: Uma série alternada é dita ser absolutamente convergente se ela for convergente mesmo que todos os seus termos se tornem positivos. E qualquer série alternada convergente absoluta é também automaticamente convergente como está.

Aqui está um exemplo. Determine a convergência ou a divergência da seguinte série alternada:

$$\sum_{n=0}^{\infty}(-1)^n\frac{1}{2^n}=1-\frac{1}{2}+\frac{1}{4}-\frac{1}{8}+\frac{1}{16}-\ldots$$

Se todos esses termos fossem positivos, você teria a série geométrica familiar,

$$\sum_{n=0}^{\infty}\frac{1}{2^n}=1+\frac{1}{2}+\frac{1}{4}+\frac{1}{8}+\frac{1}{16}+\ldots$$

que, pela regra da série geométrica, converge para 2. Como a série positiva converge, a série alternada também deve convergir (embora para um resultado diferente — veja a seguir) e você diz que a série alternada é absolutamente convergente.

O fato de que a convergência absoluta implica em uma convergência simples é apenas bom senso, se você pensar bem. A série geométrica anterior de termos positivos converge para 2. Se você tornasse todos os termos negativos, eles somariam –2, certo? Então, se alguns dos termos forem positivos e outros negativos, a série deverá convergir para algo entre –2 e 2.

Você notou que a série alternada acima é uma série geométrica *como está*, com $r = -\frac{1}{2}$? (Lembre que a regra da série geométrica funciona para a série alternada, assim como para a série positiva). A regra dá a sua soma: $\frac{a}{1-r} = \frac{1}{1-\left(-\frac{1}{2}\right)} = \frac{2}{3}$.

O teste da série alternada

Teste da série alternada: Uma série alternada converge se duas condições são satisfeitas:

1. O seu n-ésimo termo converge para zero.

2. Seus termos são não crescentes — em outras palavras, cada termo é menor que ou igual ao seu antecessor (ignorando o sinal de menos).

   (Note que você está livre para ignorar qualquer quantidade de termos iniciais ao verificar se a condição 2 é satisfeita.)

Usando esse teste simples, você pode facilmente mostrar que muitas séries alternadas convergem. Os termos têm que apenas convergir para zero e ficar cada vez menores (eles raramente ficam os mesmos). A série harmônica alternada converge por este teste:

$$\sum_{n=1}^{\infty} (-1)^{n+1} \frac{1}{n} = 1 - \frac{1}{2} + \frac{1}{3} - \frac{1}{4} + \frac{1}{5} - \frac{1}{6} + \ldots$$

Assim como as duas séries a seguir:

$$\sum_{n=1}^{\infty} (-1)^{n+1} \frac{1}{\sqrt{n}} = 1 - \frac{1}{\sqrt{2}} + \frac{1}{\sqrt{3}} - \frac{1}{\sqrt{4}} + \frac{1}{\sqrt{5}} - \frac{1}{\sqrt{6}} + \ldots$$

$$\sum_{n=1}^{\infty} (-1)^{n+1} \frac{1}{n^2} = 1 - \frac{1}{2^2} + \frac{1}{3^2} - \frac{1}{4^2} + \frac{1}{5^2} - \frac{1}{6^2} + \ldots$$

O teste da série alternada não pode informar se uma série é absoluta ou condicionalmente convertente. O teste da série alternada pode apenas dizer que uma série alternada converge para ela mesma. O teste não diz nada sobre a série com termos positivos correspondente. Em outras palavras, o teste não pode dizer se uma série é absolutamente convergente ou condicionalmente convergente. Para responder a essa pergunta, você deve investigar a série positiva com um teste diferente.

Agora, tente alguns problemas. Determine a convergência ou a divergência das seguintes séries. Se forem convergentes, determine se a convergência é condicional ou absoluta.

$$\sum_{n=3}^{\infty} (-1)^{n+1} \frac{\ln n}{n}$$

1. **Verifique se o *n*-ésimo termo converge para zero.**

$$\begin{aligned}&\lim_{n\to\infty} \frac{\ln n}{n}\\ &= \lim_{n\to\infty} \frac{\frac{1}{n}}{1} \quad \text{(pela Regra de L'Hôpital)}\\ &= 0\end{aligned}$$

Considere e *n*-ésimo termo. Sempre verifique o n-ésimo termo primeiro porque se ele não convergir para zero, você terá terminado — a série alternada *e* a série positiva irão divergir. Note que o teste de *divergência* do n-ésimo termo (veja a seção sobre o teste do *n*-ésimo termo) se aplica às séries alternadas, assim como às séries positivas.

2. **Verifique se os termos decrescem ou permanecem os mesmos (ignorando os sinais de menos).**

Para mostrar que $\frac{\ln n}{n}$ decresce, pegue a derivada da função $f(x) = \frac{\ln x}{x}$. Lembra da diferenciação? Eu sei que já faz um tempinho.

$$\begin{aligned}f'(x) &= \frac{\frac{1}{x} \cdot x - \ln x}{x^2} \quad \text{(regra do quociente)}\\ &= \frac{1 - \ln x}{x^2}\end{aligned}$$

Isso é negativo para todo $x \geq 3$ (porque o log natural de valor maior ou igual a 3 ou maior é maior que 1 e x^2, claro, é sempre positivo), então, a derivada e, assim, a inclinação da função são negativas, e a função é decrescente. Finalmente, como a função é decrescente, os termos da série também são decrescentes (quando $n \geq 3$). É isso: $\sum_{n=3}^{\infty} (-1)^{n+1} \frac{\ln n}{n}$ converge pelo teste da série alternada.

3. **Determine o tipo de convergência.**

Você pode ver que para $n \geq 3$, a série positiva, $\frac{\ln n}{n}$, é maior que a série harmônica divergente, $\frac{1}{n}$, então, a série positiva diverge pelo teste da comparação direta. Assim, a série alternada é *condicionalmente* convergente.

Não consigo pensar em um bom título para este aviso. Se a séria alternada não satisfaz a segunda exigência do teste da série alternada, isso *não* diz que sua série diverge, apenas que esse teste falha em demonstrar a convergência.

Você está ficando muito bom nisso, portanto, o que acha de outro problema? Teste a convergência de $\sum_{n=4}^{\infty} (-1)^n \frac{\ln n}{n^3}$. Como a série *positiva* $\frac{\ln n}{n^3}$ lembra a série *p* convergente, $\frac{1}{n^3}$, você aposta que ela converge.

Você pode querer considerar a série positiva primeiro. Se você acha que pode mostrar que a série *positiva* converge ou diverge, talvez queira tentar antes de usar o teste da série alternada, porque...

- Você talvez tenha que fazer isso depois de qualquer jeito para determinar o tipo de convergência; e
- Se você puder mostrar que a série positiva *converge*, terminará o problema em um passo e teria mostrado que a série alternada é *absolutamente* convergente.

Então, tente mostrar a convergência da série positiva $\sum_{n=4}^{\infty} \frac{\ln n}{n^3}$. O teste da comparação do limite parece apropriado aqui e $\sum_{n=4}^{\infty} \frac{1}{n^3}$ é a escolha natural para essa série padrão, mas com esse padrão, o teste falha — tente. Quando isso acontece, você pode, algumas vezes, terminar o problema tentando uma série convergente maior. Então, experimente o teste da comparação do limite com a série *p* convergente, $\sum_{n=4}^{\infty} \frac{1}{n^2}$:

$$\lim_{n\to\infty} \frac{\frac{\ln n}{n^3}}{\frac{1}{n^2}}$$

$$= \lim_{n\to\infty} \frac{\ln n}{n}$$

$$= 0 \qquad \text{(Fizemos isso no problema anterior com a Regra de L'Hôpital.)}$$

Como o limite é zero, a série positiva $\sum_{n=4}^{\infty} \frac{\ln n}{n^3}$ converge (veja a seção "O teste da comparação do limite"); e como a série positiva converge, a série alternada dada também converge. Assim, $\sum_{n=4}^{\infty} (-1)^n \frac{\ln n}{n^3}$ é *absolutamente* convergente.

Um último problema e eu deixo você ir para casa. Teste a convergência de $\sum_{n=1}^{\infty} (-1)^{n+1} \frac{n}{n+1} = \frac{1}{2} - \frac{2}{3} + \frac{3}{4} - \frac{4}{5} + \frac{5}{6} - \ldots$. Esse é muito fácil.

O n-ésimo termo dessa série (ignorando os sinais de menos) converge para 1 (é a regra óbvia de L'Hôpital), então, você já terminou. Como o n-ésimo termo não converge para zero, a série diverge pelo teste do n-ésimo termo.

Mantendo Todos os Testes Corretamente

Agora, você provavelmente sente que sabe — tem uma vaga lembrança? — um bocado de testes de convergência/divergência e está pensando em como ficar de olho em todos eles. Na verdade, eu apenas lhe dei 10 testes ao todo — esse é um número inteiro, fácil de lembrar. Eis como você pode manter os testes corretamente.

Primeiro, temos as três séries com nomes: série geométrica, série p e série telescópica. Uma série geométrica converge se $0 < |r| < 1$. A série p converge se $p > 1$. Uma série telescópica converge se o segundo "meio-termo" converge para um número finito.

Depois, temos os três testes da comparação: comparação direta, comparação do limite e comparação da integral. Todos os três comparam uma nova série a um padrão conhecido. Se o padrão converge, então a série que você está investigando também converge; se o padrão diverge, a sua nova série também diverge.

E depois, você tem os dois testes do "R": o teste da razão e o teste da raiz. Ambos analisam apenas a série em questão, em vez de compará-la à série padrão. Ambos envolvem pegar um limite e os resultados dos dois são interpretados da mesma maneira. Se o limite é menor que 1, a série converge; se o limite é maior que 1, a série diverge; e se o limite é igual a 1, o teste é inconclusivo.

Finalmente, você tem dois testes que são o apoio para os outros oito — o teste de divergência do n-ésimo termo e o teste da série alternada. Esses dois formam um par coerente. Você pode lembrar-se deles como sendo o teste de divergência do n-ésimo termo e o teste de convergência do n-ésimo termo. O teste da série alternada envolve mais do que apenas testar o n-ésimo termo, mas é uma boa ajuda para a memória.

Bem, aí está: Cálculo, ósculos e amplexos.

Parte VI

a parte dos dez

Nesta parte...

- Dez coisas simples que você realmente deve saber
- Dez erros comuns que você certamente deve evitar
- Dez coisas a experimentar como um último recurso

Capítulo 20

Dez Coisas para Lembrar

Este capítulo contém 10 coisas que você deve definitivamente lembrar. Apenas 10 — não é muito para pedir, é? Se sua cabeça já estiver cheia, você pode abrir espaço lendo primeiro o Capítulo 21, "Dez Coisas para Esquecer".

Seus Óculos de Sol

Se você terá que estudar Cálculo, seria bom ter um visual legal.

Se você usar óculos de sol *e* uma pochete, não vai dar muito certo.

$a^2 - b^2 = (a - b)(a + b)$

Este padrão é aparentemente encontrado em todos os lugares e um tanto onipresente; é usado em muitos problemas e esquecê-lo causará um grande número de erros. Em resumo, é importante. Não o esqueça.

$\frac{0}{5} = 0$, mas $\frac{5}{0}$ é Indefinido

Você sabe que $\frac{8}{2} = 4$, portanto, 4 vezes 2 é 8. Se $\frac{5}{0}$ tivesse uma resposta, essa resposta vezes zero teria que ser igual a 5. Mas isso é impossível, fazendo $\frac{5}{0}$ ser indefinido.

Qualquer coisa^0 = 1

A única exceção é 0^0, que é indefinido. A regra inclui *todo* o resto, incluindo números negativos e frações. Isso pode parecer um pouco estranho, mas é verdade.

SohCahToa

Não, não é um famoso chefe indígena, apenas um mnemônico para lembrar suas três funções trigonométricas básicas:

$$\text{sen}\,\theta = \frac{O}{H} \qquad \cos\theta = \frac{A}{H} \qquad \tan\theta = \frac{O}{A}$$

Valores Trigonométricos para Ângulos de 30, 45 e 60 Graus

$$\text{sen}\,30° = \frac{1}{2} \qquad \text{sen}\,45° = \frac{\sqrt{2}}{2} \qquad \text{sen}\,60° = \frac{\sqrt{3}}{2}$$

$$\cos 30° = \frac{\sqrt{3}}{2} \qquad \cos 45° = \frac{\sqrt{2}}{2} \qquad \cos 60° = \frac{1}{2}$$

$$\tan 30° = \frac{\sqrt{3}}{3} \qquad \tan 45° = 1 \qquad \tan 60° = \sqrt{3}$$

$\text{sen}^2\theta + \cos^2\theta = 1$

Essa identidade é verdadeira para *qualquer* ângulo. Divida ambos os lados dessa equação por $\text{sen}^2\theta$ e você obterá $1 + \cot^2\theta = \csc^2\theta$; divida por $\cos^2\theta$ para obter $\tan^2\theta + 1 = \sec^2\theta$.

A Regra do Produto

$\frac{d}{dx}(uv) = u'v + uv'$. Muito fácil.

A Regra do Quociente

$\frac{d}{dx}\left(\frac{u}{v}\right) = \frac{u'v - uv'}{v^2}$. Ao contrário da regra do produto, muitos estudantes se esquecem da regra do quociente. Mas você não esquecerá se apenas se lembrar de começar a resposta com a derivada da parte superior de sua fração, u. Isso é fácil de lembrar porque é a maneira mais natural de começar. O resto se arruma.

Onde Você Coloca Suas Chaves

Ninguém pode prever qual resultado você obterá na sua próxima prova de Cálculo — a não ser, isto é, que você não apareça.

Capítulo 21

Dez Coisas para Esquecer

Este é, sem dúvida nenhuma, o capítulo mais fácil deste livro. Não há nada para estudar, nada para compreender, nada para aprender. Apenas relaxe, aumente o som e *esqueça* essas coisas.

$(a+b)^2 = a^2 + b^2$ — Errado!

Não confunda isso com $(ab)^2 = a^2b^2$, que está *certo*. $(a+b)^2$ é igual a $a^2 + 2ab + b^2$.

$\sqrt{a^2+b^2} = a+b$ — Errado!

Não confunda isso com $\sqrt{a^2b^2} = ab$, que é *certo*. $\sqrt{a^2+b^2}$ não pode ser simplificado.

$Inclinação = \frac{x_2 - x_1}{y_2 - y_1}$ — Errado!

Isto está de cabeça pra baixo. A inclinação é igual a $\frac{y_2 - y_1}{x_2 - x_1}$.

$\frac{3a+b}{3a+c} = \frac{b}{c}$ — Errado!

Você não pode cancelar os 3*as* porque não é um *fator* do numerador e do denominador. Porém, com $\frac{3ab}{3ac} = \frac{b}{c}$, você *pode* cancelar os 3*as*.

$\frac{d}{dx}\pi^3 = 3\pi^2$ — Errado!

Pi (π) é um número, não uma variável, então, π^3 também é apenas um número e a derivada de qualquer número é zero. Assim, $\frac{d}{dx}\pi^3 = 0$.

Se k For uma Constante, $\frac{d}{dx}kx = k'x + kx'$ — Errado!

Você não usa a regra do produto aqui. As constantes funcionam como números, não como variáveis, então, $\frac{d}{dx}kx$ funciona exatamente como $\frac{d}{dx}3x$, que é igual a 3. Assim, $\frac{d}{dx}kx = k$. (Crédito extra: Você consegue ver por que, de fato, o fato mencionado acima não está tecnicamente errado?)

A Regra do Quociente é $\frac{d}{dx}\left(\frac{u}{v}\right) = \frac{v'u - vu'}{v^2}$ — Errado!

Veja o penúltimo do Capítulo 20, "Dez Coisas para Lembrar".

$\int x^2 dx = \frac{1}{3}x^3$ — Errado!

Você consegue ver por que isso está errado?

$\int (\text{sen } x)\, dx = \cos x + C$ — Errado!

A derivada do cosseno é o seno *negativo*, então, a derivada do cosseno *negativo* é o seno e, assim, $\int(\text{sen } x)\, dx = -\cos x + C$.

Teorema de Green

$$\int_C (Mdx + Ndy) = \iint_R \left(\frac{\partial N}{\partial x} - \frac{\partial M}{\partial y}\right) dA$$

Este aqui está *certo*, mas esqueça de tentar lembrar isso.

Capítulo 22

Dez Artimanhas que Não Enganarão o Seu Professor

O título original para esse capítulo era "Dez artimanhas com as quais você pode enganar o seu professor de cálculo se ele tiver nascido ontem", mas o departamento jurídico da editora ficou com medo de que alguém tentasse alguns desses truques na prática, fosse pego e então entrasse com uma ação judicial. Então eles mudaram o título para o título entediante que você tem agora. Os advogados querem que eu lhe diga isso: "As dez artimanhas com as quais você não pode enganar o seu professor supracitadas são descritas abaixo como se você realmente pudesse escapar de uma enrascada com elas. Isso é um exemplo de sarcasmo (definição – sarcasmo: irônico ou humor sarcástico). Essas dez artimanhas são listadas apenas com finalidade humorística, não como uma prescrição para o comportamento atual. Nós da Alta Books não apoiamos os estratagemas citados". Desculpe. Eles me forçaram a escrever isso.

Dê Duas Respostas em Perguntas de Prova

Se você não conseguir decidir qual de duas respostas é a certa, anote as duas mais ou menos circuladas ou riscadas. Se uma das suas duas respostas estiver certa, seu professor lhe dará o benefício da dúvida.

Escreva de Forma Ilegível nas Provas

Obtenha uma resposta em sua calculadora e, depois, rabisque seu "cálculo" bem desarrumado de forma que seu professor não consiga ler. Como você obteve a resposta certa, ele irá supor que você sabia o que estava fazendo e lhe dará o ponto todo da questão.

Não Mostre seu Cálculo nas Provas

Obtenha uma resposta em sua calculadora e escreva o seguinte perto do problema: "Problema fácil — fiz os cálculos de cabeça". Seu professor levará em conta o que você disse.

Não Faça Todos os Problemas da Prova

Se uma prova tem, digamos, quatro páginas longas e grampeadas juntas, encontre a página com os piores problemas, remova cuidadosamente o grampo, coloque a página ruim no bolso e recoloque o grampo com cuidado. Seu professor irá supor que a página foi omitida no centro de cópias. Quando você mais tarde completar a parte "desaparecida" da prova perfeitamente, seu professor não irá suspeitar de nada.

Culpe seu Companheiro de Estudo Pela Nota Baixa na Prova

Diga ao seu professor que a pessoa com quem você estudou explicou tudo errado, então, não é culpa sua. Seu professor deixará você refazer a prova.

Diga ao Seu Professor que Você Precisa de um "A" em Cálculo para Impressionar Sua Cara Metade

Seu professor, sendo, no fundo, um romântico — e lembrando seus dias como universitário, quando tirou um 10 na prova de Cálculo e, então, se tornou um ímã de garotas — lhe dará o "A".

Reclame que Provas de Manhã Cedo Não São Justas Porque Você Não É uma "Pessoa Matutina"

Explique que seu relógio biológico não está sincronizado com a ética protestante obsoleta da sua escola de que "Deus ajuda a quem cedo madruga". Seu professor deixará que você faça todas as suas provas à tarde e confiará que você não falará com seus amigos que fazem as provas pela manhã.

Proteste Contra Toda Essa Ideia de Notas

Faça uma ofensiva política sobre professores com coragem de supor que têm o direito de lhe dar uma nota. Quem são eles para avaliarem você?

Reivindique ser um opositor consciente ao se tratar de notas. Argumente que dar notas reflete um talento injusto e uma inteligência preconceituosa — que todo o sistema é baseado em classes sociais e no QI das pessoas. Seu professor ficará impressionado com a sinceridade e a profundidade das suas convicções filosóficas e deixará que você faça todas as provas na forma passou/reprovou.

Puxe o Alarme de Incêndio Durante a Prova

Este aqui é um pouco infantil — ao contrário, é claro, das dicas anteriores.

Use Este Livro Como Desculpa

Se você for pego tentando qualquer um dos truques anteriores, diga ao seu professor que você pensou que podia fazer isso porque leu em um livro. Seu professor não castigará você.

Índice

• D •

• L •

• M •

• N •

• U •

• V •

• X •

• Z •